KB159195

알기 쉬운

용접 야금학

Welding Metallurgy

윤강중 · 이진희 · 유일 · 최병학 공저

21세기사

책을 엮으면서

용접 야금학(Welding Metallurgy)의 기본 내용은 금속 상변태의 이론적인 바탕에 용접의 특수 내용을 접목한 학문이다. 이런 이유로 금속 상변태에 대한 기본적인 기초가 있어야 공부하기 용이한 과목이며, 재료 분야를 전공하지 않고 용접을 공부하거나 관련 분야에 종사하는 사람들에게는 약간의 이해의 장벽이 생길 수 있는 좀 접근이 어려운 학문이다.

특히 해외전문 기술서적 중에는 Welding Metallurgy 관련 전공 서적이 여러 가지가 존재하나, 국내에는 쉽게 설명된 전문 서적의 부족으로 인해 스스로 학습하기에는 어려운 환경이었다.

저자는 용접 기술사를 준비하면서 용접 야금학을 처음으로 접하였다. 금속공학을 전공한 입장으로 아주 재미있게 수강하고 공부한 기억이 있다. 용접 기술사 취득후에 용접 야금학에 대해 학교 또는 산업계에서 강의할 기회가 다수 있었고 강의 준비를 위해 여러 번 반복해서 관련 교재를 읽고 정리하였다. 10년 정도 반복하는 과정에서 한해 한해 지남에 따라 저변에 숨은 내용에 대해 많은 부분 새롭게 깨닫게 되었으며 최근까지도 새로운 사실을 발견하고 있다.

국내에 용접 야금학(Welding Metallurgy)을 공부하는 학생 또는 산업계에서 용접기술사 준비하는 분들을 위해 저자가 그 동안 공부하였던 내용을 정리하여 한글로 작성된 최초의 Welding Metallurgy 책을 준비하였다는 점에서 보람을 느낀다.

책의 내용은 Sindo Kou 교수가 지은 Welding Metallurgy를 참조하였고, 여기에 그간의 현장 실무를 통해 얻은 경험과 학교에서 배운 이론적인 내용을 접목하여 Welding Metallurgy를 공부하는 분들에게 조금이라도 이해가 쉽도록 정리하려고 노력하였으며, 이를 위해 1장과 2장에서 용접 Process 및 금속의 기초적인 특성을 설명하였고, 3장 부터 본격적으로 용접 야금학에 대하여 기술하였다.

대다수의 직장인들이 추구하는 삶은 평생 직장인이 아닌 평생 직업인으로서 본인의 전문성과 경험을 발휘할 수 있고 남다른 경쟁력을 가진 전문가로서 인정받는 것이라 믿는다. 이를 위해서 많은 엔지니어들이 자신만의 전문분야에 대한 전문성과 확고한 입지를 구축하기를 희망하고 있다. 학습과 도전의 길중에 이 책이 많은 역할을 할 수 있기를 희망하며, 책이 나올 수 있도록 많은 도움을 준 대한 용접기술사 협회와 기술사 동료들에게도 감사를 전한다.

2023년 봄

저자 대표 윤강중 드림

목 차

CHAPTER 01

금속과 용접의 기초

2 용접 Process 33

CHAPTER 02

재질별 특성

CHAPTER 03

용융부

CHAPTER 04

부분 용융부 (PMZ)

CHAPTER 05

열영향부

(Heat Affected Zone)

CHAPTER 01

금속과 용접의 기초

용접을 이해함에 있어서 용접 방법들에 대한 기본적인 이해가 우선적으로 필요하다. 전기 아크의 생성과 특성 및 이를 활용한 다양한 용접방법의 개요와 장단점을 충실하게 이해할 수 있다면 이후에 전개될 용접 금속의 용융부와 열영향부의 용접과정에서 발생하는 일련의 변화를 보다 정확하게 이해할 수 있고, 이를 기준으로 현장에서 발생 가능한 다양한 문제점을 해결하고 예방하는 전문가로서의 시각을 갖출 수 있다. 현장에서 적용되는 모든 용접 방법(Welding Process)을 다루지는 못하지만, 가장 널리 사용되는 용접방법을 기준으로 설명한다.

전기아크의 이해

1.1 플라즈마(Plasma)와 전기아크(Electric Arc)

1.1.1. 플라즈마(Plasma)

기체, 액체, 고체 중에서 가장 낮은 에너지 상태의 고체에 열을 가하면 온도가 올라가서 액체가 되고 열에너지를 더 가하면 기체로 상변태를 일으킨다.

계속해서 기체에 더 큰 에너지를 가하면 상변태와는 다른 이온화된 입자들이 만들어지게 되며 이때 양이온과 음이온의 총 전하수는 거의 같다. 이러한 상태를 전기적으로 중성을 띄는 플라즈마(Plasma) 상태라 한다.

용접시 전극의 양극과 음극 사이의 전압 기울기인 전기장(Electric Field)을 일정 수준 이상으로 가한 상태에서 방전을 통해 전류를 증가시키면, 저항열에 의해 온도가 증가하여 기체가 이온화되어 플라즈마가 생성되고 유지된다. GTAW(Gas Tungsten Arc Welding)와 PAW(Plasma Arc Welding)가 이를 이용한 대표적인 용접 방법이다.

1.1.2. 전기아크(Electric Arc)

전극을 접촉시켜서 강한 전류를 흐르게 하면, 전극의 선단은 접촉저항에 의해 과열되고, 전극이 증발하여 금속 증기가 발생하여 방전한다. 이 상태를 아크방전이라 한다. 아크방전이 일어나면 전극이 전자의 충돌에너지에 의해서 가열되어 전극이 용융(鎔融)상태가 된다. 이러한 전극의 용융현상을 이용하여 전기 용접이나 전기로에서 금속을 용해한다. 아크의 빛은 강렬하며, 자외선이나 적외선을 많이 방출하며, 또한 용접시 용융금속이 비산하기 때문에 작업자는 눈이나 피부를 보호하기 위해 차광용 안경이 부착된 헤드 실드, 헬멧 등을 착용하여야 한다. 아크용접작업에는 강렬한 빛이 발생하기 때문에 작업자 이외의 인원에 대해서도 차광이 요구된다. 현장에서는 차광을 위해 주로 칸막이를 이용해서 용접장소를 격리하는 방법을 취하고 있다.

용접봉과 모재와의 사이에 직류전압을 걸어둔 채, 용접봉을 모재에 접촉시킨 뒤 떼면 청백색의 강렬한 빛을 발산하는 아크가 발생한다. 이 아크를 통해서 약 50~400A의 큰 전류가 흐르며, 이 전류는 해리(解離)되어 정(正)전기를 띤 금속증기나 그 주위의 각종 기체분자가 양(陽)이온과 전자로 나누어지고 이것들이 양극과 음극으로 이동하여 아크 전류가 발생하게 된다.

1.1.3. 전자와 이온의 움직임과 에너지의 전달

전자기장에 의해 전자는 음극에서 방출되어 양극으로 흐르며, 양 이온은 양극에서 음극으로 흐른다.

즉 용접시 전자는 양극에 에너지를 전달하고, 양이온은 음극에 에너지를 전달한다. 전자와 이온의 이동에 의한 에너지 전달 외에 소모성 전극의 용융되어 생성된 용적이 모재로 이동하며 이 용적의 이동에 의해서도 에너지가 전달된다.

1.2 전극에서 전자의 방출 유형

1.2.1. 열전자 방출(Thermionic Emission)

금속을 고온으로 가열시 전자가 전위 장벽(일 함수)을 넘어 금속 밖으로 방출되는 현상이다. 텅스텐과 같이 고융점의 일 함수가 높은 금속만이 열전자(Thermionic)의 방출이 가능하다. 현장에서 사용하는 용접 방법중에는 텅스텐전극을 사용하는 GTAW와 PAW 만이 전극에서 열전자를 방출하는 용접이다.

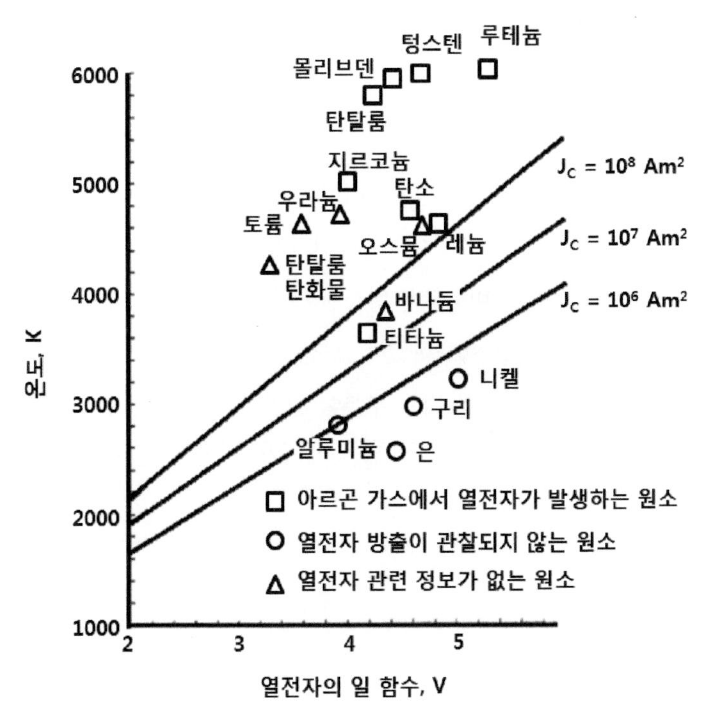

그림 1-1 각 금속의 열전자를 방출하기 위한 온도 조건

1.2.2. 전기장에 의한 방출(Field Emission, Cold Emission)

가해진 강한 자기장에 전자가 방출되는 현상이다. 대부분의 금속은 열전자(Thermionic) 방출은 불가능하고 전기장에 의해 전자가 방출된다.

SMAW, GMAW, FCAW등의 대부분의 용접 방법들에서는 전기장에 의한 전자가 방출된다.

1.3 방출 자유전자 유형에 따른 용접 특성

방출되는 자유전자는 그 형식에 있어서 열전자와 일반 전자로 구분될 수 있으며, 이는 용접과정에서 열전자(Thermionic)를 만들 수 있는 텅스텐을 전극으로 사용하는 용접방법과 그렇지 않은 용접방법으로 구분된다. 전자를 비소모성전극(Non-Consumable Electrode)이라고 하고, 후자를 소모성 전극(Consumable Electrode)이라고 한다. GTAW와 PAW를 제외한 대부분의 용접방법들이 소모성 전극을 사용하고 있다.

열전자 방출(Thermionic Emission)은 금속을 고온으로 가열시 전자가 전위 장벽(일 함수)을 넘어 금속 밖으로 방출되는 현상이다. 텅스텐과 같이 고융점이며 일 함수가 높은 금속만이 열전자(Thermionic)의 방출이 가능하다. 현장에서 사용하는 용접 방법중에는 텅스텐 전극을 사용하는 GTAW와 PAW 만이 전극에서 열전자를 방출하는 용접 방법이다.

자기장에 자유전자가 방출되는 현상을 보자. 대부분의 금속은 열전자(Thermionic) 방출은 불가능하고 자기장에 의해 자유전자가 방출된다. SMAW, GMAW, FCAW등의 대부분의 소모성 전극을 사용하는 용접 방법들에서는 자기장에 의해 전자가 방출된다.

그림 1-2에서 열전자를 사용하는 비소모성 텅스텐 전극과 자기장에 의한 자유전자를 사용하는 소모성 전극에 따른 용접부 입열량을 비교하였다. 열전자가 높은 에너지를 가지고 있으므로 텅스텐 전극을 사용하는 경우에는 (+)극성을 갖는 부분이 입열량이 높으며, 반대로 소모성 전극을 사용하는 경우에는 전자보다는 플라즈마 이온이 높은 에너지를 갖고 있으므로 (-)극성을 갖는 부분이 입열량이 높다.

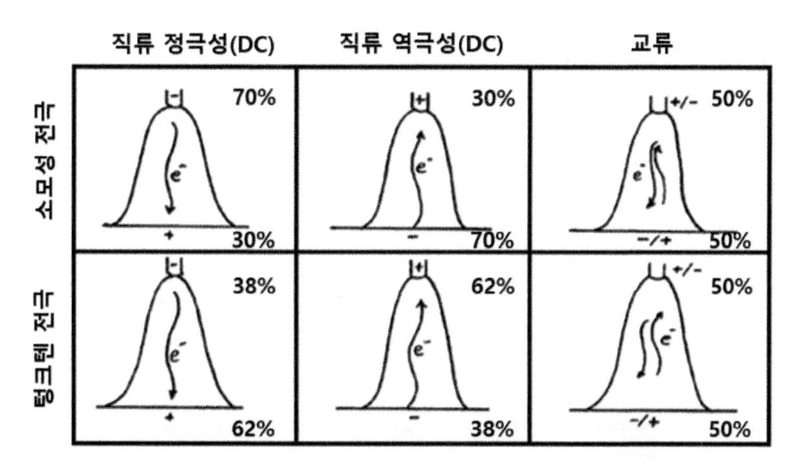

그림 1-2 텅스텐 전극과 소모성 전극 사용시 입열량 비교

소모성 전극과 비소모성 전극인 경우에 대한 세부적인 설명은 아래에 개별 용접방법 별로 자세히 설명한다.

1.3.1. GTAW, PAW

텅스텐 전극을 사용하는 용접 기법으로 전극에서 열전자(Thermionic)가 방출되며, 열전자에 의해 에너지가 모재로 전달되는 용접방법이다.

그러므로 전극이 열전자를 방출하는 음극(−) 극성을 갖는 직류 정극성(DCEN, DCSP)을 채택하여 용접을 진행한다. 이 경우 위의 그림 1-2와 같이 모재에 62%의 에너지가 발생하고, 텅스텐 전극에서 38%의 에너지가 발생한다.

직류 역극성은 많은 교재에서 청정 효과를 설명하고 있으나, 실제 용접에서 직류 역극성을 채택하여 용접하는 경우는 없다. 직류 역극성(DCEP, DCRP)을 사용하면 용접 효율 및 용입이 나쁘고, 전극이 쉽게 용융되며, 용접부에 텅스텐 혼입의 우려가 높아 현장에서는 사용하지 않는다.

교류는 용접봉과 모재의 입열량이 같으며, 용접효율 및 용입등의 특성이 직류 역극성과 직류 정극성의 중간 정도의 특성을 가지나, 매 Cycle마다 아크가 소멸과 생성을 반복하므로 아크가 불안정한 특성이 있다. 교류를 사용시에는 아크의 안정을 위해 고주파(High Frequency)를 사용하며, 아크의 안정화와 더불어 용입이 깊어지는 효과가 있다.

1.3.2. SMAW, GMAW, FCAW

용접봉이 직접 전극이 되는 소모성 전극를 사용하는 용접방법으로 전극에서 자기장에 의해 전자가 방출된다. 자기장에 의해 방출된 전자는 낮은 에너지를 갖고 있다.

앞서 그림 1-2에서 설명한 텅스텐 전극의 경우와는 반대로 전극이 양극(+)을 갖는 경우 이온에 의해 에너지가 모재에 전달되므로 용접 효율이 높으며 그림 1-3과 같이 깊은 용입을 얻을 수 있다.

그러므로 소모성 전극을 사용하는 SMAW(Shielded Metal Arc Welding), GMAW(Gas Metal Arc Welding), FCAW(Flux Cored Arc Welding) 등의 용접방법에서는 직류역극성(DCEP, DCRP)을 사용한다.

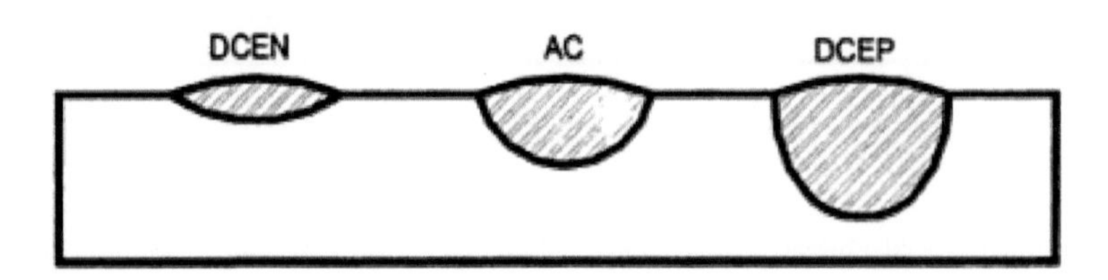

그림 1-3 소모성 전극 사용시 전극 특성에 따른 용접부 특성

1.4 직류역극성의 청정효과

용접법에서 직류역극성을 사용하게 되면, 모재가 음극으로 연결되어서 용접과정에서 해리된 양이온이 금속 표면에 충돌하여 표면의 산화피막을 제거하는 효과가 발생한다. 이 현상을 청정효과(Cleaning Action)라고 표현하며, 일부에서는 Cathodic Etching이라고 부르기도 한다.

교류 전원은 직류 역극성과 정극성이 교대로 작용하므로 역극성시에 청정 효과가 발생한다.

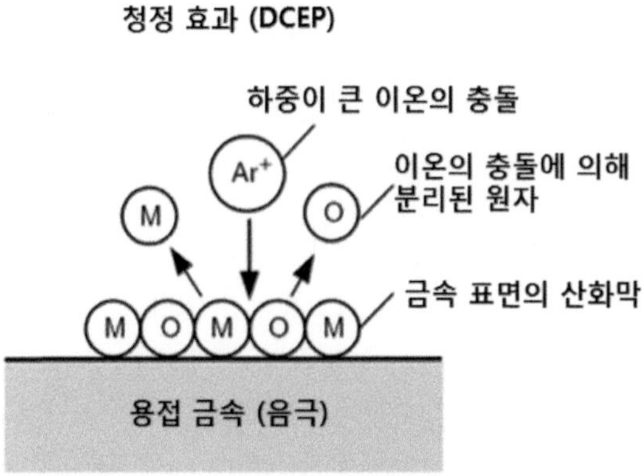

그림 1-4 직류역극성에서의 청정 효과

직류 역극성의 청정효과는 양이온의 충격에너지에 의해 금속표면의 산화피막이 제거되는 현상으로, 헬륨과 같이 가벼운 기체 보다는 아르곤과 같이 무게가 있는 가스를 사용하는 것이 좋다.

표 1-1 용접시 사용하는 보호가스의 특성

가스	분자 중량 (g/mol)	1atm, 0℃에서 공기와 비교한 비중	밀도 (g/L)	이온화 에너지 (eV)
Ar	39.95	1.38	1.784	15.7
CO_2	44.01	1.53	1.978	14.4
He	4.00	0.1368	0.178	24.5
H_2	2.016	0.0695	0.090	13.5
N_2	28.01	0.967	1.25	14.5
O_2	32.00	1.105	1.43	13.2

1.5 아크에 의한 용탕의 대류

용접과정에서 가해지는 전류와 전압에 의해 용탕에서 대류(Weld Pool Convection)가 발생한다. 그리고 그 대류의 결과로 인해 미세한 조직 변화(Micro-Segregation)가 발생하기도 한다.

1.5.1. 부력(Buoyancy Force)

용접전류는 용탕에 가해지는 입열량을 의미하게 되고, 용융된 용탕은 열량에 따라 중심부의 뜨겁고 가벼운 유동층이 위로 올라오려는 경향을 갖으며, 바깥쪽에서 모재와 직접 접촉하면서 상대적으로 급냉되는 쪽은 아래쪽으로 가라앉게 된다. 이는 냄비에 뭔가를 넣고 끓일 때와 동일한 현상으로 용탕의 중심부가 위로 올라오려는 경향을 갖게 된다.

부력은 전자기력에 비해 상대적으로 작은 힘을 가지고 있으며, 용접부를 넓고 얕게 만든다.

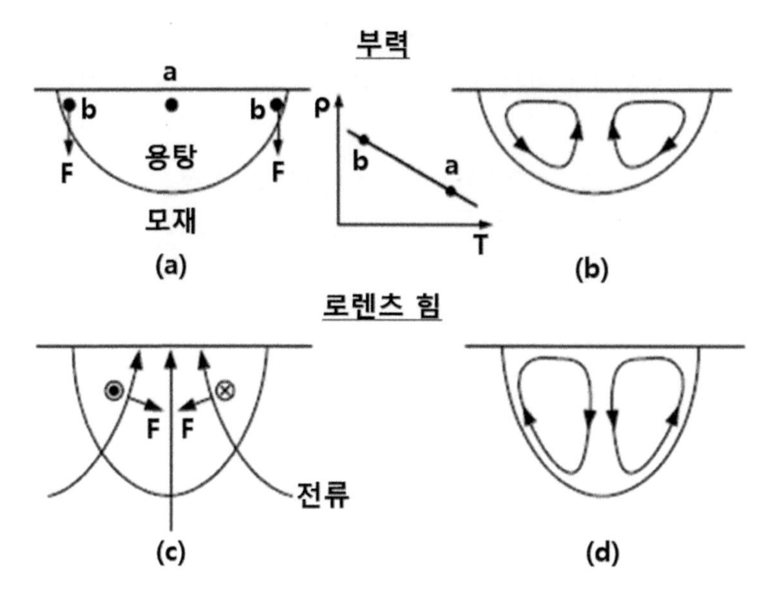

그림 1-5 부력(a, b)과 전자기력(c, d)에 의한 용탕의 대류

1.5.2. 전자기력(Lorenz Force)

전압은 용탕을 내리누르는 압력으로 전압에 의해 발생한 힘은 전자기력으로 용탕의 중앙부는 아래쪽으로 향하게 하고, 바깥쪽은 위로 올라가려는 힘을 작용시킨다. 전자기력의 힘의 방향은 부력에 의한 힘의 방향과 반대 방향이며, 용접 전압이 높을 수록 전자기력은 커진다. 부력에 비해 전자기력은 매우 큰 힘을 작용하여 용접금속의 형상을 좌우한다.

깊은 용입을 만들기 위해서는 강한 전자기력이 필요하다. 부력은 깊은 용입을 방해하는 힘으로 작용한다. 그림 1-6 (a)는 전극이 가열된 상태로 열에 의한 부력(Buoyancy Force)만 존재하지만, 그림 1-6 (b)는 부력 외에 전자기력(Lorentz Force)이 함께 작용하여 깊은 용입이 형성되는 것을 확인할 수 있다.

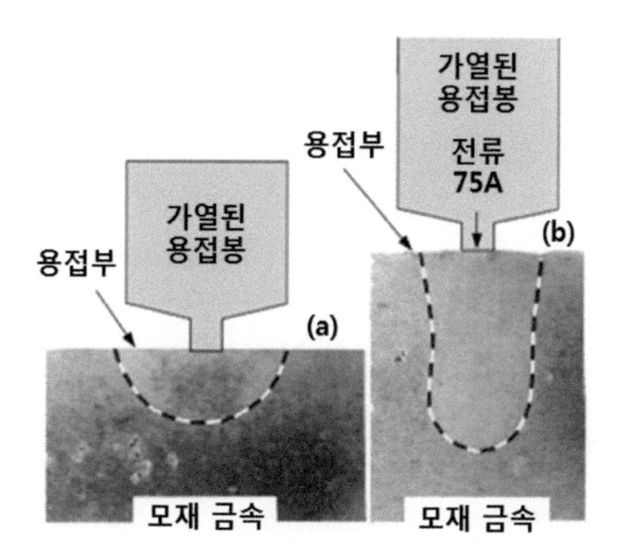

그림 1-6 부력과 전자기력에 따른 용입의 차이

전자기력이 커질수록 뜨거운 용탕을 아래쪽으로 밀어 넣는 효과가 발생하여 좁고 깊은 용입을 만들게 된다.

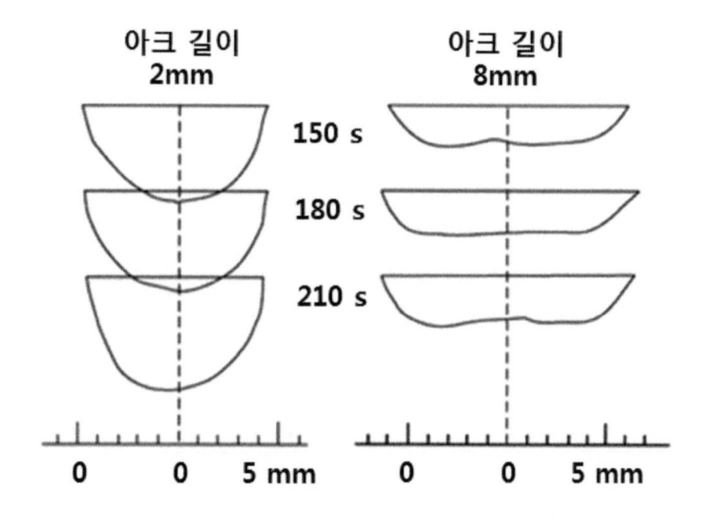

그림 1-7 GTAW에서 아크 길이에 따른 용입 깊이의 차이

1.5.3. 표면 장력(Surface Tension)

금속은 표면 장력에 의해 동그란 모양을 갖추려고 한다. 이는 젖음(Wetting)의 반대 되는 개념이며, 젖음 특성으로 인해 표면장력이 작을 수록 얕은 용입을 만든다.

표면장력은 유체가 가진 표면에너지에 의해 발생하는 힘이며, 온도에 따라 그 크기가 달라지게 된다. 일반적으로 온도가 높을 수록 표면 장력은 작아지게 되고, 온도가 낮아질수록 표면 장력은 커지게 된다.

그러나 용탕속에 소량의 계면활성화 원소인 황(S), 산소(O2)등이 존재하게 되면, 그림 1-8의 (d), (e), (f)에서 보여지는 바와 같이 온도에 따른 표면장력의 크기가 역전되어 대류의 방향이 바뀌면서 깊은 용입을 유도하게 된다. 그림에서 a~c까지는 황 함량이 적은 용탕(Weld Pool)을 의미하고, d~f까지는 황 함량이 큰 용탕을 의미한다.

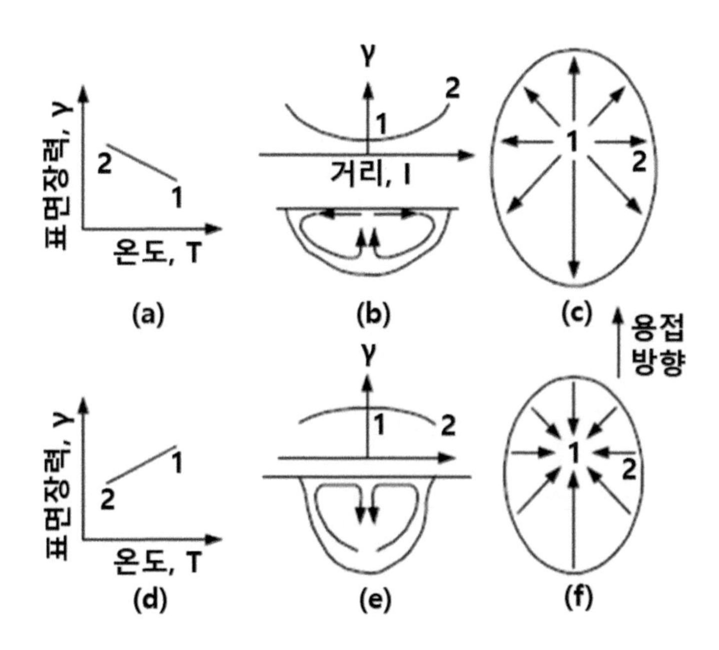

그림 1-8 표면장력과 온도와의 관계(a~c)와 계면활성제(황)에 의한 역전 효과(d~f)

그림 1-9는 용탕의 황 함량에 따른 용입 깊이의 차이를 보여주고 있다.

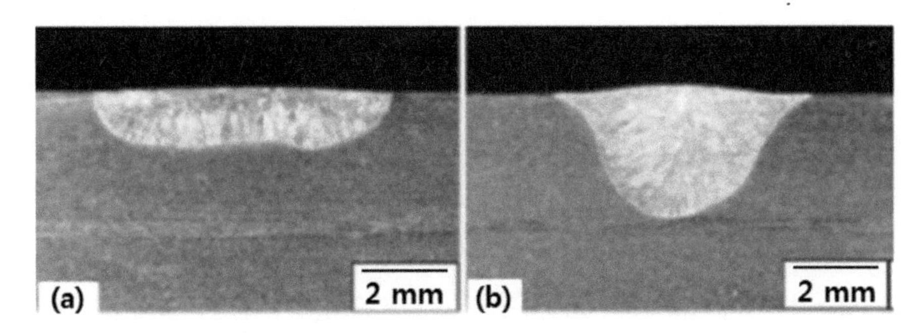

(a) 황 함량 40ppm (b) 황 함량 140ppm

그림 1-9 304SS 재질의 YAG 레이저 용접부

그림 1-9와 그림 1-10에서 보는 바와 같이 황 함량이 증가하게 되면 온도가 증가할수록 표면 장력이 증가하여 용탕 대류의 방향이 변하여 좁고 깊은 비드를 만들게 된다.

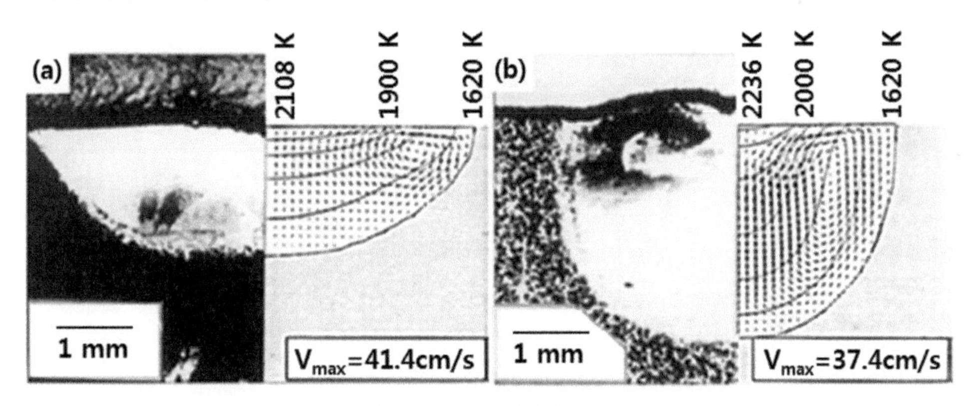

(a) 20ppm (b) 150ppm

그림 1-10 황 함량에 따른 용탕의 온도 및 용입의 변화

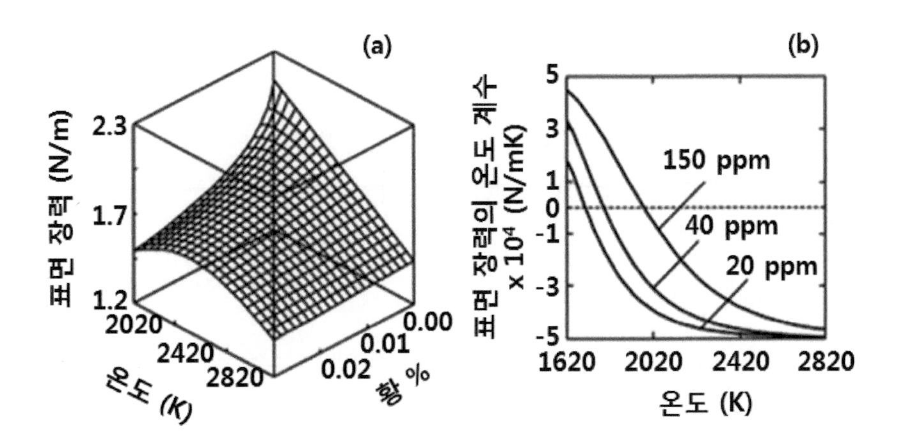

그림 1-11 황 함량과 온도에 따른 표면 장력의 변화

1.5.4. 아크의 전단력(Arc Shear Stress)

빠른 속도로 전개해 나가는 플라즈마 아크는 용탕에 전단 응력을 가하게 되어 용탕을 중앙부에서 바깥쪽으로 쓸려가도록 한다. 전단력이라고 표현했으나, 실제로는 플라즈마의 충돌력이라고 표현하는 것이 좀더 이해하기 쉬운 개념이 될 것이다. 아크(Arc)의 진행 방향에 따라 마치 빗자루로 쓸어내리는 듯한 효과가 용탕에 가해진다.

그러나 아크 전단력이 과도하게 커지면 Keyhole Mode의 용접이 진행되고 과도한 용입이 발생할 수 있다.

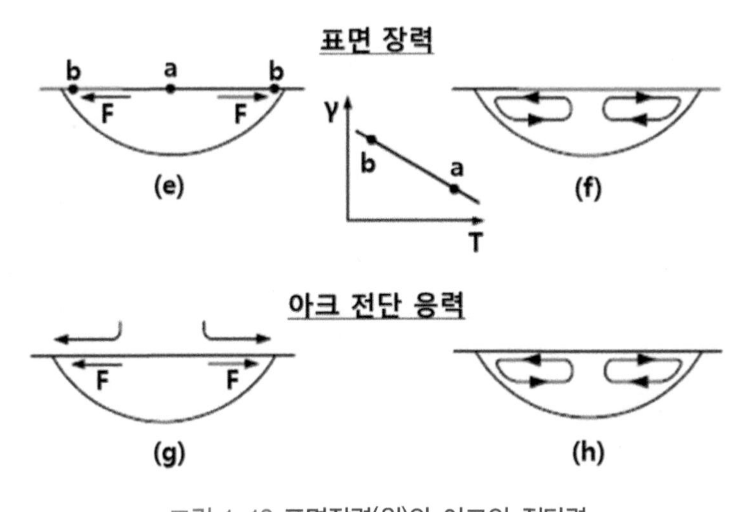

그림 1-12 표면장력(위)와 아크의 전단력

1.6 금속의 기화(Metal Evaporation)

전기아크의 높은 열에 의해 용탕에서 금속 성분의 기화가 발생한다. 이렇게 기화된 금속 증기로 인해 금속성분이 손실되고 스패터가 발생할 수 있다.

1.6.1. 금속 성분의 손실

높은 열로 인해 금속 성분이 기화되어 손실이 발생할 수 있다. 금속 성분의 손실로 인해 용접부의 기계적 특성이 변하게 되며, 예를 들면 알루미늄 합금의 용접시에 합금원소 들어가 있는 마그네슘(Mg)이 기화되어 손실되면서 알루미늄 합금의 인장강도를 감소시키는 원인이 된다.

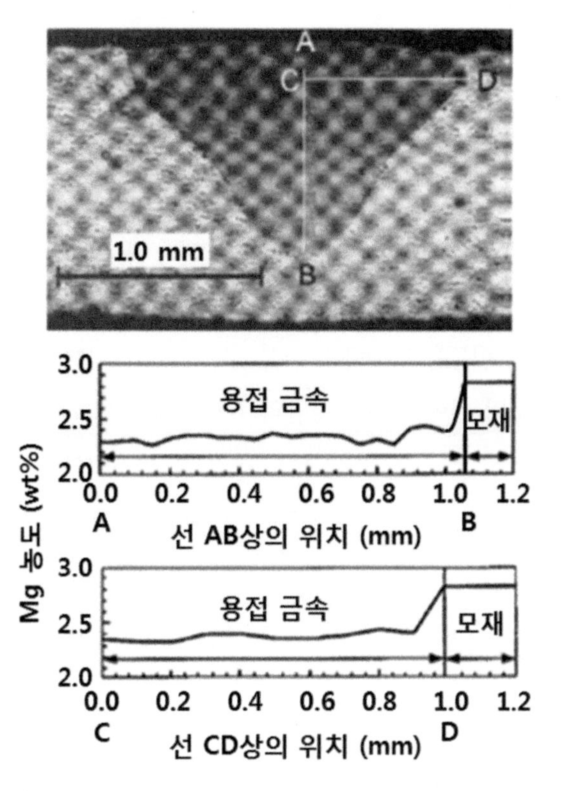

그림 1-13 Al-Mg 합금의 용접부 단면의 Mg 농도 변화

또한 강의 용접시에 용접 금속중에 망간(Mn)의 함량을 감소시켜서 강도를 떨어뜨리게 된다. 그림 1-14는 강 용접부 단면을 기준으로 망간 함량의 변화를 보여 주고 있다.

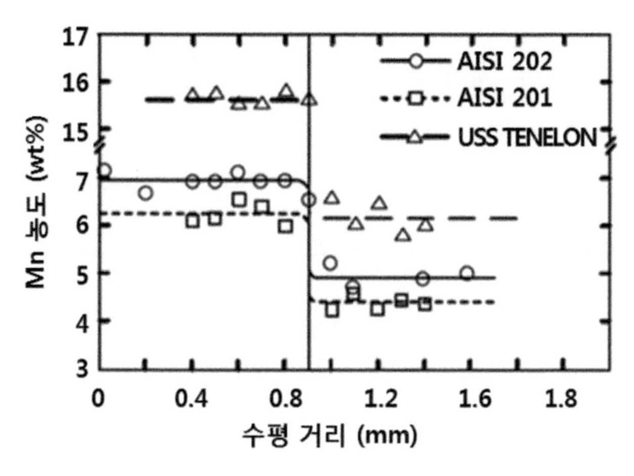

그림 1-14 강 용접부의 망간 함량 변화

1.6.2. 스패터 발생

온도가 높아질수록 해당 금속의 분압이 상승하게 되어 기화되어 증발하는 속도가 증가하게 된다. 즉, 기화 과정에 의해 발생하는 손실은 온도에 비례하여 많아진다.

용접과정에서 기화되어 손실되는 금속은 용융되는 금속의 이행을 방해하여 원하는 위치로 용융금속이 떨어지지 못하도록 하고 결국 스패터를 만들게 된다. 용융된 금속은 아크의 기둥을 따라 이동하게 되는 데, 이때에 높은 온도로 가열된 아크의 기둥 주변에서 금속성분이 기화하면서 용융되어 이행하는 용융금속의 이동을 방해하게 된다.

그림 1-15는 금속 원소의 기화 온도와 분압의 관계를 보여주고 있다.

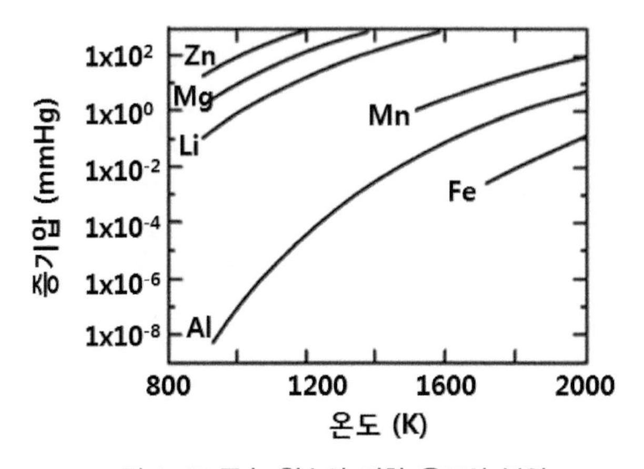

그림 1-15 금속 원소의 기화 온도와 분압

1.7 용접 이음 유형 및 용접 자세

대표적인 용접 이음 유형을 그림 1-16과 그림 1-17에 나타내었다. 그림 1-17의 용접 덧살(Reinforcement)과 토우(Toe)의 형상은 고온 균열 및 피로 파괴에 많은 영향을 미치는 요소이다. 과도한 덧살과 토우의 형성은 응력 집중부로 작용하여 피로균열에 취약하게 되나, 반대로 용접 후 냉각시 수축 응력을 감소시키므로 고온 균열에는 저항성이 높은 형상이다.

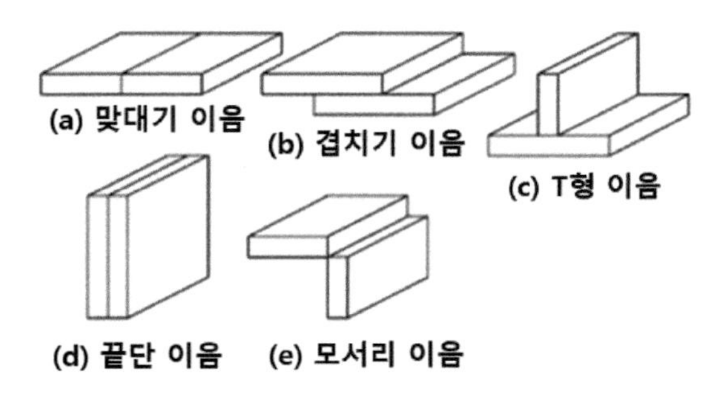

그림 1–16 다섯 가지 기본 용접 이음 유형

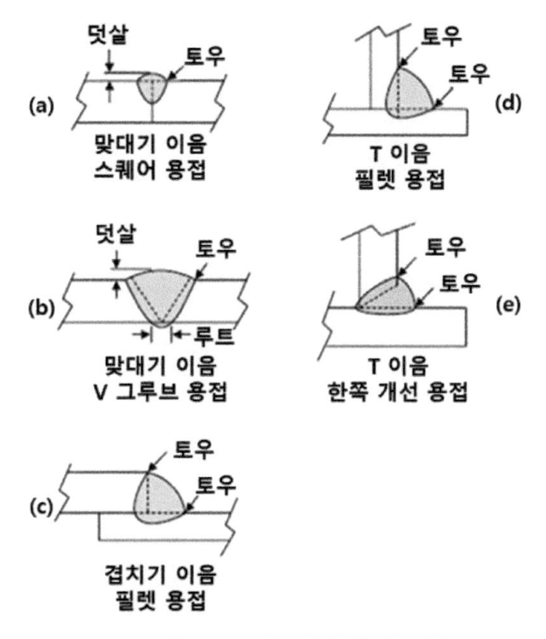

그림 1–17 대표적인 용접 이음

용접 자세는 그림 1–18과 같이 아래 보기, 수평 보기, 수직 보기, 위 보기의 네 가지 자세로 구분한다.

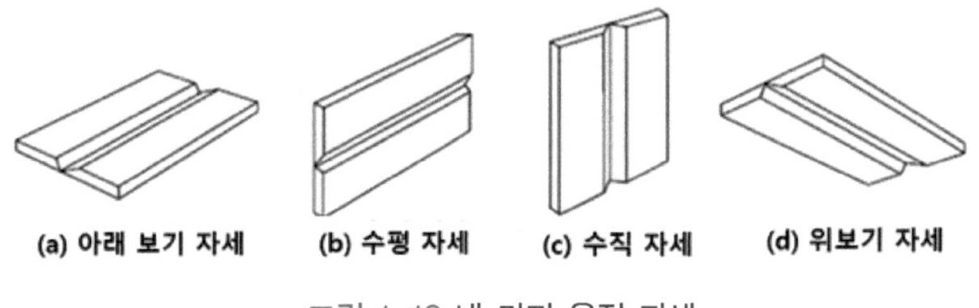

그림 1–18 네 가지 용접 자세

1.8 용접기 전원 특성

용접기 전원 특성을 알기 위해서는 먼저 전류와 전압의 역할과 의미에 대해 이해하여야 한다. 전류(電流)는 용탕의 흐름(Flow)을 의미하며, 용탕이 가지고 있는 열량과 모재에 가해지는 입열 및 그에 따른 용입을 의미하게 된다. 반면에 전압(電壓)은 용탕에 가해지는 압력(Pressure)을 의미하며, 아크의 길이와 비례하고 용접비드의 폭을 결정한다.

1.8.1. 정전류 특성

정전류(Constant Current) 특성은 용접기 전압의 변화 즉, 아크의 길이가 변화해도 전류의 변화가 작아 용접봉의 공급속도나 용융속도의 변화가 매우 작게 설계된 용접기 전원을 의미한다.

대부분의 수동 용접이 이에 속하며, SMAW, GTAW, PAW들이 이에 속한다. 아래 그림 1-19에서 전압의 변화가 크게 발생해도 실선으로 표시된 A의 전원 특성은 B의 전원 특성에 비해 용접기의 용접 전류의 변화가 매우 작게 일어남을 알 수 있다.

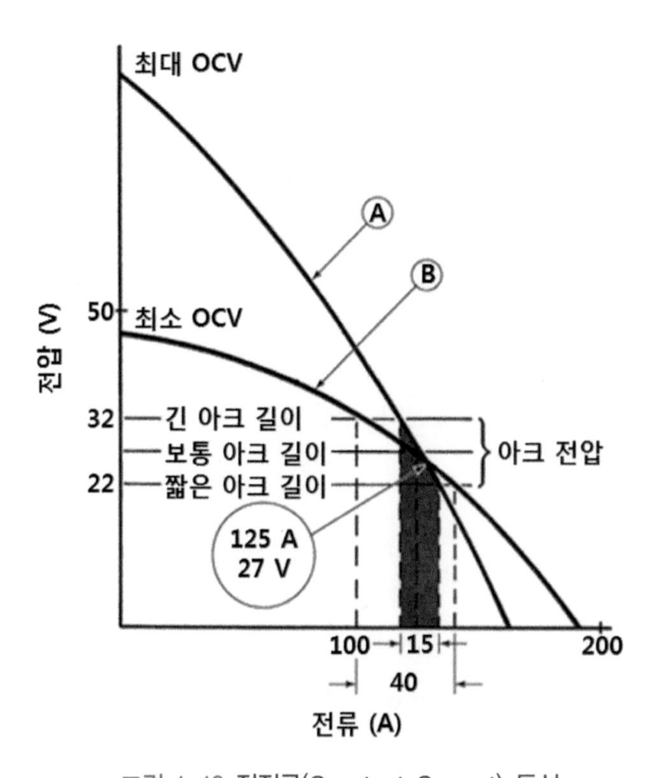

그림 1-19 정전류(Constant Current) 특성

1.8.2. 정전압 특성

정전압(Constant Voltage) 용접기 전원은 자동으로 용접봉이 공급되는 용접방법에서 적용되는 전원특성이다. 용접봉의 공급 속도는 전류와 관계 있는데, 용접전류가 다소 변화하여도 전압의 변화가 극히 작은 것이 정전압특성의 특징이다. GMAW, FCAW, SAW등에서 채택하고 있다.

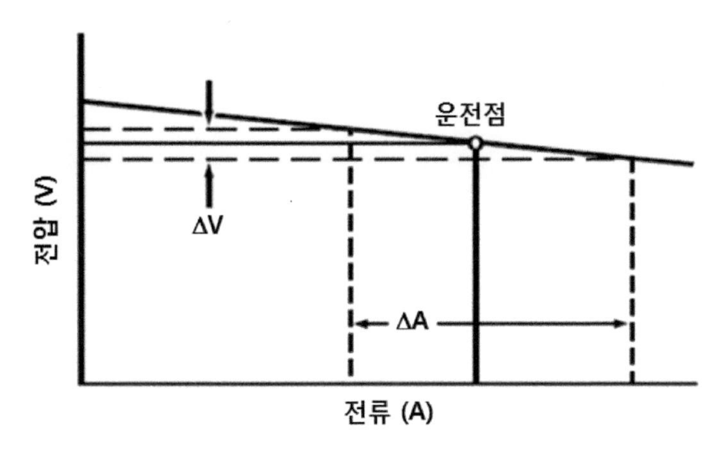

그림 1-20 정전압(Constant Voltage) 특성

정전압 특성의 용접기를 사용하면, 용접전류의 변화에 따라 용접봉의 공급 속도가 달라지게 되는 자동용접에서 아래와 같이 용접봉 공급속도에 변화가 발생하여도 늘 일정한 길이의 아크(Arc)가 만들어 질 수 있다.

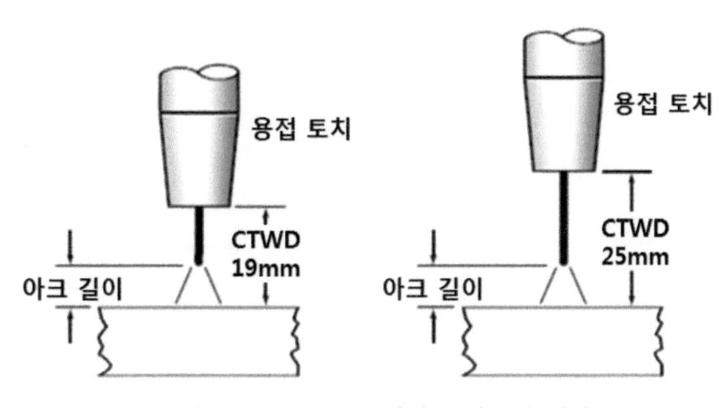

그림 1-21 정전압 특성에서 아크의 길이

참고문헌

1 DebRoy, T., in International Trends in Welding Science and Technology, Eds. S.A. David and J. M. Vitek, ASM International, Materials Park, OH, 1993, p.18.

2 Pastor, M., Zhaq, H., Martukanitz, R.P., and Debroy, T., Weld. J, 78: 207s, 1999.

3 Block Bolten, A., and Eager, T. W., Metall. Trans., 15B: 461, 1993.

용접 Process

용접 기법은 매우 다양한 방법들이 적용되고 있으며, 금속을 접합하는 과정이 열간에서 이루어지는 것과 냉간에서 이루어지는 것 그리고 각 용접기법에 적용되는 에너지 발생원이 무엇이냐에 따라 다양하게 구분한다. 이하에서 명기한 구분은 미국 AWS(American Welding Society)에 따른 구분이며, 이장에서는 금속을 용융하여 접합하는 용접법 중에 가장 대표적인 용접법의 장점과 단점에 대해 간단하게 논하도록 하겠다.

2.1 개요

2.1.1. 용접 Process 종류

용융 용접법은 크게 가스 용접, 아크 용접 및 고 에너지 빔 용접의 세 가지로 아래와 같이 구분할 수 있다.

1) 가스 용접

- 산소 아세틸렌 용접 (OAW, Oxyacetylene Welding)

2) 아크 용접

- 피복 아크 용접(SMAW, Shielded Metal Arc Welding)
- 가스 텅스텐 아크 용접(GTAW, Gas Tungsten Arc Welding)
- 플라즈마 아크 용접(PAW, Plasma Arc Welding)
- 가스 메탈 아크 용접(GMAW, Gas Metal Arc Welding)
- 플럭스 코어드 아크 용접(FCAW, Flux Cored Arc Welding)
- 잠호 용접(SAW, Submerged Arc Welding)
- 일렉트로 스래그 용접(ESW, Electroslag Welding)

3) 고 에너지 빔 용접

- 전자빔 용접(EBW, Electron Beam Welding)
- 레이져 빔 용접(LBW, Laser Beam Welding)

일렉트로 스래그(Eelctroslag) 용접은 용접 개시 초기에 아크가 발생되기는 하지만 이후의 용접과정을 엄밀하게 구분하면 아크 용접은 아닌 것으로 평가할 수 있으나, 편의상 아크 용접 방법으로 구분하여 설명하도록 하겠다.

2.1.2. 열원의 에너지 밀도에 따른 용접 방법별 특성 비교

가스 용접, 아크 용접, 고 에너지 빔 용접의 열원은 각각 가스 불꽃, 전기 아크, 고 에너지 빔이며, 에너지 밀도는 고 에너지 빔이 가장 높고 가스 불꽃이 가장 낮다. 이로 인해 용융 용접에 필요한 입열량은 그림 1-22와 같이 에너지 밀도가 낮은 가스 용접이 가장 크며, 에너지 밀도가 높은 고 에너지 빔 용접이 가장 작다. 가스 용접은 에너지 밀도가 낮아 용접부를 용융되기까지 많은 열을 가하게 되어 열영향부가 커지며, 이로 인해 열영향부 입자 성장에 의한 강도 저하 및 취성 증가와 소재의 변형 등으로 기계적 특성이 저하된다. 반면에 고 에너지 빔 용접은 입열량이 작아 열영향부가 작고 높은 품질의 용접부를 얻을 수 있다.

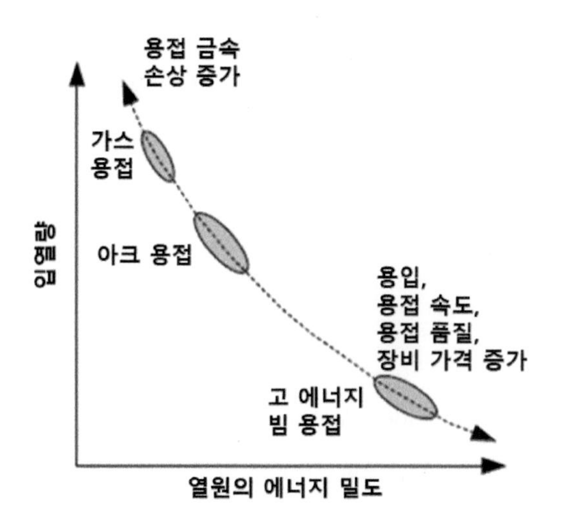

그림 1-22 열원의 에너지 밀도와 입열량과의 관계[10]

일반적으로 입열량 증가로 인해 입자가 조대화되며 이에 따라 강도가 저하하며, 그림 1-23과 같은 입열량과 강도와의 관계로 나타낼 수 있다.

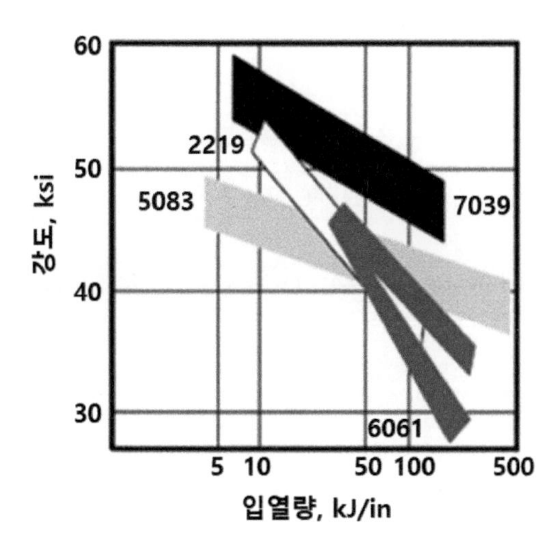

그림 1-23 단위 두께 및 단위 길이 당 입열량에 따른 강도의 변화[1]

에너지 밀도가 높은 용접 방법이 입열량이 적어 그림 1-24와 같이 용접변형이 적고, 장비 투자비는 증가하나 생산성은 높다.

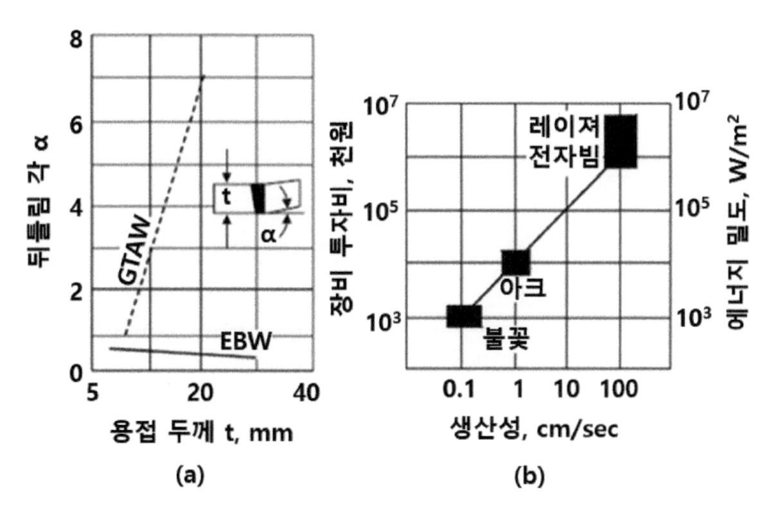

(a) 각 변형 (b) 장비 투자비 및 생산성[1]

그림 1-24 용접 방법에 따른 변형 및 생산성 비교

각 재질별 적합한 용융 용접 방법을 표 1-2에 정리하였고, GMAW 용접 방법은 대부분 재질의 모든 두께에 적용가능하나 GTAW 용접 방법은 비교적 얇은 두께에 적합한 용접방법임을 알 수 있다. 또한 플럭스를 사용하는 SMAW, SAW, FCAW, ESW 용접방법은 알루미늄 합금 용접에 적합하지 않을 것을 알 수 있다.

표 1-2 재질별 용접방법 예시

재료	두께	SMAW	SAW	GMAW	FCAW	GTAW	PAW	ESW	OFW	EBW	LBW
탄소강	S	O	O	O		O			O	O	O
	I	O	O	O	O	O			O	O	O
	M	O	O	O	O				O	O	O
	T	O	O	O	O			O	O	O	
저합금강	S	O	O	O		O			O	O	O
	I	O	O	O	O	O				O	O
	M	O	O	O	O					O	O
	T	O	O	O	O			O		O	
스테인리스강	S	O	O	O		O	O		O	O	O
	I	O	O	O	O	O	O			O	O
	M	O	O	O	O		O			O	O
	T	O	O	O	O			O		O	
주철	I	O							O		
	M	O	O	O	O				O		
	T	O	O	O	O				O		
Ni 합금	S	O		O		O	O			O	O
	I	O	O	O		O	O		O	O	O
	M	O	O	O			O			O	O
	T	O		O				O		O	
Al 합금	S			O		O	O		O	O	O
	I			O		O				O	O
	M			O		O				O	
	T			O						O	

두께 약어 : S ~3mm, I 3~6mm, M 6~19mm, T 19mm~
O : 추천 용접 방법

2.2 산소 아세틸렌 용접

산소 아세틸렌 용접은 산소와 아세틸렌 가스를 연료로 하여 고온의 불꽃을 만들어 용접에 사용한다. 산소 아세틸렌 용접은 아세틸렌 가스와 산소의 연소 과정에서 발생하는 화학 반응의 열을 활용하는 용접으로서 화학 용접 방법(Chemical Welding)으로 구분하기도 한다.

2.2.1. 용접 방법 및 장비

산소 아세틸렌 용접에서 용접열은 화학 반응으로, 용융 금속의 보호는 용접 불꽃(Flame)으로 해결하며 플럭스 또는 외부의 보호 가스 등은 요구되지 않는다.

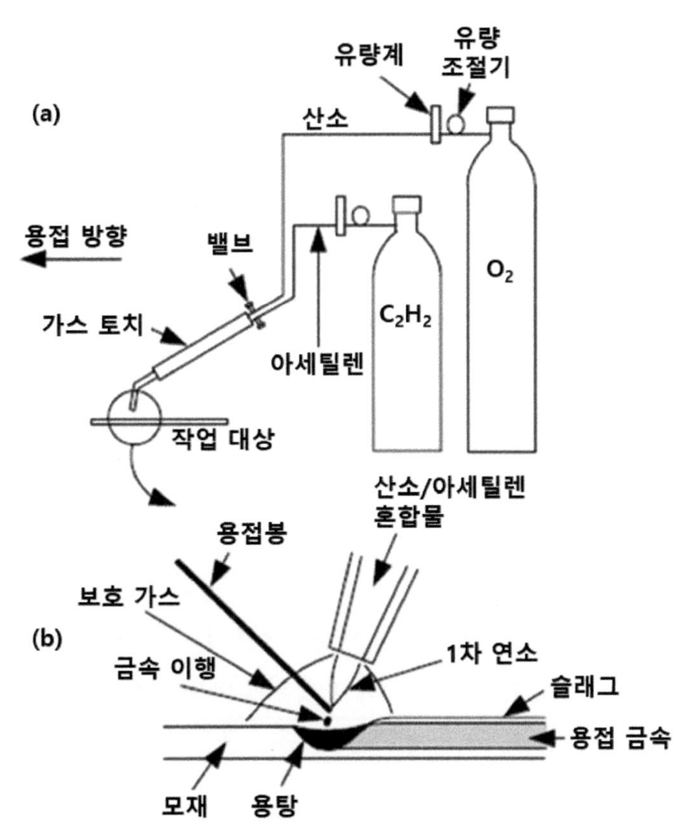

(a) 용접 전체 형상 (b) 용접부 확대 형상

그림 1-25 산소 아세틸렌 용접

산소 아세틸렌 용접 장비는 비교적 간단하다. 그림 1-25(a)는 산소 아세틸렌 용접의 제반 장치를 소개하고 있다. 산소 탱크(고압용, 2200psi), 아세틸렌(Acetylene) 탱크(저압, 15psi 이하), 감압 밸브(Pressure Regulator), Torch 및 연결 호스(Horse)등으로 구성된다.

아세틸렌 탱크는 시멘트처럼 내부에 구멍이 많은 물질로 채워져 있다. 아세틸렌은 탱크 안에서 액상 아세톤(Liquid Acetone)으로 녹아 있다가 사용할 때는 기체로 분출되어 사용되며, 아세틸렌 가스는 15psi 이상의 압력에서 충격을 받으면 산소가 없어도 폭발되기 때문에 취급에 매우 조심해야 한다. 또한 아세틸렌 가스는 액체 속에 저장되어 있기 때문에 아세틸렌 탱크는 항상 세워진(Upright) 상태로 사용되어야 한다. 산소 및 아세틸렌 탱크의 입구에는 감압 밸브(Pressure Regulator)가 설치되어 가스를 사용 압력으로 감압한 후 연결 호스를 통하여 Torch에 공급한다. 산소와 아세틸렌 가스는 토치(Torch) 내부의 혼합 부위에서 섞인 후 연소되며, 각 가스의 혼합 비율은 토치(Torch)의 조정 밸브를 사용하여 조정된다.

2.2.2. 용접 불꽃 유형

1) 중성 불꽃(Neutral Flame)

동일한 양의 산소(O_2)와 아세틸렌(C_2H_2)이 혼합되어 용접 토치의 팁에서 연소되는 불꽃이 중성 불꽃이다. 중성 불꽃은 그림 1-26 (a)와 같이 짧은 안쪽 불꽃(Inner Cone)과 긴 바깥쪽 불꽃(Outer Envelope)을 갖는다.

그림 1-27과 같이 안쪽 불꽃(Inner Cone)은 1차 연소반응으로 전체의 2/3 가량 열량이 발생하며, 공급되는 산소와 아세틸렌의 연소 반응에 의해 일산화탄소와 수소가 생성되며 반응에 수반하여 열이 발생한다.

바깥쪽 불꽃(Outer Envelope)은 2차 연소반응으로 전체의 1/3 가량의 열량이 발생하며, 1차 연소반응에 의해 생성된 일산화탄소와 수소가 대기중의 산소와 반응하여 이산화탄소와 물이 생성되며 반응에 수반하여 열이 발생한다. 2차 연소반응에 의해 대기 중의 산소가 소비되어 용접 금속의 산화가 방지되어 보호된다. 대부분의 금속은 이 중성 불꽃을 이용하여 용접한다.

2) 환원 불꽃(Reducing Flame)

산소보다 많은 양의 아세틸렌을 사용하여 환원 불꽃으로 부른다. 불꽃 모양은 1차 불꽃과 2차 불꽃 사이에 잉여 아세틸렌에 의한 깃털 모양의 불꽃이 보이는 형상이다.

환원 불꽃은 금속의 산화 경향성이 높은 알루미늄의 용접에 사용하여 알루미늄 금속의 산화를 방지한다.

고탄소 탄소강은 용접 중 산소와 반응하여 CO가스를 생성하여 용접부에 기공을 형성하는 경향이 높다. 고탄소 탄소강의 용접부에도 기공 생성을 방지하기 위해 환원 불꽃을 사용한다.

3) 산화 불꽃(Oxidizing Flame)

산소의 양을 많이 사용하면 연소 후에 연소되지 않은 산소가 남는 산화 불꽃이 된다. 산화불꽃은 아주 짧은 백색의 1차 불꽃이 있는 형상이다.

황동의 용접시 Zn의 기화를 방지하기 위해 산화 불꽃을 사용한다. 황동(Brass)는 Cu-Zn 합금이며 용접 중 Zn이 기화되어 소실되는 문제가 있다. 황동을 산화 불꽃을 이용하여 용접하면 잉여 산소가 용탕 표면에 구리의 산화물을 형성하여 Zn의 기화를 억제하는 장점이 있다.

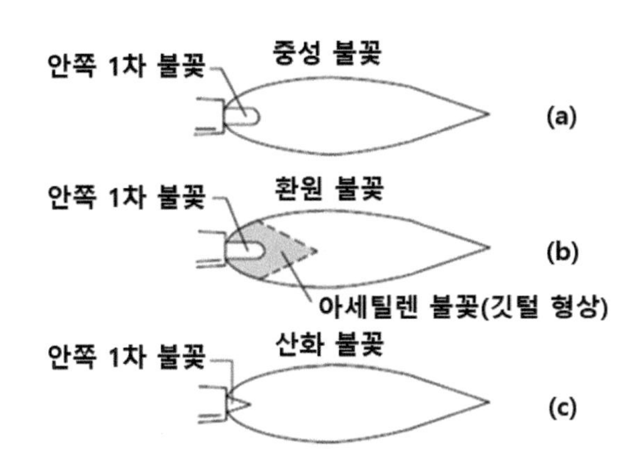

그림 1-26 산소 아세틸렌 용접에서 세 가지 유형의 불꽃[11]

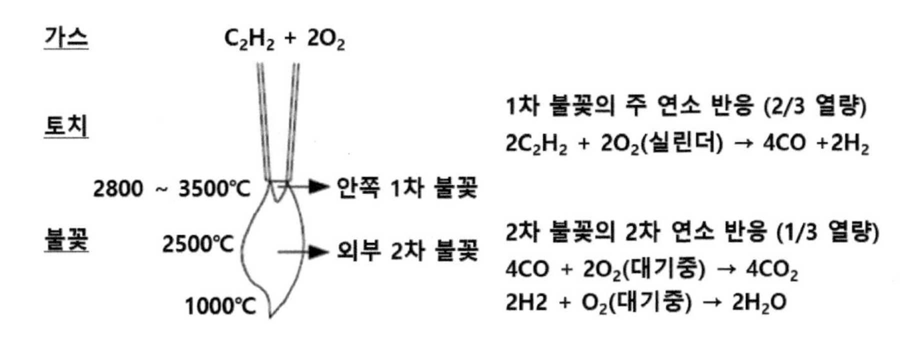

그림 1-27 중성 산소 아세틸렌 불꽃에서 화학 반응 및 온도 분포

2.2.3. 장점 및 단점

산소 아세틸렌 용접은 장비가 간단하여 저렴하며, 장비 유지 보수가 용이하다. 반면에 낮은 에너지 밀도로 인하여 입열량은 많고, 용접 속도는 느리며, 용접 열 영향부가 크고, 용접부의 변형이 큰 단점이 있다. 또한 산소 아세틸렌 용접은 보호가스를 사용하지 않아 용접 금속의 보호가 어려우므로 티타늄과 지르코늄과 같은 반응성이 높은 금속의 용접에는 적용이 어렵다.

2.3 피복 아크 용접(SMAW)

피복아크용접(Shielded Metal-Arc Welding)은 피복제(Flux)를 도포한 용접봉과 피용접물 사이에 전기 아크(Electric Arc)를 발생시켜 그 아크열에 의해 용접을 행하는 방법으로서 각종 용접법 중 가장 널리 사용되고 있다. 그 이용 범위는 연강, 고장력강, 저합금강, 스테인리스강, 비철금속, 주철 및 표면경화육성 등 광범위한 금속 재료에 적용되고 있다. 간혹 수동아크용접이라고 하여 Manual Metal Arc Welding(MMAW)로 불리기도 하는 데, 공식적인 용어는 아니다. 이하에서는 편의상 SMAW로 구분하여 설명한다. 전기아크용접은 1881년 Meritens가 최초로 탄소아크용접을 행한 이래, 1907년 Oscar Kjellberg가 현재의 피복아크용접봉으로 발전시킨 긴 역사를 가지고 있다.

2.3.1. 용접 방법 및 장비

그림 1-28과 같이 전원의 한쪽 단자는 전극 홀더에 연결되고, 다른 쪽 단자는 용접 대상 금속에 연결된다. 용접봉의 금속 심을 통해 전기가 흘러 용접봉과 용접 대상 금속 사이에서 아크가 발생한다. 아크 열에 의해 용접봉 심 금속과 피복재인 플럭스가 용융되어 물방울 형태로 용탕에 공급된다. 금속은 용탕에 모여 응고되며, 용융된 플럭스는 비중이 낮으므로 용탕 표면에서 응고되어 용접부 표면에 슬래그 층을 형성한다.

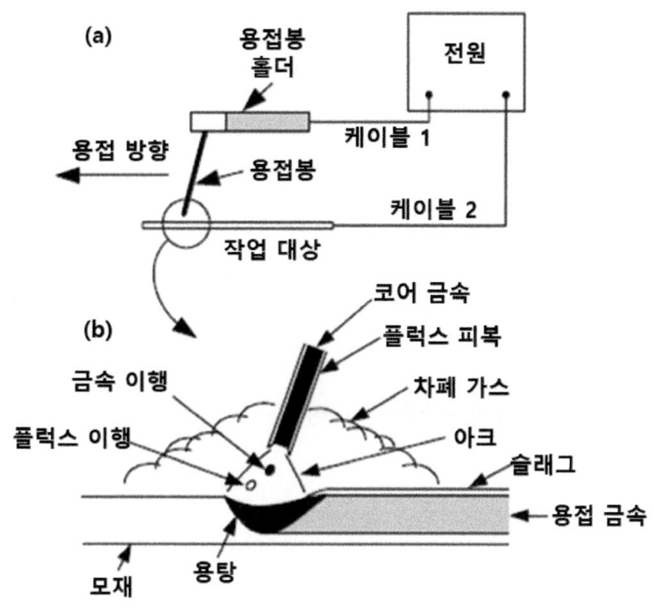

(a) 용접 전체 형상 (b) 용접부 확대 형상

그림 1-28 **피복 아크 용접**

2.3.2. 용접봉 피복의 역할

용접봉 피복은 여러 기능을 하며, 이를 위해 여러 가지 화학물질 및 금속 분말을 포함하고 있다. 용접봉 피복은 보호 가스 공급, 탈산제, 아크 안정화제, 합금 원소 공급 및 슬래그를 통한 용접부 지지 및 보호의 기능을 갖고 있다.

1) 보호 가스 공급

용접봉 피복은 대기로부터 용탕의 금속을 보호하기 위해 보호 가스를 공급한다. 셀루로스(Cellulose) 타입의 용접봉은 피복제가 셀루로스($C_6H_{10}O_5$)를 포함하고 있으며, 피복제가 열을 받아 분해되어 H_2, CO, H_2O, CO_2의 혼합 가스를 생성한다.

라임스톤(Limestone) 타입의 용접봉은 라임스톤(석회석, $CaCO_3$)을 포함하고 있으며 열분해되어 CO_2 가스와 CaO 슬래그를 생성한다. 라임스톤 타입의 용접봉은 생성 가스에 H_2 함량이 낮아 저수소계 용접봉으로 분류되며, 고 강도강과 같이 수소 균열에 민감한 재질의 용접에 사용된다.

2) 탈산제

Al, Si과 같은 탈산제를 용접부에 제공하여 용접부의 산화를 방지한다.

3) Arc 안정화제

아크는 전기가 흐르는 플라즈마 형태의 이온 가스이다. 칼륨옥산산(Potassium Oxalate, $K_2C_2O_4$), 탄산리튬(Lithium Carbonate, Li_2CO_3) 아크 안정화제는 쉽게 이온으로 분해되어 아크의 전기 전도도를 높여준다. 이로 인해 아크에서 전류가 좀더 쉽게 흐를 수 있게 되어 아크가 좀더 안정화 된다.

4) 합금 원소 공급

용탕에 합금 원소를 공급하여 용접 금속의 조성을 조절할 수 있도록 한다. 또한 금속 분말을 용탕에 공급하여 증착 속도를 높이는 역할을 한다.

5) 슬래그

슬래그는 응고 후 가열된 금속의 표면을 대기와 차폐하여 금속 표면의 산화를 방지하는 역할을 한다. 이외에 용접부 세정 목적의 용제를 공급하는 역할도 있다.

2.3.3. 장점과 단점

다른 아크 용접 방법과 비교하여 장비가 간단하고 저렴하다. 이런 이유로 설비 유지보수 및 건설 등에서 폭넓게 많이 사용되는 용접 방법이다. 그러나 보호 가스의 기능이 불충분하여 알루미늄과 티타늄 같은 반응성 금속의 용접에는 사용이 어렵다. 또한 과도한 전류가 흐르는 경우 피복제가 과열되어 탈락할 위험이 있어 용접 속도가 제한된다. 용접봉 길이(약 35cm)의 제한으로 용접봉을 자주 교체하여야 하며 이로 인해 전체적인 용접 효율은 나쁘다.

2.3.4. 전원 특성

1) 전원의 선택

(1) 직류

직류는 교류에 비해 극성변화가 없기 때문에 아크가 안정적이고, 부드러운 용접금속 이행을 만든다. 대부분의 용접봉은 역극성 상태로 설정이 되어 있다. 역극성으로 용접을 시행하면 좁고 깊은 용입을 얻을 수 있으며, 정극성으로 용접을 하면 평활하고 넓은 용접 비드를 높은 용착속도로 얻을 수 있는 장점이 있다.

각 극성별 용접부의 특성은 가스텅스텐아크용접(GTAW)과는 반대의 양상을 보이고 있으며, 이는 열전자의 역할이 아닌 플라즈마 이온과 용융된 금속에 의해 열이 전달되는 특징을 가지고 있기 때문이다.

표 1-3 피복아크(SMAW) 직류 용접의 극성과 특징

분 류	극 성	특 징
역극성 (DCEP, DCRP)	용접봉 : + 모재 : −	모재의 용입이 깊다. 용접봉의 용융속도가 늦다. 비드폭이 좁다. 가장 보편적이다.
정극성 (DCEN, DCSP)	용접봉 : − 모재 : +	모재의 용입이 얕다. 용접봉의 용융속도가 빠르다. 비드폭이 넓다. 박판, 주철, 합금강, 비철금속 등에 주로 이용된다.

직류 용접은 용탕의 젖음성(Wetting)이 좋아서 쉽게 모재와 융착이 되고 낮은 전류로 균일한 용접비드를 얻을 수 있어서 얇은 구조물의 용접에 적합하다. 직류는 짧은 아크로 수직(Vertical) 혹은 위보기(Overhead) 자세에 적합하며, 용접금속의 입상이행(Globular) 과정에서 단락의 위험성이 작다. 하지만 직류로 용접을 하게 되면, 아크쏠림(Arc Blow) 현상이 발생하여 부적절한 용접이 이루어질 위험성이 있다.

직류용접에서는 용접봉을 음극(−)에 연결하면 정극성(direct current electrode negative, DCEN, direct current straight polarity, DCSP)이라 하고 이와 달리 용접봉을 양극(+)에 연결하면 역극성 (direct current electrode positive, DCEP, direct current reverse polarity, DCRP)이라 한다.

가장 널리 사용되는 극성은 직류역극성(DCEP)으로 플라즈마 이온과 용융 금속의 열전달로 인해 모재의 용입이 깊은 특성이 있다. 직류역극성으로 용접을 하게 되면, 전체 용접 발열량의 60~75%는 양극에, 나머지 25~40%는 음극에 발생하므로 그 온도가 양극은 약 4200℃ 음극은 약 3600℃ 정도이다.

직류용접의 극성은 용접봉, 심선의 재질, 피복제의 종류, 용접이음의 모양, 용접자세 등에 따라 선정되지만 교류용접에서는 극성이 없고 모재와 용접봉의 발열량이 서로 같다.

(2) 교류

SMAW용접에서 교류의 장점은 아크쏠림(Arc Blow)의 위험성이 없다는 점과 전력소모 비용이 작다는 것이다. 또한 용접기가 복잡하지 않고 가격도 경제적인 이점이 있다. 또한 상대적으로 용접봉의 크기를 굵게 가져갈 수 있으며, 높은 전류의 사용이 가능하다. 철계(Iron Powder)를 플럭스로 사용하는 경우에는 높은 전류의 교류 용접에 가장 적합하게 설정되어 일반 용접봉 보다 1.5배 빠른 용접속도를 얻을 수 있다.

2.3.5. 전류

용접봉이 녹는 용착속도는 전류의 크기에 비례하며, 각 용접봉은 크기와 종류에 따라 적절한 전류영역이 제시된다. 적정 전류 수준에서 벗어난 상태에서 용접을 하게 되면, 안정적인 용접이 진행되지 않는다. 또한 전류는 용착 금속의 양을 결정하게 되며, 이는 모재에 가해지는 입열량과도 비례한다. 즉 높은 전류를 사용하게 되면, 많은 양의 용탕이 만들어 지고 이는 곳 큰 입열량으로 깊은 용입을 만들게 된다.

2.3.6. 전압

전압은 아크(Arc)의 길이와 관계가 있으며, 전자기력으로 용탕을 누르는 힘으로 작용한다. 아크의 길이가 길어지면 전압이 상승하게 되고 용접 비드가 넓게 퍼지게 된다. 전압은 용접봉의 종류, 크기, 피복재의 종류, 전류 및 용접 자세에 따라 변화한다. 용접 전압은 전류와 용접봉의 크기가 커짐에 따라 증가한다.

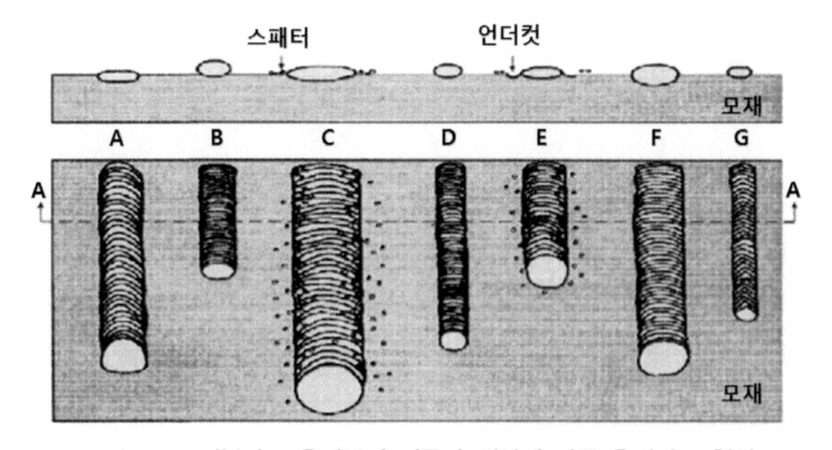

그림 1-29 **피복아크 용접부의 전류와 전압에 따른 용접비드 형상**

A. 전류, 전압, 용접속도가 가장 정상적으로 이루어진 용접금속이다.
B. 전류가 너무 낮아서 충분한 용탕을 만들지 못하고, 입열이 작아서 모재에 용입이 되지 않았다.
C. 전류가 너무 많아서 많은 용탕이 형성되었고, 과다하게 형성된 용탕이 튀어 나와 스패터(스패터)가 되었다.
D. 전압이 너무 작아서 용탕을 누를 수 있는 힘이 부족하고 입열이 작아서 모재를 충분하게 녹이지 못했다.
E. 전압이 너무 크다 보니 입열이 커지고 모재를 녹여서 언더컷(Undercut)을 만들었다.
F. 너무 느린 용접 속도로 인해 지나치게 깊은 용입을 만들었다.
G. 너무 빠른 용접속도로 인해 모재에 충분한 열이 가해지지 않아서 깊은 용입을 만들지 못했다.

너무 짧은 아크의 길이는 낮은 전압을 의미하며, 용접금속의 이행중에 단락(Short)을 초래한다. 너무 긴 아크 길이는 높은 전압을 의미하며, 이는 아크의 방향성과 집중성을 유지하기 어려워 용착 효율이 저하하고 피복재로부터 발생하는 보호가스의 효율도 저하하여 과다한 기공 발생과 산소, 질소등에 의한 용접금속의 오염을 초래한다. 특히 아크쏠림이 발생할 경우에는 아크의 길이를 짧게 가져가야 한다.

전류와 전압의 상관 관계와 용접속도의 개념을 이해하면, 현장에서 발생하는 용접부의 모양을 보고 용접 조건을 조정할 수 있는 능력이 생긴다.

그림 1-29는 각 조건에서 SMAW 용접으로 만들어진 용접금속의 모습이다.

2.4 가스 텅스텐 아크 용접(GTAW)

가스 텅스텐 아크용접(Gas Tungsten Arc Welding)은 텅스텐 전극(Tungsten Electrode)와 모재 혹은 용탕(Weld Pool) 사이에 발생하는 아크열을 이용해서 아르곤(Ar, Argon)이나 헬륨(He, Helium)등과 같은 비활성 기체의 보호가스 분위기에서 용접봉(Bare Solid Wire)을 녹이거나 직접 모재만을 녹여서 용접을 진행하는 방법이다.

1940년대를 넘어가면서 알루미늄과 마그네슘 등의 용접에 적용되면서 그 활용도가 매우 확대되고 있는 용접기법이다. 슬래그 형성이 없으며, 외부에서 공급되는 보호 가스 분위기에서 고품질의 용접이 진행된다.

유럽에서는 비활성기체를 사용하고 텅스텐 전극으로 용접을 진행한다고 해서 Metal Inert Gas Welding(MIG) 혹은 Tungsten Inert Gas Welding(TIG)라고 부른다. 이하에서는 편의상 GTAW로 명칭을 정하여 구분한다. 고 품질의 용접 금속을 얻고자 하는 곳에 광범위하게 적용되는 용접방법으로서 주로 초층(Root Pass) 용접이나 박판의 용접 및 소구경의 배관 용접 등에 적용된다.

2.4.1. 용접 방법 및 장비

가스 텅스텐 아크 용접(GTAW)은 그림 1-30과 같이 텅스텐 전극과 금속 사이에서 발생한 아크를 이용하여 금속을 용융시켜 접합하는 용접 방법이다. 텅스텐 전극이 설치되어 있는 토치는 전원의 한쪽 단자와 보호 가스 용기에 그림 1-30 (a)와 같이 연결되어 있다. 텅스텐 전극은 일반적으로 컨택 튜브(Contact Tube)라고 불리는 수냉 카파 튜브와 그림 1-30 (b)와 같이 접촉하여 과열되지 않도록 냉각된다. 접합할 금속에 전원의 다른 쪽 단자가 연결된다. 보호 가스는 토치 노즐을 통해 용탕으로 분출되어 용탕을 대기로부터 보호한다. 또한 가스 텅스텐 아크 용접(GTAW)은 보호 가스로 아르곤과 헬륨 같은 불활성 가스를 사용한다. 위와 같은 이유로 GTAW는 SMAW 보다 차폐 성능이 우수하다. 보호 가스로 불활성 가스를 사용한다고 하여 GTAW를 TIG(Tungsten Inert Gas)로 부르기도 하나, 특별한 경우 보호 가스에 일부분 비 불활성 가스를 혼합하여 사용하기도 하므로 TIG 보다는 GTAW가 좀더 정확한 용어이다. 제살 용접이 아닌 경우 용접봉은 수동 또는 자동으로 공급 할 수 있다.

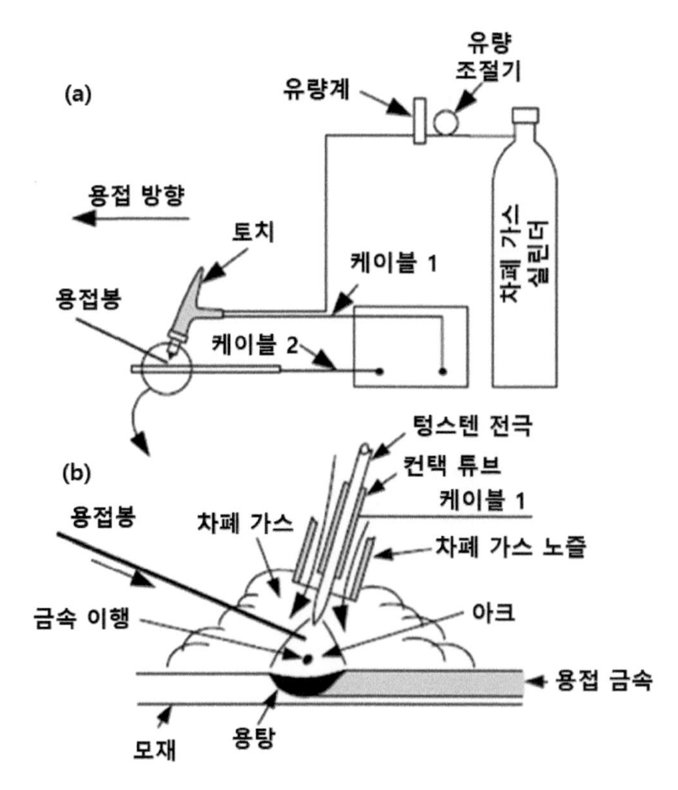

(a) 용접 전체 형상 (b) 용접부 확대 형상

그림 1-30 가스 텅스텐 아크 용접(GTAW)

2.4.2. 극성(Polarity)

극성은 모재와 용접기의 전원 연결에 따른 구분이다. 극성에 따라 용접부의 용입과 입열이 달라지게 되며, 모재의 종류에 따라 청정 효과를 기대할 수도 있다.

1) DCEN(Direct Current Electrode Negative)

직류 정극성(DCSP, Direct Current Straight Polarity)으로 부르기도 하며, GTAW에서 가장 일반적으로 사용하는 극성으로 그림 1-31 (a)와 같이 텅스텐 전극이 전원의 음극 단자에 연결된다. 텅스텐 전극에서 높은 에너지를 가진 열전자가 방출되어 용접 대상 금속으로 이동하며, 이때 높은 에너지가 열전자와 함께 용접 대상 금속으로 전달된다. 이로 인해 용접 금속쪽 아크에서 2/3의 에너지가 발생하며, 전극쪽에는 1/3의 에너지만 발생한다. 결과적으로 용탕의 폭이 비교적 좁고 깊은 형상을 갖는다.

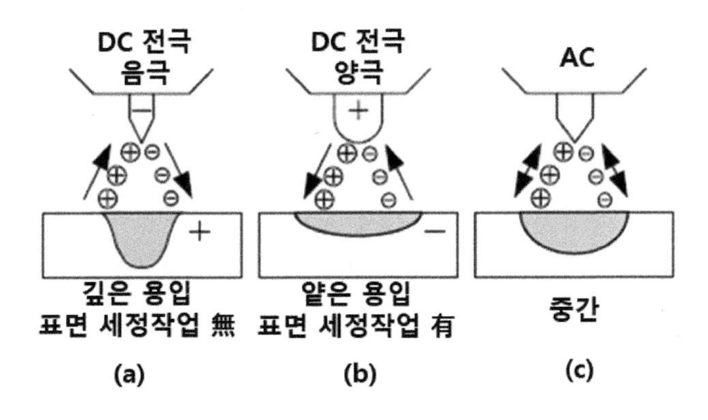

그림 1-31 GTAW의 세 가지 극성

2) DCEP(Direct Current Electrode Positive)

직류 역극성(DCRP, Direct Current Reverse Polarity)으로 부르기도 하며, 그림 1-31 (b)와 같이 텅스텐 전극이 전원의 양극 단자에 연결된다. 열전자가 주로 텅스텐 전극을 가열하므로 용접 금속으로의 열전달률이 낮다. 이로 인해 넓고 얕은 용탕이 형성된다. 또한 과열로 인한 텅스텐 전극의 용융 탈락 현상이 발생할 경향이 높아진다. 이를 방지하기 위해서는 대구경 전극을 사용하거나 전극을 수냉하여야 한다. 낮은 용접 효율 및 전극 과열 등의 이유로 DCEP 극성은 잘 사용하지 않는다.

DCEP 극성은 그림 1-32와 같이 보호 가스의 양이온이 양극인 금속 표면에 충돌하며, 이로 인해 금속 표면의 산화막이 제거되는 청정 효과가 있다.

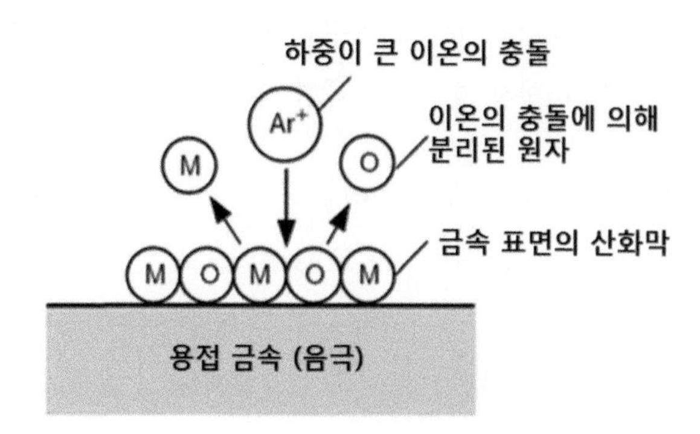

그림 1-32 GTAW의 DCEP 전극의 표면 청정 효과

3) 교류(AC, Alternating Current)

교류 사용으로 인해 그림 1-31 (c)와 같이 비교적 용입이 양호하고 청정 효과가 있다. 금속 표면에 치밀한 산화막 형성으로 용접전 산화막 제거가 필요한 알루미늄 및 마그네슘 합금의 용접에 자주 사용된다.

2.4.3. 텅스텐 전극

주로 세륨과 토륨이 2% 함유된 텅스텐 전극을 사용한다. 이 전극은 순수 텅스텐 전극에 비해 전자 방출 효율이 좋고 전기 저항이 낮아 아크가 좀더 안정하고 아크 발생도 쉽다. 또한 텅스텐 전극의 과열로 인한 용융 위험도 낮다.

2.4.4. 보호 가스

GTAW는 보호 가스로 아르곤 또는 헬륨 가스를 주로 사용한다. 보호 가스 종류별 특성은 아래 표와 같다. 아르곤 가스와 헬륨 가스의 이온화 에너지는 각각 15.7eV와 24.5eV이고 분자 중량은 각각 39.95 g/mol과 4.00 g/mol 이다.

아르곤 가스는 헬륨 가스에 비해 이온화 에너지가 낮으므로, 아크의 시동이 쉽고 아크에서의 전압 강하가 작다. 또한 아르곤 가스는 헬륨 가스에 비해 중량이 크므로 헬륨 가스에 비해 차폐 효과가 높고, 극성에 의한 역류 저항성이 높다. 또한 중량 효과로 인해 DCEP와 AC 극성에서 청정 효과가 크다. 추가적으로 비용적인 면에서 저렴하여 GTAW에서 많이 사용된다.

표 1-4 보호 가스의 특성

가스	기호	분자량 (g/mol)	비중 (1기압, 0℃)	밀도(g/L)	이온화 에너지 (eV)
아르곤	Ar	39.95	1.38	1.784	15.7
이산화탄소	CO_2	44.01	1.53	1.978	14.4
헬륨	He	4.00	0.1368	0.178	24.5
수소	H_2	2.016	0.0695	0.090	13.5
질소	N_2	28.01	0.967	1.25	14.5
산소	O_2	32.00	1.105	1.43	13.2

헬륨 가스는 이온화 에너지가 커서 고 전력의 용접이 용이해짐에 따라 두꺼운 소재의 용접이 용이하고 용접 속도가 빠른 장점이 있다. 또한 아크에서의 전력 강하가 커서 자동 용접에서 아크 길이 조정이 용이한 장점이 있다.

2.4.5. 장점 및 단점

GTAW는 다음과 같은 장점이 있다. 제한된 입열량으로 인해 비교적 얇은 소재의 접합에 적합하며, 용접봉의 용융 속도가 전류와 무관하게 조절가능하므로 모재와 용접봉의 희석률 및 입열량 조절이 용이하다. 또한 용접봉이 없는 제살 용접이 가능하며, GTAW는 매우 청정한 용접 방법이므로 티타늄, 지르코늄, 알루미늄, 마그네슘과 같은 반응성이 높은 금속의 용접에 적용할 수 있다.

GTAW는 다음과 같은 단점이 있다. 용접 속도가 느리며, 과도한 전류 사용시 텅스텐 전극의 용융으로 용접부에 텅스텐 개재물 생성 위험이 있다. 그러나 용접 속도가 느린 단점은 용접 와이어를 예열하여 사용하는 Hot Wire GTAW 용접 방법을 사용시 어느 정도 개선이 가능하다. 용접 Wire에 전류를 가하여 저항열에 의해 용접 Wire를 예열하여 용접 Wire의 용융 속도를 높이는 방법이다.

2.5 플라즈마 아크 용접(PAW)

플라즈마 아크 용접(Plasma Arc Welding)은 매우 높은 에너지 밀도의 이온화된 가스를 이용하여 용접을 진행하는 방법으로 GTAW와 마찬가지로 비소모성 텅스텐 전극을 사용한다. 용접 토치에는 전극 주위에 가스 챔버(Gas Chamber)를 형성하기 위한 노즐이 장착되어 있고 아크열에 의해 챔버안으로 유입되는 가스를 가열하게 된다. 고온으로 가열된 가스는 이온화 되고 전기적 극성을 가지게 된다.

이렇게 이온화 된 가스를 플라즈마라고 부르며 플라즈마가 노즐로부터 방출되는 온도는 약 16,700℃ 정도가 된다. 플라즈마 아크 용접은 높은 에너지 밀도로 거의 모든 금속을 전 자세에서 용접할 수 있는 장점이 있으나 용접 장비의 가격이 고가이므로 초기 설비비가 크다.

2.5.1. 용접 방법 및 장비

보호 가스 외에 오리피스(Orifice) 가스가 별도로 사용된다. 오리피스 가스는 텅스텐 전극과 오리피스 가스 노즐 사이에서 이온화 되어 플라즈마를 형성한다. 형성된 플라즈마는 오리피스 가스 노즐에 의해 집속되어 높은 압력으로 용접 금속으로 분사된다.

DCEN 극성을 일반적으로 사용하며, 청정 효과가 필요한 알루미늄 합금등을 위해 극성이 변동하는 용접 장비도 개발되어 사용되고 있다.

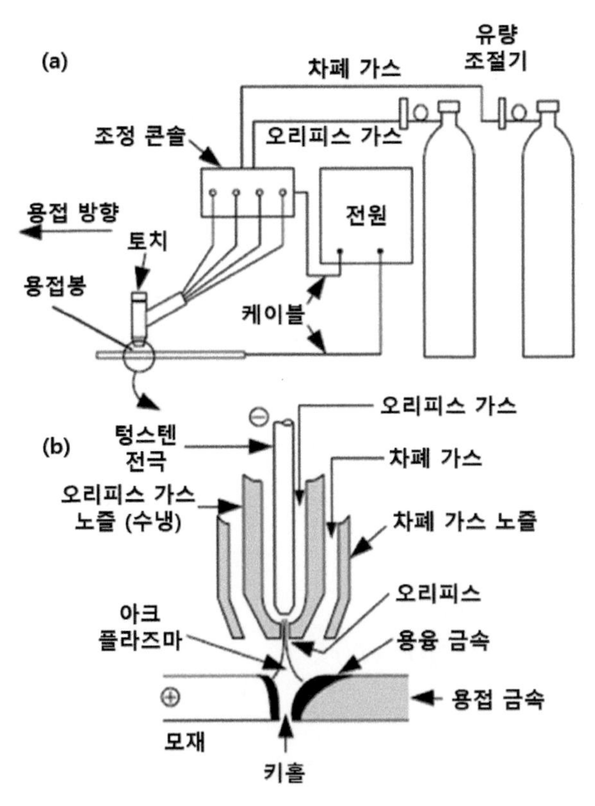

(a) 용접 전체 형상 (b) 용접부 확대 형상

그림 1-33 플라즈마 아크 용접(PAW)

그림 1-33과 같이 보호 가스는 바깥쪽 보호 가스 노즐(Shielding Gas Nozzle)을 통해 공급된다. 안쪽의 오리피스 가스 노즐(Orifice Gas Nozzle)로는 오리피스 가스(Orifice Gas)가 공급되어 오리피스 가스 노즐 내에서 이온화 되어 전기적 극성을 가지면서 용접 대상물에 고속으로 부딪히게 되는 것이다. 이때 발생된 에너지를 이용하여 용접을 진행시키게 된다. 오리피스 가스 노즐(Orifice Gas Nozzle)은 고온을 수반하므로 이를 냉각시키기 위한 수냉 시스템(Water Cooling System)이 적용되기도 한다. 오리피스 가스 노즐(Orifice Gas Nozzle)은 구속 노즐(Constricting Nozzle)로 부르기도 한다.

2.5.2. 아크 발생

GTAW에서는 텅스텐 전극 팁을 용접 금속에 부딪쳐 아크를 발생시켰으나, PAW에서는 오리피스 가스 노즐로 인해 텅스텐 전극이 용접 금속과 접촉할 수 없다. PAW에서는 아크 발생을 위해 그림 1-33(a)의 조정 콘솔(Control Console)이 설치되어 있다. 고주파 발생기를 이용하여 조정 콘솔(Control Console)이 오리피스 가스 노즐과 텅스텐 전극 사이에 아크를 발생시킨다. 발생된 아크는 점차적으로 텅스텐 전극과 용접 금속 사이로 이동하여 안정된다.

PAW용접은 GTAW와 비교하여 구속 아크라고 구분한다. 이러한 구분은 다음의 그림 1-36에서 보는 바와 같이 GTAW의 경우에는 아크가 넓게 퍼져서 나오지만, PAW는 구속노즐(Constriction Nozzle)을 통해 아크가 방향성을 가지고 집중되기 때문이다.

PAW 용접은 아크의 형태 및 모재에 전원이 공급되는 여부에 따라 Transferred Arc와 Non-transferred Arc의 두 종류로 구분된다.

1) Transferred Arc

가장 일반적인 형태의 아크 이행이다. 이 아크 이행은 용접 대상물에 직접 전원이 연결되어 전극에서 용접재로 직접 아크가 이동하는 형태이다. 용접재는 용접을 이루기 위한 전원 회로의 한 구성 요소로 작용하고 용접에 필요한 열은 용접재의 양극점과 플라즈마 제트(Plasma Jet)에 의해 생성된다. 용접재와 전극 사이에서 직접 아크가 생성되므로 에너지 집중이 좋다.

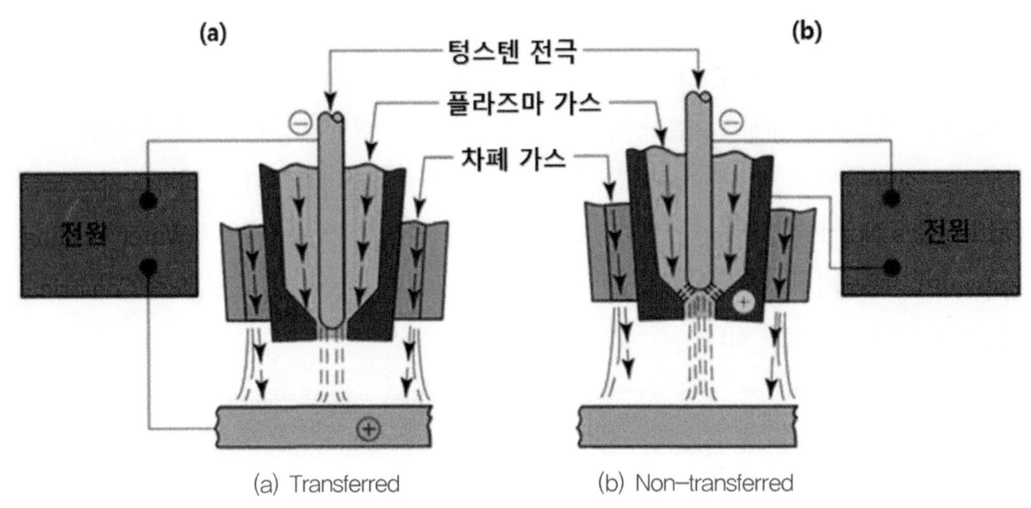

(a) Transferred (b) Non-transferred
그림 1-34 Plasma Arc Modes

2) Non-transferred Arc

주로 절단 작업이나 전기 전도도가 약한 재료의 용접에 적용되는 방법이다.

Non-transferred Plasma Arc 방식에서는 아크가 전극과 구속노즐 사이에서 발생된다. 용접재에는 전원이 공급되지 않고 용접에 필요한 열은 플라즈마 제트에 의해서만 얻어진다. 용접부의 에너지 집중을 피하고 싶을 때 사용되기도 한다.

3) Double Arcing

오리피스 가스가 충분하지 않거나 아크전류가 너무 과다하거나 용접 작업 중에 노즐이 용접재와 접촉하게 될 때 노즐이 손상되어 불완전한 용접이 이루어지게 되는데 이 현상을 Double

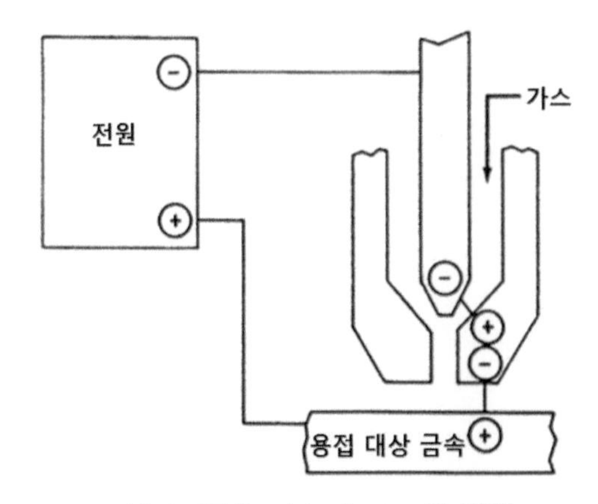

그림 1-35 Double Arcing의 발생

Arcing이라고 한다. Double Arcing이 발생하면 첫번째 아크는 전극과 노즐사이에서 발생하고 두번째 아크는 노즐과 용접재 사이에서 발생한다. 이때 음극점과 양극점이 교차하게 되는 곳에서 열이 발생하여 노즐에 손상을 가져오게 된다.

2.5.3. 키홀 용접기술(Keyhole Welding Technique)

PAW의 아크는 오리피스 가스 노즐로 플라즈마를 분사시키므로 그림 1-36과 같이 에너지 밀도가 높고 아크 길이가 길다.

두께 1.6~9.5mm정도의 비교적 얇은 판재를 PAW로 용접하면 Plasma 아크의 높은 에너지 밀도로 인해 용접 비드 선단에 용접재를 완전히 관통하는 깊은 용입으로 인한 용융 홀(Hole)이 생기게 되는데 이를 키홀(Keyhole)이라고 한다. 일반적으로 키홀 용접기술은 아래 보기 자세에서 적용된다. 용접이 진행되면서 키홀 앞 부분은 용융이 일어나고 뒷 부분은 응고가 일어나게 된다.

이러한 키홀 용접기술의 장점은 용접부를 단 1 패스로 용접할 수 있다는 것이다. 그림 1-37은 13mm 두께의 SS 304를 1 Pass 키홀 용접한 사진이다.

라이닝(Lining) 재를 용접할 경우에는 키홀을 통해 불순물과 계면의 가스가 빠져나갈 수 있는 여건을 조성해준다. 그러나 오리피스 가스의 유속이 과다하면 용접이 되기보다는 절단이 이루어지기 때문에 오리피스 가스의 유속에 세심한 주의를 요한다.

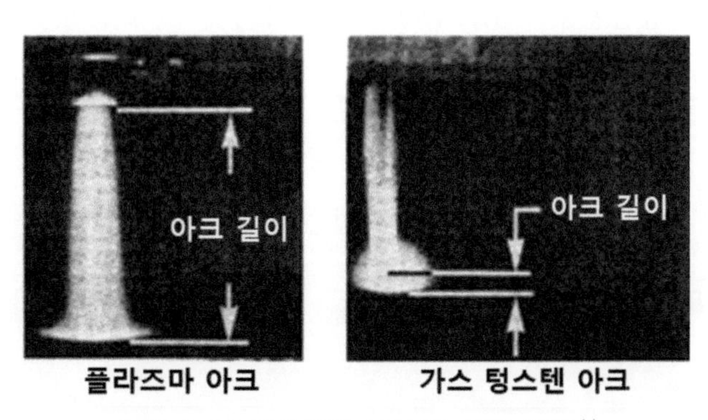

그림 1-36 GTAW와 PAW의 아크 비교 (2)

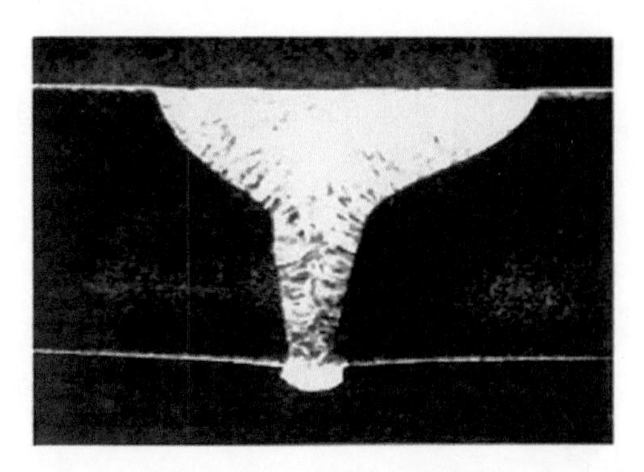

그림 1-37 13mm 두께의 SS 304을 PAW로 1 Pass 키홀 용접[3]

2.5.4. 장점 및 단점

PAW는 GTAW와 비교하여 여러 가지 장점이 있다. PAW는 아크 길이가 길어 수동 용접에서 아크 길이가 갑자기 변동하여도 쉽게 용접을 수행할 수 있다. 텅스텐 전극과 용접 금속의 접촉이 제한되므로 텅스텐 전극과 용접 금속의 오염을 방지할 수 있다. 에너지 밀도가 높고 두꺼운 두께를 한번에 용접할 수 있으므로 용접 속도가 향상된다.

키홀과 플라즈마 가스의 역할에 의해 용융 금속 내에 기공으로 잔류할 수 있는 가스의 방출이 용이해진다. 용접 조인트의 그루브(Groove) 가공 없이 맞대기 이음을 할 수 있어서 기계 가공비를 절감할 수 있다.

PAW의 단점으로는 용접 변수가 GTAW보다 다양해서 제어에 어려움이 있고, 숙련된 용접사가 필요하며 장비비도 비싸다. 알루미늄을 제외하고는 대부분의 키홀 용접 방법은 아래보기 자세로 제한된다.

2.6 가스 메탈 아크 용접(GMAW)

2.6.1. 용접 방법 및 장비

그림 1-38과 같이 용접봉은 릴(Reel) 형태로 자동으로 공급되는 피복이 없는 와이어 형태이며, 용접봉과 용접 금속 사이의 아크에 의해 용접봉과 금속이 용융되어 접합된다. 일반적으로 보호 가스는 아르곤, 헬륨과 같은 불활성 가스를 사용한다. 이로 인해 MIG(Metal Inert Gas)로 부르기도 하나, 현재는 CO_2 및 혼합 가스를 사용하기도 하므로 MIG라는 이름은 맞지 않는 호칭이다. CO_2 가스를 사용하는 GMAW 용접을 현장에서 CO_2 용접이라고 부르기도 한다.

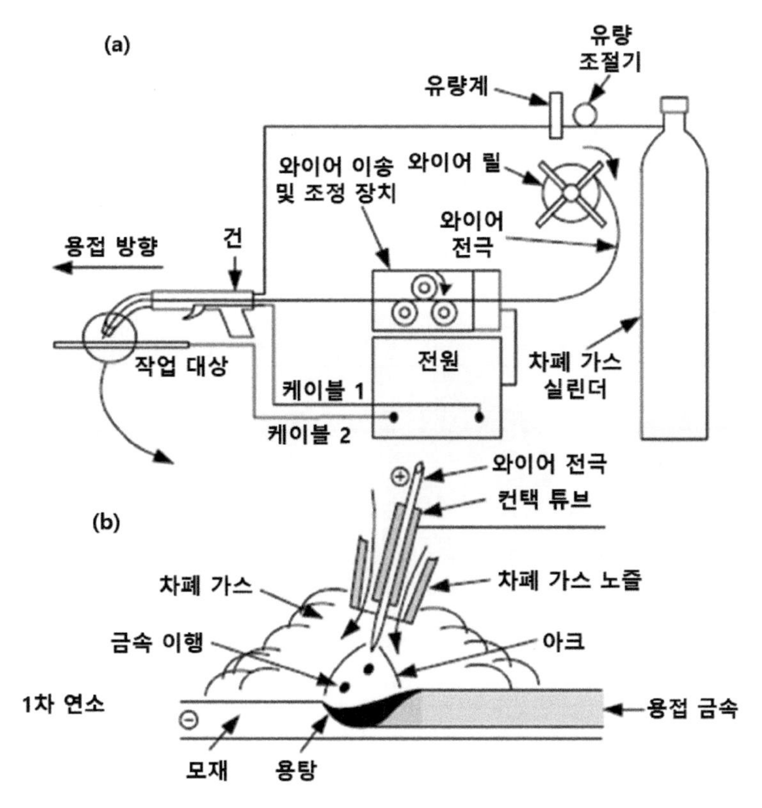

(a) 용접 전체 형상 (b) 용접부 확대 형상

그림 1-38 가스 메탈 아크 용접(GMAW)

GMAW는 DCEP 극성을 사용한다. DCEP극성일 경우에 금속 이행은 스프레이(Spray) 형태를 이루고 양전하의 큰 열에너지를 가진 용융금속의 입자가 음전하를 가진 모재에 격렬하게 충돌하여 깊고 좁은 용입을 이루게 된다. DCEP 극성의 우수한 청정 효과로 인해 알루미늄 용접에 많이 사용된다. 또한 DCEP 극성은 아크가 안정하고, 스패터 손실이 적으며 부드러운 용융 금속 이행(Metal Transfer) 및 깊은 용입 형상을 갖는 장점이 있다. 반면에 GMAW에서 DCEN과 AC는 금속 이행(Metal Transfer)이 불안정하여 잘 사용하지 않는다.

2.6.2. 보호 가스

아르곤과 헬륨 가스 또는 혼합 가스를 많이 사용한다. 아르곤 가스가 헬륨 가스 보다 중량이 크므로 열전도도가 낮아 아크의 열에너지를 잘 보호한다. 이로 인해 아르곤 가스 사용시 아크의 중심에 매우 높은 에너지가 유지되어, 아크의 중심에서 금속 이행이 안정적으로 이루워진다. 결과적으로 그림 1-39의 왼쪽 사진과 같이 Ar 가스 사용시 깊고 좁은 용입을 얻을 수 있다.

철계 금속의 용접시 Ar 가스는 언더컷 결함을 He 가스는 스패터를 증가시킨다. 이를 완화하기 위해 O_2(3%) 또는 CO_2(9%)를 혼합하여 사용한다. 탄소강과 저합금강은 많은 경우 CO_2 가스로 용접한다. CO_2 가스 사용시 빠른 용접 속도, 깊은 용입, 저렴한 용접 단가의 장점이 있다. 그러나 CO_2 보호 가스는 스패터를 많이 발생시키므로, 스패터 감소를 위해 낮은 전압으로 짧은 아크를 이용하여 용접한다.

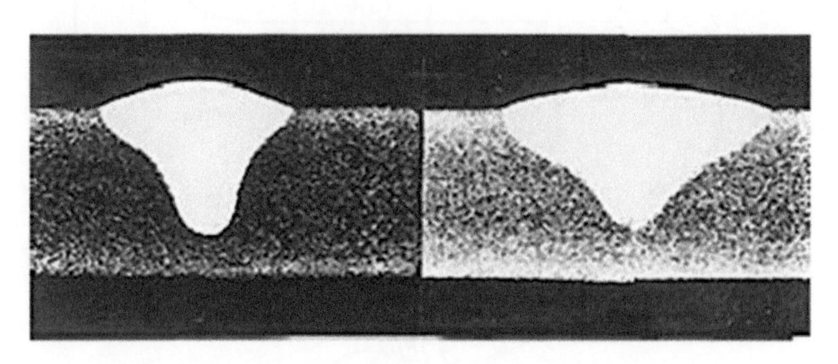

그림 1-39 6.4 mm 두께의 5083 Al 합금의 GMAW 용접
(좌) Ar 가스 사용 (우) He 75%-Ar 25% 가스 사용[4]

2.6.3. 금속 이행 모드

용접봉 팁에서 용융 금속이 용탕으로 이행하는 것에는 기본적으로 다음의 세 가지 모드가 있다. 구적 이행(Globular Transfer), 용사 이행(Spray Transfer), 단락 이행(Short Circuiting Transfer). 추가적으로 개선된 모드로 맥동 전류(Pulsed Current)를 사용하는 맥동 이행(Pulsed Spray Transfer)이 있다.

1) 구적 이행(Globular Transfer)

구적 이행(Globular Transfer)는 그림 1-40 (a)와 같이 용접봉 지름보다 큰 금속 방울이 중력에 의해 용접부로 이행하는 모드이다. 비교적 낮은 전류에서 보호 가스의 종류와 무관하게 구적 이행 모드를 얻을 수 있다. 그러나 구적 이행은 스패터 발생 경향이 높고 이행이 부드럽지 못하다. 보호 가스 부분에서 언급한 것과 같이 탄소강과 저합금강의 용접시 CO_2 가스를 사용하는 경우 스패터를 최소화하기 위해서는 짧은 아크를 사용하며 용접봉 팁은 용접 금속 표면보다 낮게 유지하여야 한다.

2) 용사 이행(Spray Transfer)

용사 이행(Spray Transfer)는 그림 1-40 (b)와 같은 형상이다. 전류를 임계치 이상으로 올리면 작은 금속 방울이 전기 자기장의 영향으로 매우 높은 주기와 속도로 용접 금속으로 이행한다. 용사 이행은 매우 안정적이며 스패터가 없다. 임계 전류 값은 용접 금속의 종류, 용접봉의 크기, 보호 가스의 조성에 따라 결정된다. 예를 들어 그림 1-40 (b)는 강을 320A, 29V로 용접한 경우이며, 이 경우의 임계 전류 값은 280~320A 사이 이다.

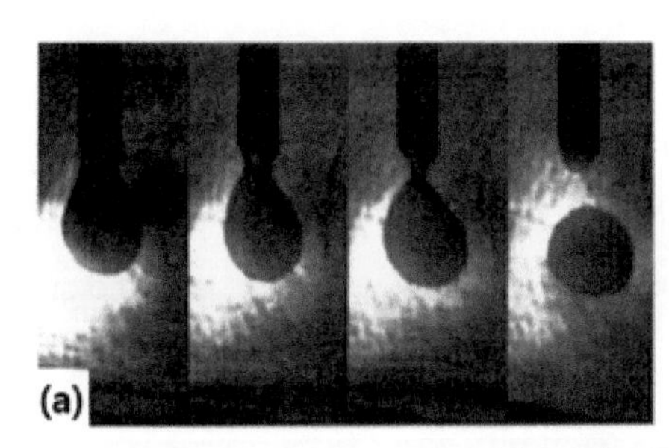

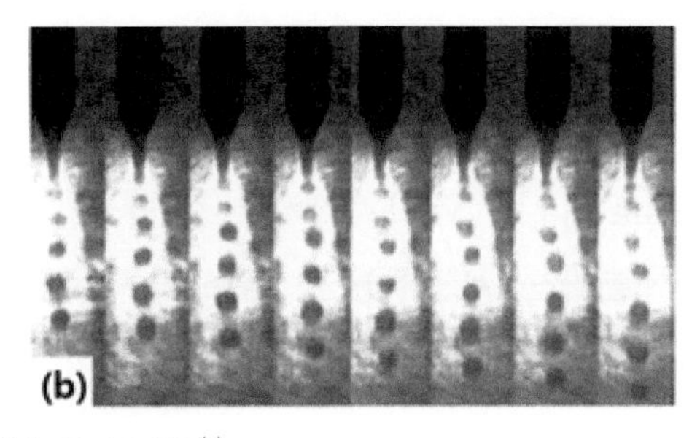

(a) 구적 이행 (b) 용사 이행[5]

그림 1-40 GMAW의 강의 금속 이행 (Ar-2% O_2 가스)

3) 단락 이행(Short Circuiting Transfer)

단락 이행(Short Circuiting Transfer)는 용접봉 팁의 용융 금속이 용탕의 표면과 접촉하여 이행되는 모드이다. 이러한 이행 형태는 낮은 용접 전류와 작은 용접봉 직경의 조합에서 일어난다. 이 이행은 작고 응고 속도가 빠른 용접 금속을 형성하기 때문에 박판의 용접이나, 어려운 자세의 용접, 넓은 용접 부를 채울 때에 적용하기 좋다. 그러나, 낮은 입열로 인해 용입 불량이 발생하기 쉬운 결점이 있다.

용접시 보호가스는 CO_2, 아르곤, 헬륨 가스 또는 CO_2와 아르곤이나 헬륨의 혼합 가스를 사용한다. CO_2를 사용하면 불활성 가스에 비해 용입은 깊어지지만, 스패터가 많아지는 단점이 있다. 스패터를 줄이면서 용입을 깊게 하려면 CO_2와 아르곤 가스를 혼합하여 사용하면 된다. 헬륨 가스를 추가 하면 비철 금속의 용접시에 보다 깊은 용입을 얻을 수 있다

2.6.4. 장점 및 단점

GTAW와 같이 GMAW도 불활성 보호가스를 사용시 매우 청정한 용접 방법이다. GTAW와 비교하여 제일 큰 장점은 용접 속도가 매우 빠르고 두꺼운 소재를 쉽게 용접 할 수 있다는 점이다. 용접 속도를 좀더 높이기 위해 Dual Torch, Twin Wire 기술도 개발되어 사용되고 있다.

단점으로는 GMAW 용접 건의 크기가 커서 좁은 구역이나 코너 안쪽의 용접이 어렵다는 점이다.

2.7 플럭스 코어드 아크 용접(FCAW)

2.7.1. 용접 방법 및 장비

플럭스 코어드 아크 용접(FCAW)는 그림 1-41과 같으며 GMAW와 유사한 용접 방법이다. 다른 점은 FCAW 와이어 용접봉은 금속이 튜브 형태이며, 안쪽에 플럭스가 들어 있다는 점이다. 플럭스의 기능은 SMAW의 용접봉과 동일하다. 플럭스(Flux)가 채워진 용접와이어(Wire)를 용접 아크열로 태우면 CO_2가 발생하며, 이 발생된 CO_2 가스를 보호가스로 이용한다. 보호 가스는 용접봉의 플럭스에서 1차적으로 제공되나, 차폐 가스 노즐을 통하여 차폐 가스를 추가적으로 공급하기도 한다.

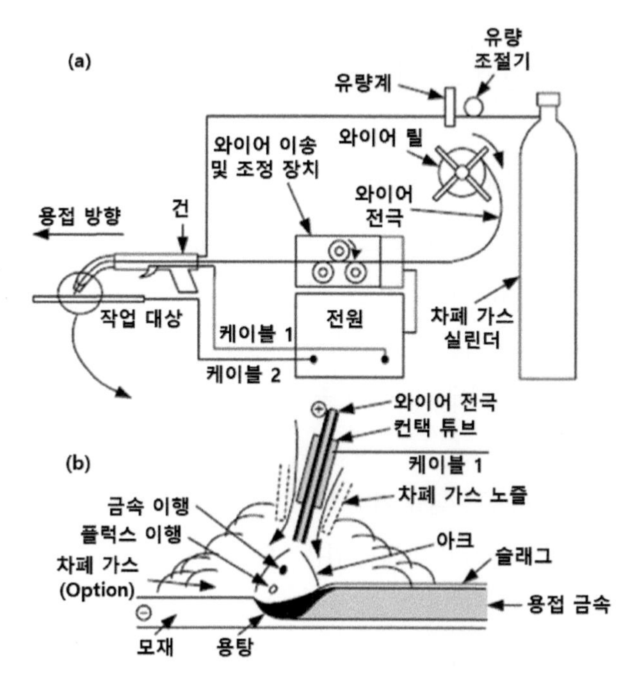

(a) 용접 전체 형상 (b) 용접부 확대 형상

그림 1-41 플럭스 코어드 아크 용접(FCAW)

아직까지 FCAW용접은 철계 금속(Ferrous Steel)과 니켈 합금(Nickel Base Alloy)에만 적용 가능하며, 초기 기기 설치 비용의 과다와 관련 업계의 인식 부족에 기인한 거부감으로 인해 주로 조선 업계에서 주요 용접 방법의 하나로 적용되고 있다. 석유 화학 쪽에서는 일반적으로 탄소강에 국한하여 비 압력 부재의 필렛(Fillet) 용접부 등에만 선별적으로 적용하고 있으나, 점차적으로 사용 범위가 확대되고 있다.

2.7.2. 장점 및 단점

FCAW는 다른 아크 용접방법에 비해 다음과 같은 많은 장점을 가지고 있다. 전류가 외피 금속만을 통해 흐르므로 전류 밀도가 높아 용착 속도가 빠르다. GMAW 보다 10% 이상 빠르다. 또한 슬래그가 있어 전자세 용접이 가능하며, 슬래그의 박리가 쉽다. 얇은 슬래그가 용접 비드 전면을 고루 덮고 있으며, 가벼운 치핑 햄머(Chipping Hammer) 작업 만으로도 쉽게 슬래그 제거가 가능하다. 아크가 부드러워 피로감이 적고 용접 작업성이 좋아 초보자라도 쉽게 용접을 실시 할 수 있으며, 자동화하기 쉽다.

FCAW의 단점은 다음과 같다. 현재까지 철계(Ferrous) 금속과 일부 니켈계 합금에만 적용 가능하며, 용접부의(특히, 열처리 후의) 충격 강도가 낮다. 또한 생산성은 크나 용접 장비가 고가이므로 초기 투자 비용이 크고 다른 용접봉에 비해 용접봉 값이 비싸다.

2.7.3. FCAW 와이어(Wire)

1) FCAW 와이어(Wire)의 생산

FCAW 와이어(Wire)는 그림 1-42에서 보는 바와 같이 스트립(Strip) 형태로 절단한 철판을 연속으로 튜브 형태로 성형하면서 그 안에 플럭스를 넣어서 제조한다. 스테인리스강의 경우에는 튜브를 구성하는 원 철판의 재질은 한 가지이며, 여기에 각 강종별로 필요한 합금 원소를 플럭스와 함께 추가하여 원하는 재질을 만들어 낸다.

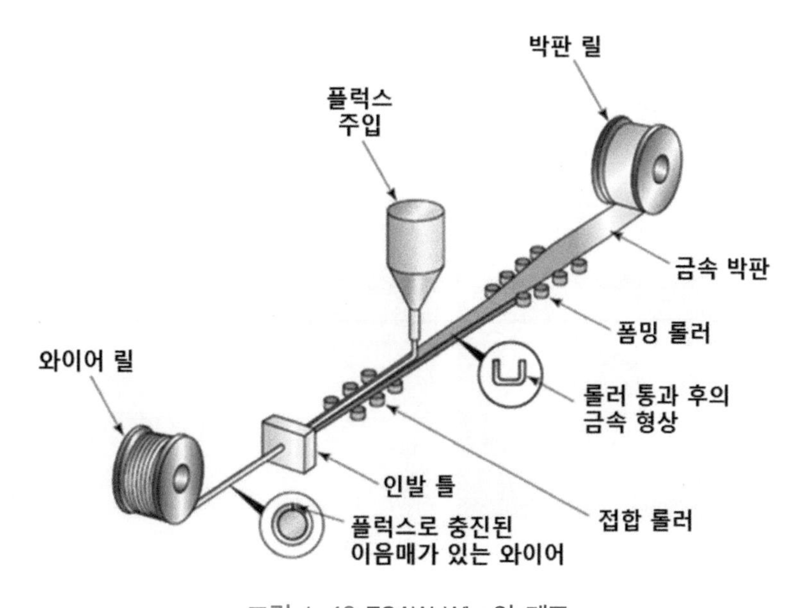

그림 1-42 FCAW Wire의 제조

튜브 형태의 용접봉 안에 들어가는 성분은 다른 용접방법에서 적용되었던 일반적인 플럭스와 같은 개념으로 이해하면 된다.

튜브 형태의 와이어를 생산하는 과정에서 대개 그림 1-43과 같이 기계적으로 접합이 이루어지게 되어 원하는 사이즈로 인발하여 사용하게 되면, 접합부가 터져서 수분의 침투가 용이하게 된다. 최근에는 이런 단점을 해결하기 위해 튜브 형태로 만들고 그 접합부를 전기저항 용접으로 마감한 와이어도 생산되고 있다.

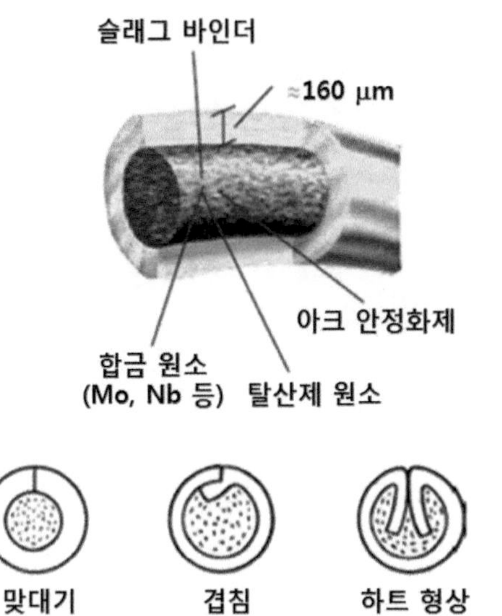

그림 1-43 FCAW 와이어의 단면과 내부 플럭스의 구성물

2) FCAW 와이어의 관리

앞서 설명한 바와 같이 FCAW 와이어는 흡습되기 쉬우며, PQ test 단계에서 이런 위험성을 확인하기 위해 확산성 수소 시험을 요구한다.

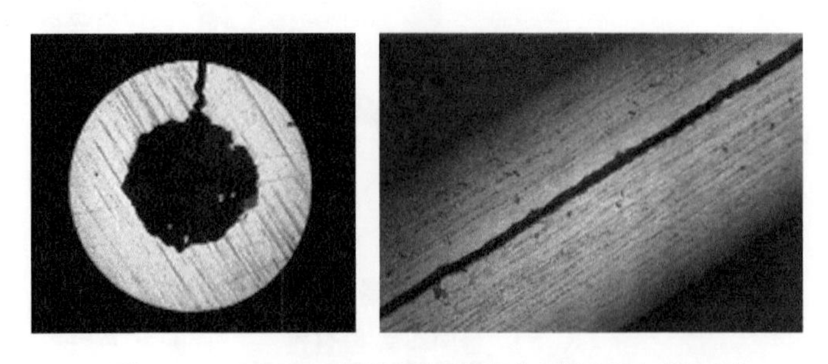

그림 1-44 FCAW 와이어의 단면과 접합부의 벌어짐

따라서 용접 과정 전반에 걸쳐서 와이어를 적절하게 관리하는 것이 중요하다. 이를 위해 다음과 같은 기준을 제시한다.

(1) 재고 관리

제조 된지 너무 오래된 와이어는 수분을 흡습할 가능성이 커지고 그 만큼 용접부에 기공 발생 등의 위험성이 커진다. 따라서 용접 소요량 만큼만 적절하게 관리하여 불필요하게 많은 양의 와이어가 작업 현장에 방치되지 않도록 해야 한다.

(2) 건조

SMAW 와이어와 마찬가지로 FCAW 와이어도 건조를 해야 한다. 용접봉 제조사에서는 초기 튜브 형태로 와이어를 제조한 후에 원하는 직경으로 인발하기 전에 와이어를 열처리 하여 수분을 제거하는 과정을 거치게 된다. 국내에서는 대부분 플라스틱 릴에 감겨서 제품이 출하되기에 현장에서 건조를 위한 가열을 적용할 수 없으나, 해외 수출품 및 일부 제품은 건조로에 넣고 가열할 수 있도록 철제릴에 감겨서 생산된다. 철제릴에 감겨서 생산된 제품은 최소 150도 이상의 온도에서 가열하여 수분을 제거한다. 플라스틱 릴에 감긴 제품도 60도 이상의 온도로 유지하여 수분이 건조될 수 있도록 관리하는 것이 좋다.

(3) 상대 습도

플럭스가 수분을 흡습하는 것은 상대 습도와 관계가 있다. 따라서 장마철처럼 습도가 높은 상황에서는 가능한 용접 대상 부재의 예열뿐만 아니라 용접봉을 철저히 건조하여야 한다. 그리고 너무 높은 습도 분위기에서는 용접 작업을 중단하여야 한다.

(4) 진공 포장

현재 FCAW 와이어는 모두 진공 포장이 되어 습기로부터 배제된 상태에서 출하되고 있다. 이 진공 포장이 찢어졌거나 개봉이 된 이후부터는 습기에 노출될 수 있다고 판단하고 용접 와이어 관리와 용접작업 관리를 해야 한다. 현장의 용접사가 아침에 출근하여 지난 밤에 용접기에 걸어 두었던 FCAW 와이어를 두 바퀴 정도 잘라내고 새 용접 작업을 시작하는 것은 누가 시키지 않아도 용접사 스스로 몸으로 느끼고 이해한 대응책이라고 할 수 있다.

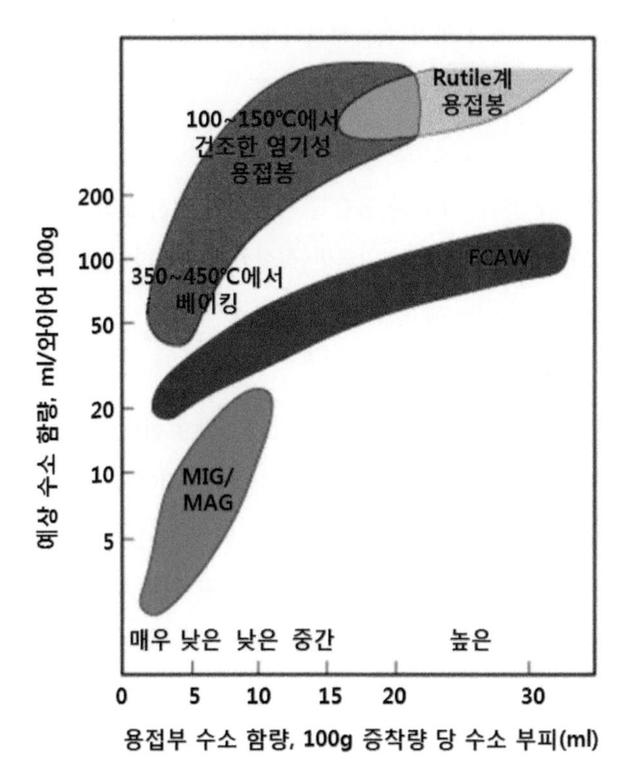

그림 1-45 용접방법에 따른 용접금속의 확산성 수소함량

2.7.4. 보호가스의 종류와 특성

1) 이산화탄소(Carbon Dioxide, CO_2)

FCAW에 사용되는 보호가스는 주로 이산화탄소(CO_2)가 사용된다. 이 가스의 장점은 저렴한 가격과 깊은 용입을 얻을 수 있다는 점이다.

일반적으로 CO_2를 사용하면 구적이행(Globular Transfer)가 만들어 지지만, FCAW에서는 플럭스의 조합에 의해 용사이행(Spray Transfer)의 용융 금속 이행도 얻을 수 있다. 앞에서 언급한 바와 같이 CO_2가스로 용탕을 보호하면서 용접을 진행할 경우에는 일부 CO_2가 분해하여 CO와 산소를 생성한다. 이때 발생된 산소는 용접부를 산화시키기 때문에 적당한 양의 탈산제를 플럭스를 통해 공급하여야 한다.

$$2CO_2 \rightarrow 2CO + O_2$$

$$Fe + CO_2 \leftrightarrow FeO + CO$$

또한 적열 구간(Red Heat Temperature)인 약 800℃~1000℃의 온도 구간에서는 다음과 같이 일산화탄소(CO)가 분해하여 탄소와 산소를 생성한다.

$$2CO \leftrightarrow 2C + O_2$$

이때 발생된 탄소(Carbon)는 용접봉의 탄소 농도에 따라 용접 금속을 탈탄 혹은 침탄 시킨다. 용접 와이어(Wire)의 탄소양이 0.05% 이하이면 침탄(Carburization, Carbon Pick Up) 현상이 일어나고, 탄소량이 0.10% 이상일 경우에는 탈탄(Decaburization, Carbon Loss) 현상이 일어난다. 이때 용접 금속으로부터 빠져 나간 탄소는 적열 구간에서 일산화 탄소(CO)를 형성하는데 사용된다. 이러한 현상은 고온에서 CO_2의 산화성 분위기 때문이다. 이때 발생된 CO는 용접 금속내에 기공(Porosity)을 만들게 되며, 이를 방지하기 위해서는 와이어에 다량의 탈산제를 넣어야 한다.

2) 혼합 가스

가스메탈아크용접(GMAW)와 마찬가지로 다양한 혼합가스가 사용될 수 있다. 그러나, 가장 대표적으로 많이 사용되는 것은 Ar을 CO_2에 섞어서 사용하는 것으로서 보통 75% Ar에 25% CO_2를 혼합해서 많이 사용한다. Ar은 고온에서도 용접 금속을 적절하게 보호하므로 Ar의 함량이 많을수록 Core에 포함된 탈산제의 효과가 커진다. Ar−CO_2혼합기체를 사용하면 CO_2단독으로 사용할 경우에 비해 다음과 같은 특징을 나타낸다.

(1) 혼합가스의 장점

- 기공의 발생이 적어진다.
- 산화로 인한 금속손실(Metal Loss)이 작다.
- 인장강도 등 용접부의 기계적 특성이 좋아진다.
- 용사이행(Spray Transfer)가 얻어진다.
- 용접 자세의 제한이 없다.
- 아크의 안정성이 좋다.

(2) 혼합가스의 단점

- Ar의 함량이 높을 수록 Mn, Si등의 탈산제가 용접금속에 쌓인다.
- 이로 인해 용접금속의 기계적 특성이 변한다.

2.7.5. 충전 Flux의 종류와 특성

튜브형태의 와이어(Wire)의 내부에 충진되어 있는 플럭스는 용접 작업성, 균열 방지성, 기계적 성질 등의 제반 용접 특성을 향상시키기 위한 주요 역할을 맡고 있으며 슬래그 형성제, 아크 안정제, 탈산제, 합금 성분제 및 철분 등으로 구성되어 있다.

이러한 플럭스는 슬래그의 형성 유무(정확한 표현은 슬래그의 형성 양)에 따라 슬래그 계와 Metal계로 분류한다. 슬래그 계는 다시 슬래그의 염기도 등에 따라 Titania계(산성 슬래그), Lime-Titania계(중성 또는 염기성 슬래그), Lime계(염기성 슬래그)로 분류되고 있다.

일반적으로 Titania계는 용접비드 외관이 아름답고 전자세의 용접 작업성이 우수하지만 Lime계와 비교하여 저온의 인성이나 내균열성이 열등하다. 반대로 Lime계는 인성이나 내 균열성은 우수하지만 용접비드 외관이 나쁘고 작업성이 좋지 않기 때문에 국내에서는 별로 사용하지 않고 있으나, 외국에서는 주로 Ar-CO_2의 혼합 가스를 사용하여 아래 보기 자세를 중심으로 활용도가 커지고 있다.

그림 1-46 흄 발생이 적은 Metal Cored Arc Wire

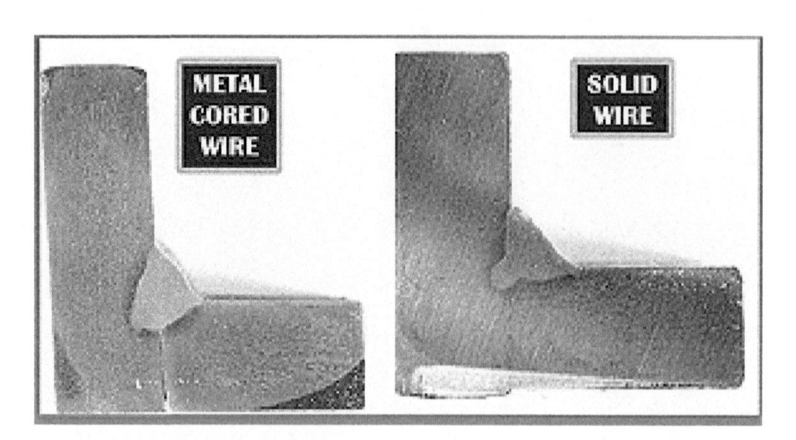

그림 1-47 손톱 모양의 깊은 용입을 만들어 내는 Metal Cored Wire

Metal계는 슬래그 형성제가 거의 포함되어 있지 않아 비드 외관, 형상 등은 솔리드 와이어(Solid Wire)를 사용하는 GMAW와 거의 유사하지만 아크가 안정되고 스패터 발생량이 적은 특징이 있다. 용접 작업성은 Titania계와 같이 우수하면서 솔리드 와이어(Solid Wire)의 경우 보다 높은 용착 효율과 깊은 용입 특성을 보여주고 있다. 또한 눈으로 확인되는 흄(Fume)의 발생이 적기 때문에 용접사가 작업하기 쉬운 장점이 있다.

표 1-5는 각 Flux별 슬래그의 개략적인 성분 분석표이다.

표 1-5 FCAW 충진 Flux와 슬래그의 성분 분석표

Flux종류 성분	Titania계 (비 염기성)		Lime-Titania계 (염기성 또는 중성)		Lime계 (염기성)	
	Flux	Slag	Flux	Slag	Flux	Slag
SiO_2	21.0	16.8	17.8	16.1	7.5	14.8
Al_2O_3	2.1	4.2	4.3	4.8	0.5	-
TiO_2	40.5	50.0	9.8	10.8	-	-
ZrO_2	-	-	6.2	6.7	-	-
CaO	0.7	-	9.7	10.0	3.2	11.3
Na_2O	1.6	2.8	1.9	-	-	-
K_2O	1.4	-	1.5	2.7	0.5	-
CO_2	0.5	-	-	-	2.5	-
C	0.6	-	0.3	-	1.1	-
Fe	20.1	-	24.7	-	55.0	-
Mn	15.8	-	13.0	-	7.2	-
CaF_2	-	-	18.0	24.0	20.5	43.5
MnO	-	21.3	-	22.8	-	20.4
Fe_2O_3	-	5.7	-	2.5	-	10.3
Flux %	14	-	14	-	13	-
AWS A5.20에 의한 분류	E70T-1 또는 E70T-2, E71T-1		E70T-1		E70T-5	

표 1-6 충진 Flux의 종류와 그 일반적 특성

비교 항목		슬래그 계			Metal 계	Solid Wire
		Titania계	Lime-Titania계	Lime 계		
작업성	Bead 외관	미려하다	보통	거칠고 열등함	보통	거칠고 열등함
	Bead 형상	양호 (평활함)	보통	볼록하고 열등함	보통	다소 볼록하고 열등함
	아크안정성	양호	다소 열등함	열등함	양호	열등함
	용적 이행	Spray 이행	Globular 이행	Globular 이행	Spray 이행	Globular 이행
	스패터발생	소립자이고 매우 적음	소립자 이지만 다소 많음	대립자이고 많음	소립자이고 적음	대립자이고 많음
	슬래그 피복성	양호	다소 불량	불량	극소량 피복	극소량 피복
	슬래그 박리성	양호	다소 불량	불량	양호	불량
	Fume 발생량	보통	약간 많음	많음	적음	적음
용접성	인성 (Toughness)	양호	양호	매우 우수함	양호	양호
	산소량(ppm)	450~900	400~700	350~650	500~700	500~700
	확산성 수소량 (ml/100gr)	2~10	2~6	1~4	1~3	0.5~1
	내 균열성	다소 열등함	양호	매우 양호	양호	양호
	내 기공성	다소 열등함	양호	양호	양호	보통
능률경제성	용착 효율 (%)	80~90	70~85	70~84	91~96	93~96
	용착 속도 (동일 전류)	빠름	빠름	보통	가장 빠름	보통
	슬래그 및 스패터의 제거	가장 용이	다소 곤란	곤란	용이	곤란

Self Shielded FCAW에 사용되는 플럭스는 아크열에 의해 용융 분해되어 금속 증기, 가스 및 슬래그를 형성하고 용착 금속을 외부 공기로부터 보호하는 역할을 담당하며, 용착 금속에 침입하는 산소, 질소를 제거하기 위한 강력한 탈산제 및 질화물 생성제(Al, Ti, Zr 등)를 포함한다.

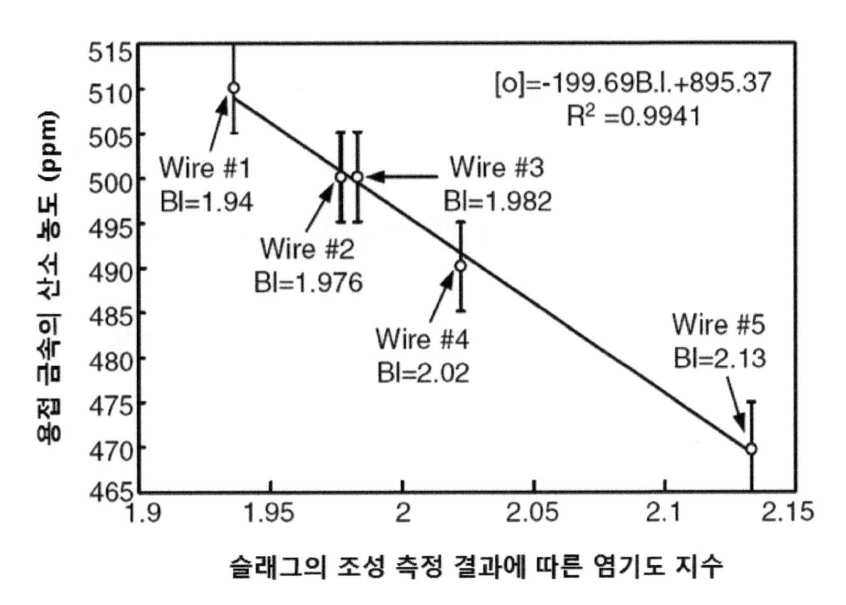

그림 1-48 플럭스의 염기도에 따른 용착금속의 산소 농도

2.8 잠호 용접(SAW)

잠호용접은 아크가 눈에 보이지 않아 붙여진 이름으로, 과립상의 플럭스(Flux)로 용접부를 둘러싸면서 와이어(Wire) 형태로 공급되는 용접봉(Bare Electrode)과 모재 사이에 아크를 일으켜서 아크열로 용접을 실시하는 방법이다. 발생된 아크열은 와이어, 모재 및 플럭스를 용융시키며, 용융된 플럭스는 슬래그를 형성하고 용융금속은 용접 비드를 형성한다. SAW에서는 용접 아크가 플럭스 내부에서 발생하여 외부로 노출되지 않기 때문에 잠호용접이라고도 부른다.

통상적으로 자동 용접이라고 하면 대개 잠호용접을 의미하며, 높은 용접 효율과 결함이 적은 안정된 용접 품질을 얻을 수 있는 것이 특징이다.

2.8.1. 용접 방법 및 장비

그림 1-49와 같이 와이어 전극과 용접 금속 사이에 아크를 발생시켜 접합하는 방법이다. 이때 아크는 용융 슬래그와 과립 형태의 플럭스 입자에 의해 보호되어 외부에 아크가 보이지 않으며 별도 보호가스는 필요하지 않다. 플럭스는 용접 토치와 함께 이동하는 플럭스 호퍼에 의해 공급된다. DCEP 전원을 사용하며, 900A 이상의 고전류 전원을 사용하는 경우에는 아크 블로우(Arc Blow)를 최소화하기 위해 AC 전원을 사용한다.

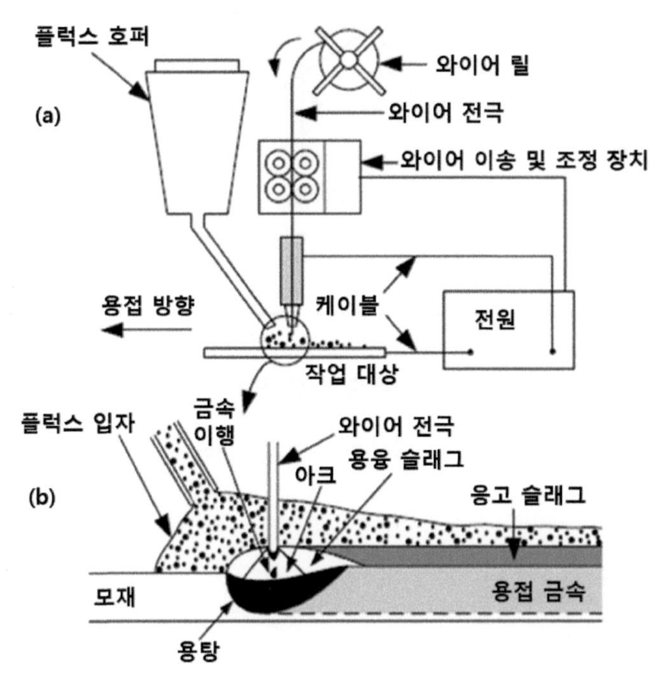

(a) 용접 전체 형상 (b) 용접부 확대 형상

그림 1-49 잠호 용접(SAW)

2.8.2. 장점 및 단점

슬래그의 보호 및 정제 작용에 의해 SAW 용접은 깨끗한 용접부를 얻을 수 있다. 또한 아크가 잠호되어 있으므로 고전류 용접에서도 스패터와 열손실이 없다. 플럭스에 합금 원소 및 금속 분말을 첨가하여 용접 금속의 조성을 조절하고 용접 증착 속도를 높일 수 있으며, 두개 이상의 용접봉을 동시에 사용하여 증착 속도를 더욱 더 향상시킬 수 있다. 높은 증착 속도로 인해 GTAW와 GMAW 보다 더 두꺼운 소재의 용접에 SAW를 적용할 수 있다.

단점으로는 SAW는 큰 부피의 용융 슬래그와 금속 용탕으로 인해 아래 보기 자세로 용접이 제한된다. 그리고 SAW는 비교적 높은 입열량으로 인해 용접 품질 저하와 변형에 대해 주의하여야 한다.

2.8.3. SAW의 적용

SAW는 효율성이 높고, 용접 품질 확보가 상대적으로 쉬워 후판의 자동 용접 방법으로 자주 적용되고 있으며 이외에도 클래드강(Clad Steel)의 오버레이(Overlay) 용접에도 자주 적용되고 있다. 용접 속도를 향상시키는 기법으로는 여러 개의 용접봉을 사용하는 Tandem 용접법 및 용접 진행방향에 미리 Metal Power를 추가하는 방법 등이 있다.

종래에는 주로 아래 보기 자세에서 진행하는 철판의 자동 용접용으로 적용되었으나, 최근에는 파이프의 육성 용접이나 저장탱크의 수평 용접부에도 적용되고 있다.

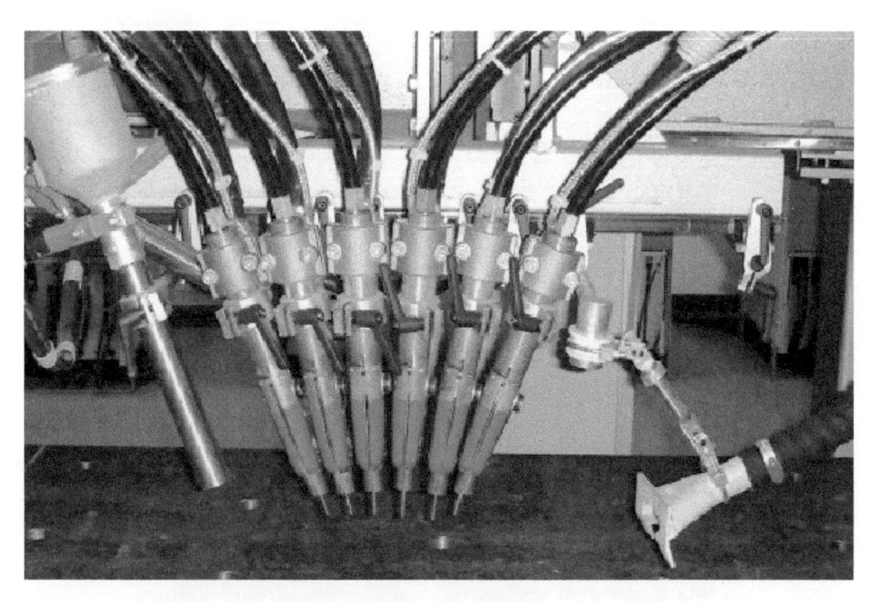

그림 1-50 여러 개의 와이어를 적용한 Tandem 용접기법

두개 이상의 용접 와이어를 공급하는 Tandem 용접의 경우에는 선행하는 와이어에 공급되는 전원과 후행하는 와이어에 공급되는 전원의 종류 및 극성을 달리할 수 있으며, 이에 따라 얻어지는 각각의 전원 특성에 따라 용접금속의 특성이 달라진다.

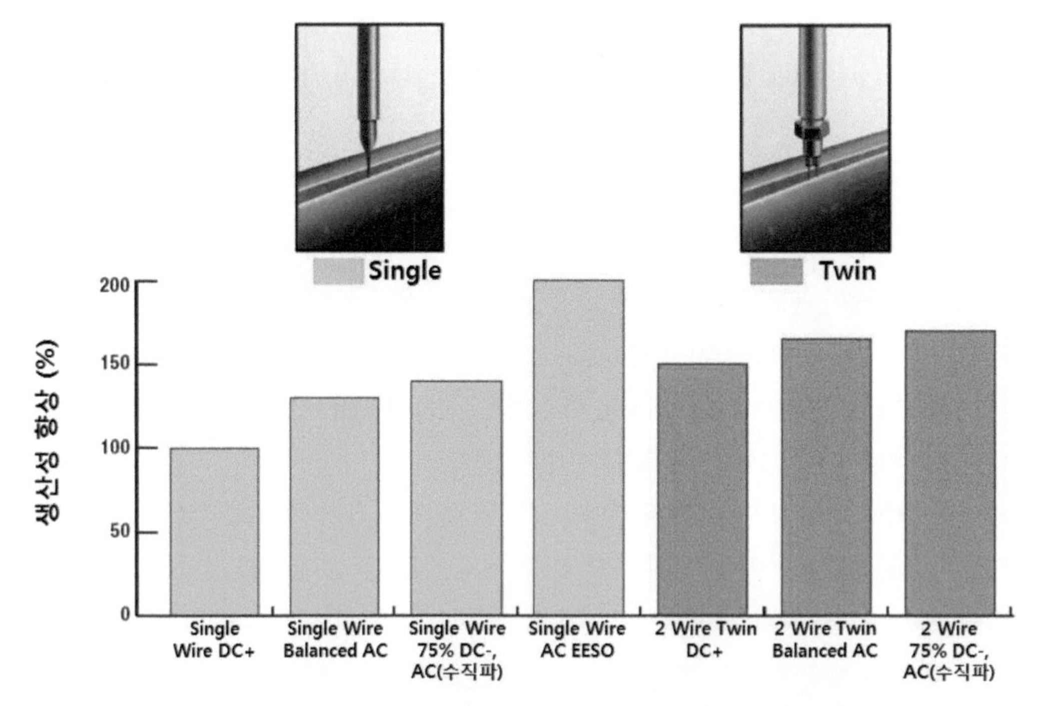

그림 1–51 한개 용접 와이어 사용시와 Tandem 와이어 사용시의 생산성 비교

그림 1–52 저장탱크의 수평 용접에 적용되는 SAW

금속 분말(Metal Powder)을 추가하면 용착률을 최고 70%까지 증대시킬 수 있으며, 부드러운 용입과 향상된 비드(Bead) 외관을 얻을 수 있으며, 용입과 용접금속의 희석(Dilution)을 줄일 수 있다. 또한 용착 금속의 화학 성분을 조절하는 기능도 담당 할 수 있다. 이 방법을 사용하면 추가적인 에너지 소비 없이 용착률을 증대시킬 수 있으며 입열을 작게 하여 금속입자 조대화로 인한 인성(Toughness)의 저하를 막고, 희석률을 줄이고 용착 금속의 화학성분을 조절하여 용접부 균열발생의 위험성을 줄일 수 있는 이점이 있다.

2.8.4. 용접용 와이어의 특성

SAW 용접에 있어서는 SMAW와 같은 수동용접의 경우와는 달리 와이어와 플럭스를 조합하여 사용되고 있다. 이때 와이어는 단독으로 결정될 수는 없고, 플럭스의 종류에 따라 달라진다.

와이어와 플럭스의 조합은 용착금속의 제반 성질, 용접비드(Weld Bead) 외관, 작업성에 큰 영향을 미치므로 모재의 표면상태, 개선형상, 용접조건 등을 충분히 고려하여 결정할 필요가 있다. 일반적으로 저망간 와이어에는 소결형 플럭스, 고망간 와이어에는 용융형 플럭스를 사용하고 있다. 와이어 표면에는 전기전도도(전기적 접촉) 향상 및 사용, 보관시에 산화(녹) 방지를 위해 동 도금(Copper Coating)이 되어있다.

2.8.5. 플럭스(Flux) 제조

잠호용접에 사용되는 플럭스는 용접 아크의 차폐, 아크의 안정성 부여, 용융금속의 보호 및 합금 성분 제공의 기능을 담당하고 있다. 플럭스가 가져야 될 기본적인 특성은 다음과 같다.

- 알맞은 입도를 가져야 한다.
- 아크의 차폐성이 좋아야 한다.
- 아크의 발생과 지속성을 유지해야 한다.
- 용융 금속의 탈산, 탈황 등의 정련작용이 있어야 한다.
- 용접 금속에 합금 성분을 첨가할 수 있어야 한다.
- 적당한 용융 온도와 점성이 있어야 한다.
- 용접후 응고된 슬래그의 제거가 용이해야 한다.

플럭스(Flux)는 제조하는 방법의 차이에 따라 크게 용융형과 소결형으로 나누어진다. 소결형 플럭스는 제조 온도의 차이에 따라 고온 소결형(Sintered Type Flux)과 저온 소결형(Agglomerated 혹은 Bonded Type Flux)로 구분된다. 소결형은 소성형으로 불리기도 한다.

1) 용융형(Fused) 플럭스

용융형 플럭스는 원료를 전기로 등에서 1300℃ 이상의 고온으로 용융시키고 응고하여 균일한 입도로 분쇄시킨 것이다. 대개 유리상이며 기본적으로 산화물 및 불화물로 구성되어 있다. 합금 성분등의 금속은 함유되어 있지 않다. 다음과 같은 특징이 있다.

- 화학적으로 매우 균일하다.
- 흡습성이 없어 보관과 취급이 용이하다.
- 손쉽게 재활용이 가능한 특징이 있다.
- 100A 이하의 저, 중 전류 용접에 적합하다.

2) 소결형(Sintered) 플럭스

탈산제, 합금성분, 철분 등의 원료를 적당한 입도로 분쇄하여 혼합하고 여기에 점결제인 규산소다(Sodium Silicate) 등을 첨가하여 구상으로 만든 후 용융되지 않을 정도의 온도에서 건조 소성한 것이다. 고온 소결은 700~1000℃ 정도에서 이루어지고, 저온 소결은 350~650℃ 정도에서 이루어진다. 완전 용융되지 않으므로 탈산제, 합금제의 첨가가 가능하고 높은 염기도를 가지며 대전류에 의한 초층 용접에 사용된다.

소결형 플럭스의 특징은 다음과 같이 정리된다.

- 규산소다를 사용함으로 인해 흡습하기 쉬운 단점이 있다.
- 고온 소결은 저온 소결보다 흡습성은 낮으나 첨가되는 재료는 제한된다.
- 플럭스의 입도가 일정해서 용접 전류가 일정하다.
- 600A 이상의 중, 고전류에서 작업성이 양호하다.
- 합금성분의 첨가가 가능하여 용접 금속의 화학성분이나 기계적 성질 조절이 가능하다.
- 플럭스중에 Si, Mn이 첨가되어 있어서 강력한 탈산이 가능하다.
- 용접조건 변화에 따라 용접 금속의 성분이 변동하기 쉬워 다층 용접에는 부적합하다.
- 용융된 슬래그에서 가스의 방출이 있을 수 있다.
- 편석에 의해 성분이 균질하지 않을 수 있다.
- 플럭스의 소비량이 적다.

표 1-7은 소결형과 용융형 플럭스의 특성을 비교한 것이다.

표 1-7 소결형과 용융형 플럭스의 비교

항목	소결형 플럭스	용융형 플럭스
색상 및 외관	착색이 가능하므로 식별이 가능함.	유리(Glass)상의 고온 반응물이므로 착색이 불가하여 식별 불가능
입도	사용 전류에 관계없이 한 종류의 입도로 작업이 가능하여 작업관리가 용이	전류의 대소에 따라 플럭스 입도 선택을 달리 해야 한다.
염기도	산성, 중성, 염기성, 고염기성	산성, 중성
합금제 첨가	첨가하기 쉽다.	첨가가 거의 불가능하다.
흡습성	흡습성이 강하다. 고온 소결형은 점결제의 유리(Glass)화로 낮은 흡습성을 보인다.	흡습성이 거의 없다. 사용 중 재 건조가 거의 불필요하다.
대상 강재	비교적 넓은 범위의 강재 적용 가능하다.	고장력 강이나 저 합금강 등에서 기계적 성질이 요구되는 곳에는 사용 곤란함. 특히 충격치가 요구되는 곳에서는 사용 곤란함.
조합 와이어	연강, 고장력강, 저합금강의 용접에는 거의 저 Mn계 연강 와이어로 용접 가능함	각 강재에 적합한 와이어를 선택 조합하여 사용해야 한다.
Dust 발생	있음	거의 없음
전극 극성에 대한 민감성	비교적 둔감함	비교적 민감함
슬래그 박리성	좁은 개선에서도 비교적 좋음	비교적 좋지 않음
Gas 발생	많음	적음
Bead 외관	약간 미려함	미려함
대입열 용접 (저속, 고전류 용접)	고전류 용접이 가능	고전류 용접이 곤란함
용입성	약간 얕음	약간 깊음
다층 용접성	용접 금속의 성분 변동이 비교적 크다. (부적합함)	용접 금속의 성분 변동이 적음
고속 용접성	비드에 광택이 없고 기공이나 슬래그 혼입이 생기기 쉬움. (부적합함)	비드가 균일하여 기공이나 슬래그 혼입이 적음.
Tandem 용접성	적합함	그다지 적합하지 않음
용접조건 변화에 따른 용접 금속 성분 변동성	용접 조건의 변화에 따라 성분의 변동이 심하고 불균일함.	용접조건의 변화에 의한 성분 변동이 적고 균일함.

항목	소결형 플럭스	용융형 플럭스
인성	높은 인성을 얻을 수 있으나 수치의 기복이 심하다.	와이어의 성분 영향이 크고 염기도가 높은 것이 필요하다. 수치상의 기복은 없는 편이다.
경사 용접성	적합함	약간 부적합
경제성	와이어와 플럭스의 조합에 있어서 용융형에 비해 가격이 저렴하고 플럭스 소비량도 적다.	고 Mn 와이어를 사용해야 하므로 약간 고가이고 소비량도 많다.

2.8.6. 플럭스(Flux)의 선택

잠호용접시 플럭스의 역할은 용접 아크의 안정, 용접 중 보호 슬래그(Slag)층의 형성, 용착금속의 탈산 및 불순물조정, 합금원소의 첨가 등이며 표 1-8과 같이 성분 및 화학적 특성, 제조방법, 용도 등에 따라 분류될 수 있다.

표 1-8 **성분 및 화학적 특성에 의한 플럭스의 분류**

구분	화학적 특성	사용특성	비고
산성 (Acid)	$CaO-SiO_2$ 계 (고 SiO_2)	고전류에 적당하며, 모재표면의 녹(Rust)에 둔감	인성(Toughness)이 낮다.
중성 (Neutral)	$CaO-SiO_2$ 계	다층 용접에 적합하고, 기계적 강도 및 인성은 보통	
염기성 (Basic)	$CaO-SiO_2$ 계 (저 SiO_2)	기계적 강도는 보통 수준이지만, 인성 양호	표면녹에 민감하고, 다 전극 용접시 주의요망
고 염기성 (High Basic)	중 Al_2O_3 고 염기성계 (저 SiO_2)	다층 용접에 적합하고, 기계적 강도 및 인성 양호	표면녹에 민감 DC+에 부적당 슬래그 박리성 불량
산성 (Acid)	$Mn-SiO_2$ 계	고속 용접에 적합하고, 기계적 강도 및 인성은 보통 수준이다. 표면 녹에 둔감	다층용접시 주의요망
중성 (Neutral)	고 Al_2O_3	고속용접에 적합하고, 비교적 고 전류용이다. 단층(Two-Run) 용접시 인성 양호하고, 표면 녹에 둔감	다층용접시 주의요망. 응력 제거시 강도저하

플럭스를 구분함에 있어서 염기도에 따른 구분도 하지만, 용탕과의 반응여부를 기준으로 그림 1-53과 같이 활성(Active) 및 비활성(inactive) 혹은 중성(Neutral)로 구분하기도 한다.

활성 플럭스는 용탕과 적극적으로 반응하여, 탈산의 기능을 발휘하지만, 중성 플럭스는 이에 비해 상대적으로 적은 양의 반응만이 발생하기에 탈산의 기능이 상대적으로 작다.

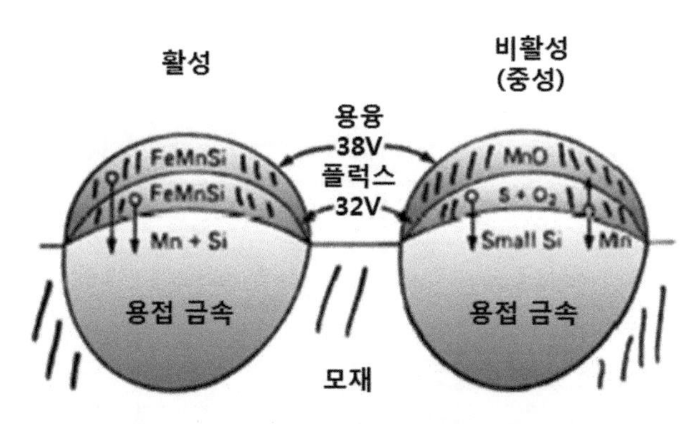

그림 1-53 활성 플럭스와 중성(비활성) 플럭스의 개요

2.9 일렉트로 슬래그 용접(ESW)

다층(Multi Pass) 용접으로 후판을 용접 할 경우에 생길 수 있는 변형이나, 과다한 입열의 문제를 해결하기 위해 단층(Single-pass) 용접 방법에 관한 연구가 1900년대부터 본격적으로 시작되면서 실제 현장 용접에 응용되기 시작하였다. 초기에는 두꺼운 후판을 용접할 경우에 양쪽의 공간을 흑연재질 몰드(Graphite Mold)로 막고 용접을 실시하였으며, 이후 구리(Copper)나 세라믹(Ceramic)으로 된 몰드(Mold)가 개발되면서 용접 방법이 급속히 발전하였다. 사용되는 용접기와 용접 방법은 외견상 Electrogas Welding과 거의 유사하지만 보호가스를 사용하지 않고 일단 용접이 시작되면 더 이상의 아크발생이 없다는 것이 가장 큰 차이점이다.

2.9.1. 용접 방법 및 장비

그림 1-54와 같이 수직으로 형성된 용접부에 플럭스를 채워 넣고 여기에 공급되는 용접 와이어를 통해서 전류를 가하게 되면, 플럭스가 용융하면서 용융슬래그가 된다. 이후에 용융된 슬래그를 통과하는 전류의 저항열을 이용하여 용접을 진행하는 것이 일렉트로 슬래그 용접(ESW)의 개요이다.

용접 초기에 용접물과 전극사이에서 아크가 발생되고 이 아크열로 인해 플럭스가 녹으면서 용탕을 형성하게 된다. 충분한 양의 용탕이 형성되면 본 용접이 시작되는데 이때부터는 더 이상의 아크 발생은 없고 용융 슬래그를 통과하는 전류의 저항열에 의해 용접이 진행되는 것이다.

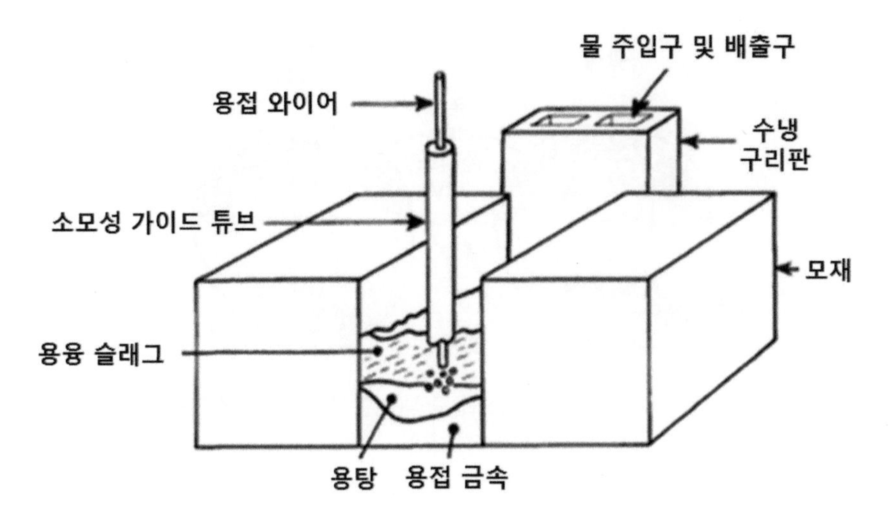

그림 1-54 일렉트로 슬래그 용접의 개요

용융된 슬래그층을 통과하는 전류의 저항열은 용접 와이어와 모재를 녹이기에 충분해서 용탕의 온도는 약 1925℃ (3500℉) 정도가 되고 표면의 온도도 1650℃ (3000℉) 정도가 된다. 용접 초기의 안정적인 조건을 맞추기 위한 Starting Tab과 용접 완료부의 슬래그와 과도한 용접 금속을 제거하기 위한 Run-off Tab이 필요하다. 이러한 Starting Tab과 Run-off Tab은 용접 완료 후 깨끗하게 제거하여야 한다.

ESW는 수직 혹은 거의 수직에 가까운 용접부에 적용되며, 단층(Single Pass)로 용접을 실시하여 경제성이 있다. 이 용접방법은 특히 후판의 용접을 효율적으로 실시할 수 있으며, 기존의 다른 용접방법에 비해 경제적이다. 사용되는 용접 와이어는 SAW나 GMAW에 사용되는 솔리드 와이어(Solid Electrode)나 FCAW와 같은 튜브 형태의 와이어이다.

통상 EGW 보다 다소 두꺼운 20~900mm의 두께에 적용할 수 있으나, 실제 현장에서는 경제적인 관점에서 통상 50mm 이상의 두께에 적용한다.

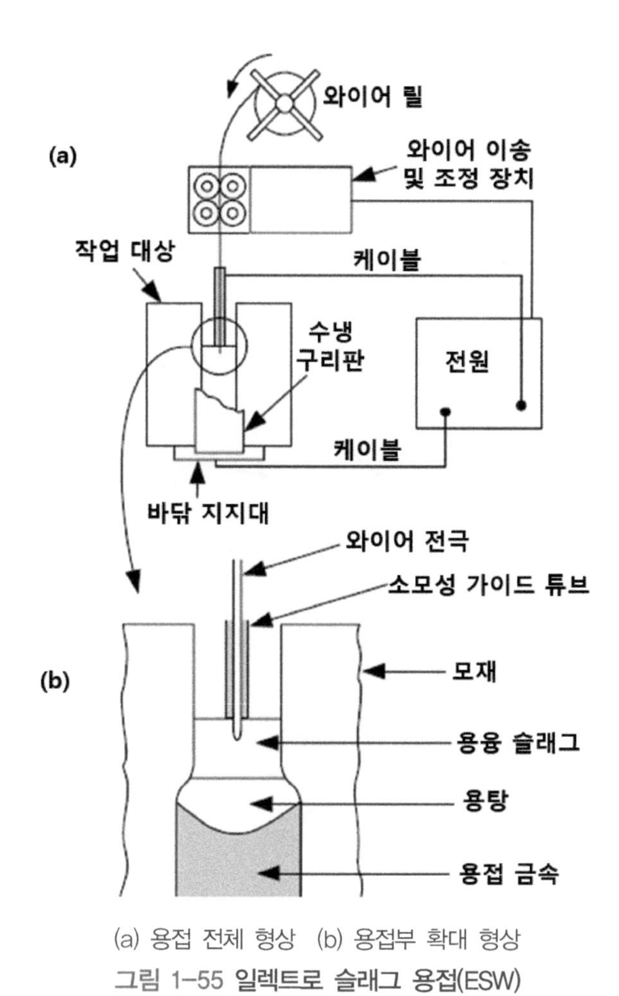

(a) 용접 전체 형상 (b) 용접부 확대 형상
그림 1-55 일렉트로 슬래그 용접(ESW)

2.9.2. 비소모성 가이드 방식

가이드 튜브의 소모가 발생하지 않는 방식을 전통방식(Conventional Method) 혹은 비소모성 가이드 방식(Nonconsumable Guide) 이라고 구분한다. 이 방식으로 용접할 때는 Curved Guide(Contact) Tube를 사용하며 다수의 용접 와이어를 동시에 사용하기도 한다.

비소모성 가이드 방식으로 용접을 시행하면 13~500mm의 두께를 용접할 수 있으며, 가장 널리 적용되는 두께는 19~460mm의 영역이다. 하나의 Oscillation 용접 와이어로 120mm두께를 용접할 수 있다. 두개의 용접 와이어로는 230mm, 세 개의 용접 와이어로는 500mm의 두께를 용접할 수 있으며, 각각의 와이어당 용착량은 시간당 11~20kg정도이다.

용접기와 연결된 냉각판(Water-Cooled Shoes)은 용접이 진행될 때 함께 이동하게 된다. 용접이 진행될 때 용접기는 수직방향으로 이동하게 되는데, 이때의 이동은 자동으로 제어되거나 용접사가 진행과정을 확인하면서 수동으로 조절하기도 한다. 용접이 진행되면서 냉각판을 통한 슬래그의 손실이 발생하게 되어 용접과정에서 약간의 플럭스를 계속 보충해 주어야 한다. 이러한 플럭스의 보충은 용접사의 판단에 따라 수동으로 이루어진다. 수동으로 플럭스를 공급하는 것이 어려우면 편의상 FCAW 와이어를 사용하기도 한다. 플럭스의 소모량은 통상 용착 금속 20 lb당 1 lb정도로 약 5% 수준이다.

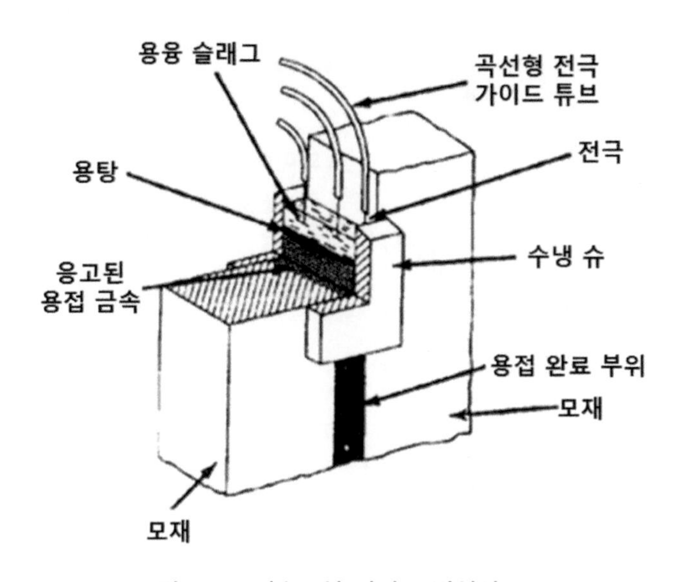

그림 1-56 비소모성 가이드 방식의 ESW

2.9.3. 소모성 가이드 방식

소모성 가이드 방식(Consumable Guide Tube Method)을 사용하면 용접 가능한 두께의 제한이 없고, 깊고 좁은 용접 부의 초층부를 용접할 때 와이어가 용접부에 근접하기 전에 용접대상 모재의 벽면과 용접 와이어의 근접에 의해 아크가 발생하는 문제를 해결할 수 있다. 용접 와이어가 용접부에 도달하기 전에 미리 아크가 발생하면 용탕의 제어가 힘들어 지고, 정확한 위치에서 용접 와이어의 용융을 일으키기가 어려워진다.

용접과정에서 소모성 가이드도 녹아서 전체 용탕의 5~15%를 담당하게 된다. 소모성 가이드는 플럭스로 코팅(Coating)이 되어 절연의 효과를 주고 슬래그 용탕에 플럭스를 보충하는 역할을 담당한다.

이 방법을 사용할 때는 용접기 전체가 움직이는 것이 아니라 용접기 헤드(Head)만 움직이며,

냉각 및 보강판(Retaining Shoe)은 고정식으로 적용하기 때문에 계속적인 용접을 진행하기 위해서는 여러 쌍의 냉각 및 보강판이 필요하다.

비소모성 가이드 방식과 마찬가지로 여러 개의 와이어를 사용하여 용접을 진행시킬 수 있다. 용접 와이어를 고정해서 사용하는 고정식(Stationary)방법과 운봉의 효과를 주기 위한 Oscillating방식이 있다. 고정식으로 용접할 경우 하나의 와이어로 두께 63mm정도의 판재를 용접할 수 있으며, Oscillating방식을 사용하면 하나의 와이어로 130mm 두께를 용접할 수 있다. 하나의 와이어일 경우에는 비소모성 가이드 방식에 비해 적용 가능한 두께가 크지만 여러 개의 와이어를 사용할 경우에는 비소모성 가이드 방식에 비해 다소 얇은 두께에 적용된다.

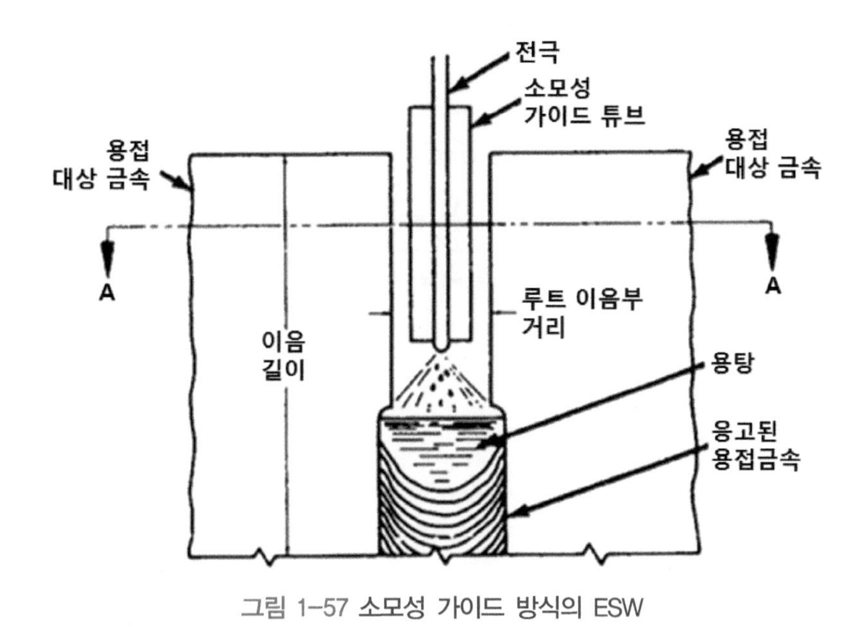

그림 1-57 소모성 가이드 방식의 ESW

2.9.4. 장점 및 단점

ESW는 용접 속도가 가장 빠른 용접 방법이며, 용접 두께가 아무리 두꺼워도 오직 한 패스로 용접한다. 입열량이 매우 높아 인성을 포함하여 용접 품질은 비교적 열위이다. 용융부와 열영향부에서 입자의 크기가 커져서 인성이 나쁘다.

그림 1-58에 용접 방법별 용접 속도를 비교하였다. 용접 속도는 GTAW가 가장 느리며, ESW가 가장 빠른 것을 알 수 있다.

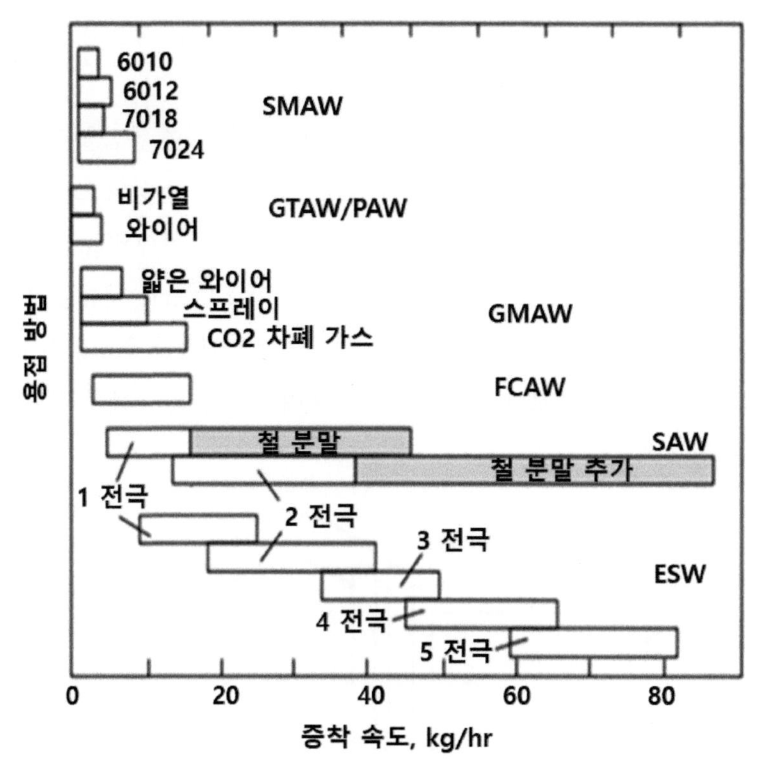

그림 1-58 아크 용접 방법별 증착 속도 비교[6]

2.10 전자빔 용접(EBW)

전자빔 용접(Electron Beam Welding)은 1950년대 후반에 처음 실용화되기 시작했다. 초기에는 원자력 분야 등 극히 제한적인 용도로만 적용되었으나, 이후 안정적이고 우수한 용접 품질에 대한 인식이 확대 되면서 우주 항공 분야로 적용의 범위를 넓혀가고 있다. 이 용접 방법은 높은 에너지를 가진 Electron들을 용접하고자 하는 모재에 충돌 시켜서 그때 발생되는 열로 용접을 진행시키는 용접방법이다.

초창기에는 용접기를 진공 상태로 유지하기 위해 용량이 커지는 단점이 있었으나 이후 전자빔 발생기(Electron Beam Generator)만 진공으로 하는 방법이 개발되어 용접기의 크기가 줄어들고 진공 유지를 위한 시간과 에너지 손실이 줄어들면서 활용도가 더욱 증대되고 있다.

2.10.1. 용접 방법 및 장비

전자빔 용접은 전자빔을 이용하여 금속을 용융하여 접합하는 용접 방법이다. 그림 1-59와 같이 전자빔 건의 필라멘트를 열전자 방출 온도 이상으로 가열하여 열전자를 방출시키고, 방출된 열전자를 음극(Bias Electrode)과 양극(Anode)을 이용하여 가속시킨다. 가속된 전자를 집속 코일(Focusing Coil)을 이용하여 용접 금속 표면에 초점을 맞춘다.

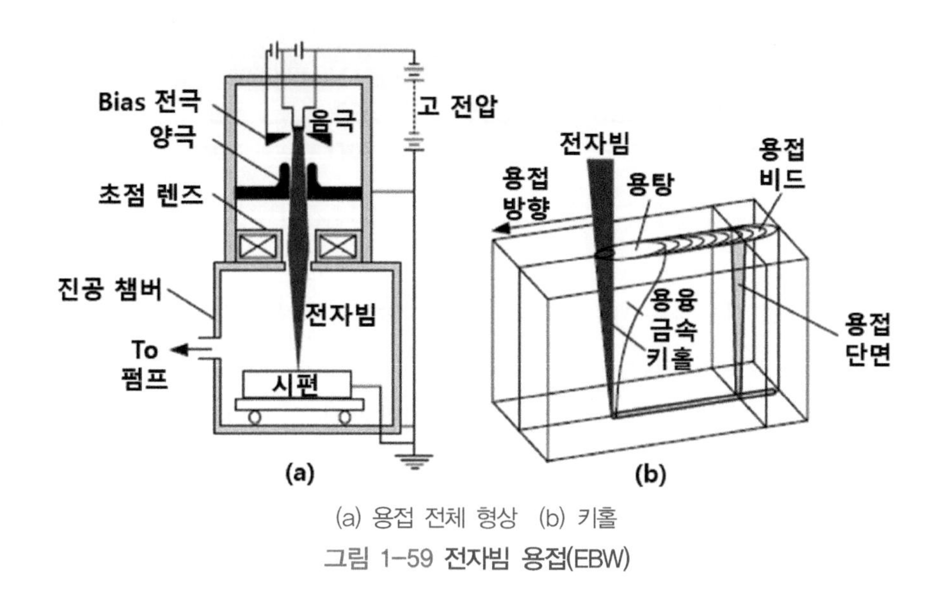

(a) 용접 전체 형상 (b) 키홀

그림 1-59 **전자빔 용접(EBW)**

고 진공에서 용접이 진행되므로 전자빔의 산란이 최소화 되어 에너지 집중이 좋다. 그러나 진공도가 나빠짐에 따라 그림 1-60과 같이 전자빔의 산란이 증가하여 에너지 집중도가 감소한다. 전자빔은 0.3~0.8mm의 작은 크기로 포커스를 맞출 수 있어, 에너지 밀도를 10^{10} W/m^2 정도까지 높일 수 있다.

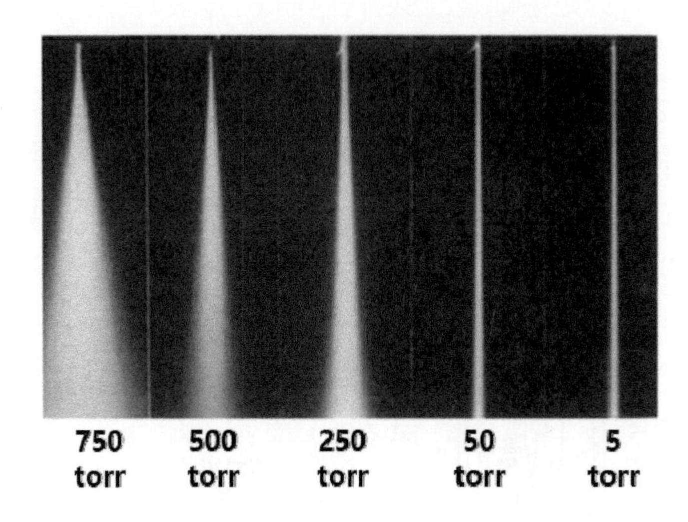

그림 1-60 진공도에 따른 전자빔의 산란 (7)

높은 에너지 밀도로 인해 금속 재료가 기화되어 매우 좁고 깊은 용입의 키홀이 형성된다. 이로 인해 13mm 두께의 2219 Al 합금을 그림 1-61 (a)와 같이 전자빔 용접(EBW)은 1 패스 용접이 가능하다. 이에 따라 단위 길이당 필요한 에너지는 전자빔 용접이 1.5KJ/cm 수준으로 GTAW의 22.7KJ/cm 수준보다 매우 적은 에너지로 용접이 가능하다.

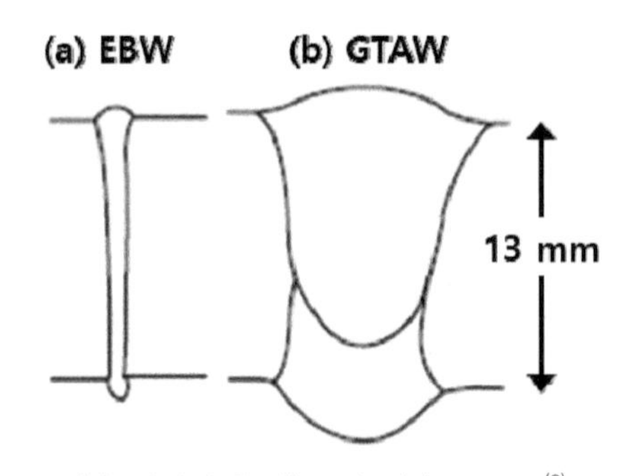

(a) 전자빔 용접(EBW) (b) GTAW (8)

그림 1-61 13mm 두께의 2219 Al 합금의 용접

용탕이 깊고 좁으며 용접 속도가 빨라 발생한 가스가 빠져나가지 못하고 용접부에 기공으로 남기 쉽다. 이로 인해 탈가스가 불완전한 림드강 등에는 전자빔 용접이 적합하지 않다.

작은 직경의 전자빔을 사용하여 긴 용접부를 가진 두꺼운 후판을 용접할 때는 전자빔의 각도를 항상 용접되는 면에 일치시켜야 한다. 아무리 잘 조정된 전자빔이라고 해도 용접 중에 자장에 의해 굴절되어 전자빔이 목표 위치를 벗어나기 쉽다. 이러한 굴절 현상은 그림 1-62와 같이 이종 금속의 용접시에, 특히 비 자성체와 자성체 사이의 용접시에 자주 발생될 수 있다. 이러한 문제를 예방하기 위해서는 미리 용접부를 따라 전자빔의 이동 경로를 평행하게 그려놓고 확인하는 것이 좋다.

또한 기화 경향이 높은 Mg과 Pb을 함유한 합금은 전자빔 용접(EBW) 용접시 기화하여 진공 펌프 등의 진공 시스템을 오염 시키므로 전자빔 용접(EBW) 적용이 어렵다.

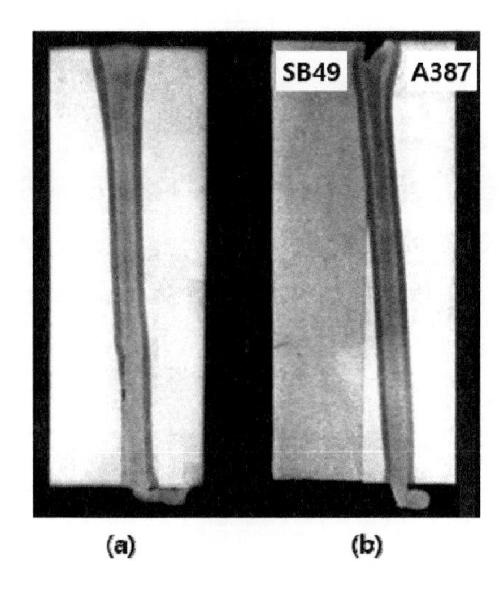

그림 1-62 이종 금속 용접시에 나타나는 전자빔의 굴절 [9]

2.10.2. 장점 및 단점

전자빔 용접의 주요 장점은 다음과 같다. 전기 에너지를 직접 전자빔 형태의 에너지로 바꾸므로 에너지 효율이 높다. 용접부 깊이 대 폭의 비율이 커서 두꺼운 후판을 1 패스로 용접할 수 있다. 다른 아크 용접에 비해 단위 용접 길이당 입열이 적어 열영향부가 작고 용접열에 의한 수축 변형 등의 위험이 적다. 높은 진공도 속에서 용접된 금속은 산소, 질소의 오염 위험성이 최소화 된다. 높은 열 집중과 용융 속도로 인해 빠른 용접이 가능하다.

전자빔 용접의 단점은 다음과 같다. 초기 시설 투자비가 많이 들며, 또한 진공(10^{-3}~10^{-6} torr)을 생성하는데 많은 시간이 소요되고 챔버 크기의 제한으로 인해 용접 대상물의 크기가 제한된다. 좁은 용접부로 깊은 용입을 얻기 위해서는 정밀한 용접부 가공과 취부가 필요하다. 용접부 깊이 대 폭의 비가 큰 용접부를 부분 용입으로 용접하면 Root부에 Void나 Porosity가 생길 수 있다.

전자빔 용접중에 전자빔에서 방사되는 X-Ray로 인한 피해를 막기 위한 차폐 설비가 필요하며, 전자빔 용접중에 발생하는 오존(Ozone)과 기타 비 산화성 가스들을 제거하기 위한 환기 시설이 필요하다.

참고문헌

1 Mendez, P.F., and Eagar, T.W., Advanced Materials and Processes, 159: 39, 2001.

2 Welding Handbook, Vol. 2, 7th ed., American Welding Society, Miami, FL, 1978, pp.78–112, pp.296–330

3 Lesnewich, A., in Weldability of Steels, 3rd ed., Eds. R. D. Stout and W. D. Doty, Welding Research Council, New York, 1978, p.5.

4 Gibbs, F. E., Weld. J., 59: 23, 1980.

5 Jones, L.A., Eagar, T.W., and Lang, J.H., Weld. J., 77: 135s, 1998

6 Cary, H. B., Modern Welding Technology, Prentice–Hall, Englewood Cliffs, NJ, 1979.

7 Welding Handbook, Vol. 3, 7소 ed., American Welding Society, Miami, FL, 1980, pp.170–238.

8 Farrell, W. J., The Use of Electron Beam to Fabricate Structural Members, Creative Manufacturing Seminars, ASTME Paper SP 63–208, 1962–1963.

9 Blakerley, P.J., and Sanderson, A., Weld. J., 63: 42, 1984.

10 Kou, S., Welding Metallurgy, 2nd Edition, p.4.

11 Welding Workbook, Data Sheet 212a, Weld. J., 77: 65, 1998.

금속 기초

용접은 금속이 용융되었다가 다시 응고하면서 접합되는 과정이라고 할 수 있다. 이 과정을 제대로 이해하려면 우선적으로 접합하고자하는 금속이 열을 받아서 부분 용융되었다가 응고하는 과정에 대한 충실한 이해가 필요하다.

3.1 금속 결합

고체의 1차 결합은 이온결합, 공유결합, 금속결합으로 나눌 수 있다. 금속은 그림 1-63과 같이 자유전자를 이용하는 금속결합으로 결합되어 있다. 금속원자의 최외각 전자가 원자로부터 떨어져 나와 한 원자에 구속되지 않고 여러 원자들 사이를 자유롭게 떠돌아다니게 된다. 이 음의 전하를 갖는 자유전자와 양 이온인 원자간의 전자기적 인력에 의해 금속결합이 이루어진다. 음의 전하를 갖는 자유전자는 원자핵인 양 이온 간의 반발력을 상쇄하고 원자핵이 결합하는 접착제 역할을 한다.

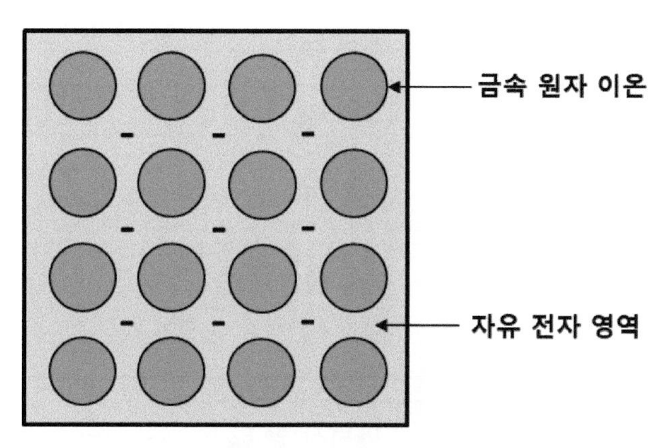

그림 1-63 금속 결합 모형

금속은 자유전자로 인해 다음과 같은 특성을 갖는다.

- 첫째, 열전도도와 전기전도도가 높다. 금속은 자유전자가 빠르게 열과 전하를 운송하므로 다른 물질과 비교하여 높은 전도도를 갖는다.

- 둘째, 연성과 전성이 높다. 금속 원자는 상대 위치가 변동되어도 금속의 자유전자는 특정원자에 구속되어 있지 않으므로 금속 결합은 깨지지 않고 계속 유지되어 높은 연성과 전성을 갖는다.
- 셋째, 금속 광택이 있다. 자유전자가 빛을 반사하므로 금속 특유의 금속 광택을 갖는다.

금속원자의 간격이 가까워 질수록 자유전자에 의한 전자기적 인력의 크기는 증가한다. 한편 원자간의 간격이 너무 가까워짐에 따라 양이온인 원자간의 전자기적 척력이 발생하고 급격히 증가한다. 이에 따라 인력과 척력이 균형을 이루는 평형 거리가 존재하며 이는 금속 원자별 고유값이다. 그림 1-64에 원자간 거리에 따른 인력과 척력 및 이에 따른 원자 결합 에너지를 나타내었다. 인력과 척력이 균형을 이루는 r_0의 원자간 거리에서 최소의 에너지 E_0를 가지며 안정한 상태가 된다. 이것을 결합에너지라고 한다. 즉 금속원자들이 금속결합을 하는 경우 E_0만큼 에너지를 낮추어 안정한 상태가 되며 이때 원자간 거리는 r_0이다. 원자간 거리에 따른 인력과 척력은 그림 1-65의 스프링과 유사하게 고려할 수 있다.

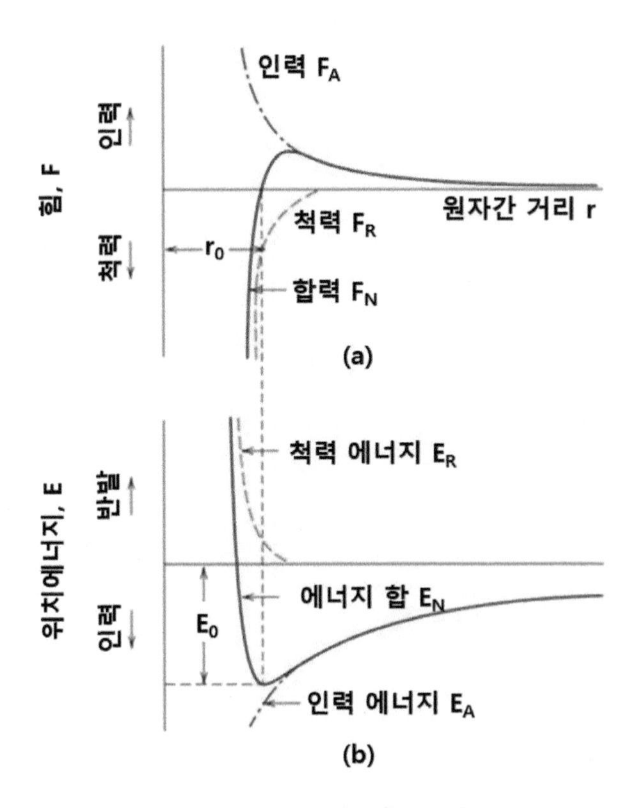

그림 1-64 원자간 거리에 따른 원자 결합 에너지 변화

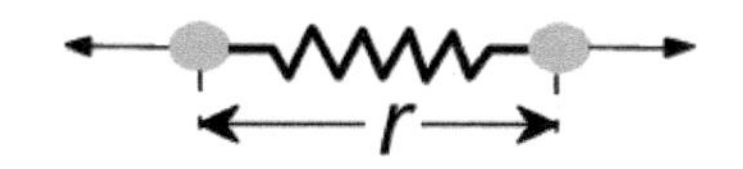

그림 1-65 원자간 인력과 척력의 스프링 모형

3.2 상변태 속도

상변태 속도라고 하면 금속재료를 공부한 사람들도 어렵다는 선입견을 가지고 접근할 것이다. 그러나 상변태 속도는 표면에너지와 확산에 좌우되므로, 표면에너지와 확산 두 가지 현상을 이해한다면 상변태 속도를 쉽게 이해할 수 있다. 이장에서는 용접시 상변태인 응고의 속도를 표면에너지와 확산을 이용하여 설명하고, 상변태의 현상에 따른 금속재료의 특성 변화를 설명하겠다. 이를 통해 용접과정에서 발생하는 일련의 상황을 이해할 수 있도록 하겠다.

3.2.1. 균일 핵생성

그림 1-66과 같이 액상에서 구상의 고체가 핵생성하는 계를 고려해 보자. 반지름 r인 구상의 부피에 해당하는 액상이 고상으로 변화하였다. 이에 따른 자유에너지 변화는 액상과 고상의 부피 자유에너지 차이($4/3\ \pi r^3 \Delta G_V$)가 있으며, 고상 생성에 따라 생성된 고상의 표면에너지($4\pi r^2 \gamma$) 이다.

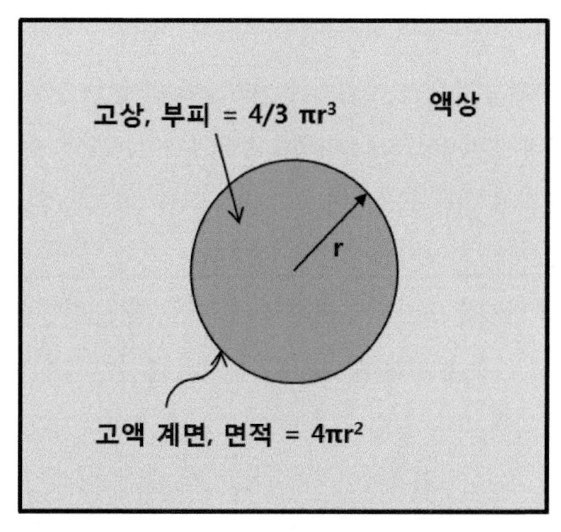

그림 1-66 액체내에서 구모양의 고체 입자의 핵생성을 나타낸 개략도

부피자유에너지 변화(ΔG_V)는 물이 얼음으로 변태하는 경우와 같은 액상이 응고하는 과정을 그림 1-67을 이용하여 고려해 보자. 물의 경우 평형 응고 온도 T_m(0 ℃)에서 고상과 액상의 자유에너지는 동일하다. Tm 온도 이하로 온도가 내려가 과냉도가 증가할수록 고상과 액상의 자유에너지 차이(ΔG_V)가 증가하여 에너지 감소량이 증가하므로 물이 쉽게 응고하게 된다.

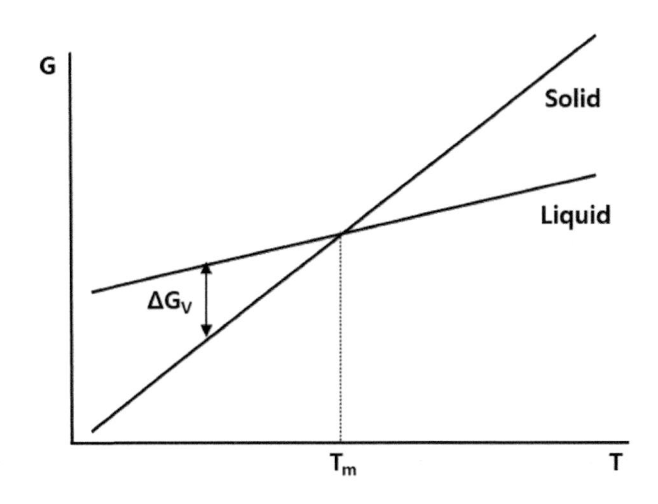

그림 1-67 응고 온도에 따른 응고시 부피 자유에너지의 변화

표면 자유에너지(γ)에 대해 고찰해 보자. 금속은 금속 결합을 통해 자유에너지를 낮추어 안정하게 된다. 금속의 표면에 있는 금속 원자는 안쪽으로 있는 금속과는 금속결합을 할 수 있으나 표면 바깥쪽 방향으로는 금속결합을 하지 못하게 되어, 완전한 금속 결합을 한 원자에 비해 에너지 상태가 높으며 이 높아진 에너지를 표면 자유에너지(γ)라고 한다.

응고시 부피 자유에너지의 감소량은 부피에 비례하므로 그림 1-68과 같이 반지름 r의 3승에 비례하여 감소한다. 즉 구의 부피가 $4/3\ \pi r^3$이므로 부피에너지 감량은 $4/3\ \pi r^3 \Delta G_V$이 된다. 또한 응고시 표면에너지는 표면적에 비례하므로 아래 그림과 같이 반지름 r의 자승에 비례하여 증가한다. 증가량은 $4\ \pi r^2 \gamma$로 표시할 수 있고 그림 1-68 (a)와 같이 나타난다.

응고가 진행되어 구체의 반지름 증가함에 따라 전체 에너지의 변화는 r의 3승에 비례하는 부피자유에너지의 감소량과 r의 자승에 비례하는 표면에너지의 증가량의 합으로 그림 1-68 (b)와 같이 나타난다. 응고가 진행됨에 따라 일정 크기(r*)까지는 자유에너지가 증가하고 일정 크기(r*) 이상이 되면 응고가 진행됨에 따라 자유에너지가 감소하게 된다. 이때 r* 를 임계 핵 반지름이라 하며, r* 이하의 응고물은 엠브리오라고 하고 엠브리오는 성장함에 따라 자유에너지가 증가하므로 불안정한 상태이다. 응고물의 반지름이 r* 이상이 되면 성장함에 따라 자유에너지가 감소하는 안정한 상태이며 이것을 핵이라고 한다. 그리고 핵생성을 위해서는 넘어야 하는 r^* 에서의 자유에너지 증가량 ΔG^* 값을 핵생성을 위한 에너지 장벽(Energy Barrier)라고 한다.

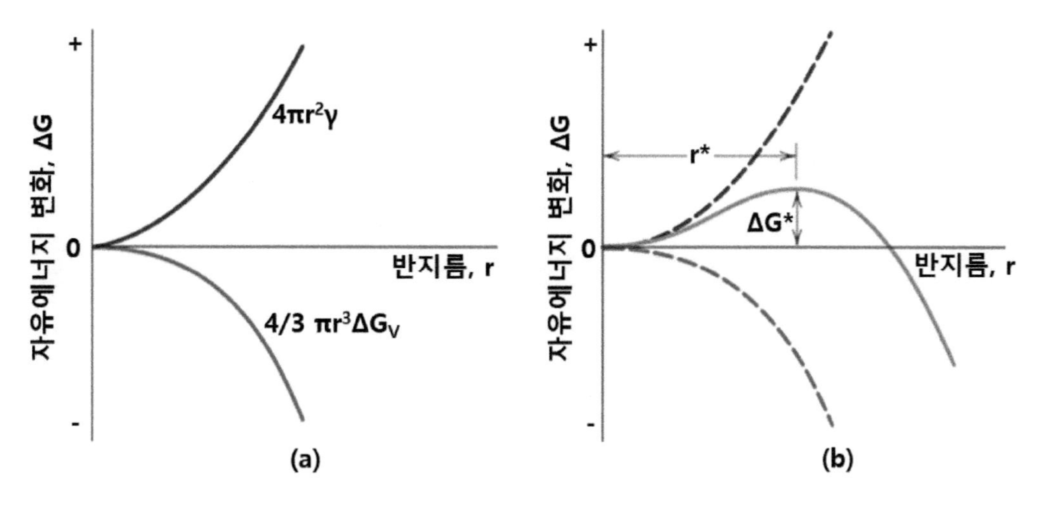

그림 1-68 응고상의 성장에 따른 자유에너지 변화

응고 온도가 낮을 수록 단위 부피당 부피 자유에너지의 감소량(ΔG_V)은 그림 1-67과 같이 증가한다. 이에 따라 표면에너지 증가는 응고온도에 따라 변화가 없으나 부피 자유에너지 감소량은 증가하므로 그림 1-69와 같이 낮은 온도 T_2에서 응고시의 높은 온도 T_1의 경우보다 핵생성 에너지 장벽(ΔG^*)과 임계 핵 반지름이 작다. 즉 응고 온도가 낮을 수록 핵생성 속도가 빨라진다.

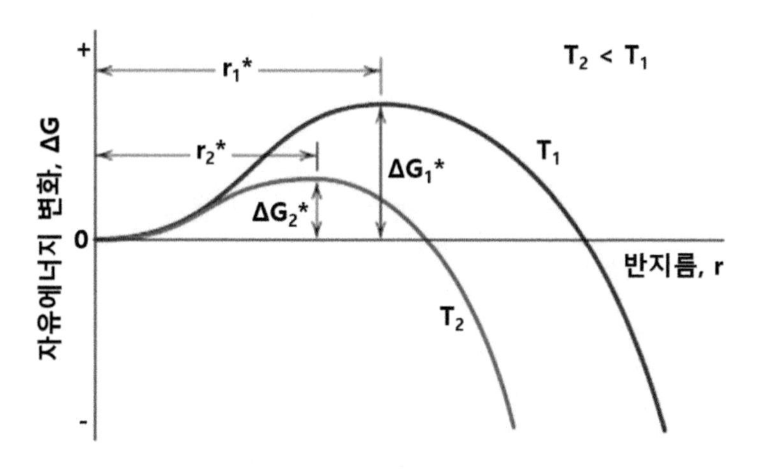

그림 1-69 응고 온도에 따른 자유에너지의 변화

임계 엠브리오에 원자가 부착하면 안정한 핵이 형성된다. 그러므로 핵생성 속도는 임계 엠브리오의 갯수와 원자 부착 빈도의 곱으로 구할 수 있다. 온도가 낮을 수록 핵생성이 용이하므로 임계 크기의 엠브리오(또는 핵)의 수는 그림 1-70 (a)와 같이 증가한다. 원자 부착 빈도는 확산속도에 좌우되며 확산 속도는 온도가 높을 수록 빨라지므로 원자 부착속도는 그림 1-70 (b)와 같이 온도가 높을 수록 빨라진다. 결론적으로 안정한 핵생성 속도는 그림 1-70 (c)와 같이 중간 온도에서 최대가 된다.

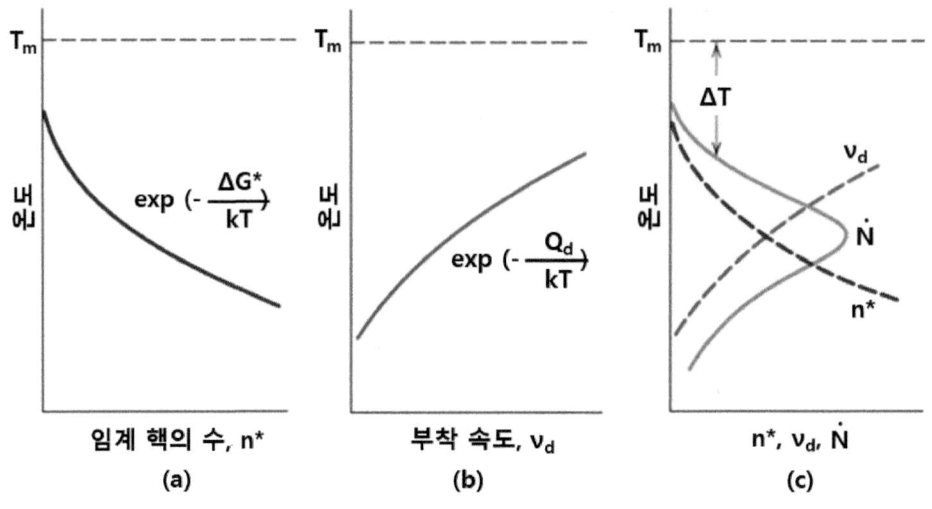

(a) 온도에 따른 임계 크기 엠브리오(또는 핵)의 수
(b) 온도에 따른 원자 부착 빈도 (c) 온도에 따른 핵생성 속도
그림 1-70 응고에 대한 개략 선도

핵생성 속도는 임계 크기의 엠브리오 숫자(n^*)와 원자 부착 빈도(ν_d)의 곱으로 아래 식과 같이 나타낼 수 있다.

$$n^* = K_1 \exp(-\frac{\Delta G^*}{kT})$$

$$\nu_d = K_2 \exp(-\frac{Q_d}{kT})$$

$$\dot{N} = K_3 n^* \nu_d = K_1 K_2 K_3 [\exp(-\frac{\Delta G^*}{kT})\exp(-\frac{Q_d}{kT})]$$

K_1, K_2, K_3는 각각의 식에 상수값이며, Q_d는 온도에 독립적인 함수로 확산에 필요한 활성화 에너지(Activation Energy)이다.

3.2.2. 불균일 핵생성

주물과 같은 많은 경우에서 응고는 주물벽에서 핵이 생성하는 불균일 핵생성의 형태를 나타낸다. 그림 1-71과 같은 평평한 판에 핵생성하는 경우를 고려해 보자.

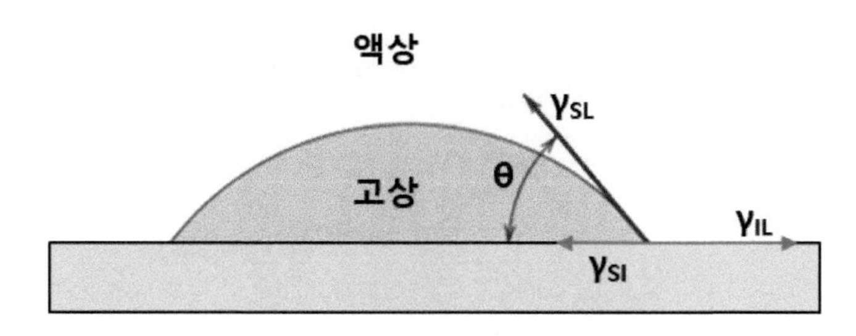

그림 1-71 불균일 핵생성 모형

불균일 핵생성의 경우 판과 응고 상과의 표면에너지(γ_{SI})가 낮아 핵생성이 용이해지며, 이에 따라 그림 1-72와 같이 불균일 핵생성의 경우 핵생성에 필요한 에너지 장벽이 작다. 반면에 임계 엠브리오(또는 핵) 반지름은 동일하다.

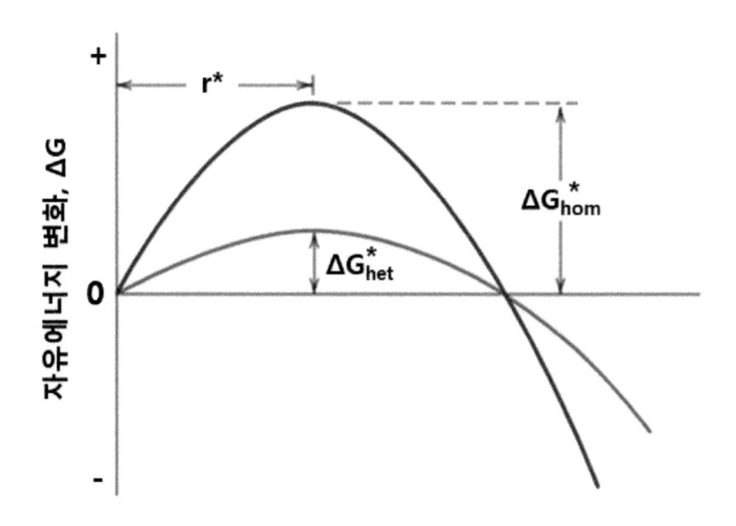

그림 1-72 균일 핵생성과 불균일 핵생성의 임계 엠브리오 반지름과 에너지 장벽 비교

3.2.3. 성장 및 변태 속도

핵생성에 의해 생성된 핵이 성장하는 것으로 변태가 진행된다. 그러므로 총 변태속도는 지금까지 기술한 핵생성 속도와 성장 속도의 곱으로 구할 수 있다. 대부분의 변태는 확산 변태이며 확산 변태에서 성장 속도는 확산속도에 비례한다. 또한 확산 속도는 온도가 높을 수록 빠르므로 성장속도는 그림 1-73과 같이 높은 온도에서 빠른 성장 속도를 갖는다.

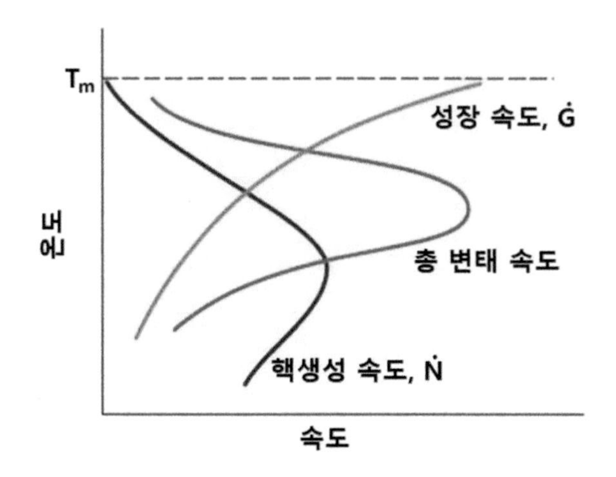

그림 1-73 온도에 따른 총 변태 속도

성장속도는 다음식과 같다. 여기에서 C는 상수이며 Q는 활성화 에너지이다.

$$\dot{G} = C\ \exp(-\frac{Q}{kT})$$

그러므로 총 변태 속도는 그림 1-73과 같이 중간온도에서 최대가 된다.

지금까지 논의한 것과 같이 온도에 따른 변태속도는 중간온도에서 최대가 되는 그림 1-74 (a)와 같은 형태를 나타낸다. 온도에 따른 변태에 걸리는 시간은 변태속도가 가장 빠른 중간온도에서 가장 짧은 시간이 소요되어 그림 1-74 (b)와 같이 되며, TTT Curve에서 볼 수 있는 C Curve가 된다.

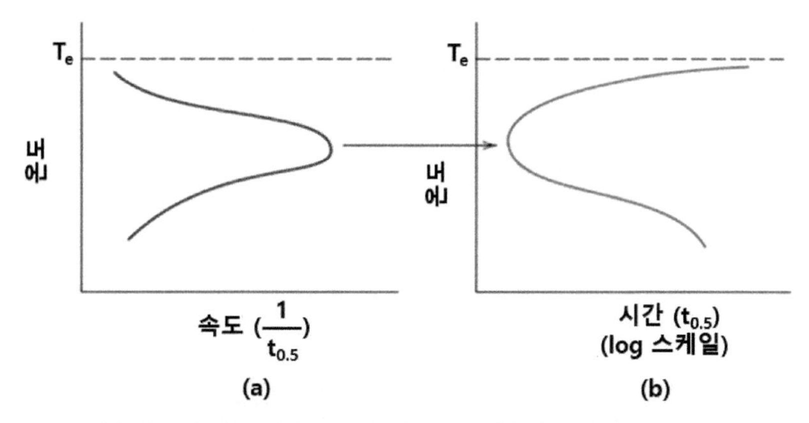

(a) 온도에 따른 변태 속도의 개략 선도, (b) 온도에 따른 일정량 (예: 50% 변태)의 변태까지 소요되는 로그시간의 개략 선도

그림 1-74 온도에 따른 상변태에 소요되는 시간의 변화

3.3 금속 결정구조에 따른 금속의 특성

3.3.1. BCC 구조

BCC(Body Centered Cubic, 체심 입방) 구조는 입방 단위정의 8개 모서리와 입방의 중심에 하나의 원자가 위치한 구조이다. BCC 단위정에는 2개의 원자가 있다. 8개의 모서리 원자는 단위정에 1/8이 포함되므로 1개의 원자에 해당하며, 입방의 중심에 1개의 원자가 있다. BCC 구조는 체심 원자가 모서리 8개 원자와 최근접 거리에 있으며 이에 따라 배위수가 8이다. 충진율은 그림 1-75과 같이 듬성 듬성하게 쌓여 있어 68%로 작다. 또한 6개의 (110) Slip Plane과 Slip Plane 당 2개의 [111] Slip 방향을 가지므로 총 12개의 Slip System을 갖는다.

BCC 구조를 갖는 금속은 Fe(α, δ Ferrite), Cr, Mo, V, Nb, W, Ti(고온) 등이 있다.

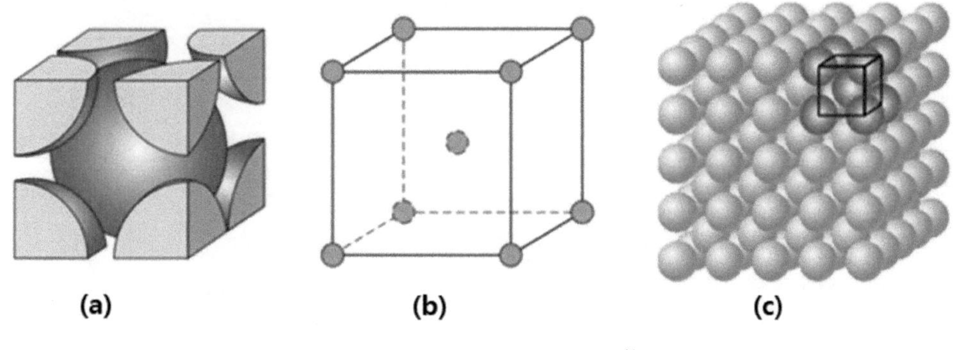

그림 1-75 BCC 구조 모형[1]

BCC 구조의 침입형 원자가 위치할 수 있는 자리는 그림 1-76과 같이 팔면체 자리와 사면체 자리가 있다. 팔면체 자리는 각 면의 중심인 면심 위치에 있다.

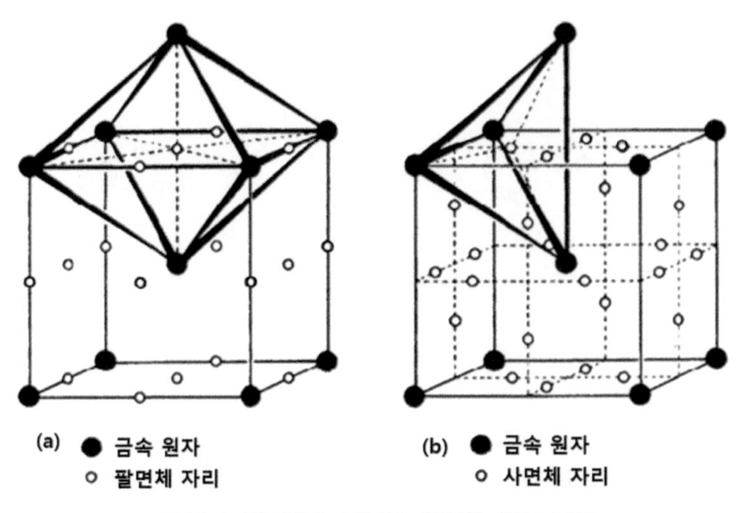

그림 1-76 BCC 구조의 침입형 원자 자리

3.3.2. FCC 구조

FCC(Face Centered Cubic, 면심 입방) 구조는 원자가 입방의 모서리와 면의 중심에 위치한다. 8개의 모서리 원자는 단위정에 1/8이 포함되므로 1개의 원자에 해당하며, 면심에 있는 6개의 원자는 1/2이 포함되므로 3개의 원자에 해당한다. FCC 구조는 그림 1-77과 같이 배위수가 12로 조밀하게 쌓여있는 구조이다. 충진율은 조밀하게 쌓여있어 74%로 크다.

FCC 구조를 갖는 금속은 Fe(γ Austenite), Ni, Mn, Al, Cu, Ag, Au, Pt, Pb 등이 있다.

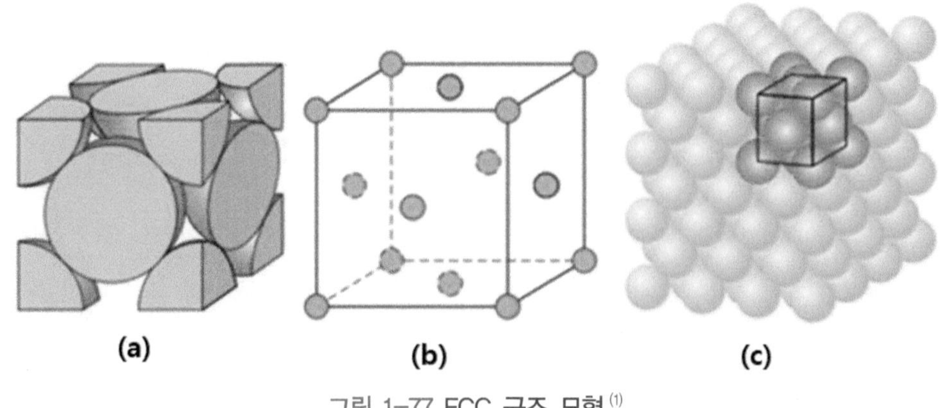

그림 1-77 FCC 구조 모형[1]

조밀면은 그림 1-78와 같이 Stacking 위치가 A, B, C의 세 가지가 존재하며, FCC 구조에서 조밀면은 (111)면이며, A, B, C 순서로 Stacking한 구조이다. 조밀면인 (111)면은 Slip Plane으로 동일한 4개의 면이 존재하며 Slip Plane 당 3개의 [110] Slip 방향을 가지므로 총 12개의 Slip System을 갖는다.

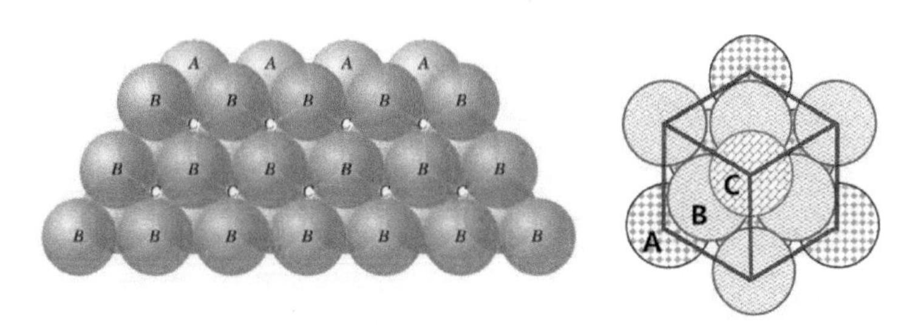

그림 1-78 FCC 구조의 조밀면(A, B, C) Stacking

FCC 구조의 침입형 원자가 위치할 수 있는 자리는 팔면체 자리와 사면체 자리가 있다. 팔면체 자리는 단위정의 중심인 체심 위치에 있다.

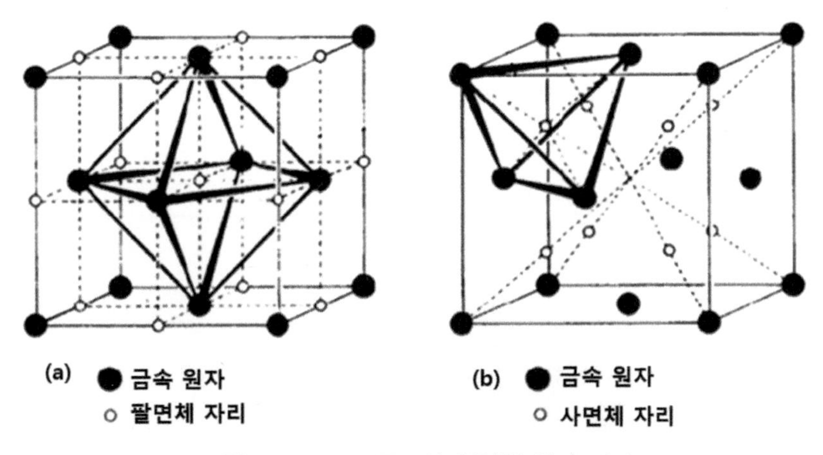

그림 1-79 FCC 구조의 침입형 원자 자리

3.3.3. HCP 구조

HCP(Hexagonal Cleose-packed, 육방 조밀) 구조는 그림 1-80과 같다. 단위정의 상부와 하부면은 6개의 원자로 꼭지점이 이루워진 육각형을 이루며, 이들은 면 중심의 원자를 둘러싸고 있다. 중간에 위치한 면은 3개의 원자를 포함하고 있다. HCP 구조는 단위정에 6개의 원자를 포함한다. 상부 및 하부면의 모서리에 각각 6개의 원자가 있으며 단위정에 1/6이 포함되어 되어 2개의 원자에 해당된다. 그리고 상부 및 하부면의 면심에 각각 1개의 원자가 있으며 1/2이 단위정에 포함되어 1개의 원자에 해당된다. 중간면에 3개의 원자가 포함되어 있다. HCP 구조는 FCC 구조와 같은 조밀구조이므로 충진율은 FCC 구조와 동일한 74%이다. 다만 조밀면의 Stacking 순서가 FCC 구조와 다르게 그림 1-81과 같이 A-B-A-B이다.

HCP 구조의 금속은 Mg, Ti, Co, Zn 등이 있다.

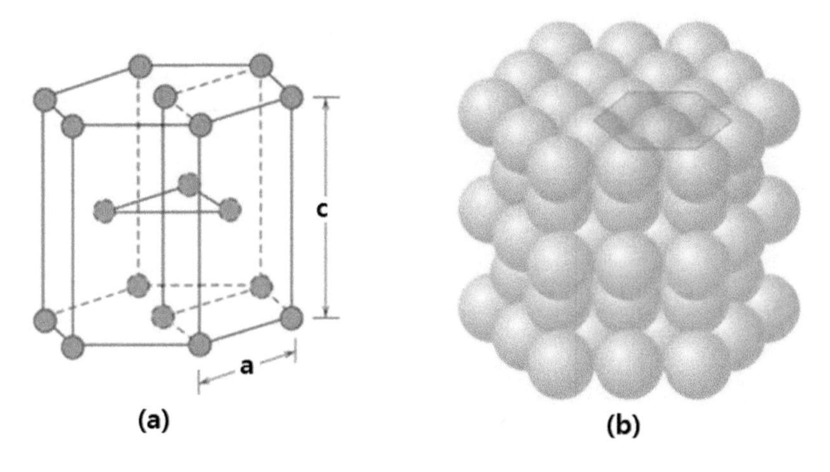

그림 1-80 HCP 구조 모형[1]

HCP 구조는 조밀면이 (0001) 1개 Plane이므로 1개의 Slip Plane을 가지며, Slip Plane당 Slip 방향이 3개로 3개의 Slip System을 갖는다. 이에 따라 HCP 구조는 Slip System의 부족으로 Slip Plane에 수직인 방향의 응력에 대해 변형하지 못하므로 연성 및 전성이 나쁘고 취성이 크다.

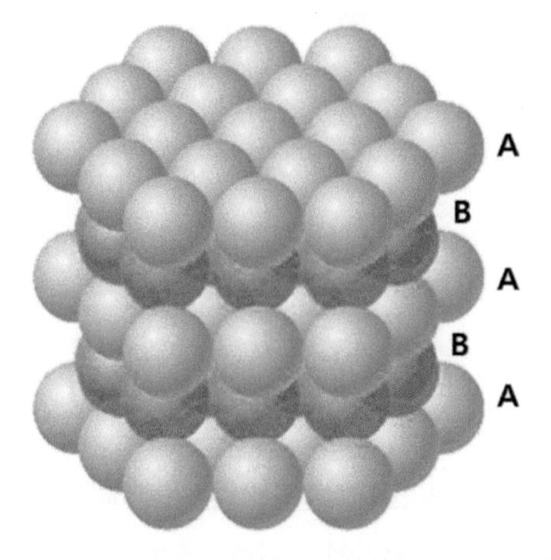

그림 1-81 HCP 구조의 조밀면(A, B) 적층[1]

3.3.4. BCC 및 FCC 구조 비교

강에 용해가 가능한 침입형 원소는 크기가 작은 H, B, C, N, O의 5개이다. 강은 저온에서 α 페라이트, 고온에서 γ 오스테나이트로 존재한다. α페라이트는 BCC 구조를 가지며, γ 오스테나이트는 FCC 구조를 갖고 있어 결정구조가 달라 다른 기계적 특성을 갖는다. 결정구조에 따른 차이를 표 1-9에 정리하였다.

표 1-9 BCC와 FCC의 비교

구분	결정구조	탄소 최대 용해도	충진율	단위정 크기 변 길이 (Å)	침입형 자리 최대 반지름
α 페라이트	BCC	0.025 wt%	68%	2.86 Å	0.36Å
γ 오스테나이트	FCC	2.01 wt%	74%	3.60 Å	0.52 Å

α 페라이트가 BCC 구조로 충진율이 작아 침입형 원자 자리가 클것으로 생각되나 침입형 원자 자리중 큰 팔면체 자리를 비교해 보면 BCC보다 FCC 구조의 팔면체 침입형 원자 자리의 크기가 크다. 이에 따라 침입형 원자의 용해도도 BCC 구조인 α 페라이트보다 FCC 구조인 γ 오스테나이트의 용해도가 100배 가량 크다. 침입형 원자는 FCC 구조에 고용이 용이하므로 C, N와 같은 침입형 원자는 강력한 오스테나이트 포머로 작용한다. 즉 α 페라이트는 침입형 원자 자리가 작아 내부에 침입형 원자가 존재하는 경우 격자 변형이 커져 에너지 상태가 높아지며 불안정해 진다.

반면에 침입형 원자의 확산 속도는 BCC 구조에서 빠르다. BCC 구조는 듬성 듬성 쌓여 있는 구조로 원자 사이에 공간이 많이 존재하여 침입형 원자의 확산이 용이하고, FCC 구조는 조밀 구조로 원자 사이의 공간이 작아 고용도는 높으나 확산속도는 매우 낮다. 이를 응용한 예로 석유화학 BCC 구조인 탄소강 또는 저합금강 소재의 반응기에 수소 침투에 의한 HIC를 방지하기 위해 FCC 구조의 스테인리스강을 오버레이하기도 한다.

FCC 구조는 Slip 면 사이의 면간 거리가 BCC 구조보다 크다. 이에 따라 자유 전자의 이동이 용이하여 일반적으로 Cu, Al과 같이 열전도도와 전기전도도가 크다. 그러나 스테인리스강과 같이 합금강은 FCC 구조이여도 크기가 다른 원자가 혼합되어 있어 Slip 면이 균질하지 않아 열전도도와 전기전도도가 작다. 또한 FCC 구조는 Slip 면간 거리가 커서 전위 이동에 BCC 보다 작은 에너지가 필요하여 강도가 낮다.

FCC 구조의 금속은 조밀구조로 인해 열팽창 계수가 큰 특성이 있어 용접 및 열처리시 열변형에 주의하여야 한다.

침입형 원자가 FCC 구조의 금속에 고용되기 용이함을 설명하였다. 치환형 원자의 결정 구조에 따른 고용도 차이를 고려해 보면, Hume Rothery 법칙에 의해 치환형 원자는 같은 결정 구조 및 원자 크기가 비슷한 경우 고용이 용이함을 알 수 있다.

Hume Rothery 법칙은 전율고용체를 이루는 조건을 기술한 법칙으로서 다음과 같은 조건을 제시하고 있다.

1. 고용체를 이루는 각 원소의 결정구조는 같아야 한다.
2. 두 원소의 원자크기는 15% 이상 달라서는 안된다.
3. 두 원소가 화합물을 형성해서는 안 된다.
4. 두 원소의 원자가가 같아야 한다.

탄소(C), 질소(N)와 같은 침입형 원자는 오스테나이트 포머임을 알고 있다. 치환형 원자는 동일한 구조에 고용되기 용이하므로 니켈(Ni)과 같은 FCC 구조의 금속 원자는 오스테나이트 활성화 원소이며, 크롬(Cr)과 같은 BCC 구조의 금속 원자는 페라이트 활성화 원소이다.

황(S)과 인(P)은 금속이 아니며, BCC 및 FCC 구조를 갖지 않는다. 사방정계 구조를 가지며 조밀구조인 FCC 보다는 BCC 구조와 좀더 유사한 구조이다. 이에 따라 황(S)과 인(P)은 표 1-10에 정리된 바와 같이 BCC 구조인 페라이트에 좀더 높은 고용도를 갖는다.

표 1-10 결정구조에 따른 황과 인의 고용도 차이

구분	δ 페라이트내 고용도	γ 오스테나이트내 고용도
황(Sulfur)	0.18 wt%	0.05 wt%
인(Phosphorus)	2.8 wt%	0.25 wt%

강의 용접시 S와 P은 최종 응고부에 편석하여 저융점 개재물을 형성하여 응고 균열을 유발한다. S와 P가 최종 응고부에 편석하지 않고 용접금속에 고용되기 위해서는 초정 응고상을 페라이트로 조절하는 것이 필요하며, 이를 위해 스테인리스강에서는 용접부에 5% 이상의 δ 페라이트 형성하도록 각종 Spec.에서 규정하고 있다.

3.4 상태도의 이해와 지렛대 법칙(Lever Rule)

금속의 상 및 변태 현상을 이해하기 위해서는 상태도를 이해할 수 있어야 한다. 상태도를 이해하기 위해서는 기본적으로 정해진 온도와 압력에서 존재하는 상, 상의 조성 및 상의 양을 결정하는 지렛대 법칙(Lever Rule)을 알아야 한다.

그림 1-82의 전율 고용체 상태도에서 온도 T와 조성 W_0인 계에 존재하는 상의 종류와 상의 조성 및 상의 양에 대해 알아보자. 온도 T와 조성 W_0인 계는 점 O로 표시되며, 이 계에는 W_L 조성의 액상(점L)과 W_S 조성의 고상(점S)이 존재한다. 이때 액상과 고상의 양은 아래의 식에 따라 결정되며 이를 지렛대 법칙이라고 한다.

액상의 양 = $(W_S-W_0)/(W_S-W_l)$

고상의 양 = $(W_0- W_l)/(W_S-W_l)$

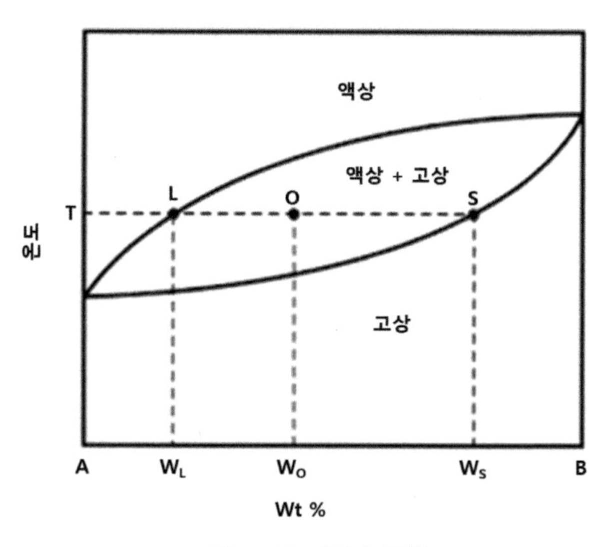

그림 1-82 지렛대 법칙

지렛대 법칙을 이용하면 그림 1-83의 납-주석 계 상태도에서 각 조건에 존재하는 상과 상의 조성 및 상의 양을 계산할 수 있다.

아래 그림에서 100℃, Pb 조성 61.9 wt%이 점 X인 계의 예를 들어 보자. Lever Rule에 따라 이 조건에서는 A조성의 α상과 B 조성의 β상이 존재한다. α상의 양과 β상의 양은 다음과 같이 대략적으로 계산된다.

α상의 양 = (B−X) / (B−A) = (62 − 5) / (98 − 5) = 61%
β상의 양 = (X−A) / (B−A) = (98 − 62) / (98 − 5) = 39%

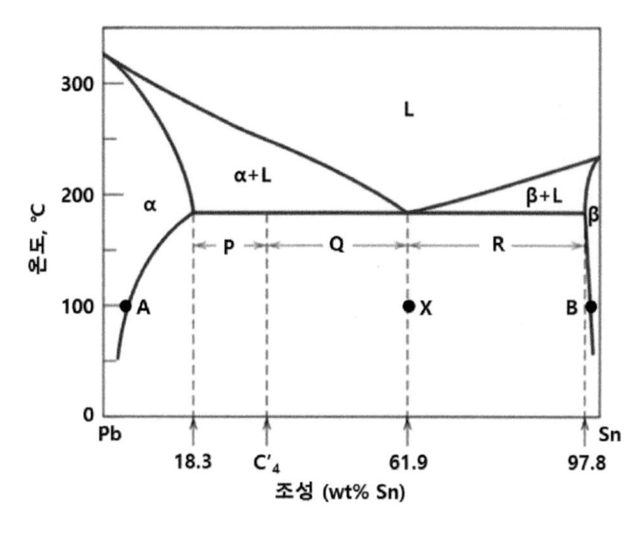

그림 1-83 Pb-Sn 계 상태도

3.5 열처리

열처리 용어는 어닐링, 노말라이징, 퀜칭, 템퍼링 등이 있으며 각각의 교재에서 여러가지 종류의 이름으로 불리고 있다. 영어식 명칭, 일본식 명칭, 한국식 명칭등이 다양하게 사용되고 있다. 아래에 다양한 열처리 종류별 목적 및 방법에 대해 설명하고자 한다.

3.5.1. 소둔(燒鈍) 및 소준(燒準)

일정 온도에서 어느 시간동안 가열한 다음 비교적 늦은 속도로 냉각하는 작업을 소둔(Annealing)이라고 하고, 냉각을 공기 중에서 이보다는 조금 빠른 냉각속도로 냉각할 때는 소준(Normalizing)이라 한다. 소둔은 그 목적 및 작업 방법에 따라 다음과 같은 종류가 있다.

1) 어닐링(풀림, 소둔, Annealing)

어닐링(풀림)은 냉간가공이나 퀜칭 등에 의해 발생한 응력을 제거하기 위해서 오스테나이트가 존재하는 온도까지 가열한 다음 서냉하는 열처리이다.

가열 온도가 높을 때 성분의 균일화, 잔류 응력의 제거 또는 연화가 이루어진다. 어닐링하면 아공석강에서는 초석 페라이트와 펄라이트(Pearlite)의 혼합 조직이 되고 과공석강에서는 초석 시멘타이트(Fe_3C)와 펄라이트(Pearlite)의 혼합 조직이 된다.

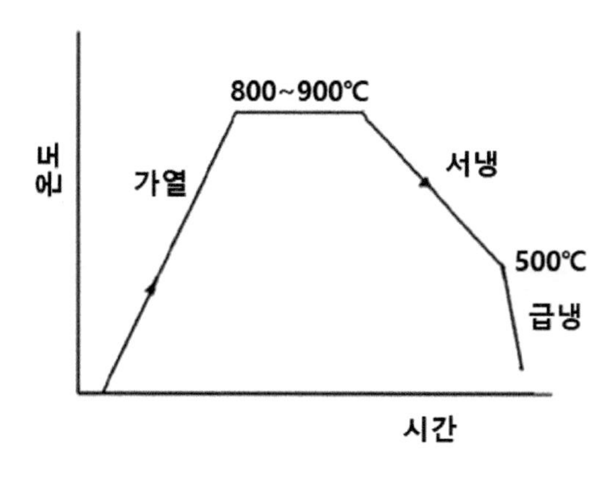

그림 1-84 어닐링 과정

응력 제거 어닐링은 주조, 단조, 퀜칭, 냉간가공 및 용접등에 의해서 생긴 잔류 응력을 제거하기 위한 열처리이다. 보통 500~600℃의 비교적 낮은 온도에서 적당한 시간을 유지한 후에 서냉하는 저온 어닐링이다. 재결정온도 이하 이므로 회복에 의해서 잔류 응력이 제거된다. 현장에서 흔히 적용하는 PWHT는 모두 이에 준한 응력제거 어닐링이라고 이해하면 된다.

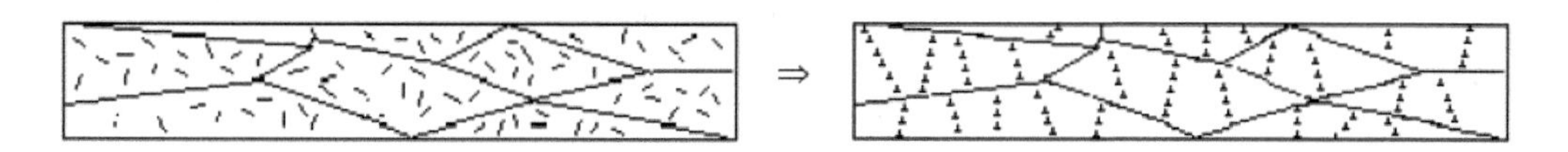

그림 1-85 응력 제거 어닐링시의 조직 변화

2) 노말라이징(불림, 소준, Normalizing)

강을 A_{c3} 또는 A_{cm}점 보다 40~60℃ 정도 높은 온도까지 가열하여 균일한 γ 오스테나이트 상으로 만든 후에 공냉하는 작업을 말한다. 노말라이징의 목적은 내부응력의 감소, 구상화 열처리의 전처리, 망상 Fe_3C의 미세화 및 저탄소강의 피삭성 개선 등이다. 노말라이징 조직은 어닐링 조직보다 미세하고 균질하기 때문에 강도와 인성이 어닐링한 강보다 우수하다.

즉 강재를 가공 전단계의 표준(Normal) 상태로 만들어 주는 것이 노말라이징의 목적이라고 할 수 있다. 노말라이징 처리하면 미세 펄라이트 또는 탄화물이 균일하게 분포되므로 경화도가 낮아진다. 또한, 대형 단조품이나 주강에 나타나기 쉬운 조대 결정조직도 노말라이징 처리를 함으로써 미세 페라이트와 펄라이트의 혼합조직이 되어 기계적 성질이 개선된다.

노말라이징 과정의 금속 조직 변화는 그림 1-86과 같이 설명될 수 있다. 즉, 입자 크기가 작아지면서 기계적 강도와 인성이 향상되고 내부에 잔류응력이 없는 표준(Normal) 상태의 금속 조직이 얻어진다.

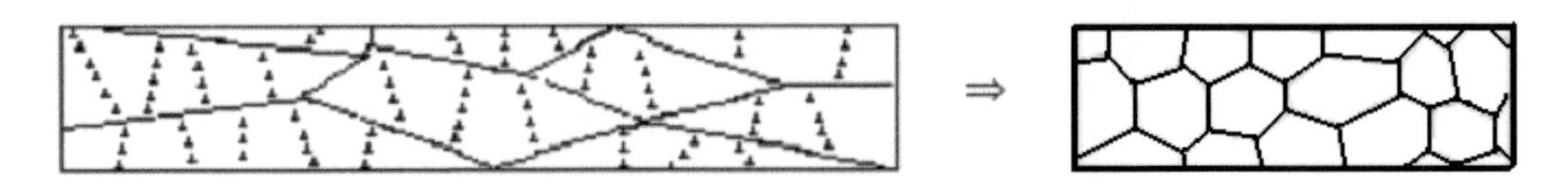

그림 1-86 **노말라이징 열처리시 강의 조직 변화**

3.5.2. 고용화 열처리(Solution Annealing)

오스테나이트계 스테인리스강은 열에 의해 경화하지 않지만, 냉간가공에 의해 경화되며, 경화도에 따라 응력부식 균열등이 발생할 수 있다. 또한 용접과정이나 열간 가공 단계에서 결정 입계에 형성된 크롬 탄화물에 의한 예민화 현상을 해결하기 위해 재결정 온도인 A1 점 이상의 온도로 가열하여 급냉을 유도하는 고용화 열처리(Solution Annealing)을 실시한다. 이 과정을 통해 재결정에 의한 잔류응력을 제거하고 형성된 탄화물을 분해하도록 한다. 강종별로 약간씩 열처리 온도에 차이는 있지만, 보통 1050℃~1010℃ 정도로 가열하였다가 급냉한다. 고온에 장시간 노출하게 되면, 표면 산화의 위험이 크고 금속조직 입자가 너무 크게 성장하므로 가능한 짧은 시간 동안 노출되도록 한다. 산화의 정도가 심해지고 입자 성장이 과다해지면, 금속 표면이 오렌지색으로 박리되는 현상이 발생할 수 있으며, 이를 “Orange Peel"이라고 부른다.

표면 산화를 막기 위해서는 수소 혹은 질소가 채워진 열처리노 분위기에서 열처리를 하여 광택이 있는 표면을 얻을 수 있다. 이를 광휘소둔(Bright Annealing) 이라고 부른다. 광휘소둔을 하게 되면 마르텐사이트나 페라이트계 스테인리스강에서는 수소 취성이 발생할 수 있으므로 주의를 요한다.

3.5.3. 퀜칭(담금질, 소입, Quenching)

강을 임계온도 이상에서 물이나 기름과 같은 퀜칭 액에 넣고 급냉하는 작업을 퀜칭(Quenching) 이라 한다. 퀜칭의 주 목적은 경화에 있으며 가열 온도는 아공석강에서는 A_{c3}점, 과공석강에서는 A_{c1}점 이상 30~50℃로 균일하게 가열한 후 퀜칭한다. 퀜칭에서 얻어지는 최고 경도는 탄소강, 합금강에 관계없이 탄소량에 의하여 결정되며 약 0.6% C 까지는 탄소함량에 비례하여 증가하나 그 이상이 되면 거의 일정치가 되고 특히 합금원소에는 영향을 받지 않는다.

퀜칭 열처리에서 이상적인 작업방법은 그림 1-87과 같이 공석 변태가 일어나는 구역은 급냉시키고 균열이 생길 위험이 큰 마르텐사이트 변태구역은 서냉하는 것이다. 이와 같은 냉각 과정을 거치면 균열이나 변형됨이 없이 충분한 경도를 얻을 수 있다.

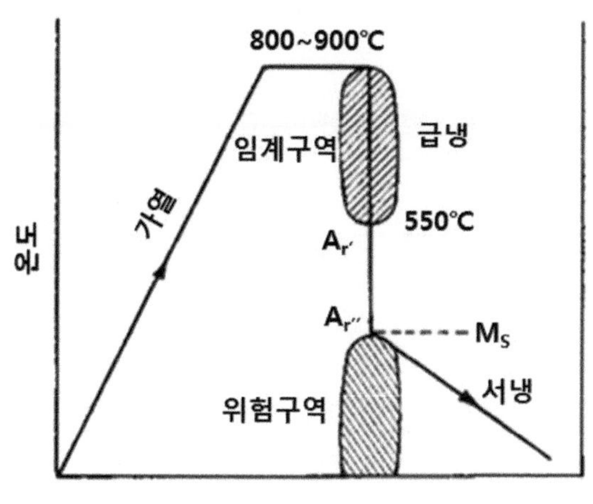

그림 1-87 퀜칭(Quenching) 개요

퀜칭을 실시한 강은 마르텐사이트 생성으로 높은 경도와 취성을 갖게 되지만, 반대로 인성을 포함한 적절한 기계적 강도를 확보하기 어려우므로 이를 보완하기 위해 템퍼링(Tempering)을 실시한다.

3.5.4. 템퍼링(뜨임, 소려, Tempering)

퀜칭 한 강은 매우 경도가 높으나 취약해서 사용할 수 없으므로 변태점 이하의 적당한 온도로 재 가열하여 사용한다. 이 작업을 템퍼링(Tempering)이라 한다. 템퍼링의 목적은 다음과 같다.

- 조직 및 기계적 성질을 안정화 한다.
- 경도는 조금 낮아지나 인성이 좋아진다.
- 잔류 응력을 경감 또는 제거하고 항복강도를 향상한다.

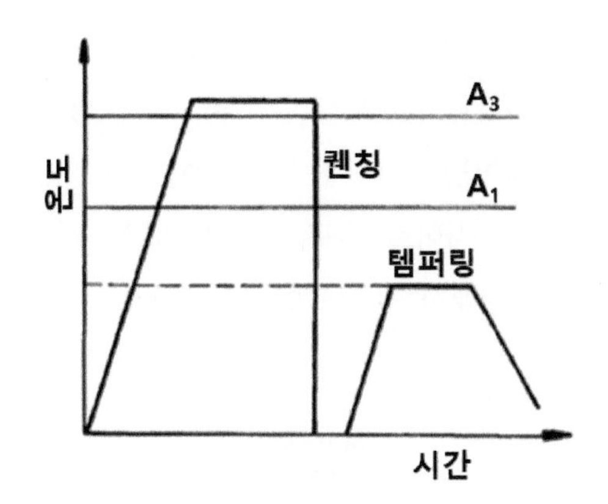

그림 1-88 퀜칭 및 템퍼링(QT) 강의 제조 공정

일반적으로 경도와 내마모성이 필요할 때는 고탄소강을 써서 저온에서 템퍼링을 하고 경도를 조금 희생하더라도 인성을 요할 때에는 저탄소강을 써서 고온에서 템퍼링을 실시한다.

템퍼링 온도는 해당 강재가 최적의 기계적 강도를 보여줄 수 있는 온도로 결정하게 되며, 만약 이 온도 이상으로 가열하게 되면 취성이 발생하여 문제가 된다. 따라서 Q-T 혹은 N-T강은 용접 후 열처리시에 반드시 PWHT의 온도가 템퍼링(Tempering) 온도 보다 낮게 관리되어야 한다.

템퍼링(Tempering)은 무확산 변태로 생긴 마르텐사이트의 분해 석출 과정이다. 즉, 템퍼링에 의한 성질의 변화는 탄소를 고용도 이상으로 과포화 고용한 마르텐사이트가 페라이트와 탄화물로 분해하는 과정에서 일어난다.

- **제 1단계** : 80~200℃로 가열되면 과포화하게 고용된 탄소가 ε탄화물로 분해하는 과정이다.
- **제 2단계** : 200~300℃에서 일어나는 이 단계는 고탄소강에서 잔류 오스테나이트가 있을 때에만 일어나며, 잔류 오스테나이트가 저(低) 탄소 마르텐사이트와 ε탄화물로 분해하는 과정이다.
- **제 3단계** : 300~350℃가 되면 ε탄화물은 모상중에 고용함과 동시에 새로 Fe_3C가 석출하고 수축한다. 저(低) 탄소 마르텐사이트는 더욱 저(低) 탄소로 되고 거의 페라이트가 되나 전위밀도는 아직 높은 편이다, 이때 생기는 조직은 미세 펄라이트이며 가장 부식되기 쉽다.

온도가 더욱 높아져서 500~600℃가 되면 Fe_3C는 성장하여 점차 구상화하고 전위밀도는 급격히 감소한다. 이때 생성되는 펄라이트는 강인성이 좋아 구조용에 사용된다.

용접부에 미치는 질소, 산소, 수소의 영향

4.1 용융부에서의 화학반응

질소, 산소, 수소는 용접 중 용접금속에 용해되어 일반적으로 용접부의 인성과 연성에 나쁜 영향을 미친다. 질소, 산소, 수소의 발생원은 대기 중, 용접 가스, Flux, 모재 표면의 수분과 오염물질 등이다. 질소, 산소, 수소가 용접 중 용접 금속에 용해되는 화학반응에 대해 고려해 보면 화학반응은 두 가지 경우로 구분할 수 있다.

첫째는 기체 상태의 질소, 산소, 수소 분자가 융탕과 반응하여 질소 원자 상태로 용해되는 경우가 있으며, 다음과 같은 화학반응으로 표시되며 그림 1-89(a)와 같은 온도에 따른 용해도 곡선을 갖는다.

$$1/2\ N_2(g) = \underline{N}$$
$$1/2\ O_2(g) = \underline{O}$$
$$1/2\ H_2(g) = \underline{H}$$

두번째는 먼저 기체 상태의 질소, 산소, 수소 분자가 용접시 아크 열에 의해 원자로 분해되고 이 질소, 산소, 수소 원자가 융탕과 반응하여 원자 상태로 용해되는 경우이며, 다음과 같은 화학반응으로 표시되며 그림 1-89(b)와 같은 온도에 따른 용해도 곡선을 갖는다.

$$N = \underline{N}$$
$$O = \underline{O}$$
$$H = \underline{H}$$

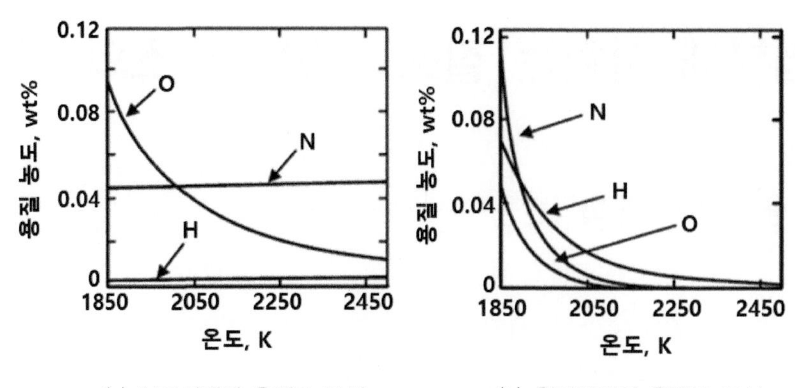

(a) 분자상태의 용해도 곡선　　　　(b) 원자상태의 용해도 곡선

그림 1-89 **액상의 철에 대한 질소, 산소, 수소의 온도에 따른 평형 농도**[1]

일반적인 주물의 경우에는 기체 분자가 액상의 금속과 반응하여 용해되지만 용접의 경우는 고온의 아크에 의해 기체 분자가 원자로 분해되므로 그림 1-89(b)와 같이 온도가 높을 수록 낮은 평형 농도를 갖는다. 용탕의 위치에 따라 평형 농도를 고려해 보면 용탕의 중심에서 온도가 높으므로 그림 1-90의 점선과 같은 평형 농도를 갖는다. 즉 용탕의 가장자리에서 질소, 산소, 수소의 용해도가 높다. 그리고 실제 용접금속에서는 냉각중 상당량의 원자가 이탈하므로 용접금속에 잔류하는 양은 용탕에 용해된 양보다 감소한다.

저합금강(Low Alloy Steel)에서 지연균열(또는 저온 균열)의 발생 위치는 용탕의 가장자리에 근접한 열영향부이다. 이것은 용탕의 가장자리에 용해된 높은 농도의 수소가 확산하여 발생하는 현상으로 고상 변태에 대해 논할 때 자세히 다루겠다.

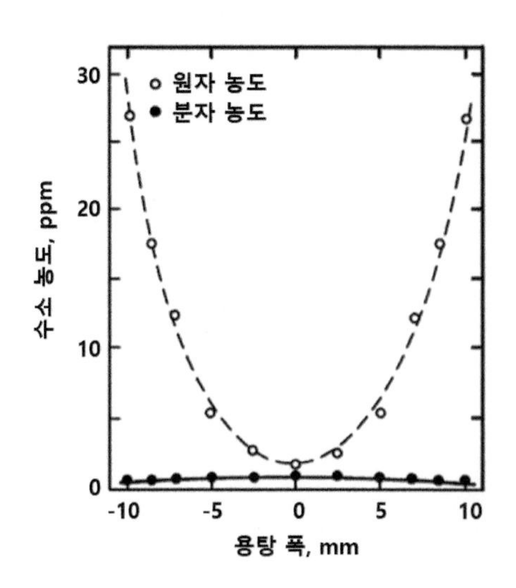

그림 1-90 **용탕의 위치에 따른 용해된 수소의 평형 농도**[2]

4.2 질소의 영향

질소는 주로 공기를 부적절하게 Protection하는 경우 대기중 질소가 용접부에 용해된다. 그러나 일정한 목적을 갖고 용접 가스에 질소를 포함하는 방법으로 질소를 의도적으로 용접부에 용해시키기도 한다.

일반적으로 질소는 강 중에서 침상의 철 질화물(Fe_4N)을 형성하며, 질화물은 Crack의 발생원으로 작용하여 강의 취성을 높이는 역할을 한다. 이에 따라 용접 중 질소의 차단이 중요하다. 질소의 영향을 감소시키기 위해 용접봉에 Ti, Al, Si, Zr과 같은 강한 질화물 형성원소를 첨가하기도 한다. 또한 질소의 영향을 최소화하기 위해서는 자체로 용접가스를 발생시키는 SMAW 용접 방법 보다는 GTAW, GMAW, SAW와 같은 대기 차폐가 유리한 용접 방법을 사용하여 질소의 오염을 최소화시킬 수 있다.

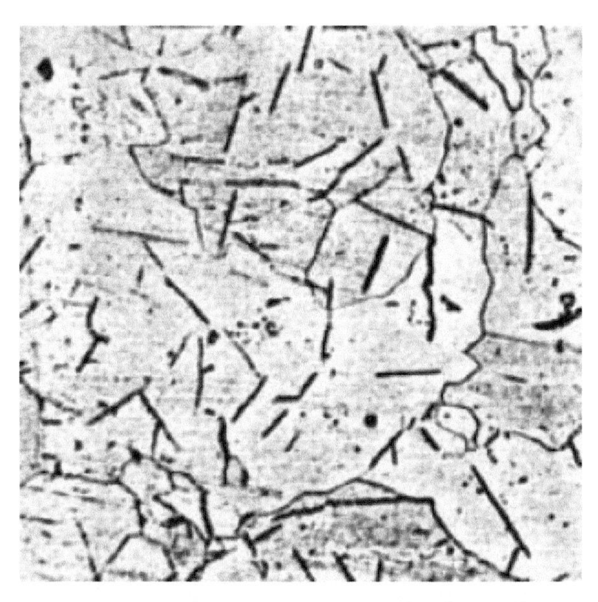

그림 1-91 페라이트 기지에 철 질화물(Fe_4N)의 형상[3]

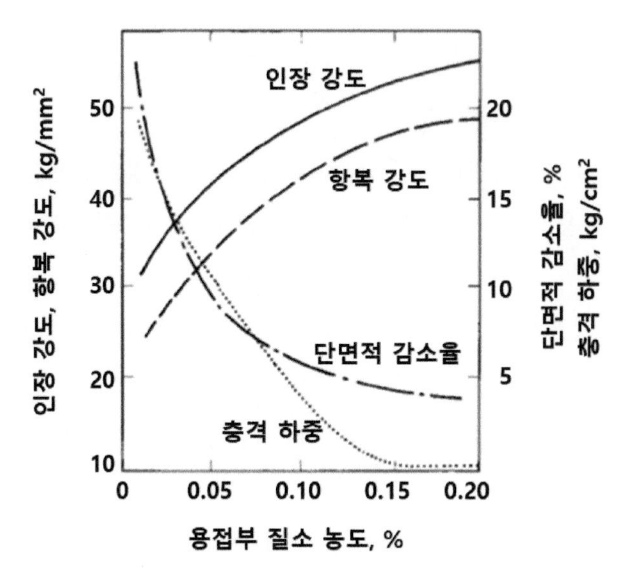

그림 1-92 용접부 질소의 함량에 따른 강의 기계적 특성 변화[3]

앞장에서 설명한 것과 같이 질소는 침입형 원자로 오스테나이트 안정화 원소이므로 예외적으로 듀플렉스 강의 용접부에서는 오스테나이트 형성을 촉진하기 위해 용접가스에 질소가 미량 포함되기도 한다. 그림 1-93에서 Ar 용접가스에 포함된 질소의 분압에 따른 용접부의 질소의 함량을 알 수 있다.

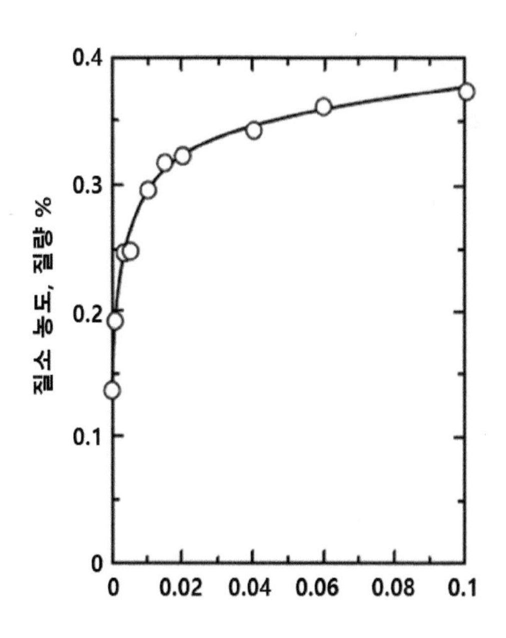

그림 1-93 Ar 용접가스 중 질소의 분압에 따른 듀플렉스 스테인리스강 용접부 질소의 함량[4]

4.3 산소의 영향

용접 금속의 산소는 공기, 용접 가스에 산소 또는 CO_2의 사용으로부터 발생하며, Flux 산화물(SiO_2, MnO, FeO등)의 분해, 용탕에서 슬래그와 금속의 반응으로 부터도 발생 가능하다.

GMAW에서 Ar 용접가스에 2% 정도의 산소와 CO_2를 첨가하면 아크가 안정화하고 스패터가 감소한다. FCAW에서 CO_2 용접가스가 폭넓게 사용되고 있으며, 용접속도 향상, Penetration 증가 및 용접 비용 절감 등의 효과가 있다. CO_2는 용접 아크열에 의해 아래 화학식과 같이 산소로 분해되어 산소와 같은 역할을 한다.

$$CO_2\ (g) = CO\ (g) + 1/2\ O_2\ (g)$$
$$CO\ (g) = C\ (S) + 1/2\ O_2\ (g)$$

산소는 용탕에서 탄소와 합금 원소를 산화시켜 산화물을 만들며, 슬래그로 존재하여 유실되기도 하고, 용접금속에 개재물로 남기도 한다. 이로 인해 합금 원소가 첨가된 본래의 기능을 못하게 되어 기계적 특성이 그림 1-94와 같이 저하된다.

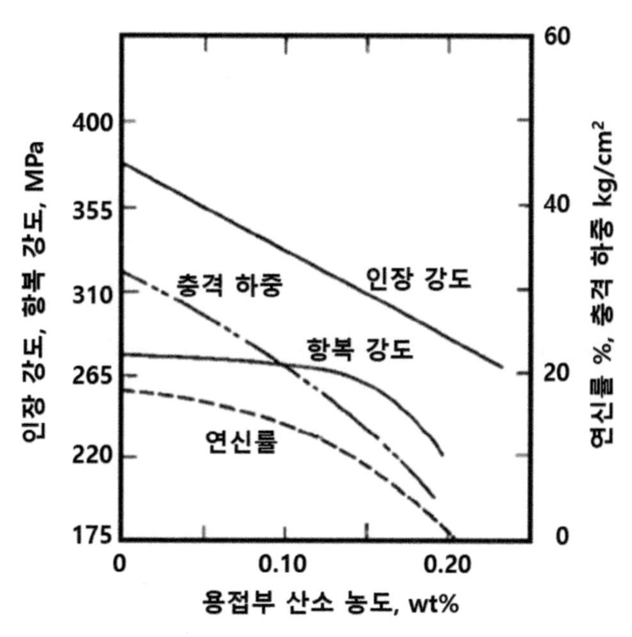

그림 1-94 강의 용접부에 산소 농도에 따른 기계적 특성의 변화(3)

4.4 수소의 영향

용접 금속내 수소는 고강도 강의 수소유기균열(HIC, Hydrogen Induced Crack)을 유발할 수 있으므로 잘 관리해야 한다.

SMAW에서 수소는 용접봉 피복(Covering) 용접 가스 및 Flux의 습기와 Cellulose Type 용접봉 피복(Covering)의 분해에 의해 발생한다. E6010(Cellulose Type) 용접봉은 분해시 41% H_2, 16% H_2O가 발생하고, E6015(저수소계 Type) 용접봉은 분해시 2% H_2, 2% H_2O가 발생한다.

용접금속에서 확산성 수소의 양을 감소시키기 위해서는 Cellulose Type 용접봉 보다는 저수소계 용접봉을 사용하고, 수소가 함유된 용접가스 사용을 금지하여야 한다. 또한 용접봉을 건조시켜야 하며, 그리스와 같은 오염물이 없도록 용접부의 청결을 유지하여야 한다.

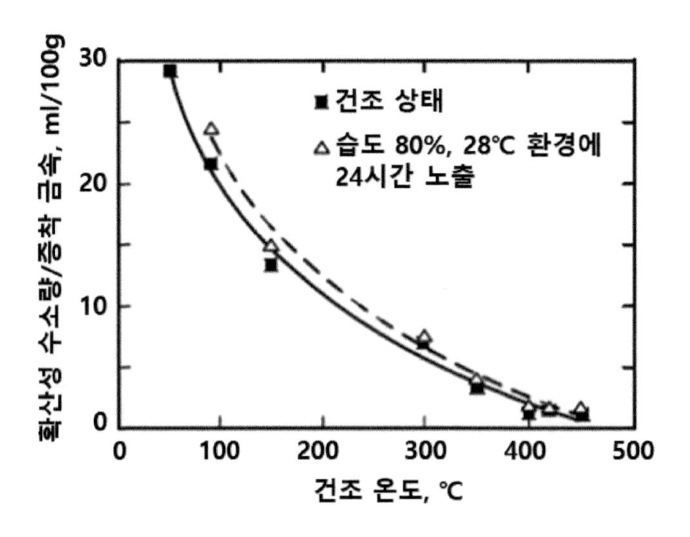

그림 1-95 용접봉의 Baking 온도에 따른 용접 금속내의 확산성 수소 량의 변화(5)

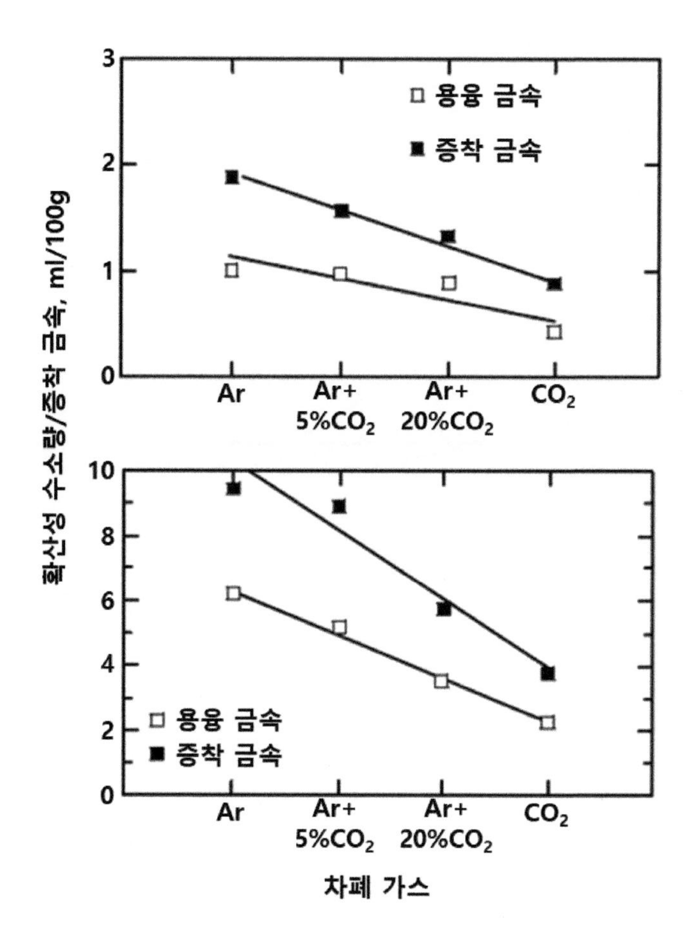

그림 1-96 용접가스의 CO_2 함량에 따른 확산성 수소량의 변화[6]

CO_2 가스가 포함된 용접가스 사용시 그림 1-96과 같이 용접 금속내 확산성 수소양을 감소시킨다. 또한 용접 후 DHT와 같은 열처리를 통해 용접 금속내 확산성 수소량을 감소시킬 수 있다.

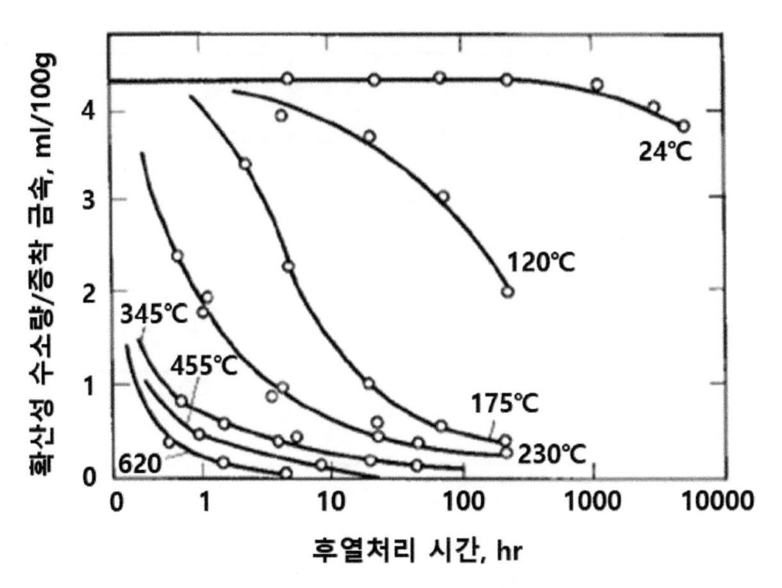

그림 1-97 후열처리 온도와 시간에 따른 용접부 수소량 (7)

참고문헌

1 DebRoy, T., and David, S.A., Rev. Modern Phys., 67: 85, 1995.
2 Gedeon, S.A., and Eagar, T.W., Weld.J., 69: 264s, 1990.
3 Seferian, D., The Metallurgy of Welding, Wiley, New York, 1962.
4 Sato, Y.S., Kokawa, H., and Kuwana, T., in Trends in Welding Research, Eds. J. M. Vitek, S.A. David, J.A.Johnson, H.B.Smartt, and T.DebRoy, ASM International, Materials Park, OH, June 1998, p.131.
5 Fazackerley, W., and Gee, R., in Trends in Welding Research, Eds. H.B.Smartt, J.A.Johnson, and S.A.David, ASM International, Materials Park, OH, Hune 1995, p.435.
6 Mirza, R.M., and Gee, R.,Sci.Technol. Weld. Join., 4: 104, 1999.
7 Flanigan, A.E., Weld.J., 26: 193s, 1947.

용접부의 잔류 응력, 변형 및 피로

용접시 용접부는 국부적인 가열 및 냉각으로 응력이 발생하며 용접 후에도 잔류 응력이 남는다. 잔류 응력으로 인해 일반적으로 용접부는 모재보다 피로 균열, HIC, 부식에 민감하다.

용접시 잔류 응력이 발생하는 현상을 설명하기 위해 그림 1-98 (c)와 같은 용접부를 그림 1-98 (a), (b)와 같은 양쪽 끝단이 고정된 3개의 막대를 이용한 모델로 설명해 보자. 가운데 막대는 용접부이고 양쪽 가의 막대는 용접부 주변 모재 부위로 생각해 보자. 용접시 용접부 즉 가운데 막대가 가열되어 팽창한다. 주변 막대는 팽창을 억제하므로 용접시 용접부는 압축 응력, 주변부는 인장 응력이 발생한다. 압축 응력이 항복 응력 이상이 되면 소성 변형에 의해 해소되므로 압축응력은 항복응력 이하이다. 용접 후 냉각시 용접부는 수축하고 주변부는 수축을 억제하므로, 그림 1-99와 같이 용접부는 인장응력, 주변부는 압축응력이 발생한다. 응력이 변형에 의해 해소되므로 용접 후 발생하는 잔류 응력의 크기는 항복 응력 이하이다.

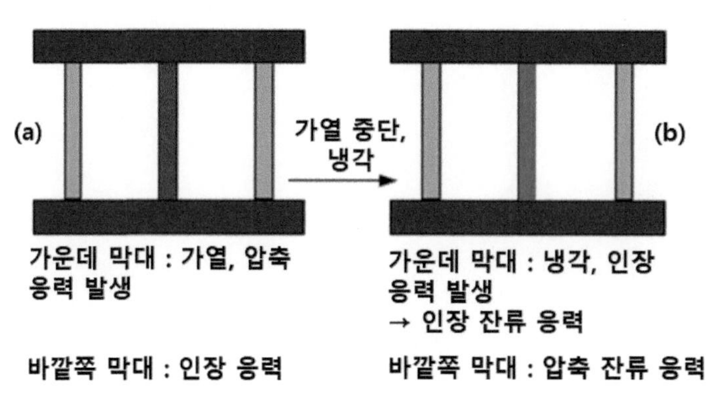

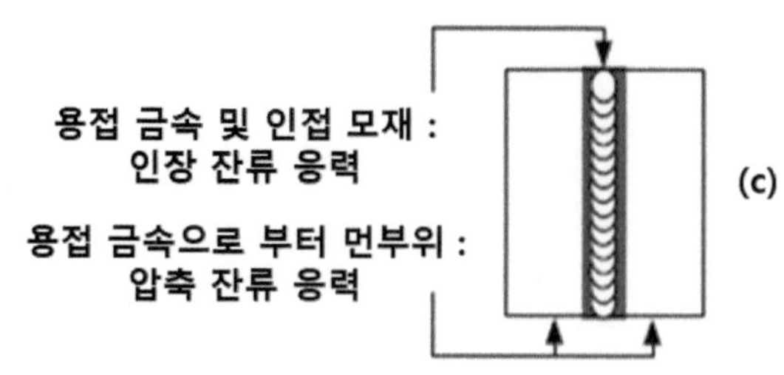

그림 1-98 3개의 막대를 이용한 용접부 응력 발생 설명 모델

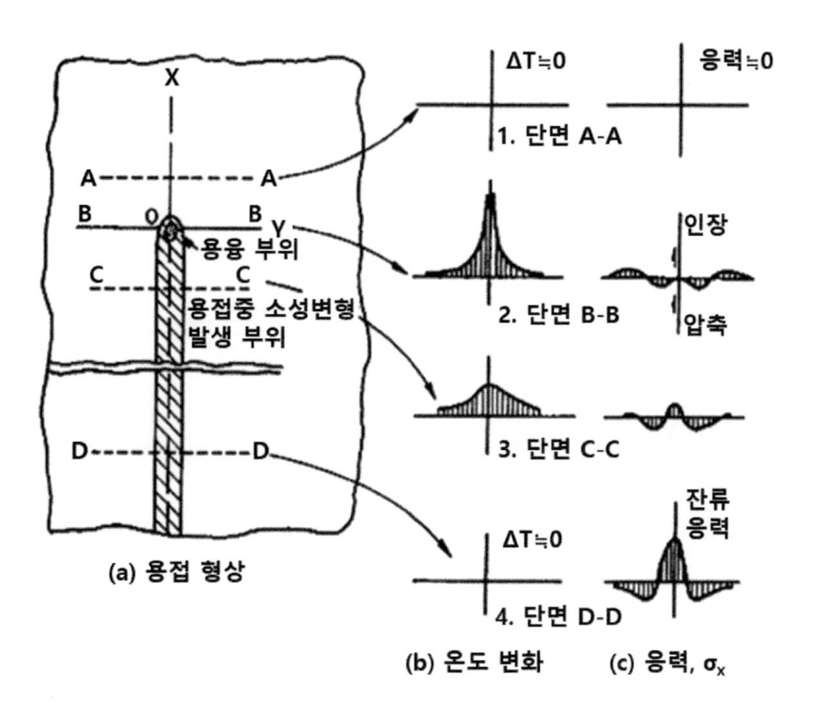

그림 1-99 용접 중 용접부의 온도 및 응력 변화[1]

탄소강의 용접 중 가열 및 냉각에 의한 응력의 변화는 그림 1-100과 같이 나타난다. 그림 1-100에서 X축은 온도, Y축은 응력을 나타내고, 점선은 탄소강의 온도에 따른 인장 및 압축 항복 응력이며, 실선은 가열 및 냉각시 발생하는 응력이다.

탄소강을 용접 가열시 1번 위치인 0℃에서 부터 온도가 증가함에 따라 압축 응력이 증가한다. 2번 위치가 되면 발생한 압축 응력이 항복 응력과 같아진다. 탄소강의 항복응력은 온도가 증가함에 따라 감소하므로 2번 위치 이상으로 가열시 발생한 압축 응력은 금속의 소성변형에 의해 항복 응력과 같이 감소하게 된다. 4번 위치에서 탄소강은 BCC 조직인 α 페라이트에서 FCC 조직인 γ 오스테나이트로 변태하여 수축하게 된다. 탄소강의 수축에 따라 압축 응력이 감소한다. 4번 위치 이상으로 가열시 압축 응력은 다시 항복응력까지 증가한다. 탄소강이 용접에 도달시 항복응력이 0이 되므로 압축응력도 0이 된다.

용접 후 냉각시에도 가열시와 역순으로 동일한 응력이 발생하나 이때 발생한 응력은 인장응력이며 또한 인장응력의 크기는 항복응력 이하이다. 용접 후 최종적으로 발생하는 잔류하는 응력은 그림 1-100의 11번 위치와 같이 항복 강도 크기의 인장응력이 발생한다.

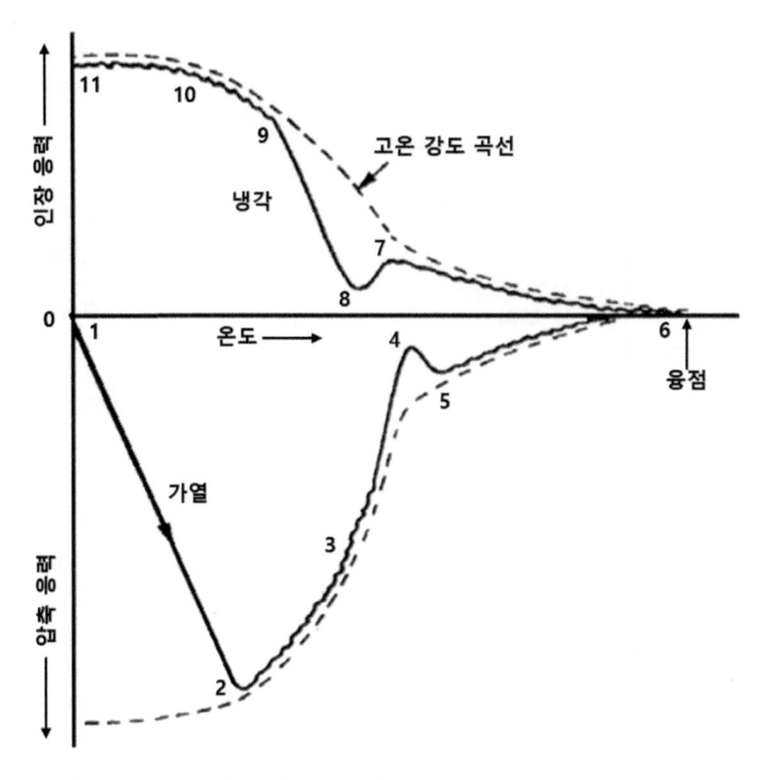

그림 1-100 탄소강의 용접 중 가열 및 냉각에 의한 발생 응력 변화

용접시 발생하는 잔류 응력은 HIC, SCC, 피로파괴, 부식등을 촉진하므로 사용 환경 및 재질에 따라 잔류 응력의 제거가 필요하다. 잔류 응력을 제거하는 일반 적인 방법은 예열 및 용접 후 열처리가 있으며, 일부 Peening 및 진동 기법을 사용하기도 한다. 그림 1-101는 용접 후 열처리 시간 및 온도에 따른 잔류 응력의 감소율이다. 열처리 온도 및 시간이 증가함에 따라 잔류 응력 감소율이 증가함을 알 수 있다.

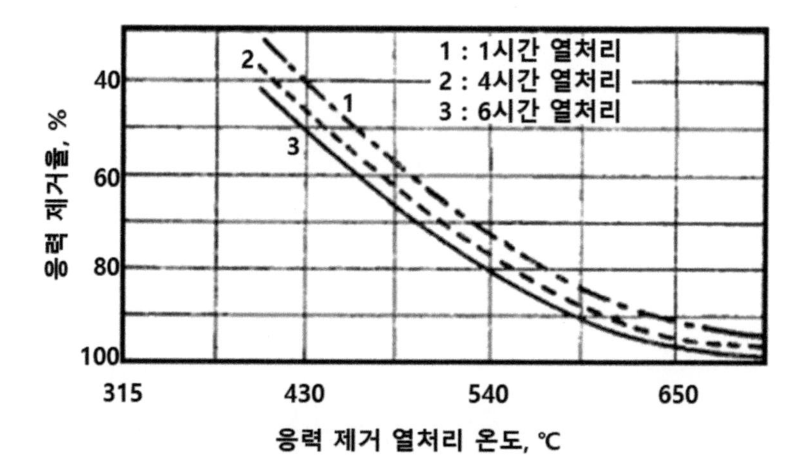

그림 1-101 탄소강의 용접 후 열처리 시간 및 온도에 따른 잔류응력의 감소율 (1)

참고문헌

1 Welding Handbook, 7th ed., Vol. 1, American Welding Society, Miami, FL, 1976.

CHAPTER 02

재질별 특성

제 1장에서는 금속의 기본 구조와 그에 따른 특성, 그리고 용접 과정에서 주변 환경이 미치는 영향에 대해 설명하였습니다. 또한 이러한 현상을 유도하는 용접 방법에 대해서도 다루었다. 이런 이해를 바탕으로, 이번 장에서는 각각의 재질별 특성을 이해하는데 도움이 되도록, 용접성을 중심으로 각 재질의 특성을 설명한다.

탄소강

탄소강에는 탄소 외에도 많은 합금 원소가 첨가되나, 많은 원소 중 탄소의 이름을 따서 탄소강으로 명칭하였다. 탄소는 산소, 질소와 같이 지구상 어디에나 존재하는 가장 흔한 원소 중 하나로 소재의 구매 비용이 필요없다. 또한 탄소의 농도 조절을 통해 강의 강도와 인성등의 기계적 특성을 쉽게 조절할 수 있다. 제일 저렴한 비용으로 탄소를 이용하여 강의 특성을 조절할 수 있어 탄소강으로 명칭하지 않았을까 생각한다. 탄소는 강의 경화도와 강도 모두에 영향을 미치는 원소이다. 특히 시멘타이트의 석출 형상을 조절하여 탄소강의 우수한 기계적 특성을 얻을 수 있다.

1.1 Fe-Fe_3C 상태도

학교에서 금속을 공부할 때에 가장 먼저 공부하는 것 중에 하나가 Fe-Fe_3C 상태도이지만, 막상 공부할 때에는 그 용도와 목적을 충실하게 이해하지 못한 경우를 쉽게 접할 수 있다.

Fe-Fe_3C 상태도는 탄소강의 조직과 특성을 이해하는데 필수 요소로 완벽한 이해가 필수적이다.

시멘타이트(Fe_3C)는 6.7 wt% C 조성에 나타나는 중간화합물이다. 시멘타이트(Fe_3C)는 상온에서는 중간화합물로 유지되나 650~700℃ 정도에서 수년간 가열하면 점차 α상과 흑연(C)로 분해되므로 시멘타이트(Fe_3C)는 평형상이 아니라 준평형상이다. 그러므로 Fe-Fe_3C 상태도는 평형상태도가 아니라 준평형 상태도이다. 실질적으로 고용한도 이상의 탄소는 흑연보다는 시멘타이트 형태로 존재하므로 Fe-C 평형 상태도 보다는 Fe-Fe_3C의 준평형 상태도를 많이 사용한다. 그리고 상업적으로 사용하는 강의 탄소(C) 함량은 저탄소 범위이므로 중간화합물 조성인 Fe_3C의 6.7% 탄소(C) 조성까지의 상태도를 사용한다.

그림 2-1과 같이 Fe-Fe_3C 상태도는 높은 온도부터 차례로 각각 1개의 포정반응, 공정반응, 공석반응으로 구성되어 있다. 각각의 반응을 정리하면 아래 식과 같다.

- 포정반응 (1493℃, 0.16 wt% C) : $\delta + L \leftrightarrow \gamma$
- 공정반응 (1147℃, 4.3 wt% C) : $L \leftrightarrow \gamma + Fe_3C$
- 공석반응 (723℃, 0.76 wt% C) : $\gamma \leftrightarrow \alpha + Fe_3C$

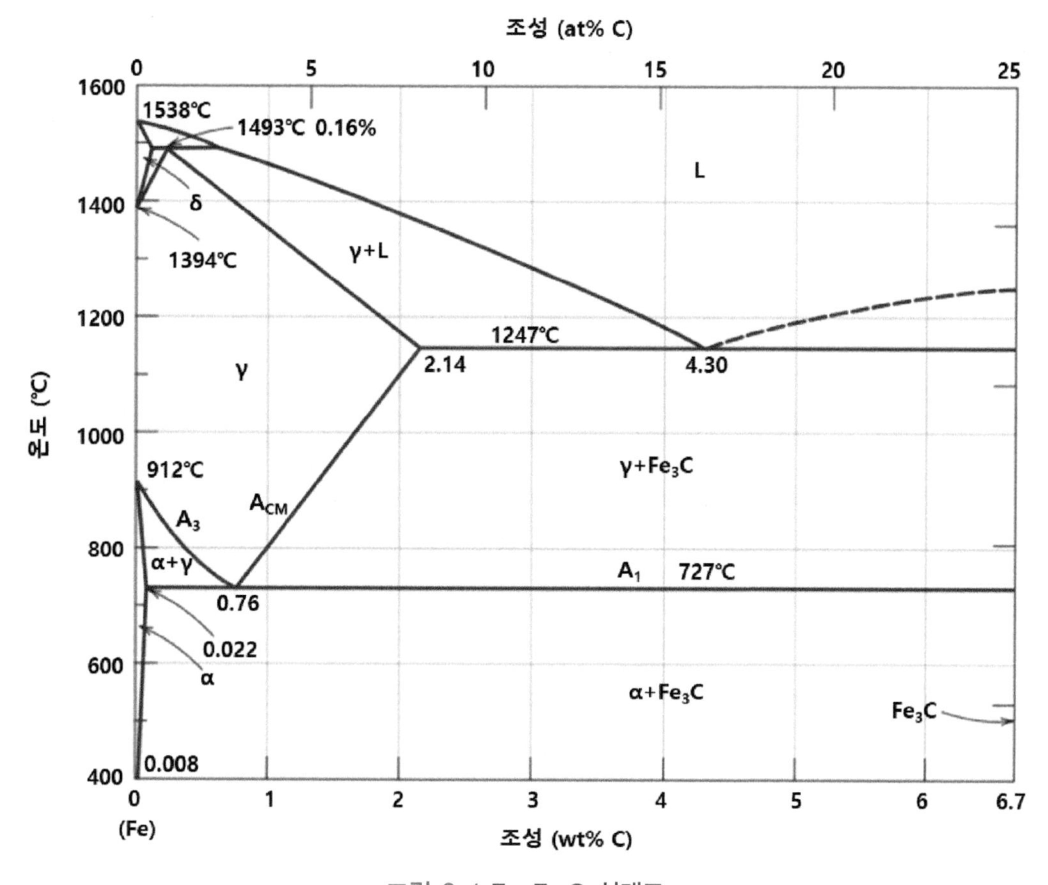

그림 2-1 Fe-Fe_3C 상태도

포정 반응은 탄소강의 가장 높은 온도인 1493℃에서 발생하는 반응이다. 냉각시 δ 페라이트와 액상이 반응하여 γ 오스테나이트가 생성되는 반응이며, 가열시는 γ 오스테나이트가 δ 페라이트와 액상으로 변태하는 냉각시의 역반응이 발생한다.

두번째로 공정 반응은 1147℃에서 발생하며 액상이 γ 오스테나이트와 시멘타이트(Fe_3C)로 변태하는 반응이다. 공정 반응에서 생성되는 상은 레데브라이트(Ledebrite)라 부르며 공석 조직인 펄라이트와 유사하게 γ 오스테나이트와 시멘타이트(Fe_3C)가 층상으로 구성된 형상이다.

마지막 공석 반응은 앞의 반응과 다르게 723℃에서 발생하는 고상 변태이다. 고상인 γ 오트테나이트가 α 페라이트와 시멘타이트(Fe_3C)로 변태하는 반응이다. 이때 생성되는 조직은 펄라이트(Pearlite)라 부르며 α 페라이트와 시멘타이트(Fe_3C)가 층상으로 형성되어 있다.

탄소강에는 A_0~A_4 변태와 A_{CM} 변태가 있으며 각각의 변태는 아래와 같이 설명할 수 있다.

- A_0 **변태점** : 210℃ 온도를 나타내며, 실질적으로 변태는 발생하지 않으며 시멘타이트가 210℃ 이하에서 강자성체, 이상에서 상자성체의 특성을 갖는다.
- A_2 **변태점** : 768℃ 온도를 나타내며, 실질적으로 변태는 발생하지 않으며 α상이 768℃ 이하에서 강자성체, 이상에서 상자성체의 특성을 갖는다.
  A_0 및 A_2 변태점은 과거에는 변태가 발생한다고 인식되었으나, 전자현미경의 발달로 현대에 와서 변태는 없고 자성 특성만 변화한다는 것이 밝혀졌다.
- A_1 **변태점** : γ상 영역의 고온에서 냉각시 γ상이 공석반응에 의해 Pearlite로 변태하는 공석반응 온도(727℃)이다.
- A_3 **변태점** : γ상 영역의 고온에서 냉각시 아공석 강의 γ상에서 α상이 석출하기 시작하는 변태 온도이다.
- A_{CM} **변태점** : γ상 영역의 고온에서 냉각시 과공석 강의 γ상에서 시멘타이트가 석출하기 시작하는 변태 온도이다.
- A_4 **변태점** : δ상에서 γ상이 석출하기 시작하는 변태 온도로 순철의 경우 1394℃ 이다.

그림 2-1의 Fe-Fe_3C 상태도에서 나오는 고체 상은 α 페라이트, δ 페라이트, γ 오스테나이트, 시멘타이트(Fe_3C)의 네 가지 상이다. α 페라이트는 저온(순철의 경우 912℃ 이하)에서 δ 페라이트는 고온(순철의 경우 1394℃ 이상)에서 나타나는 BCC 구조의 조직이다. 그리고 γ 오스테나이트는 727℃ 이상의 고온에서 나타나는 조직으로 FCC 구조이다. 마지막으로 시멘타이트(Fe_3C)는 α 페라이트와 γ 오스테나이트에 고용한도 이상의 C가 첨가되는 경우 발생하는 중간 화합물이다. 공석상인 펄라이트는 α 페라이트와 시멘타이트(Fe_3C)가 층상으로 구성되어 있으며, 공정상인 레데브라이트(Lebrite)는 γ 오스테나이트와 시멘타이트(Fe_3C)가 층상으로 구성되어 있다.

γ 오스테나이트는 FCC 구조로 침입형 원소가 위치하는 자리의 크기가 커서 최대 탄소 고용도가 2.14%로 높으나, α 페라이트는 BCC 구조로 침입형 원소가 위치하는 자리가 작아 최대 탄소 고용도가 0.022%로 낮다. 시멘타이트는 기계적으로 매우 단단하며 취성이 높으므로 시멘타이트에 의해 강도를 향상시킬 수 있다.

1.2 항온 변태 곡선(TTT Diagram)및 연속 냉각 변태 곡선(CCT Diagram)

그림 2-2에서 점선은 항온 변태 곡선이고, 실선은 연속 냉각 변태 곡선이다. 항온 변태 곡선은 하나의 일정한 온도에서 유지시 변태가 시작하고 변태가 완료하는 시간을 기록한 곡선이다. 하나의 온도로 유지하며 열처리하는 경우에 적용하며, 용접과 같이 연속 냉각하는 경우에는 적용이 어렵다. 이에 따라 용접과 같이 연속 냉각 되는 경우의 상변태에 적용하기 위해 연속 냉각 변태 곡선을 구하였다. 실선인 연속 냉각 곡선은 연속 냉각시의 변태 시작 시간과 변태 완료 시간을 기록한 곡선이다. 연속 냉각 곡선은 변태 속도가 낮은 온도 구간을 거쳐 냉각되므로 항온 변태 곡선에 비해 더 긴 시간과 낮은 온도 방향으로 이동된 곡선의 형태를 갖는다. 또한 냉각 중 높은

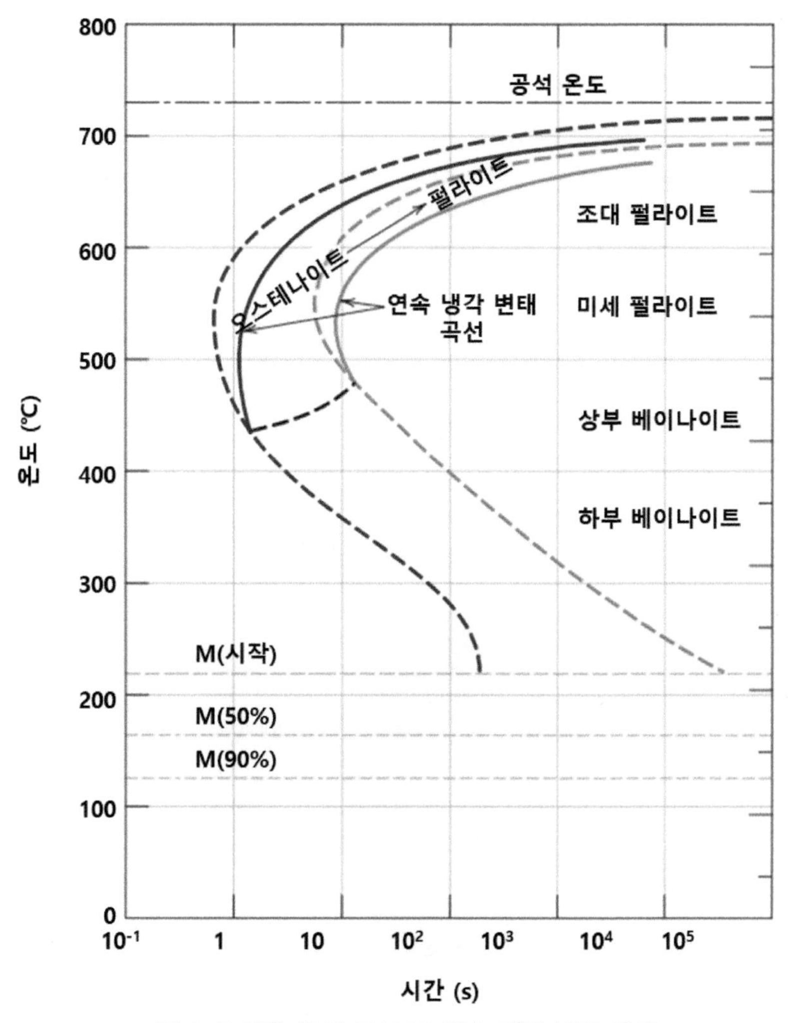

그림 2-2 항온 변태 곡선 및 연속 냉각 변태 곡선

온도 쪽의 곡선에서 변태가 진행되므로 반응 후 지나가는 낮은 온도 쪽의 곡선은 의미가 없어 높은 온도 쪽에만 연속 냉각 변태 곡선이 존재한다.

γ 오스테나이트에서 α 페라이트와 시멘타이트로 변태하는 것과 같은 일반적인 상변태는 확산을 동반한다. 확산을 통하여 원자들을 재배치하며 성장한다. 확산을 통하여 상변태를 한다고 하여 확산 변태라고 부른다. 확산 변태 속도는 그림 2-2와 같이 온도에 따라 결정된다. 높은 온도에서는 핵생성이 어려워 상변태 속도가 낮고, 낮은 온도에서는 느린 확산 속도로 인한 성장 속도가 낮아 상변태 속도가 낮다. 상변태 속도는 성장 속도는 다소 느린편이나 핵생성 속도가 가장 빠른 중간 온도에서 최고가 된다.

1.2.1. 펄라이트(Pearlite) 생성

펄라이트는 아래 식과 같은 공석반응에 의해 생성되는 공석 조직이다. 펄라이트 생성기구는 그림 2-3과 같이 α 페라이트와 시멘타이트(Fe_3C)가 층상으로 성장하여 생성한다.

$$\gamma \leftrightarrow \alpha + Fe_3C$$

그림 2-2의 항온 변태 곡선에서 높은 온도에서는 공석 반응에서 조대 펄라이트가 생성되고 낮은 온도에서는 미세 펄라이트가 생성됨을 알 수 있다. 온도가 높을 수록 조대한 펄라이트가 생성되는 이유는 온도가 높을 수록 확산 속도가 빠르기 때문이다. 높은 온도에서는 탄소 원자의 확산 이동 거리가 길어져 폭이 넓은 펄라이트가 그림 2-3과 같이 생성되며, 온도가 낮아질수록 탄소의 확산 거리가 짧아져 점점 미세한 펄라이트가 생성된다.

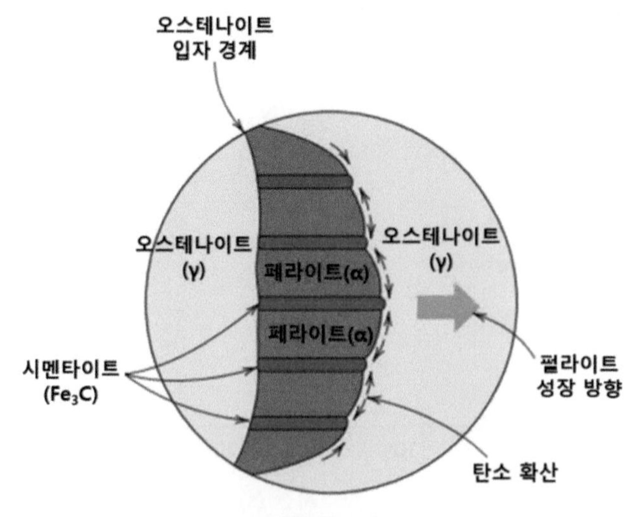

그림 2-3 공석 반응에 의한 펄라이트 생성

1.2.2. 베이나이트(Bainite) 생성

미세 펄라이트 생성 온도 보다 온도가 더 낮아지면 탄소의 확산 속도가 더 낮아져 탄소가 α 페라이트 밖으로 안정적으로 확산되지 못하여 시멘타이트가 안정적으로 형성되지 못하고 그림 2-4와 같이 α 페라이트 주위에 불연속적으로 형성된다. 이렇게 형성된 조직을 상부 베이나이트(Upper Bainite)라고 부른다. 상부 베이나이트는 페라이트 입계에 불연속적으로 생성된 시멘타이트로 인해 취성이 높은 조직이 된다.

온도가 상부 베이나이트 생성온도 보다 더 낮아지면 탄소의 확산 속도가 더 느려져, 탄소가 페라이트 밖으로 배출되지 못한다. 이에 따라 그림 2-4와 같이 페라이트 내부에 시멘타이트가 석출한다. 이 조직을 하부 베이나이트(Lower Bainite)라 부르며, 시멘타이트의 석출 강화 효과로 인하여 인성과 강도가 좋은 조직이다.

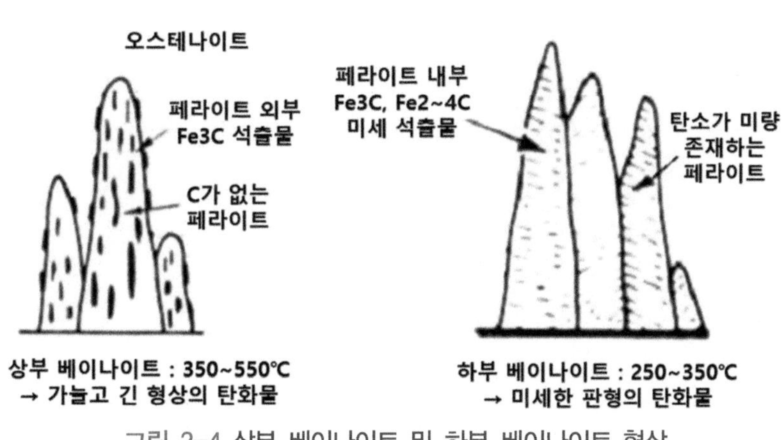

그림 2-4 상부 베이나이트 및 하부 베이나이트 형상

1.3 마르텐사이트 형성

탄소의 확산이 일어나기 어려울 정도로 냉각 속도가 너무 빠르다면 확산 변태는 불가능해 지며, 그림 2-2의 M(시작) 온도에서 마르텐사이트 변태가 시작한다. 마르텐사이트 변태는 비확산 변태로 변태 진행은 시간과 무관하고 온도에 관계가 있다. 즉 M(시작) 온도에서 마르텐사이트 변태가 시작하나 M(시작) 온도에서 오랜 시간을 유지하여도 추가적인 변태가 진행되지 않는다. 온도를 낮추어야 추가적인 변태가 진행되며, M(50%) 온도에서 마르텐사이트가 50% 생성되며, M(90%) 온도에서 마르텐사이트가 90% 생성된다. 마르텐사이트로 100% 변태하는 온도는 매우 낮은 영하의 온도이므로 일반적으로 항온 변태 곡선에서는 M(100%) 온도 대신에 M(90%) 온도로 표시한다.

γ 오스테나이트를 냉각하면 저온에서 안정상인 BCC 구조의 α 페라이트로 변태하려고 한다. 그러나 냉각 속도가 빠르면 탄소의 확산이 어려워 α 페라이트로 변태하지 못하여 낮은 온도까지 FCC 구조인 γ 오스테나이트가 불안정하게 존재하게 된다. 급냉하여 M(시작) 온도에 도달하면 γ 오스테나이트가 비확산 방법을 통해 BCC 구조로 변태한다.

그림 2-5를 이용하여 FCC 구조인 γ 오스테나이트가 BCT 구조인 마르텐사이트로 변태하는 과정을 설명해 보자. 그림 2-5 (b)는 FCC 단위 Cell을 두개 연결해 놓은 그림이다. 그림 2-5 (b)와 같이 FCC 조직 내의 BCT 구조가 x_B 및 y_B 축은 팽창하고 z_B 축은 수축하여 낮은 온도에서 안정한 BCC 조직으로 변태하려고 한다. 이때 그림 2-8에 표시된 z_B 축의 중심은 FCC 조직의 침입형 원자가 자리하는 팔면체 자리(Octagonal Site)이다. z_B 축에 침입형 원자인 탄소가 존재함에 따라 z_B 축이 충분히 수축하지 못하여 마르텐사이트는 BCT 구조를 갖는다. 템퍼링을 통하여 탄소 원자를 침입형 원자 자리에서 빼내면 z_B 축은 수축하며, 충분한 템퍼링을 통해 완전히 탄소 원자를 빼내는 경우 템퍼드 마르텐사이트는 BCC 구조를 갖을 수 있다. 이때 제거된 탄소는 템퍼드 마르텐사이트 내에 시멘타이트 상으로 석출하여 존재한다. 탄소의 농도가 많을수록 마르텐사이트의 z_B 축이 길어져 BCC 조직과 차이가 많이 발생하는 불안정한 구조로 되며 경도가 높다. 즉 생성된 마르텐사이트의 경도는 탄소 농도에 좌우되어 탄소 농도가 높을 수록 생성된 마르텐사이트는 취성과 경도가 증가한다.

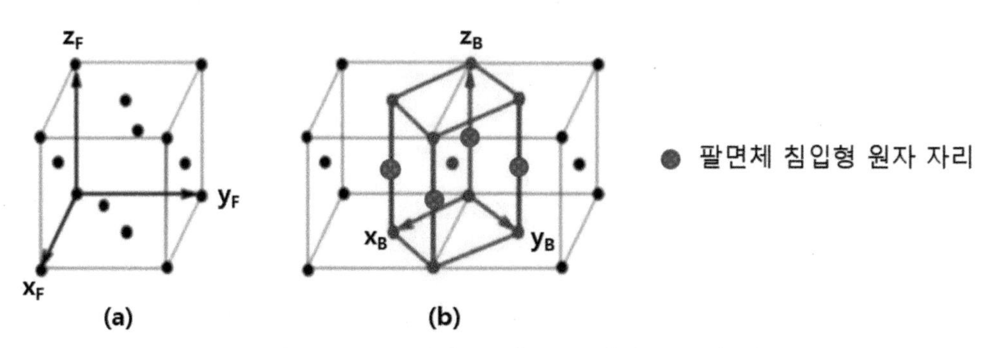

그림 2-5 FCC 결정구조와 BCT 결정 구조 비교

1.3.1. 경화도와 경도

용접이나 기계 가공 및 성형 과정에서 경화도라는 용어가 자주 사용된다. 경화도의 정의는 마르텐사이트가 생성되기 쉬운 정도이다. 즉 경화도가 높다는 말은 마르텐사이트가 쉽게 생성되어 쉽게 강의 경도를 높일수 있다는 말이다.

합금 원소의 양이 증가 할수록 연속 냉각 변태(CCT) 곡선은 더 긴 시간과 낮은 온도 방향으로 이동한다. 그 이유는 합금 원소가 증가하면 변태시 확산에 의한 용질의 재분배량이 증가하여 변태에 더 많은 시간이 걸리기 때문이다. 즉 연속 냉각 변태(CCT) 곡선이 더 긴시간과 낮은 온도 방향으로 이동하게 된다. 이에 따라 합금 원소의 양이 증가함에 연속 냉각 변태(CCT) 곡선이 긴 시간 쪽으로 이동하여 좀더 느린 냉각 속도에도 마르텐사이트가 쉽게 생성 가능하게 된다. 이렇게 합금 원소의 양이 증가하면 CCT 곡선의 이동으로 경도가 높은 마르텐사이트 생성이 용이해지며, 일반적으로 이런 현상을 '합금원소를 첨가하면 경화도가 증가한다'고 많이 표현하고 있다.

합금 원소가 많으면 경화도가 증가한다. 그러면 경화도가 높으면 생성된 마르텐사이트의 경도도 높을까? 생성된 마르텐사이트의 경도는 그림 2-5 (b) z_B 축에 존재하여 마르텐사이트의 Z축 방향의 수축을 방해하는 탄소 농도에 비례한다. 즉 모든 원소 중에 탄소 만이 강의 경화도와 경도 모두에 영향을 주는 원소이다. 탄소를 제외한 다른 원소들은 경화도에는 영향을 미치나 마르텐사이트의 경도에는 영향을 주지 않는다.

1.4 합금 원소

강에는 탄소 외에 많은 합금 원소가 첨가되고 있다. 탈산제 등의 역할을 위해 인위적으로 첨가하는 Si, Mn 같은 원소도 있고, P와 S같이 불순물로 첨가되어 최소화시켜야 하는 원소도 있다. 각 합금 원소별 역할 및 영향을 아래 표와 같이 정리하였다.

표 2-1 합금원소의 역할

합금 원소	역할
C	C함량이 증가함에 따라 강의 경도와 경화능이 증가한다. 연성, 단조성, 용접성 및 가공성은 감소 물, 산, 고온 기체에 대한 일반적인 내식성은 C의 영향을 받지 않는다. (응력부식 균열은 제외)
Si	탈산제로 첨가되며 그 양에 따라 아래와 같이 구분된다. 〈 0.1% : Unkilled, Macro-Segregation 0.1~0.8% : Semi-killed, No Segregation, 용접성 양호 〉 0.8% : Brittle, 용접에 부적합
Mn	탈산제(일반강 : 0.4~0.6%, Killed강 : 〉 0.6%, Fine Grained 강 : 1.0~1.6%)

합금 원소	역할
	고용강화 및 인성 향상되지만, 탄소당량 증가로 예열 필요 저융점 화합물 FeS 형성을 방지하기 위해 최소 0.2% 이상 첨가되어야 함
P	최종응고부인 중앙부에 편석 및 저융점 화합물 형성(Fe_3P, Tm = 1050℃) P가 N의 확산을 도와줘서 변형시효(Strain Aging) 발생이 쉬워짐 인성에 매우 부정적 영향(천이온도 증가) 절삭성 증가 하지만, 용접성 저하(0.06% 이상에서는 용접이 되지 않는다. 보통 0.02~0.035% 함유)
S	[FeS]•[FeO]로 저융점 공정물 형성(Tm = 930℃)으로 고온 균열 발생이 쉽다. Mn 첨가로 FeS 생성 방지(MnS는 판재 가공시 가공방향으로 늘어나 Lamellar Tear의 원인이 됨) 고온 가공시 적열취성 발생(FeS가 950℃ 부근에서 용해되어 발생하는 취성) 강에서 0.06% 이하, 스테인리스강에서 0.03% 이하로 규정됨
Al	강력한 탈산제로 작용하며, 산화물(Al_2O_3) 형성하여 핵생성 Site 제공으로 입자 미세화 효과를 제공한다. 질화물(AlN)하여 침입형 원자인 N을 잡아줌으로 변형시효(Strain Aging) 방지 효과
N	변형시효(Strain Aging) 발생 (P, O, C도 Strain Aging 조장함) 변형시효(Strain Aging)을 방지하기 위해서는 Al, Nb, V 첨가하여 Nitride 형성
O	0.007% 이상이 되면 산화물로 존재하기 때문에 일반적으로 0.003% 이하의 산소를 함유함. 함유량이 증가할수록 취성이 증가하고, 충격치가 감소함
H	저온 균열 발생
Cu	0.3%까지 석출 경화 효과 있으며, 경화능을 향상시킨다. 강에 유해한 원소로 일부 합금강에서 0.25% 첨가 1% 이상 첨가되면 염산 및 황산에 대한 내식성이 향상됨.
기타	탄화물 형성 원소 : Cr, V, Ti, Nb, Ta, Mo, W 고용 강화 : Mo, Ni, Mn

저합금강(Low Alloy Steel)

저합금강은 합금 원소의 양에 따라 경화도 및 경도가 다르며, 이 특성을 이용하여 합금에 필요한 기계적 특성을 얻고 있다. 합금 원소의 양이 2~3% 이하이면 경화도가 낮아 용접시 예열 등으로 마르텐사이트 생성을 억제할 수 있으며 석출 경화 등으로 필요한 강도를 얻고 있다. 합금 원소의 양이 4~5% 이상인 경우 경화도가 높아 용접시 마르텐사이트가 생성되며 이를 통해 필요한 강도등의 기계적 특성을 얻는다. 생성된 마르텐사이트의 경도 및 취성은 탄소의 함량에 따라 결정되므로 탄소의 함량에 따라 예열 및 열처리 방법이 결정된다.

2.1 내열강

고온에서 사용하는 내열강은 고온용 강재로서 고온에서 충분한 기계적 강도를 보여 줄 수 있도록 크립강도(Creep Strength)와 고온 강도(High Temperature Tensile and Yield Strength)를 가져야 하며, 고온에 노출되었을 경우에 페라이트(Ferrite Precipitation)의 분해 혹은 템퍼 취성(Temper-Embrittlement) 등의 조직 변화가 없어야 한다. 또한 고온에서 적절한 내식성을 가지고 있어야 한다. 고온용 강재의 종류와 사용온도는 표 2-2와 같다.

표 2-2 고온용 내열 강재와 사용 온도

강종 구분	JIS 재료 구분	ASME 재료 구분	사용 온도 한계(℃)
탄소강	STPT	A106	350~400
0.5Mo	STPA 12	A335 Gr. P1	400~475
1Cr-0.5Mo	STPA 22	A335 Gr. P12	450~550
1.25Cr-0.5Mo	STPA 23	A335 Gr. P11	500~550
2.25Cr-1Mo	STPA 24	A335 Gr. P22	520~600
Low C 2.25Cr-W-V-Nb	KA-STPA 24J1	SA335 Gr. P23	525~600
5Cr-0.5Mo	STPA 25	A335 Gr. P5	550~600
9Cr-1Mo	STPA 26	A335 Gr. P9	600~650
9Cr-1Mo-V-Nb	KA-STPA 28	A335 Gr. P91	525~600
스테인리스강	304HTP	A312 Gr. 304H	650~850

2.1.1. 내열강의 종류와 특성

1) Cr-Mo 강

발전설비 재료에 가장 많이 사용되는 P-No. 3이상의 강으로 400~600℃정도 영역에서 사용하는 재료로서 일반적으로 저합금강(Low Alloy Steel)이라고도 부르며, C-Mo강, 저Cr-Mo강 등이 있다.

강재는 일반적으로 350℃ 이상의 고온에서는 크리이프 특성이 중요하기 때문에 Mo를 첨가 하여 강의 고온강도 및 크리프 특성을 향상 시킨다. 저합금 내열강의 용접에는 피복아크용접(SMAW), 잠호용접(SAW), 가스메탈아크용접(GMAW), 가스텅스텐아크용접(GTAW), 플럭스코어드아크용접(FCAW), 일렉트로슬래그용접(ESW) 등 다양한 용접법이 적용되고 있다. 저합금 내열강은 탄소강 용접과는 달리 합금원소가 첨가되어 있어 용접부의 물성은 용접방법 즉, 열사이클에 의해 많이 변화하므로 중요하다. 즉, 입열량이 큰 잠호용접(SAW)의 경우에는 열영향부의 금속입자 성장에 의해 용접부의 인성이 대체로 낮아지는 특성이 있다.

고장력 저합금강은 경화되기 쉽기 때문에 HIC를 방지하기 위해 용접부의 확산성 수소 함유량을 가능한 낮게 관리해야 한다. 또한, 용접에서 열영향부의 크랙 발생을 억제하기 위해 황(S), 인(P)을 0.03% 이하로 제한한다.

2) 9~12 Cr 강

625℃ 정도 이하의 온도 영역에서 사용되는 재료로 초 임계압 발전설비용 및 석유화학 플랜트의 보일러, 히터의 튜브 재질로 많이 사용된다. Cr함량이 많아지면서 황 분위기에서 내식성과 고온 강도 특히 크립강도(Creep Strength)가 커지는 이점이 있으나, 용접부의 경화도가 커져서 반드시 용접후 열처리를 실시해야 한다.

2.1.2. 내열강의 용접성

내열강은 열에 의한 경화도가 높기 때문에 용접시에 열관리를 잘해 주어야 한다.

1) 예열

예열은 강종별로 차이가 있지만, 200~250℃ 이상을 유지하도록 하며, 가열시에는 국부적인 가열과 냉각이 일어나지 않도록 넓은 면적을 가열해 주어야 한다. 가접(Fit-up)시에도 본(Main) 용접과 같이 예열을 한 후 가접한다. 또, 판의 맞대기 용접일 경우 반대편 용접이 끝난 후 가접부를 제거하고 그 후에 본 용접 수행을 원칙으로 한다.

그림 2-6 전열패드를 이용한 예열 관리

2) 층간온도

용접중의 층간 온도도 강종별로 차이는 있지만, 대략 300℃ 정도를 상한선으로 유지하고, 용접 과정에서 어떠한 상황에서도 예열온도 이하로 내려가지 않는 것이 바람직하다. 특히 후판일 경우 용접개시부터 완성까지 용접을 중단하지 않고 용접후에는 즉시 후열처리에 들어간다. 용접을 중단 할 때는 250℃로 30분정도 가열하거나 용접 시작 시점까지 층간 온도를 유지 하는 것이 균열을 방지하는데 유효하다.

표 2-3 고온용 재료의 용접시 예열 및 층간 온도와 PWHT 기준

강종 구분	합금명	예열온도(℃)	층간온도(℃)	후열처리온도(℃)
0.5Mo	P1	100~250	100~250	630~670
1.25Cr-0.5Mo	P2, P11, P12	200~300	200~300	690
1.25Cr-0.5Mo-0.25V	CrMoV	200~300	200~300	690
2.25Cr-0.2Mo-W,Nb,V,N,B,Ni	P23	150~200	150~200	715~ 740 (ASME)
2.5Cr-1Mo-Ti,V,B	P24	150~200	150~200	715~ 740 (ASME)
5Cr-0.5Mo	P5	200 min.	200 min.	732~760 (AWS) 725~745 (EN DIN)
9Cr-1Mo	T9	200 min.	200 min.	732~760 (AWS) 740~780 (BS EN)
9Cr-1Mo-Nb,V,N	P91	150 min.	200~300	760 (AWS) 770 (BS EN)
9Cr-1Mo-1W-Nb,V,N	P911	200~300	200~300	760 (AWS) 770 (BS EN)

3) 보호가스

가스텅스텐아크 용접시와 같이 보호가스를 사용하는 용접시에는 용접부에 가스 차폐 성능이 나쁘면 표면에 산화 스케일이 잘생기므로 주의하고 이면 용접시는 퍼징(Purging) 기구를 사용해야 한다. 퍼징이 필요한 강종별 구분은 설계 기준과 적용 기술표준에 따라 달라지게 되는데, 미국 내 기술표준에 따라서도 다음과 같이 차이가 있다.

- 미국석유협회(API)의 기준에 따르면 2.25Cr 이상의 강재에 대해서는 보호가스를 사용하여 용접을 진행하도록 요구하고 있다. (관련 근거 : API RP582 Para 7.3)
- 미국용접학회(AWS)의 기준에 따르면, 4Cr 이상의 강재에 대해서는 반드시 보호가스를 사용하도록 요구하고 있다. (관련 근거 : AWS D10.8 Para 4.2)

보호가스의 성분에 따라서도 다음 그림 2-7과 같이 인성에 차이점이 발생한다. 이러한 인성의 차이는 개별 보호 가스의 열전달 계수와 고온안정성 등에 기인한 차이점이다.

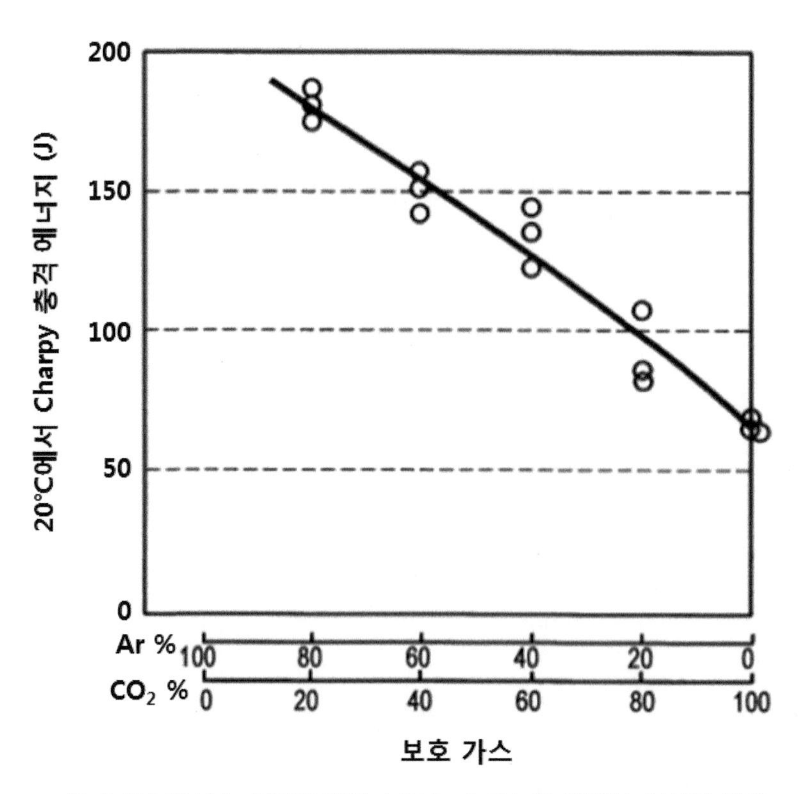

그림 2-7 보호가스 성분에 따른 1.25Cr-0.5Mo의 용접부 인성의 변화

2.2 저온용 강

산업의 발전에 따라 각종 에너지원으로서 에틸렌, 메탄, 액화 산소 등의 가스 이용이 비약적으로 증가되고 있으며, 사용되는 가스의 종류도 다양해지고 사용 온도도 점차 저온역으로 확대되는 추세이다. 이들 가스는 저온 액화시켜 취급하면 편리하기 때문에 가스 이용 증가에 따라 저온용 저장탱크 및 관련설비의 제조도 증가되고 있다. LPG, LNG 등의 저장과 수송용 용기와 같은 저온용 기기의 재료는 저온에서도 충분한 인성을 가지고 있어야 한다.

기계적 특성만으로는 Al 합금이나 오스테나이트계 스테인리스강이 추천될 수 있고 사용되는 경우도 있으나 경제적인 관점에서 값이 싼 페라이트계 강재가 이용되는 경우도 많다.

LBG(액화 바이오 가스)및 LPG에는 Al-Killed강이, 액화 프로판에는 Al-Killed강 또는 1.5~2.5% Ni강이, 액화 에틸렌은 3.5% Ni강이 선택되고 있다.

-162℃의 LNG로부터 -196℃의 액체 질소용으로서는 Al 합금 및 9% Ni강이 널리 이용되고 있다. 더욱이 액체 He(-269℃) 액체 수소(-253℃) 및 초전도 마그네트 등의 초저온용 재료로서는 오스테나이트계 스테인리스강, Al합금, Ti합금 등이 사용되고 있다.

액화 가스의 종류에 따라 저장용 Tank 제작에 사용될 수 있는 강재를 살펴보면 표 2-4와 같다.

표 2-4 저온용 강재와 사용 온도

<table>
<tr><th>GAS</th><th>액화온도(℃)</th><th>사용 강재</th></tr>
<tr><td>Ammonia</td><td>-33.4</td><td rowspan="2">Al-Killed강</td></tr>
<tr><td>Propane</td><td>-42.1</td></tr>
<tr><td>Propylene</td><td>-47.7</td><td rowspan="2">2.5% Ni강</td></tr>
<tr><td></td><td>-60.0</td></tr>
<tr><td></td><td>-78.5</td><td rowspan="3">3.5% Ni강</td></tr>
<tr><td>Carbon Acid Gas</td><td>-84.0</td></tr>
<tr><td>Acetylene</td><td>-100.0</td></tr>
<tr><td></td><td>-104.0</td><td rowspan="5">9% Ni강</td></tr>
<tr><td rowspan="6">Ethylene
Natural Gas(Methane)
Oxygen
Argon
Nitrogen
Hydrogen
Helium</td><td>-161.5</td></tr>
<tr><td>-182.9</td></tr>
<tr><td>-185.9</td></tr>
<tr><td>-196.0</td></tr>
<tr><td>-252.8</td><td rowspan="2">• Austenite계 Stainless Steel
• 36% Ni강(INVAR)
• Al합금</td></tr>
<tr><td>-268.9</td></tr>
</table>

이 중에서 Al Killed Carbon Steel 및 2.5~9%의 Ni을 함유한 강종은 저온 용도를 위한 것이며 보통 이들을 총칭해서 저온용 강이라 부르고 있다.

2.2.1. 알루미늄킬드(Al-Killed) 강

저온용 탄소강인 알루미늄킬드 강은 약 -50℃까지 사용 가능한 강종이며, 제강시 탈산제로 알루미늄을 첨가하고 강중의 탄소를 제거함과 동시에 질소를 질화 알루미늄으로 고정시켜 결정립을 미세화 함으로서 저온 인성을 향상 한 것이다. 니켈강과는 달리 값이 싸고 유해원소인 C, P, H_2, N_2등의 함유량이 적고 기타 성분에서는 보통 사용되는 연강과 큰 차이가 없다.

2.2.2. 2.5%, 3.5% 니켈강

알루미늄킬드강에서 저온인성을 얻을 수 없는 저온도 범위 에서는 합금 성분으로 니켈을 첨가하여 저온인성을 더욱 개량한 니켈강이 사용된다. 니켈강으로 현재 사용 되는 것으로는 2.5, 3.5, 9%의 3종이지만 이외에도 5%, 8%니켈강 등이 개발되고 있으나 별로 사용되지 않는다. 이들 강종은 니켈 함유에 의한 저온인성을 충분히 발휘하기 위해 보통 압연 후에 일반적으로 템퍼링 열처리를 하지만 더욱 인성을 높이기 위해 담금질-풀림처리를 하는 경우도 있다. 니켈강은 담금질 성질이 알루미늄킬드 강보다 크므로 용접에 있어 열영향부(HAZ)의 경화성이 증대되나 탄소 함유량을 낮춤으로서 경화성을 약화시켰기 때문에 예열을 100~150℃ 정도로 하면 좋은 용접결과를 얻을 수 있다.

2.2.3. 9% 니켈강

매우 낮은 온도(-100℃이하)에서 사용되는 9% 니켈강은 그 용도가 주로 LNG의 수송용 탱크, 저장용 탱크 용이며 이 온도역 에서 충분한 인성을 얻기 위해 강중의 불순물을 극히 적게하고 결정조직으로 마르텐사이트의 미세결정을 형성시켜 저온인성을 향상 시킨 것이다.

9% 니켈강은 니켈 함유량의 증가로 2.5% 니켈강 보다 경화도가 높아 용접시 마르텐사이트 형성으로 열영향부의 경화가 심하며 냉간균열 발생의 위험이 높지만 일반적으로 인코넬계 용접봉을 사용하기 때문에 실제로는 예열을 100℃ 정도로 하면 적정하다고 판단된다.

스테인리스강

스테인리스강이라고 하면 흔히 304, 316등을 연상하게 되고, 실제로 이러한 재질들이 현업에서 가장 많이 사용되는 재질 들이다. 그러나, 이러한 표기는 사실은 정확한 공식적인 재료명의 표기법은 아니다. 각 규격의 명명법에 따라 정확하게 표기한다고 하면, AISI 304 혹은 UNS S30400 등으로 표기해야 한다. 참고로 국내에서 많이 사용되는 일본과 한국 규격은 표 2-5와 같은 기준으로 표기된다.

표 2-5 스테인리스강 표기법

규 격	약 어	풀 이	실 례
일본 (JIS) 규격	SUS	Steel Use Stainless	SUS 304
한국 (KS) 규격	STS	Steel Type Stainless	STS 304
국제 규격	Type xxx SS	Type xxx Stainless Steel	(Type) 304 SS

하지만 여기에서는 자세한 재료의 표기법과 구분을 장황하게 설명하기 보다는 이해를 돕기 위해 그저 많은 사람들이 알고 있는 그대로 Stainless Steel의 약어로 SS를 이용하여 SS 304, SS 316으로 재료명을 구분하여 표기한다.

또한 스테인리스강은 그 재료의 표기명 뒤에 후기 첨자를 붙여서 세분하기도 한다. (예, A240-304L, 316N, 410S, 316H, 430F, 430FSe, 304LN, 302B)

스테인리스강은 그 재료의 성분과 조직에 따라 다섯 가지로 크게 구분된다. 각 강종의 조직 구분은 주로 Cr과 Ni의 함량 및 기타 원소의 함량에 따라 결정이 된다. 각 강종이 보여 주는 물리적, 기계적, 화학적 특성은 조직에 따라 구분이 되며, 이들 조직을 기준으로 표 2-6과 같이 스테인리스강을 구분한다.

표 2-6 스테인리스강종별 특성

조직 분류	대표 강종	기본 조성	일반적인 주요 특성
마르텐사이트계	SS 410	13Cr	자성이 있고, 녹이 발생 할 수 있다. 충격에 약하고 연신률이 작다. 뛰어난 강도와 내 마모성이 있다. 열처리에 의해 경화된다.
페라이트계	SS 430	18Cr	자성이 있다. 충격에 약하고 연신률이 작다. 용접구조물로 사용이 제한된다. 열처리에 의해 경화되지 않는다.
오스테나이트계	SS 304 SS 316	18Cr-8Ni	자성이 없고, 뛰어난 내식성이 있다. 충격에 강하고, 연신률이 크다. 열처리에 의해 경화되지 않는다. Cr탄화물이 형성되는 예민화에 의해 고온 사용이 제한된다.
석출 경화계	SS 631	16Cr-7Ni-1Al	자성이 없고, 양호한 내식성을 가진다. 열처리후 높은 강도와 경도를 가진다.
듀플렉스계	SAF 2205 SAF 2507	18~30Cr-4~6Ni -2~3Mo	오스테나이트계 스테인리스강의 단점을 보완한 강종, 페라이트(Ferrite)기지위에 오스테나이트가 50 %정도 공존하는 조직이다. 페라이트 보다 양호한 인성, 오스테나이트 보다 월등한 기계적 강도가 있다. 열 팽창계수가 작고, 열전도도가 높다.

3.1 오스테나이트계 스테인리스강(Austenitic Stainless Steel)

오스테나이트계 스테인리스강은 가장 널리 사용되는 스테인리스강 재료로 304 / 316 SS가 대표적인 강종이다. 고온 산화성이 적고, 뛰어난 내식성으로 인해 산, 알카리등의 광범위한 부식환경에 적절하게 사용이 가능하다. 전반적으로 양호한 내식성을 보이지만 염소(Chloride) 성분이 있는 곳에서의 사용은 염소에 의한 응력부식균열의 위험성으로 인해 제한된다. 적절한 강도를 가지면서도 연신이 크고, 충격에 강하며 성형성이 좋아 가공하기 쉽다. 표 2-7은 오스테나이트계 스테인리스강의 주요 강종별 개략적인 특징과 용도를 제시한다.

표 2-7 오스테나이트계 스테인리스강 특성

AISI명	주요 특징 및 용도
304	Austenite Stainless Steel의 대표적인 강이다. 용접성이 우수하고, 내식성이 우수하다. 내열성이 우수하고, 저온 강도가 좋다. 우수한 기계적 성질을 나타내고 비자성이다. 열처리에 의해 경화하지 않는다. 열교환기, 수송용기, 식품 용기 등에 사용된다.
304L	304의 탄소를 0.03%이하로 제한한 강종이다. 탄소가 적어서 입계부식을 방지한다. 원자력 기기등에 사용된다.
308	Cr과 Ni의 함량이 증가하여 내식성, 내산화성이 좋다. 용접봉 및 전극용으로 사용된다.
309	고온 내산화성이 우수하다. 304 보다 내식성 양호 탄소강등 이종 금속의 용접에 적용된다. 용접봉 및 열처리 설비에 사용된다.
309S	309의 저 탄소강으로 용접성이 우수하다. 높은 내산화성이 요구되는 곳에 사용된다. 열처리 설비, 노 부품등에 사용된다.
310	309보다 내인성이 양호하다. 내열성이 우수한 고온용 강종이다.
310S	내산화성이 310보다 더 우수한 강종이다. 1030℃ 까지 사용가능한다. 열처리용 부품에 사용된다.
316	304에 Mo 성분이 추가되어 Pitting저항성이 좋다. 우수한 내식성이 있다. 고온의 Creep강도가 우수하다. 해수, 제지공업 및 화학공업 장치용으로 사용된다.
316L	316의 탄소를 0.03%이하로 제한한 강종이다. 탄소가 적어서 입계부식을 방지한다. Pitting저항성이 316 보다 우수하다.
317	Pitting저항성이 316 보다 우수하다. 입계부식에 대한 저항성이 좋다. 염색설비재 등에 사용된다.
321	Ti을 첨가하여 입계 부식의 원인인 Cr 탄화물의 형성을 방지한 강이다. 입계 부식에 의한 피해가 예상되는 용접부에 사용된다.
347	Nb(Cb)를 첨가하여 입계 부식의 원인인 Cr 탄화물의 형성을 방지한 강이다. 입계 부식에 의한 피해가 예상되는 용접부에 사용된다.
348	대부분 347과 동일하다. 중성자 흡수계수가 작아 원자력용 기기에 사용된다.

대부분의 경우에 저온 충격시험(Impact Test)은 요구되지 않는다. 425~870℃ 영역에서 장시간 유지시에는 입계에 Cr탄화물이 형성되어 내식성이 저하되고 기계적 강도도 감소한다. 따라서 이 온도 영역에서의 사용은 극히 제한된다. Cr탄화물에 의한 예민화 현상을 억제하기 위해 탄소 함량을 0.03% 이하로 줄인 304L / 316L등의 Low Grade를 사용하거나, 크롬(Cr)보다 탄소와 친화력이 좋은 Ti이나 Nb(Cb)를 첨가하여 Cr탄화물의 생성을 억제한 SS 321, SS 347를 사용한다.

3.1.1. 예민화 및 입계 부식

300계열의 오스테나이트계 스텐인레스강을 425~815℃ 정도의 범위에서 가공하거나, 이 온도 범위에서 장시간 유지할 경우에 예민화 현상이 발생한다.

이 온도 범위에서 스테인리스강의 내식 특성을 좌우하게 되는 크롬이 탄화물 형태로 입계에 석출한다. 이러한 현상을 오스테나이트계 스테인리스강의 예민화(Sensitization)라고 한다. 탄화물의 성상은 $Cr_{23}C_6$로서 많은 양의 크롬이 탄화물 형성에 사용된다. 따라서, 이들 탄화물이 집중적으로 석출되는 입계를 따라서 내식성이 저하하게 되고, 이러한 조직이 부식성 분위기에 노출되게 되면 입계를 따라서 부식이 급진전하게 된다. 이러한 부식 형태를 입계 예민화 부식(Intergranular Corrosion)이라고 구분하며, 대개의 경우에 입계 부식을 일으키는 부식 인자들은 응력 부식을 동반하므로 구체적으로 표현할 때는 입계응력부식균열(Intergranular Stress Corrosion Cracking)이라고 구분한다.

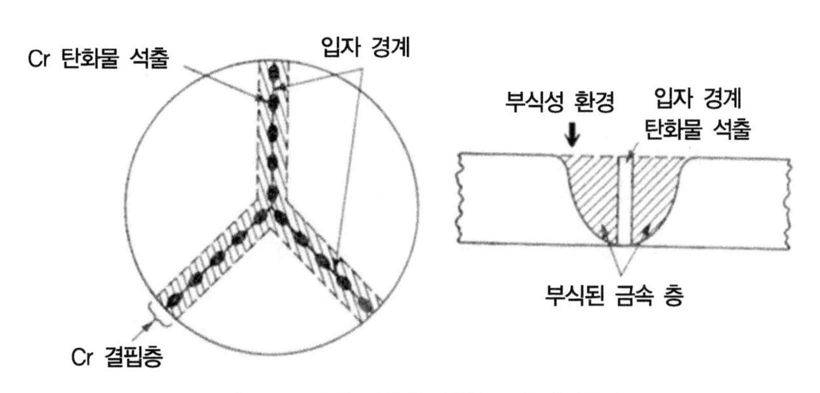

그림 2-8 크롬 탄화물 형성과 입계 부식

예민화에 의한 입계 부식을 예방하기 위해 주로 저탄소 Grade를 사용하거나 안정화 강을 사용한다. 두 가지 주요 예민화 방지법은 다음과 같다.

1) 저 탄소 Grade(304L, 316L) 사용

일반적인 오스테나이트계 스테인리스강의 탄소 함량은 최대 0.08% 정도로 규정되며, 실제 측정치는 대략 0.04% 정도를 유지하고 있다. 저 탄소강을 사용한 입계 부식 방지법은 크롬 탄화물 형성에 필요한 탄소의 함량을 0.03% 이하로 제한하여 탄화물 형성이 최소화 되도록 유도한다.

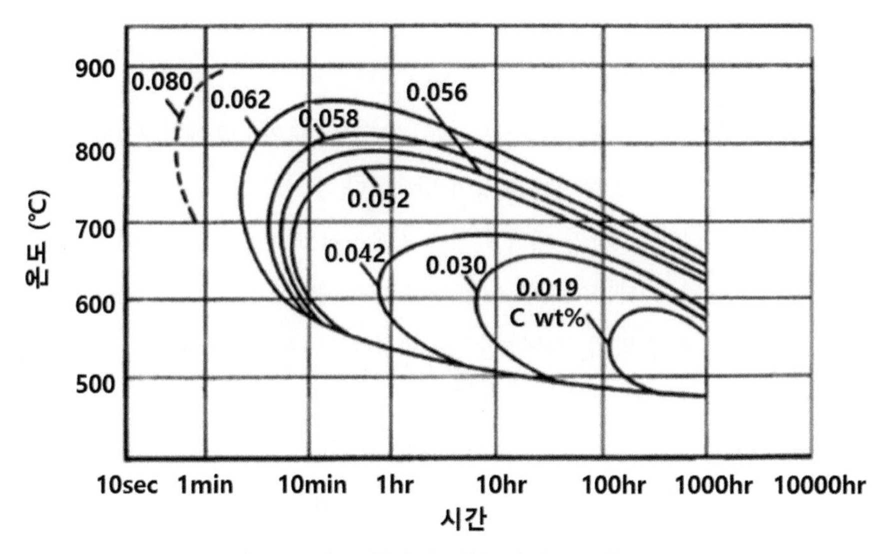

그림 2-9 탄소 함량에 따른 탄화물 석출 시간

이러한 강종은 그 명칭뒤에 “L”을 붙여서 구분한다. (예, 304L, 316L) 이론적으로는 용접금속의 탄소 함량이 0.05% 이하만 되면, 입계예민화에 의한 문제점이 발생하지 않는 것으로 평가한다.

일반적인 경우에 있어서는 저 탄소강의 사용만으로도 용접과 같은 단 기간의 예민화 온도 노출에 대해 입계 부식 저항성을 가질 수 있다. 그러나, 예민화 온도 구간에서 장시간 사용하는 경우 저 탄소 Grade의 사용만으로는 충분한 입계 부식 저항성을 갖기가 어렵다. 저 탄소 오스테나이트계 스테인리스강은 용접부나 고온 가공부의 크롬 탄화물 형성을 최소화 하여 입계 부식을 예방할 수 있는 장점은 있으나, 탄소 함량 부족으로 인해 고온 강도가 저하하는 단점이 있다.

이에 반대되는 개념의 스테인리스강은 탄소 함량이 0.08% 이상의 강종으로 명칭 뒤에 “H”를 붙여서 구분하다. 이들 “H-Grade”의 강종들은 내식성을 목적으로 하지 않고 고온 강도용으로 사용한다.

2) 안정화 강(SS 321, SS 347) 사용

앞선 설명한 바와 같이 저 탄소강을 사용한 입계 부식 예방만으로는 다양한 부식 환경에 안정적으로 대처하기에 다소 부족하다. 아무리 저 탄소강이라고 해도 고온에서 장시간 노출시 탄화물이 형성되기 때문이다.

그러나, 크롬 보다 탄소에 대한 친화력이 더 우수한 합금 원소들을 첨가하여 크롬 탄화물이 형성되기 보다는 이들 합금 원소의 탄화물이 형성되도록 하여 크롬 결핍층이 생기지 않도록 하는 방법이 적용될 수 있다.

이러한 합금 원소로는 Ti과 Nb(Cb)가 있다. Ti과 Nb(Cb)가 탄화물이 형성될 수 있는 고온 영역에서 크롬 탄화물 대신에 이들 원소의 탄화물인 TiC, NbC들을 형성하여 입계에 석출한다. Ti이 들어간 강종을 SS 321로 구분하고 Nb(Cb)가 들어간 강종을 SS 347로 구분한다.

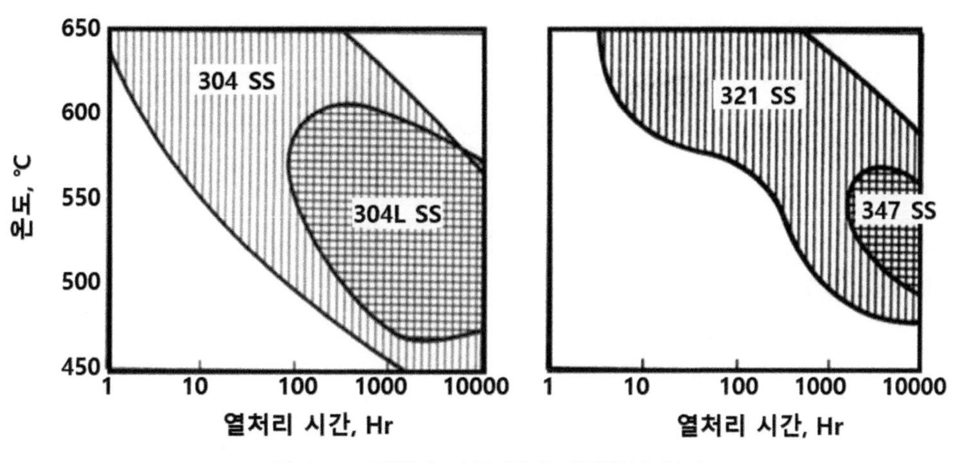

그림 2-10 강종에 따른 입계 예민화의 차이

이렇게 Ti과 Nb 같은 안정화 원소를 첨가한 강종을 안정화강(Stabilized Stainless Steel)이라고 하고, 첨가되는 안정화 원소의 양은 보통 탄소량의 약 4배 정도가 포함된다. 그러나, 이런 탄화물이 지나치게 많이 생성되면 탄화물의 석출에 의해 경도가 상승하고 강도가 너무 커져서 가공에 불리하게 된다.

Ti이 함유된 SS 321의 용접시에는 용접봉의 Ti성분이 용접시에 전기 아크에 의해서 용접부로 이동(Transfer)되지 않고, TiO_2의 산화물 상태로 슬래그로 소실되므로 Nb(Cb)이 함유된 SS 347 용접봉을 사용한다.

3.1.2. δ 페라이트의 역할

스테인리스강에서 δ 페라이트 함량은 제작, 용접 및 운전중에 중요한 역할을 한다. 특히 기계적 특성, 자성, 부식특성, 고온 균열 특성에 많은 영향을 미친다. 따라서 δ 페라이트 함량의 적절한 조절은 중요한 의미를 가지며 그 크기는 단위 면적당의 페라이트 분율에 해당하는 %로 표기하거나 FN(Ferrite No.)로 표기된다. 면적 분율 %와 FN는 비슷하나 수치가 일치하지는 않으며 현재 ISO 8249, IIW(국제용접학회) 및 ASTM 등에서 이들을 규정하고 있다.

1) 응고 균열(Solidification Crack)의 저항성 향상

δ 페라이트는 응고 균열(Solidification Crack)을 야기하는 P와 S를 응고 중 고용하여, 최종 응고부에 P와 S의 편석을 예방하며, 이로 인해 오스테나이트계 스테인리스강의 용접 중 응고 균열(Solidification Crack) 발생을 예방하는 역할을 한다. 용접부의 페라이트 조직은 오스테나이트 조직보다 유해 원소 및 저융점 불순물 원소(P, S, Si, Nb, O)의 고용도가 크기 때문에 δ 페라이트가 많이 존재함에 따라 응고시에 저융점의 액막이 적게 되어 응고 범위가 좁아져 균열 발생이 그 만큼 어렵게 된다. 즉 이들 불순물 원소의 고용도가 낮게 되면 금속 입계에 이들이 편석하여 이들 부위만 응고를 지연시키게 되므로 미세 균열 또는 열간 균열이 많이 발생하게 된다.

그림 2-11은 크롬과 니켈 당량 및 S과 P의 함량에 따른 응고 균열 발생 가능성을 보여주고 있다. Cr 당량 비중이 높은 경우 초정으로 δ 페라이트가 생성되어 P와 S를 고용하므로 응고 균열이 예방되는 것을 설명하고 있다.

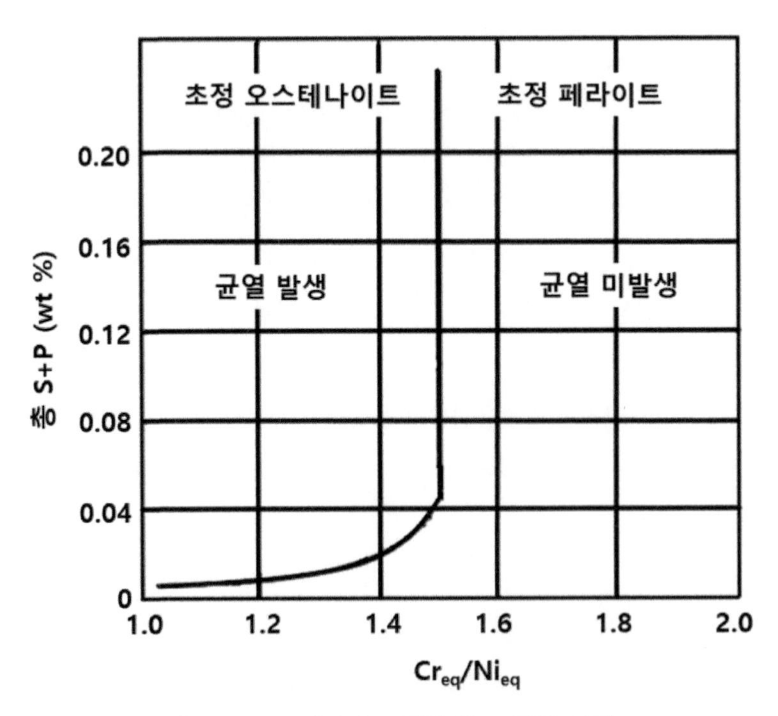

그림 2-11 오스테나이트 강의 응고 균열 민감도

2) 공식(Pitting) 및 응력부식 균열(SCC) 저항성 향상

일반적인 부식과는 달리 염소가 존재하는 분위기에서는 δ 페라이트가 존재하는 강종이 순수한 오스테나이트계 강종 보다 공식(Pitting) 이나 응력부식균열(SCC, Stress Corrosion Cracking) 저항성을 향상시킨다. 이를 이용한 것이 오스테나이트와 δ 페라이트가 공존하는 Duplex Stainless Steel (예, 2205 DSS 등) 이다.

위와 같은 δ 페라이트의 장점이 있지만 δ 페라이트가 많아지면 내식성이 저하하고 취성이 증가하는 단점이 있다. 이로 인해 스테인리스강의 용접시 δ 페라이트 함량을 일반적으로 5~10% 정도로 규정하고 있다. 즉 응고 균열의 예방을 위해 용접시 δ 페라이트는 5% 이상 생성되어야 하고, 내식성 저하 및 취성 증가를 억제하기 위해 10% 이상 생성되지 않도록 한다.

3.1.3. 가공 마르텐사이트 생성

오스테나이트계 강재를 심하게 냉간가공 하면 작업자가 직접 느껴질 정도의 자성을 갖게 되고 이 강재를 현장에서 그대로 사용하게 되면, 내식성이 저하하는 경우를 보게 된다.

이러한 현상은 오스테나이트 조직이 심한 냉간 가공 과정에서 조직의 일부가 마르텐사이트로 변화하기 때문에 발생하는 문제점이다. 니켈의 함량이 증가하면 자성의 발생이나 마르텐사이트 조직의 발현은 현격하게 줄어든다.

따라서 인발이나 성형 과정을 냉간에서 심하게 실시한 강재는 자성을 띄게 되어 용접시에 아크 블로우의 원인이 되거나 정상적인 용접이 어려워지는 상황이 발생하고, 완성된 용접부 및 모재 자체가 부식성 사용환경에서 우선적으로 부식에 노출되는 문제점이 발생한다.

3.2 페라이트계 스테인리스강(Ferritic Stainless Steel)

페라이트(Ferritic)계 스테인리스강은 니켈(Ni)을 함유하지 않은 저탄소 고크롬(high Chromium) 강으로서 용접시 900℃ 이상의 고온에 노출된 열영향부에서는 그림 2-12와 같이 γ 오스테나이트 상이 생성되어 냉각시 마르텐사이트가 생성되며 이로 인해 경화되고 취성이 발생한다.

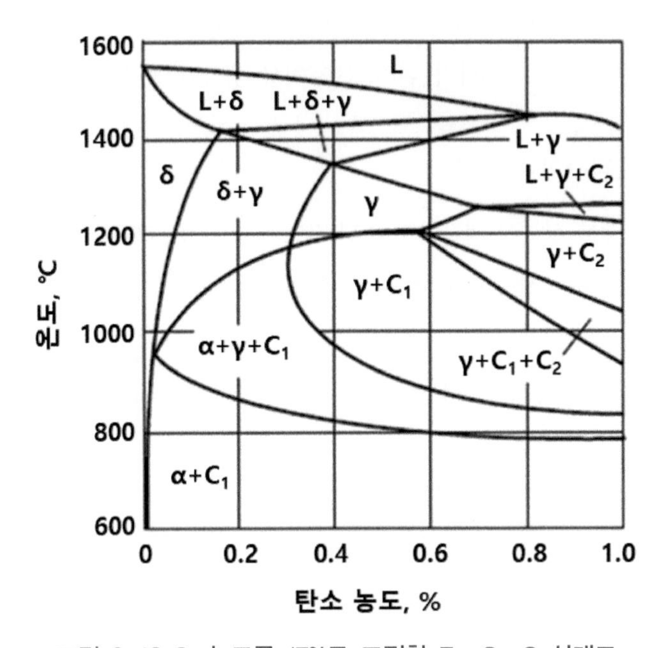

그림 2-12 Cr 농도를 17%로 고정한 Fe-Cr-C 상태도

일반부식에 강하고, 고온에서의 산화가 적으며, 황부식(sulfidation)과 H_2S 및 염소(Chloride) 분위기에서의 부식저항성이 크고, 열처리에 의해 경화되지 않는 특성이 있다. 반응기의 내부 내식용 육성 용접 재료(Strip Lining)등으로 일부 이용되기도 한다. 최대 사용온도는 475℃(885℉)에서의 취성으로 인해 343℃(650℉)정도로 제한된다.

그림 2-13은 13Cr강을 982도에서 급냉한 후에 3시간 동안 소려(Tempering)한 소재의 충격 에너지값이 열처리 온도에 따라 변화하는 것을 보여 주고 있다.

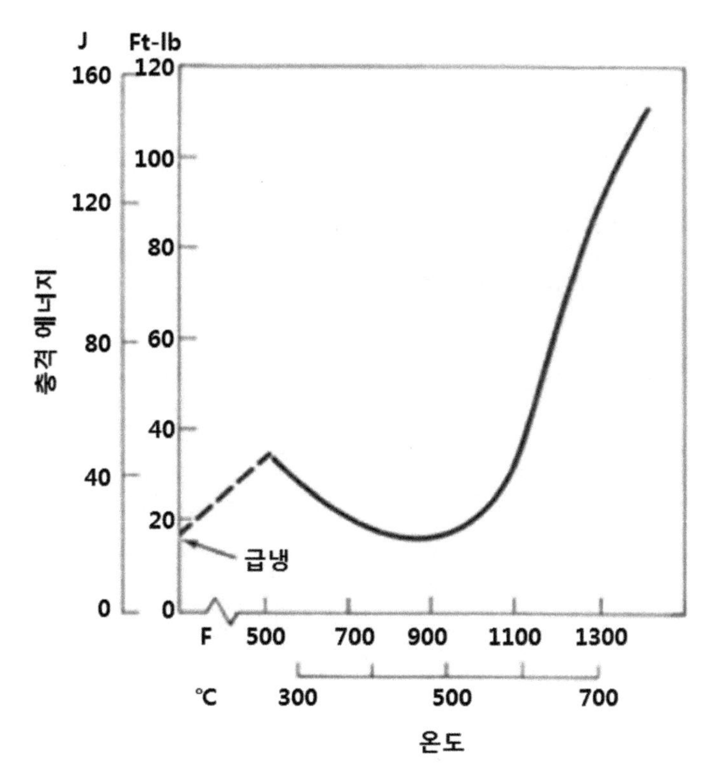

그림 2-13 소려 온도에 따른 13Cr강의 충격 에너지값의 변화

주요 페라이트계 스테인리스강의 특징과 용도를 표 2-8에 정리하였다.

표 2-8 페라이트계 스테인리스강 특성

AISI 명	주요 특징과 용도
405	Al이 함유되어 용접후 자경성이 감소한다. Turbine Blade, 용접용 재료로 사용된다. 냉동 공업, 의약, 화학공업등에 사용된다.
429	430의 용접성을 개량한 강종이다. 그외는 430과 동일하다.
430	대표적인 Ferrite계 Stainless Steel이다. 압연이 용이하고, 가격이 저렴하다. 방열기, 자동차 부품, 화학설비등에 사용된다.
430F	430의 절삭성을 개량한 강종이다. 단조성이 좋고, 자동 선반용 재료로 사용된다.
434	430의 개량 강종으로 염분에 강하다 자동차 외장용으로 사용된다.
442	내식성은 430과 동일한 수준이다. 고온용 재료로 사용된다.
446	내산화성이 가장 우수하다. S가 함유된 분위기에 사용된다. N은 결정립 성장을 방지한다. 고온용, 화학 공업용, 입욕 전극봉의 재료로 사용된다.

3.2.1. 입계 예민화

페라이트계 스테인리스강(SS430, SS446)은 BCC 조직이므로 Cr과 탄소의 확산 속도가 빨라 FCC 조직인 오스테나이트계 스테인리스강과 예민화 특성이 다르다. 예민화 온도 구역은 925℃ 이상으로 오스테나이트계 스테인리스강의 425~815℃에 비해 높다. 그 이유는 Cr은 BCC 구조로 BCC 구조인 페라이트계 스테인리스강에서 안정하다. 또한 페라이트계 스테인리스강은 높은 온도에서 FCC 조직인 γ 상으로 존재하므로, 925℃ 이상의 높은 온도에서 FCC 조직인 γ 상에서 Cr이 불안정하게 되어 탄화물이 석출하게 된다. 그러므로 예민화 발생 위치도 오스테나이트계 스테인리스강에 비해 높은 온도에 노출된 용융부에 좀더 가까운 곳에서 예민화가 발생한다.

용접 후 650~815℃에서 10~60 min 어닐링하면 입계 부식에 대한 저항성이 회복된다. 페라이트는 BCC 조직이므로 Cr과 C의 확산 속도가 빠르다. 따라서 650~815℃로 가열시 Cr 결핍 지역에 Cr의 확산 이동에 의해 Cr 농도가 회복된다.

저 탄소 Grade 스테인리스강의 사용은 입계 부식 방지에 효과가 미미하다. 그 이유는 탄소의 함량이 낮아도 확산 속도가 빨라 소모된 탄소를 쉽게 보충하므로 예민화 방지 효과가 적다. 탄소 함량이 아주 작아야(SS446, 0.002% C) 어느 정도 효과가 있다.

페라이트계 스테인리스강은 BCC 조직으로 확산 속도가 빠르므로 용접 후 급냉하여도 입계에 탄화물이 형성된다. 예민화 방지 방법은 저 탄소 Grade 스테인리스강 사용 보다는 안정화 원소(Ti, Nb)를 첨가하는 것이 추천된다.

3.3 마르텐사이트계 스테인리스강(Martensitic Stainless Steel)

마르텐사이트계 스테인리스강은 페라이트계 스테인리스강과 매우 유사한 특성을 보이지만 가장 큰 차이점은 상온에서 마르텐사이트 조직으로 존재하며 C 함량이 높아 용접시 생성된 마르텐사이트의 경도 및 취성이 높다는 점이다. 이로 인해 용접 재료로는 잘 사용하지 않으며 주요 마르텐사이트계 스테인리스강의 특징과 용도는 아래 표와 같다.

표 2-9 마르텐사이트계 스테인리스강 특성

AISI 명	주요 특징과 용도
403	자경성(Self Hardening)이 있다. Turbine Blade, Valve, Jet Engine 등의 높은 응력이 요구되는 곳에 사용된다.
410	높은 경도를 나타낸다. 내식성이 우수하다. Valve Seat, Shaft등의 일반 기계 부품으로 사용된다.
414	410 보다 고강도 용으로 사용된다. 410의 성형성, 내식성을 향상시킨 강이다. Ni의 첨가로 인성이 좋고 내식성도 우수한다. Shaft, Knife, Spring등으로 사용된다.
416	스테인리스강중에 기계 가공성이 가장 우수하다. 쾌삭강으로 Valve, Shaft, Bolt, Nut등으로 사용된다.
416Se	416의 절삭성을 더욱 향상 시킨 강이다. 절삭성은 좋지만, 기계 가공성은 떨어진다.
420	열처리에 의해 높은 경도를 얻을 수 있다. 내식성 양호하다. Knife, 외과용 기구 등에 사용된다.
420F	급냉시 420 보다 더 높은 경도를 얻을 수 있다. Bolt, Nut, Valve 의 재료로 사용된다.
431	Ni의 첨가로 인성이 개량된 강종이다. 마르텐사이트 스테인리스강중에 최고의 내식성을 가진다. 선박용 Shaft, 제지 기계, Spring, Bearing등으로 사용된다.
440	스테인리스강중에 최고의 경도를 나타낸다. A, B, C 순으로 내 마모성이 증가하지만, 내식성과 인성은 감소한다. Valve Seat, Knife, 외과용 기구, 절단기, Bearing등에 사용된다.

인성이 나쁘고, 인장 응력이 크나, 연신이 작아서 충격에 쉽게 파단 된다. 이러한 이유로 '95년도 ASME Code에서는 스테인리스강 중에서 유일하게 충격시험(Impact Test)을 요구하였으나, 이후 Addenda에서는 이 규정이 삭제되었다. 440~450℃에서는 탄화물이 석출하여 충격치가 급격히 감소하므로 사용이 제한된다. 통상 사용 온도는 −29~440℃정도 이다.

그림 2-14는 AISI 431강을 1020도에서 급냉한 후에 소려 온도에 따른 기계적 특성의 변화를 보여 주고 있다. 그림에 나타난 바와 같이 400도를 넘어 서면 기계적 특성에 문제점이 발생하는 것으로 확인된다.

내식성은 소입 상태가 가장 좋고, 소입(Quenching) 후 소려(Tempering)시는 저온에서 하는 것이 좋다. 500~650℃에서 가열하면 미립의 탄화물이 석출하여 기지의 고용 Cr량이 감소되어 내식성이 떨어진다. 650℃ 이상에서는 Cr의 재고용으로 내식성이 다시 향상된다.

저 탄소강인 13% 및 16% Cr강과 2%의 Ni이 함유된 431강종은 내식 구조용으로 사용되고, 고탄소계의 440등은 내 마모용으로 사용된다.

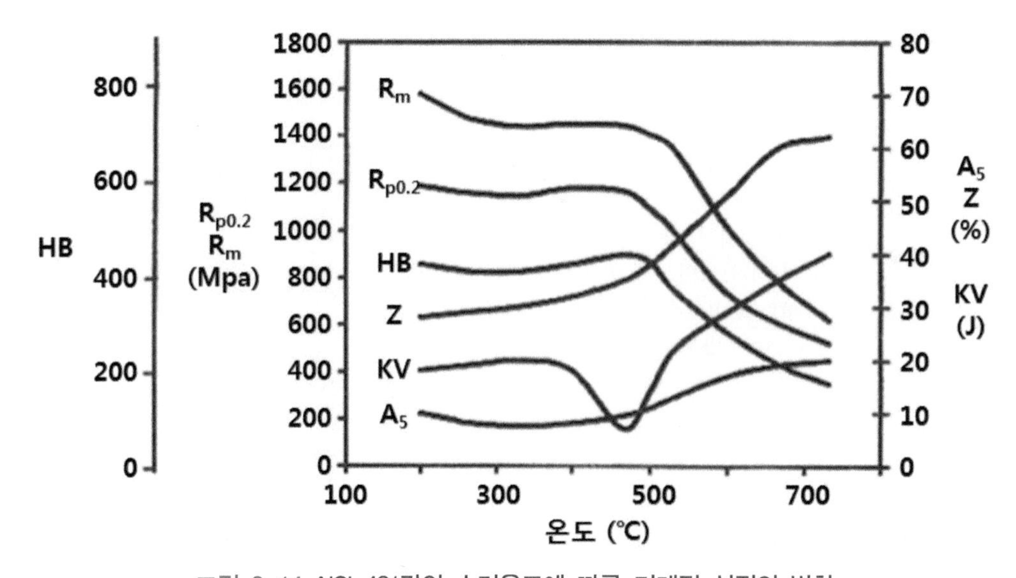

그림 2-14 AISI 431강의 소려온도에 따른 기계적 성질의 변화

3.4 듀플렉스 스테인리스강(Duplex Stainless Steel)

듀플렉스 스테인리스강(Duplex Stainless Steel)은 가장 최근에 개발된 강종으로 점차 그 사용 영역이 확대되어 가고 있는 강종이다. 이 강종은 기존의 오스테나이트계 스테인리스강에 크롬의 함량을 더 높이고 약간의 Mo를 추가한 강종으로 보통 25% 정도의 크롬에 2~3% Mo를 포함하는 강종이다. 대표적인 재질로는 SAF 2205 (UNS No. : S31083), SAF 2507 (UNS No. : S32750)이 있다.

초기에 개발된 듀플렉스 스테인리스강(Duplex Stainless Steel)은 용접시에 열영향부의 인성이 저하하는 단점으로 인해 사용에 제한이 있었다. 이는 용접과정에서 페라이트(Ferrite)상의 과다 석출에 기인하였으며, 페라이트 과다 석출로 인해 부식 저항성도 저하하였다.

1968년 이후에 제강 기술이 발달하고, AOD(Argon Oxygen Decarburization) 방법이 적용되면서 스테인리스강에 질소(Nitrogen)를 첨가할 수 있게 되면서 용접부 인성 저하의 문제는 어느 정도 해결되고 있다. 강중에 첨가된 질소는 용접부 특히 용접 열영향부의 인성을 향상시키고, 응고 과정에서 상변화(Intermetallic Phases Formation)를 억제하여 부식 저항성을 높이는 효과를 가져오고 있다. 질소의 첨가가 이루어지면서 개량된 듀플렉스 스테인리스강을 제 2세대 듀플렉스 스테인리스강이라고 구분한다.

가장 최근에 적용되고 있는 듀플렉스 스테인리스강(Duplex Stainless Steel)의 개발은 1970년을 기준으로 구분 될 수 있다. 이 시기를 지나면서 염소(Chloride)에 대한 우수한 저항성으로 인해 해양 구조물등에 적용 실적이 늘어나고 우수한 강도로 인해 구조물의 두께를 얇게 가져갈 수 있는 이점이 부각되고 있다.

널리 사용되고 있는 2205와 같은 재료는 이시기를 통해 활용도가 증대된 대표적인 듀플렉스 스테인리스강이다.

3.4.1. 듀플렉스 스테인리스강의 특성

듀플렉스 스테인리스강의 특징은 기존 오스테나이트계 스테인리스강이 입계부식(Inter-granular Corrosion) 및 응력 부식 균열(Stress Corrosion Cracking)에 민감한 단점을 보완하기 위해 개발된 강종으로 페라이트 기지 위에 50% 정도의 오스테나이트 조직이 공존하는 이상(Dual Phase) 조직이다.

1) 기계적 성질

오스테나이트 조직이 존재 함으로 인해 페라이트계 스테인리스강 보다 양호한 인성을 가지고 있다. 또한, 페라이트 조직이 존재 함으로 인해 오스테나이트계 스테인리스강 보다 약 2배 이상의 강도를 가지고 있어서 기계 가공 및 성형이 어렵다. 오스테나이트계 스테인리스강보다 열팽창 계수가 낮고, 열전도도는 높아서 열 교환기 등의 튜브재질로 적합하다.

그러나, 고온에 노출되면 조직의 상분률이 깨져서 듀플렉스 스테인리스강의 특성을 잃게 되므로 최대 사용 온도가 제한된다. ASME나 TUV와 같은 Design Code에서는 최대 온도를 강종별로 250~315 ℃ 정도로 제한하지만, 상용적인 개념으로 대략 250℃를 최대 사용 기준 온도로 적용한다.

2) 내식성

유사한 양의 합금 원소를 첨가한 오스테나이트 계열의 합금에 비해 공식(Pitting)과 틈새 부식성은 유사하지만, 응력부식 균열과 유기산에 대한 저항성은 매우 우수하다. Chloride등에 대한 저항성이 커서 VCM Project등의 열 교환기용 재료로 사용되고 있다.

듀플렉스 스테인리스강의 부식성에 관한 자료를 표 2-10과 같이 요약하였다.

표 2-10 듀플렉스 스테인리스강의 부식 특성

구분	304L, 316L	3RE60	2205	25Cr Duplex	Super-duplex
42% $MgCl_2$ Boiling, 154℃ U-Bend	X	X	X	X	X
35% $MgCl_2$, Boiling, 125℃ U-Bend	X	X	X	X	X
Droop Evap. 0.1M Nacl 120℃, 0.9 x Y.S	X	X	X	X	X
Wick Test 1500ppm Cl as NaCl 100℃	X	△	◎	◎	◎
33% $LiCl_2$ Boiling, 120℃ U-Bend	X	◎	◎	◎	◎
40% $CaCl_2$ 120℃, 0.9 x Y.S	X	◎	◎	◎	◎
25~28% NaCl Boiling 106℃ U-Bend	X	◎	◎	◎	◎
26% NaCl Autoclave 155℃ U-Bend	X	X	△	◎	◎
26% NaCl Autoclave 200℃ U-Bend	X	X	X	X	◎
600ppm Cl (NaCl) Autoclave 300℃ U-Bend	X	-	-	-	-
100ppm Cl (Sea salt + O_2) Autoclave 230℃ U-Bend	X	X	X	-	-
X 균열 발생, △ 일부 균열 발생, ◎ 균열 미발생, - 자료 없음					

3) 용접성

전반적으로 용접성은 매우 양호한 재질로 평가되지만, 입열조절이 무척 중요하다. 따라서 다층 용접시 각 패스(Pass) 사이의 층간온도(Interpass Temperature)와 용접속도(Travel Speed) 조절이 매우 중요한 조절인자로 작용한다.

용접시 입열이 부적절하면 이상(Dual Phase)의 상분률(狀分率)이 깨어지므로 통상 0.5~1.5KJ/mm정도로 엄격히 제한한다. 층간온도는 최대 150℃정도로 규제한다.

용접봉은 모재보다 2~3% 정도 니켈 함량이 많은 재료를 선정하고, 지나친 급냉이나 서냉이 되지 않도록 한다. 용접시 800~1000℃ 범위에 장시간 유지되면 해로운 이차상(Secondary Phase)가 생겨서 기계적 성질 및 내식성의 저하를 가져오므로 피해야 한다.

용접부에 대한 충격시험(Impact Test)을 요구하는 경우가 많으며, 별도의 비파괴 검사(NDT)를 실시하지 않고 용접부의 건전성을 평가하는 가장 손쉬운 방법은 경도(Hardness) 측정과 페라이트 함량 측정이다. 페라이트 함량을 측정하고 경도(Hardness)를 측정하면 대략적인 용접부의 건전성을 평가 할 수 있다. 경도 측정은 Code상 반드시 적용해야 하는 규정은 아니다.

페라이트 함량 37~52%정도에서 통상적인 경도는 브리넬(Brinell)경도로 238~265정도가 나오면 적정선이다. 이 경도 값에 관해서는 사전에 기준치를 정하는 협의가 필요하다.

니켈 합금

4.1 니켈 합금의 종류와 성질

니켈 합금은 니켈에 철(Fe), 구리(Cu), 몰리브덴(Mo) 등을 첨가하여 각종 환경에 대한 내식성, 내열성 등을 개선한 것으로서, 화학공업, 원자력, 화력발전 등의 분야의 저장탑조, 가열설비, 가스 터빈, 제트 엔진 등에 이용되고 있다.

실제로 현업에서는 UNS No.나 ASTM 등의 고유 재료 표기법 보다 각종 합금 제조사들의 Brand Name이 더 널리 사용되고 있다. 대표적인 강종의 표기법은 Nickel, Monel, Inconel, Incoloy 등의 제조사 합금명과 세자리 숫자와 기호의 조합으로 분류되는 것이 많다. 예를 들면 Nickel 200, Monel 400, Inconel 600 등으로 분류된다. 이러한 명명 법에서 머리 숫자가 짝수이면 고용 강화형(Solution Hardening) 합금, 홀수이면 석출 강화형(Precipitation Hardening) 합금을 의미한다. 일반적으로 석출 경화형 합금은 용접 열에 의해 영향을 많이 받기 때문에 용접성은 고용 강화형 합금에 비해 나쁘다고 할 수 있다.

니켈 합금은 가소성 소다 등 알칼리에 대한 내식성이 우수하며 일반 탄소강에 비해 각종 산성 용액에 대한 내식성도 양호하다. 크롬(Cr)을 첨가하면 산화성 분위기에 대한 내식성이 보다 향상되고, 몰리브덴(Mo)을 추가 하면 염산에 대한 내식성이 향상되고, 구리(Cu)를 첨가하면 해수에 대한 내식성이 향상된다.

대표적인 니켈 합금의 화학성분 및 물리적 성질을 표 2-11에 정리하였다.

표 2-11 대표적인 니켈합금의 종류와 특성

합금명	Ni	C	Mn	Si	S	Fe	Cu	Cr	Al	Ti	Mo	Co	기타
NICKEL200	99.5	0.08	0.18	0.18	0.005	0.20	0.13	–	–	–	–	–	–
NICKEL201	99.5	0.01	0.18	0.18	0.005	0.20	0.13	–	–	–	–	–	–
MONEL400	66.5	0.15	1.00	0.25	0.012	1.25	31.5	–	–	–	–	–	–
MONEL K500	66.5	0.13	0.75	0.25	0.005	1.00	29.5	–	2.73	0.60	–	–	–
INCONEL 600	76.0	0.08	0.50	0.25	0.008	8.00	0.25	15.5	–	–	–	–	–
INCOLOY 600	32.5	0.05	0.75	0.50	0.008	46.0	0.38	21.0	0.38	0.38	–	–	–
INCOLOY 825	42.0	0.03	0.50	0.25	0.015	30.0	2.25	21.5	0.10	0.90	3.0	–	–
HASTELLOY-B	61.0	0.05	1.00	1.00	0.03	5.0	–	1.0	–	–	28.0	2.5	–
HASTELLOY-C	54.0	0.08	1.00	1.00	0.03	5.0	–	15.5	–	–	16.0	2.5	W4.0
HASTELLOY-W	60.0	0.12	1.00	1.00	0.03	5.0	–	5.0	–	–	24.5	2.5	–

4.2 니켈 합금의 종류

4.2.1. 고용 강화형 합금

고용 강화형 합금은 니켈의 오스테나이트 γ상을 크롬(Cr) 코발트(Co) 텅스텐(W) 등으로 강화한 것으로, 일반적으로 크롬을 많이 함유시켜 내산화성이 뛰어나고 용접성도 좋다.

Hastelloy X, Inconel 600, Inconel 625 등이 여기에 해당된다. 강종의 표기는 Alloy XXX와 각 강종의 대표적인 Brand Name이 병기되므로 혼돈하지 않도록 주의한다. 예를 들어 Monel 400과 Alloy 400은 같은 재료이며, Inconel 600과 Alloy 600은 같은 재료를 의미하는 표기법이다.

1) 순수 니켈

순수 니켈에는 다음의 세 가지 재료가 상용된다. 니켈 합금의 구성 구분으로는 순수 니켈도 고용체 강화형 합금으로 구분된다.

대표적인 강종으로는 Nickel 200과 저탄소 니켈 합금인 Nickel 201이 있다. Nickel 201은 고온에서 흑연화 현상에 적게 발생되기 때문에 315℃ 이상의 고온용으로 사용된다.

Nickel 200은 높은 탄소 함량에 의해 315~760℃ 범위에서 입계에 흑연 석출로 인해 강도가 저하하는 문제점이 생긴다.

순수 니켈은 주로 식품 용기, 실험실 기자재, 가성소다를 다루는 공정 및 전기소재로 사용된다.

2) 니켈-구리 합금

대표적인 강종으로는 Alloy 400과 쾌삭강으로 구분할 수 있는 R-405 이다.

이들 강종은 뛰어난 내식성과 함께 강도와 인성을 가지고 있어서 널리 사용되고 있다. 해수, 황산 등에 강한 내식성을 가지고 있으며, 대부분의 산과 염기에 강하다. 용접재료 없이 용접하기에는 다소 부적합하며, 대개의 경우 용접 재료를 사용한 용접이 문제없이 진행된다.

3) 니켈-크롬 합금

Alloy 600, 601, 690, 214, 230, G-30, RA-330 등이 대표 강종이다. 고온에서 우수한 내식성과 강도가 장점이다. 또한 Chloride에 강하고 응력부식 균열에 강하기 때문에 상온에서부터 액화 가스 저장에 사용되는 저온용까지 널리 사용된다. Alloy 690 은 특히 응력부식 균열에 대한 저항성이 좋다. Alloy 230은 Ni-Cr-W 합금으로서 고온에서 뛰어난 강도가 특징이다. Alloy 214와 601은 산화성 분위기와 질화 분위기에 저항성이 뛰어나고, 1200℃ 정도까지의 영역에서 Scale에 대한 저항성이 크다.

이보다 더 높은 온도 영역에서는 Alloy 600 에 1.4% 정도를 추가하여 사용한다. Alloy G-30은 약 30%의 Cr을 함유하고 있으며, 높은 산화성 분위기 및 인산 등의 분위기에 저항성이 크다. Alloy G-30은 주로 Mo를 함유한 합금의 용접재료로 많이 사용된다.

Inconel 600은 염화물에 대한 SCC 감수성이 매우 낮고 가공성・기계적 성질이 좋으므로 원자력용 배관이나 용기 및 기계 장치류에서 많이 사용되고 있다.

또 이 합금은 Incoloy 800과 같이 내열성도 우수하므로 내열성과 내식성이 함께 요구되는 석유화학장치, 약품 및 식품공업에 쓰이고 있다.

그러나 이들 합금은 고온의 염수 중에서 공식을 일으키는 등 국부부식에 대한 저항성이 떨어진다.

Inconel 625는 고 Cr 이어서 내산화성이 좋고 Mo 함량이 높아서 응력 부식균열 저항성, 국부부식성 저항성이 우수하고 기계적 강도도 크므로 최근에는 원자력 플랜트의 폐액 농축 장치용 재료 등으로 쓰이는 등 용도가 넓어져가고 있다.

4) 니켈-철-크롬 합금

Alloy 800, 800HT, 20Cb3, N-155와 556이 여기에 속한다. 고온에서 내산화성, 내탄화성이 좋아서 고온용 재료로 사용된다. Incoloy 825와 20Cb3은 고급 스테인리스강과 니켈 합금의 접점이 되는 합금이며 연신성이 좋아서 이음매 없는 관으로 많이 제조되어 공해 방지 설비, 인산제조 등의 공정에 540℃ 이하의 조건에서 사용된다. 환원성 산과 염소에 의한 응력부식균열에 강하다.

5) 니켈-몰리브덴 합금

Alloy B, B-2, N과 W가 해당된다. 약 16~28% 정도의 Mo를 함유하고 있다. 용접이 쉽지만, 고온 용도로는 사용하지 않는다. Hastelloy B-2(Ni-28% Mo-2% Fe)는 각종 산중에서 가장 부식성이 강한 염산에 대하여 내식성이 있고, 가공성과 용접성을 겸비한 합금이다.

그러나 이 합금은 용접 열영향부의 입계 부근에 탄화물의 석출에 의한 Mo 결핍층을 생성하여 입계 부식(Knife Line Attack)을 일으킨다. 이 합금은 Fe량을 낮추고(2.0% 이하) C량 및 Si량도 낮춤으로써(C 0.025% 이하, Si 0.01% 이하) 용접한 그대로 사용할 수 있는 개량 합금이다.

니켈의 순도가 높아진 결과 전면부식성 저항성, 성형성이 향상되고 용접시의 고온 응고균열 감수성이 낮은 특징이 있다.

황산, 인산, 초산, 개미산 등의 환원성 산에 견디며 특히 염산에 대하여 강하다. 또한 비산화성의 염이나 할로겐 화합물에 대해서도 내식성이 좋고 공식(Pitting) 저항성, 내응력부식 균열성(내(耐) SCC 성)도 우수하다.

따라서 고온·고압의 산이나 할로겐화합물의 촉매를 쓰고 있는 부식성이 강한 화학공장에 사용되고 있다. 또 이 합금은 비자성, 고강도, 작은 열팽창률, 고온에서의 낮은 증기압 등의 특징이 있으므로 전자기기 부품으로서도 사용되고 있다.

다만 사용할 때의 주의점은 Cr을 함유하지 않아서 산화성 환경에서는 내식성이 없는 것이며 산화제가 소량 혼입해도 내식성에 영향을 받는다.

6) 니켈-크롬-몰리브덴 합금

Alloy C-22, C-276, G, S, X, 622, 625와 686이 여기에 해당한다.

Hastelloy C는 크롬을 첨가함으로써 환원성 분위기 뿐만 아니라 산화성 환경에 대해서도 우수한 내식성을 갖고 있어 부식성이 강한 화학공장에 많이 쓰여져 왔다. 그러나 이 합금도 용접 열영향부에서의 입계 부식을 일으키는 결점이 있다. 이 결점이 개선한 것이 Hastelloy C-276이며 현재 Hastelloy C는 주조재로만 쓰이고 있다.

Hastelloy C-276은 염화물 중에서의 응력부식균열에 강하고 공식, 입계 부식의 염려가 없는 것이 특징이며 거의 모든 장치의 중요기기에 쓰이고 있다.

이 합금은 부식환경이 변할 때 또는 2종류의 다른 환경에 노출될 때에 유리하다. 예컨대 해수를 쓰는 고농도 황산 냉각기(Cooler)나 고농도 황산을 쓰는 염소 가스의 건조장치 등과 같이 복합 환경에서는 이 합금이 가장 좋은 재료이다.

이밖에 특수한 용도로서 냉간 가공과 저온 시효를 함으로써 HRC 40~50까지 경화 시켜서 내식성과 내마모성의 쌍방이 요구되는 부품, 예를 들어 부식성이 강한 엔지니어링 플라스틱의 사출 성형기기용 실린더, 스크류나 해산물 가공용의 칼날 등에 사용되고 있다.

앞의 Hastelloy C-276은 용접 열영향부의 예민화는 일어나지 않으나 650~1090℃의 온도범위에서 장시간 시효를 받으면 입계에 금속간 화합물이 석출하여 내식성 및 기계적성질이 악화한다. 이 장시간 시효성을 개선한 것이 Hastelloy C-4이며 장시간 시효 후도 높은 연성 및 우수한 내식성을 나타내어 고온안정성이 우수하다.

Hastelloy C-4장시간의 시효에 의해서도 열영향을 받지 않는 특징이 있어서 두꺼운 후판의 용접, 클래드강의 응력제거소둔 및 장치의 고온운전 등을 필요한 때에는 특히 유효하므로 Hastelloy C-276보다 응용범위가 더 넓은 내식합금이며 내식성도 거의 동등하다.

4.2.2. 석출 강화형 합금

Al, Ti을 함유 γ상 (Ni_3Al)등을 석출하여 강화하는 것으로 Co, Mo을 첨가하여 Al, Ti의 고용한도를 넓혀 고용체 강화를 시도한 것이다. INCONEL X-750 등이며 용접성이 떨어지며, 용접 후 시효경화에 의해 균열이 발생할 수 있다. 특히 Al의 함량이 높으면 이런 균열 발생 가능성이 커진다.

1) 니켈-구리 합금

K-500이 대표적인 강종이며, 변형시효강화(Strain-Age)에 의한 균열을 예방하기 위해 철저한 열처리 관리가 필요하다. Monel 400과 유사한 수준의 내식성을 보이고 있으며, GTAW로 용접이 가능하다. 주로 ERNiFeCr-2 용접재료를 사용한다.

2) 니켈-크롬 합금

고온의 산화 저항성을 높이기 위해 Cr을 13~20% 정도 함유하고 있으며, Al-Ti 혹은 Al-Ti-Nb의 형성에 의해 시효강화(Age-Hardening)되는 합금이다. Al-Ti 계 합금인 Alloy 713C, X-750, U-500, R-41, Waspalloy 는 용접성이 매우 취약하다. 이에 비해 Al-Ti-Nb 계 합금들은 비교적 합금계의 경화도가 느리기에 용접이 가능하다.

니켈-크롬 합금의 주된 용도는 항공기재료, 가스 터빈 등 재료의 비강도가(강도 대 중량 비)가 요구되는 곳에 사용된다.

3) 니켈-철-크롬 합금

Alloy 901이 가장 대표적인 강종이다. 용접성은 X-750과 비슷한 수준으로 취약하다. 대개의 경우 단조품 형태로 사용하고 용접은 시행하지 않는다. 용접을 할 경우에는 시효 강화에 의한 균열을 주의해야 한다.

4.2.3. 분산 강화형 합금

Ni-Cr 합금은 ThO_2와 같은 활성금속의 산화물을 금속 조직내에 미세하고 고르게 분산시킴으로서 매우 높은 강도를 얻을 수 있다.

이러한 분산 작업은 합금 제작과정에서 분말야금의 기법을 통해 이루어진다. 이들 합금은 뛰어난 강도를 가지고 있지만, 용융 용접을 실시하게 되면 응고과정에서 산화물들이 조직내에서 함께 뭉쳐져서 금속의 강도가 급격하게 저하하게 된다. 따라서 용접구조용으로는 부적합한 강종이며, 용융이 일어나지 않는 기계적인 접합 방법을 고려하여야 한다.

4.3 니켈 합금의 특성

뛰어난 내식성과 고온 강도의 장점으로 인해 니켈은 높은 생산 단가에도 불구하고 많은 곳에 활용되고 있다. 특히 200~1090℃의 영역에서 뛰어난 내식성을 보이고 있으며 강도 또한 자유로이 조정이 가능하다.

대부분 쉽게 용접할 수 있지만, 적절한 용접재료 선택의 제약으로 인해 다양한 용접방법을 적용하기 어렵다. 석출 강화형 강종의 경우에는 용접후 열처리가 요구되기도 하며, 불산 가스 및 가성소다(Caustic) 용액을 다루는 경우에는 응력부식 균열을 방지하기 위해 용접후 응력강하를 위한 열처리를 실시한다.

4.3.1. 니켈합금의 장단점

니켈합금의 장점은 육상, 해상의 일반적인 환경에 매우 강하며, 중성, 알카리성, 비산화성의 염용액(Nonoxidizing Acid Salt Solution)에는 쉽게 부식되지 않는 점이다. 또한 Dry Gas에 대한 내식성도 높다. 특히 알카리성에 강하며, 고온의 Caustic Service에 많이 사용된다.

반면에 단점은 대부분의 산(Acid)에 대하여 내식성이 약하다. 특히 산화성 산의 염이나, 용존 산소가 있을 경우 심하게 부식이 발생하며, 230℃ 이상의 황화물 환경(Sulfidizing Environment)에 대한 내식성이 약하다

4.3.2. 용접, 접합성

니켈 합금의 용접은 숙련된 기능 없이도 비교적 손쉽게 다양한 용접 방법에 의해 양질의 용접물을 얻을 수 있는 장점이 있다. 적절한 용접을 시행하기 위해서는 올바른 용접봉과 용접 방법이 선정되어야 하며 이를 위해서는 모재의 두께와 형상 및 용도 그리고 용접이 진행되는 작업장의 여건 등 다양한 내용들이 사전에 검토되어야 한다.

니켈 합금의 용접 Process는 일반적인 오스테나이트계 스테인리스강의 용접과 매우 유사하다. 열팽창계수는 탄소강과 유사하며 용접중에 국부적인 열팽창으로 인한 변형이 일어날 수 있다. 용접부 강도 관점에서 모든 용접 비드는 약간 볼록한(Convex) 상태가 되어야 하며 편평하거나 오목한(Concave) 용접 비드는 피해야 한다. 그러나, 실제로는 니켈 합금의 용탕은 퍼짐성이 약해서 접합부내로 용입(Penetration)이 작게 되고 용탕의 젖음(Wetting)이 작아서 지나치게 볼록하게 되며 자칫 용입 불량 등의 결함이 발생할 수 도 있으므로 일부 공사시방서에서는 일부러 약간의 오목한 용접부를 만들도록 유도하는 경우도 있다.

일반적으로 예열은 하지 않는다. 그러나, 용접 대상물이 너무 냉각되어 있을 경우에는 수분의 응축으로 인해 발생될 수 있는 용접 비드의 기공발생 등의 피해를 막기 위해 16 ~ 20℃ 정도로 예열해 주기도 한다.

내식성을 보존해 주기 위한 용접 후 열처리(PWHT)나 산세등의 화학적인 표면 처리는 일반적으로 실시하지 않는다. 거의 모든 환경에서 니켈 합금의 용접부는 모재와 동일한 내식성을 가진다. 예외적인 경우로서 불산 가스나 가성소다 분위기에 사용될 경우에는 응력부식 균열을 예방하기 위해 잔류 응력 제거를 위한 열처리를 시행한다. 또한 석출 경화(Precipitation Hardening)를 통해 강도 향상을 이루기 위한 열처리가 실시되기도 한다.

1) 표면 청결(Surface Cleaning)

용접부의 청결은 니켈 합금의 용접에 있어서 가장 기본이 되고 중요한 요소이다. 니켈 합금은 황(S)이나 인(P)에 의해 고온에서 취성을 일으키기 쉽다. 이렇게 취성의 원인이 되는 황과 인은 제작 과정에서 표면에 묻게 되는 그리스, 가공 및 절삭유, 기름, 페인트 등이 원인이다. 그러나,

제작 과정에서 이러한 불순물의 침입을 근본적으로 막을 수는 없기에 용접 작업 전에 충분한 청결 작업이 중요하다. 취성(Attack, or Embrittlement)의 정도는 불순물의 종류와 농도 및 작업 환경등에 따라 다양한 형태를 취한다. 청결작업은 용접부를 중심으로 한편에 50mm 정도씩을 실시한다.

청결 방법은 제거 대상물에 따라 다르며, 간단한 용제를 사용한 청결 작업부터 모래나 철가루를 이용한 블라스트 크리닝(Abrasive Blast Cleaning)까지 다양하다. 표면의 산화물은 반드시 제거되어야 한다. 이들 산화물은 모재보다 높은 용점을 가지고 있어서, 용접중에 용융되지 않고 있다가 융착불량등의 용접결함을 일으킨다. 이러한 오염 물질에 의한 결함을 방지하기 위한 표면처리(Surface Cleaning)의 방법은 다음의 사항을 따르면 된다.

표 2-12 **용접전 표면 청결 관리**

오염물질	적절한 청결 방법
기계 윤활유 또는 그리스	아세톤, 트리클로로에틸렌, 메틸알콜 또는 기타 유기 솔벤트로 제거
마킹 크레용	
온도 지시 스틱	
페인트 또는 기타 비 가용성 물질	메틸렌 클로라이드, 알카리성 물질 또는 혼합물을 제거
압축기 또는 기타 회전기계에서 발생한 유증기	그라인더로 제거 또는 10% 염산 용액으로 제거

2) 용접 조인트 설계

니켈 합금의 용접 조인트 설계시에는 몇 가지 주의하여야 할 사항들이 있다.

첫째로, 니켈 합금의 용접금속(Weld Metal)은 다른 금속과는 달리 폭 넓게 퍼지지(Spread) 않기 때문에 용접사는 적극적으로 용접봉을 운봉(Weaving) 하고, 용접 순서 및 방향 조절로 원하는 용접 금속이 놓여질 수 있도록 해야 하며, 조인트 설계도 이를 감안해서 이루어 져야 한다.

둘째로, 니켈 합금은 용입이 잘 안되기 때문에 이음 조인트의 루트(Root)부가 작게 설계되어야 한다. 조인트의 루트부가 너무 크면(넓으면) 용탕이 중간에 응고되어 불완전 용입(Incomplete Penetration)이 일어 날 수 있다. 이를 방지하기 위해 전류를 높이는 것은 별 효과가 없으며 용접봉을 과열시켜서 자칫 피복제가 떨어져 나가게 된다.

또한 용접봉의 과열로 인해 많은 양의 용탕이 생성되며 피복제의 탈산 효과가 감소하여 결과적으로 부적절한 용접금속을 만들어 낸다.

(1) 맞대기 용접 조인트

일반적으로 두께가 0.093 in (2.36mm) 이하인 재료는 용접개선(Groove)없이 용접을 시행한다. 이보다 두꺼운 재료는 V-, U-, J-등의 홈(Groove)을 가공하여 용접한다. 2.36mm 이상의 두께를 가진 재료를 홈 가공 없이 용접하면 불완전 용입이 일어나기 쉬우며, 이는 결국 미세한 틈(Crevice)과 용접부의 간극(Void)으로 작용하여 다른 곳 보다 우선적으로 부식이 촉진될 수 있는 위험성을 안게 되는 것이다. 표면은 부식에 견디더라도 내부의 노치(Notch)는 응력을 집중하게 되는 장소가 되는 것이다. 양쪽에서 용접하지 못하고 한면에서만 용접이 시행되는 경우에는 초층에 안정적인 용접금속을 만들기 위해 초층은 가스텅스텐아크용접(GTAW)으로 용접해야 한다.

3/8 in 이상의 두께에서는 Double-V, Double-U 홈 용접을 시행한다. 홈(Groove) 가공 작업과 양면으로 나누어 용접 시행하는 데 따르는 어려움이 있지만 전체적인 면을 감안 할 때 다음과 같은 이점이 있다.

- 전체적인 용접봉의 소용량이 감소한다.
- 충분한 용입을 위한 용접시간이 절약된다.
- 단면 홈 가공(Single Groove)에 비해 잔류 응력이 감소된다.
- 상대적으로 적은 잔류 응력으로 인해 용접 시 변형이 감소한다.

(2) 필렛 조인트

이 용접 형태는 고강도를 요구하지 않고 많은 응력이 집중되지 않는 곳에 사용된다. 이러한 용접부 이음 형상은 고온에서 사용되거나 반복적인 높은 열응력이나 기계적인 응력이 가해지는 곳에서는 사용을 금한다. 모서리(Corner Joint) 용접이 시행될 경우에는 반드시 전체 두께(Full Thickness)에 해당하는 용접이 시행되어야 한다.

3) 용접 고정구

용접 작업중에는 작업의 편리함과 함께 강제 구속으로 용접 시 발생되는 변형을 방지하기 위해 다양한 종류의 지그(Jigs), 클램프(Clamps)와 고정구(Fixture)를 사용한다.

일반적으로 가스용접용 고정구에는 탄소강이나 주철 제품들이 사용되지만, 아크 용접에 적용되는 고정구는 모재에 직접 접촉되는 것들은 대부분 구리 재질을 사용한다. 용접홈 가공부에 사용되는 고정구는 용접금속의 용입이 용이하도록 하고 용접중 발생하는 가스나 플럭스가 쉽게 빠져나갈 수 있도록 오목하게 홈 가공을 한다.

니켈 합금은 일반적인 탄소강에 적용되는 것과 거의 대등한 수량의 클램프나 고정구를 사용하고 용접시 충분한 변형 방지와 열 전달이 이루어 질 수 있도록 배치한다. 용접 금속(Weld Metal)

은 응고 과정에서 발생하는 응고수축 응력에 의해 전체적으로 용접비드가 높이 솟아오르는 경향이 생기고 별도의 용접봉이 없어도 약간의 덧살(Reinforcement)이 형성된다.

4) 고온 균열

고온 균열의 발생 원인으로는 응고시 S나 P 등과 같은 미량의 불순물에 의한 저융점 개재물이 액상의 필름형태로 결정 입계에 잔류해서 응고시 발생하는 수축응력에 의해 발생하는 것으로 이러한 저 융점 개재물 중에는 니켈과 반응하여 융점이 더욱 낮은 공정화합물로 존재하여 균열을 야기 시키기도 한다.

용접시 대부분의 고온 균열은 크레이터(Crater)와 용접비드 표면에서 주로 발생하는데 이와 같은 균열의 일반적인 방지 대책을 종합하면 다음과 같다.

- 용접 입열량을 줄일 것
- 예열 및 층간 온도를 낮게 할 것
- 크레이터 처리를 할 것
- 개선내 기름 및 그 외의 부착물(이물질)을 충분히 제거할 것

뿐만 아니라 상기 대책 외에 고온 균열 감수성이 낮은 용접 재료를 선정하는 것도 매우 중요하다. 그리고, 이상과 같은 응고 균열외에 석출 경화형 합금에 다량으로 함유된 Al, Ti이 Ni과 공정화합물을 형성하여 결정입계에 γ 상(Ni_3Al 또는 $Ni_3(Al, Ti)$)을 석출시키고, 이 석출상이 어느 온도에서 급격히 연성 저하를 일으켜 균열을 발생시키기도 한다.

알루미늄 합금(Aluminum Based Alloy)

5.1 종류 및 성질

알루미늄 합금은 매우 다양한 종류가 있으며, 크게 구분하여 열처리가 가능한 열처리 합금과 열처리를 실시하지 않은 비열처리 합금으로 구분한다.

예전에 Aluminum Association이라고 알려진 AA의 명명법은 현재는 유럽표준으로 제정되어 EN-AW-XXXX로 표기되고 있다. EN-AW 뒤에 연결되는 네 자리 숫자는 각 알루미늄합금의 기본 조성과 특성을 구분하여 표시한다.

AW이외에 AC로 표기되는 경우도 있으며, 이는 각각 Aluminum Wrought Alloy(알루미늄 단련재)와 Aluminum Casting Alloy(알루미늄 주조재)를 의미한다.

알루미늄 합금의 명명법은 표 2-13에 정리한다.

표 2-13 알루미늄 합금의 종류와 명명법

주요 합금 원소	명명법
Al 순도 99.0% 또는 그 이상의 순수 Al	1XXX
Al-Cu계 합금	2XXX
Al-Mn계 합금	3XXX
Al-Si계 합금	4XXX
Al-Mg계 합금	5XXX
Al-Mg-Si계 합금	6XXX
Al-Zn-(Mg, Cu)계 합금	7XXX
기타 합금 원소	8XXX
사용되지 않는 강종 (예비 번호)	9XXX

5.1.1. 비열처리 합금

비열처리 합금이라고 구분된 합금은 열처리에 의해서 기계적 강도나 특성의 향상을 꾀할 수 없는 합금을 의미한다. 이러한 합금으로 보다 높은 수준의 강도를 추구하기 위해서는 가공에 의한 경화(Strain-hardening)를 유도하거나 고용화(Solid solution) 열처리에 의한 강도 향상을 기대해야 한다.

비열처리 합금에는 1000계열의 순수 알루미늄, 알루미늄-망간 합금의 3000계열, 알루미늄-실리콘 합금인 4000계열, 그리고 알루미늄-마그네슘 합금인 5000계열이 포함된다.

비열처리 합금은 주로 판재(Plate, Sheet, Foil)형상으로 사용되며, 1000계열과 5000계열은 압출성형으로 가공해서 사용하기도 한다.

판재 형태의 합금은 냉간 압연을 실시하여 고강도를 추구하기도 하지만, 성형의 용이성을 위해 응력을 제거한 상태로 공급된다. 매우 높은 성형성이 요구되는 경우에는 압출 성형된 제품을 선호하기도 한다.

(1) EN AW-1000 순수 알루미늄(min. 99.00% Al)

최소 99.00% 이상의 알루미늄을 포함한 거의 순수한 알루미늄 합금을 1000계열로 구분한다. 합금명의 네 자리 숫자 중에 마지막 두 자리 숫자는 합금내에 포함된 알루미늄의 최소함량을 의미한다.

순수 알루미늄은 전기용 재료로서 우수한 내식성과 뛰어난 성형성이 필요한 곳에 주로 사용된다.

(2) EN AW-3000 알루미늄-망간 합금(Al-Mn)

3000계열은 알루미늄에 망간을 주요 합금 원소로 포함하는 합금이다. 합금내에 포함된 망간은 미세 분말 형태로 조직내에 분산되어 약간의 강도 향상 효과를 나타낸다. 내식성과 성형성이 우수하다. 주로 열교환기용으로 사용되는 압출 성형 튜브(Tube)나 핀(Fin)용 재료로 사용된다.

(3) EN AW-4000 알루미늄-실리콘 합금(Al-Si)

알루미늄에 실리콘을 합금원소로 포함한 합금을 4000계열로 구분한다. 주로 용접봉 재료로 사용되며, 이러한 용도에는 실리콘 함량이 2~7% 정도로 높게 적용된다.

(4) EN AW-5000 알루미늄-마그네슘 합금(Al-Mg)

알루미늄에 마그네슘을 포함하는 합금을 의미한다. 마그네슘은 최대 4% 정도까지 포함되어 매우 우수한 강도와 변형 저항성을 보여준다.

성형 이후에 잔류 응력을 제거한 상태에서도 매우 높은 수준의 인장강도를 보여준다. 매우 우수한 내식성을 보여주고 있으며, 망간 함량이 3% 이상 포함된 합금은 해수용 재료로 사용된다. 주로 판재로 생산되며 소형 선박, LNG 탱크 및 해상 구조물용 재료로 사용된다. 망간 함량이 1% 정도인 경우에는 일반적인 조건에서 압출 성형이 가능하지만, 망간 함량이 증가하게 되면 강도가 커져서 압출 성형이 어려워진다.

5.1.2. 열처리 합금

열처리 합금은 석출경화등에 의해 합금의 기계적 강도와 특성이 향상될 수 있는 알루미늄 합금을 의미한다. 여기에 속하는 합금은 알루미늄-구리 합금인 2000계열, 알루미늄-마그네슘-실리콘 합금인 6000계열, 그리고 알루미늄-아연, 마그네슘 합금인 7000계열이 있다.

(1) EN AW-2000 알루미늄-구리 합금(Al-Cu)

경화 합금 원소로 구리를 포함하고 있는 합금을 2000계열로 구분한다. 보다 높은 수준의 강도를 얻기 위해 마그네슘을 추가하기도 한다. 조직내에 $CuAl_2$ 혹은 $CuMgAl_2$형태의 석출물이 형성되면 가장 우수한 수준의 기계적 강도를 얻을 수 있다. 이들 합금은 뛰어난 강도와 낮은 내식성, 매우 낮은 수준(1M/min 이하)의 압출 성형성 및 용접이 어려운 점을 특징으로 구분할 수 있다. 우수한 강도로 인해 주로 우주 항공 분야의 소재로 적용되고 있으며, 볼트/너트와 같은 구조재로도 사용된다.

(2) EN AW-6000 알루미늄-마그네슘-실리콘 합금(Al-Mg-Si)

전세계 압출 성형 가공으로 제작되는 알루미늄 합금의 80%는 알루미늄-마그네슘-실리콘 합금이다. 6000계열은 마그네슘과 실리콘이 각각 0.3~1.2% 정도 포함된 알루미늄 합금으로 간혹 구리, 크롬, 망간 등이 소량 추가되기도 한다. Mg_2Si가 석출되어 강도의 향상을 추구할 수 있으며, 구조용 재료로서는 강도가 약한 편에 속한다. 용접이 가능하며, 성형성은 비교적 좋은 편에 속한다. 우수한 내식성으로 인해 해수용 재료로도 적용되며, 다양한 표면처리가 가능하며 강도도 우수하다.

건축용 창틀에서부터 구조용 자재에 이르기까지 활용도가 다양하다.

압출 성형용으로는 AW-6060과 AW-6063이 적용되고 있으며, 구조용 재료로는 AW-6082가 주로 사용된다.

(3) EN AW-7000 알루미늄-아연-마그네슘 합금(Al-Zn-Mg)

2000계 합금에서 볼 수 있었던 AlCuMg와 유사한 형태의 석출물에 의해 강화가 일어나는 합금으로 구리 대신에 아연이 포함된 것이 차이점이라고 할 수 있다. 경우에 따라서는 동일한 수준의 구리를 포함하기도 한다. $MgZn_2$의 석출물로 인해 상용되는 알루미늄 합금중에 가장 우수한 수준의 기계적 강도를 나타낸다. 구리가 포함되지 않은 700계열 합금은 6000계열 보다 우수한 수준의 인장 강도를 나타낸다. 가장 널리 사용되는 합금 조성은 4.5% Zn and 1.3% Mg이며, 이 합금은 AW-6082에 비해 성형성이 나쁘고, 급냉에 민감하지 않아 매우 두꺼운 부재도 공기중에 서냉할 수 있다. 약 한달의 기간 동안 상온에서 시효(Aging)하면 충분한 기계적 강도를 얻을 수 있으며, 용접성도 좋다.

구리를 포함한 7000계 알루미늄 합금은 알루미늄 합금중에 가장 강도가 강하지만, 압출 성형성이 매우 나쁘고, 용접성도 떨어진다. 일반적인 7000계 합금은 매우 높은 수준의 기계적 강도를 필요로 하는 곳이나 자동차 산업등에 적용되며, 구리를 포함한 7000계 합금은 우주 항공 분야 등의 높은 응력이 필요로 하는 곳에 사용된다.

알루미늄 합금의 특성과 주요 용도는 표 2-14에 정리한다.

표 2-14 알루미늄합금의 용도와 특성

Alloy 계열	합금의 특성
1000 계열	순 Al로서, 내식성이 좋고, 광의 반사성, 열의 도전성이 뛰어나다. 강도는 낮지만 용접 및 성형가공이 쉽다.
2000 계열	Cu를 주첨가 성분으로 한 것에 Mg등을 함유한 열처리 합금이다. 열처리에 따라 강도는 높지만 내식성 및 용접성이 떨어지는 것이 많다. (단 2219 합금의 용접성은 우월하다.) 리벳 접합에 의한 구조물, 특히 항공기재로서 이용된다.
3000 계열	Mn을 주첨가 성분으로 한 냉각가공에 의해 각종 성질을 갖는 비열처리 합금이다. 순 Al에 비해 강도는 약간 높고, 용접성, 내식성, 성형 가공성 등도 좋다.
4000 계열	Si를 주첨가 성분으로 한 비열처리 합금이다. 용접 재료로서 이용된다.
5000 계열	Mg를 주첨가 성분으로 한 강도가 높은 비열처리 합금이다. 용접성이 양호하고 해수 분위기에서도 내식성이 좋다.
6000 계열	Mg와 Si를 주첨가 성분으로 한 열처리 합금이다. 용접성, 내식성이 양호하며 형재 및 관 등 구조물에 널리 이용되고 있다.
7000 계열	Zn을 주첨가 성분으로 하지만, 여기에 Mg을 첨가한 고강도 열처리 합금이다.

5.2 알루미늄 합금의 특성

알루미늄과 그 합금은 항공 우주 산업이나 가정용 기물 외에 일반 공업용 차량, 토목, 건축, 조선, 화학 및 식품 등 많은 공업 분야에 널리 사용된다. 알루미늄은 pH 4.5~8.5의 환경에서 산화 피막이 모재를 보호하기 때문에 내식성은 우수하나 이온화 경향이 커서 부식 환경하에서 Fe, Cu, Pb 등과 접촉하면 심하게 부식되고 수은은 ppm 단위만 있어도 심하게 부식된다.

순수 알루미늄은 강도가 낮으므로 각종 원소(Mn, Si, Mg, Cu, Zn, Cr 등)를 첨가하여 주로 석출 경화에 의한 강도 향상을 도모하여 사용한다. 자성이 없으며 일반 탄소강에 비해 열 및 전기 전도도는 약 4배 정도로 크고, 선 팽창계수는 약 2배 정도 커서 용접성은 많이 떨어지는 재료이다.

5.2.1. 가공 경화

Al 합금은 순 Al에 합금 원소가 첨가되어 가공 경화 및 열처리에 의해 강도가 향상된다. 비열처리 합금에는 각각 Mn, Si, Mg 등이 첨가되어 H시리즈의 특별 기호가 붙은 가공 경화의 정도에 따라 일정한 강도가 얻어진다.

5.2.2. 열 및 전기 전도도

알루미늄 합금의 열 전도도는 Cu 보다 낮지만, 강의 4~5배가 되기 때문에 국부 가열이 곤란하다.

5.2.3. 열 팽창 및 응고 수축률

Al 합금의 선팽창 계수는 강의 약 2배이다. 따라서 용접 변형이 발생하기 쉽고 더욱이 응고 수축율이 강의 약 1.5배이기 때문에 합금에 따라서는 응고 균열이 발생하기 쉽다.

5.2.4. 산화성

Al 합금은 상당히 산화하기 쉽고, 실온에서도 공기중의 산소와 반응하여 50~100Å 두께의 산화 알루미늄을 그 표면에 생성한다. 이 산화 Al의 융점은 2270~3070K의 고온으로 알려져 있고 용접시에는 용융되지 않은 산화 피막에 의해 Al 합금의 상호 융합이 방해를 받는다. 또 이산화물의 비중이 3.75~4.0으로 Al 합금에 비해 크기 때문에 용융금속의 아래 부분에 깔리게 되고 더욱이 이 산화물의 결정수가 분해하여 수소를 방출하기 때문에 용접 금속에 기공이 형성되고 건전한 용접부가 얻어지지 않는다. 따라서 Al 합금의 용접에서는 이들 산화물을 미리 제거하고 용접에 임하여야 한다.

5.2.5. 저온 특성

탄소강과 달리 알루미늄은 저온에서 취성을 가지지 않는다. 엄밀하게 얘기하면 알루미늄은 저온으로 갈수록 미세하게 강도가 증가하면서도 연성이 저하하지 않는 특성이 있다. 이러한 저온 특성으로 인해 −163℃에서 운전되는 액화천연가스(LNG)등의 설비 재료로 적용되고 있다.

모든 알루미늄 합금이 실제로는 온도가 0℃ 이하로 내려감에 따라 인장 강도(Rm)와 항복 강도(Rp0.2)가 약간 상승하는 특성을 가지고 있다. 비열처리 합금의 경우에는 연신률(A5혹은 A50)이 약간 증가하지만, 열처리 합금은 상온에서 거의 변화하지 않는다.

5.3 알루미늄 합금의 용접

용접은 가장 일반적인 접합 방법이며, 대부분의 압출 성형 강종(1000, 6000, 7000 계열의 합금)은 용접성이 우수한 것으로 평가된다. 그러나, 용접 과정에서 발생하는 열에 의해 열영향부의 강도 저하가 발생하기 때문에 열처리 합금이나 가공 경화형 합금의 경우에는 고온에서 주의를 요한다. 이러한 강도 저하의 원인은 용접열에 의한 과다 시효와 그에 따른 강도 저하가 그 원인이 된다.

5.3.1. 알루미늄 합금 용접부 강도 저하

열처리 합금이거나 가공 경화에 의해 강도가 형성되는 합금인 경우에는 용접시에 가해지는 열로 인해 용접 열영향부의 강도가 저하하게 된다.

이러한 용접부 인근의 강도 저하는 다음의 요인들에 의해 영향을 받는다.

- 모재의 합금 성분
- 모재의 열처리 여부
- 용접재료의 기계적 강도
- 용접 기법과 용접변수의 영향
- 모재의 두께
- 용접부 길이

대부분의 설계 기준에서는 설계자로 하여금 용접 이후의 강도 저하에 대한 고려를 설계상에 반영하기 위해 일정 수준의 강도 저하 지수(Strength Reduction Factor)를 반영하도록 요구하고 있다.
강도저하 지수는 시효열처리나 가공경화에 의해 강도가 확보되는 강종에 더 높게 적용된다. 용접 이후에 강도가 저하되는 경향이 큰 강종일수록 용접후에 발생하는 변형이 더 심하게 되고,

강도가 저하된 부분에 응력이 집중하여 외부에서 응력이 가해졌을 때에 파단이 일어나기 쉬운 위험성이 있다.

1) 강도저하 지수(Strength reduction factor)

강도저하 지수 β는 다음의 공식에 의해 정의된다.

$$\beta = R_m (w) / R_m (pm)$$

여기에서 w는 용접후의 강도이고 pm은 모재의 강도를 의미한다.

표 2-15에 각 합금강종별로 강도저하지수를 정리한다.

표 2-15 알루미늄합금의 강도저하지수

Alloy		Temper Condition	Filler Metal		β
3004	AlMn1Mg	H14	4043	AlSi5	0.8
		H14	5356	AlMg5	0.8
5052	AlMg2.5	H111	5754	AlMg3	1.0
		H12	5754	AlMg3	1.0
		H14	5754	AlMg3	0.95
5083	AlMg4.5Mn	H111	5183	AlMg4.5Mn	1.0
		H111	5356	AlMg5	1.0
		H12	5356	AlMg5	0.95
		H14	5356	AlMg5	0.9
		H321	5183	AlMg4.5Mn	0.9
5056	AlMg5	T5	4043	AlSi5	0.75
		T5	5356	AlMg5	0.8
		T6	4043	AlSi5	0.6
		T6	5356	AlMg5	0.6
6082	AlMgSi1Mn	T6	4043	AlSi5	0.6
		T6	5356	AlMg5	0.65
		T6	5183	AlMg4.5Mn	0.7
7020	AlZn4.5Mg1	T6	4043	AlSi5	0.5
		T6	5356	AlMg5	0.7
		T6	5280	AlMg4Zn2	0.8

2) 강도저하 범위

용접후에 강도가 저하하는 범위는 기본적으로 용접변수에 좌우된다.

알루미늄은 열전달 능력이 매우 좋기 때문에 일반적인 탄소강에 비해 열영향을 받는 영역이 훨씬 넓고 그만큼 용접 후에 강도가 저하하는 범위도 넓게 형성된다. 통상 용접부 양쪽으로 약 25mm까지의 영역에 있어서 강도 저하가 발생하는 것으로 평가된다.

용접 이후에 발생하는 강도 저하는 현장에서 경도를 측정하여 간접적으로 평가가 가능하다.

3) 모재의 합금 성분 영향

열처리 합금은 비열처리 합금에 비해 용접 후 강도저하가 더 크게 발생한다. 열처리 합금의 용접 열영향부 강도 저하는 마지막 용접이 완료된 이후에 새로운 열처리를 해 주면 원상회복이 가능하다.

7020(AlZn 4.5Mg1)과 같이 용접이 가능한 7000계열의 합금은 용접후에 상온에서 30일 정도의 자연 시효만으로도 대부분의 강도가 회복된다.

4) 열처리 효과

열처리에 의해 강도를 확보한 강종일수록 용접후에 열영향부의 강도저하가 심하게 발생한다. 이러한 특성은 동일한 강종에서 T5, T6의 열처리를 실시한 강종 보다 T4 열처리를 실시한 강종의 강도 저하가 작음에서 확인할 수 있다.

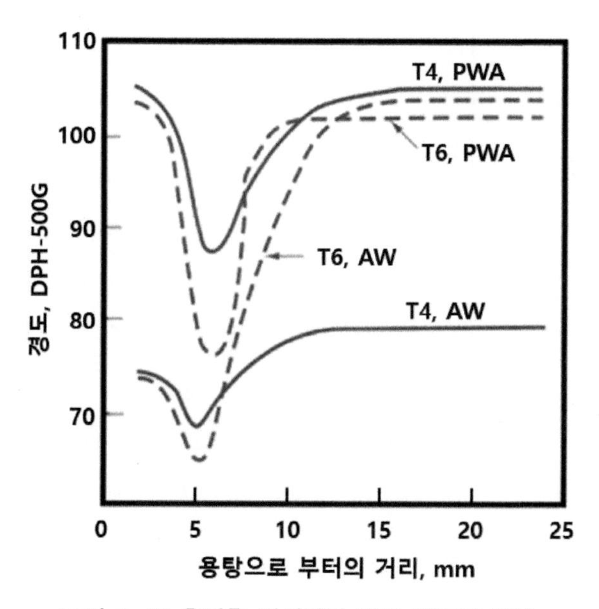

그림 2-15 용접후 열처리에 따른 경도의 변화

5) 용접재료의 합금 성분 영향

비록 용접 열영향부의 경도값이 전체 용접부에서 최저값이 되긴 하지만, 전체적인 용접부 강도는 고강도의 합금 성분을 함유한 용접재료일수록 높게 나온다. 따라서 고강도의 용접재료를 선택하는 것이 전체적인 관점에서는 높은 수준의 강도를 확보할 수 있다.

6) 용접 변수의 영향

고능률의 용접방법 일수록 용접부 강도는 높게 나타난다. 따라서 GTAW 용접방법에 비해 GMAW 용접방법이 좀더 양호한 용접부의 기계적 특성을 보이게 된다. 만약 레이저 용접을 적용한다면 다른 용접방법에 비해 월등하게 우수한 용접부 강도를 얻을 수 있다.

7) 모재 두께의 영향

모재의 두께가 두꺼울수록 용접열에 의해 강도가 저하되는 영역이 작게 형성된다. 이러한 특성은 고강도 모재와 용접재료를 사용할 경우에 좁은 영역에 응력집중이 발생할 가능성이 더 높음을 의미한다.

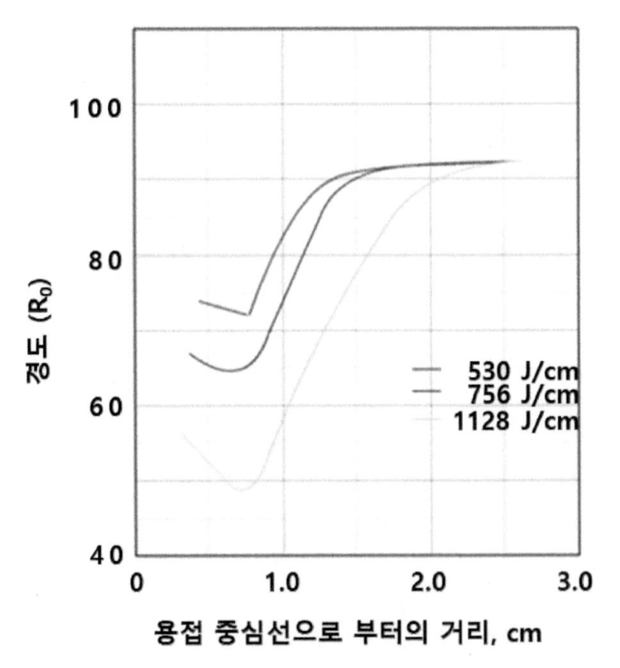

그림 2-16 입열 조건에 따른 용접부 경도의 변화

CHAPTER 03

용융부

제 1장에서는 용접 야금학(Welding Metallurgy)을 이해하기 위해 필수적인 용접 방법, 금속 결합 및 상변태 속도론 등에 대해 기술하였고, 제 2장에서는 앞으로 언급될 재질의 특성에 대해 정리하였다. 제 3장부터 Welding Metallugy(용접 야금학)에 대해 본격적으로 다루도록 하겠다. 용접부는 용융부, 부분 용융부, 열영향부의 3부분으로 구분할 수 있으며, 각각의 부분은 노출된 온도에 따라 응고 변태 및 고상 변태 등의 반응이 달라 금속학적으로 독특한 특성이 있다. 이 책에서도 제 3장, 제 4장, 제 5장을 각각 용융부, 부분 용융부, 열영향부로 나누워 설명한다.

용융부를 다루는 제 3장에서는 먼저 용융부의 기본 반응인 응고의 기본 개념을 다루고 이를 바탕으로 용접의 응고 모드를 정립하였다. 그리고 최종적으로 응고 모드를 응용하여 용접시 우수한 기계적 특성과 응고 균열에 저항성이 있는 미세 결정입자 조직을 얻는 방법을 설명한다.

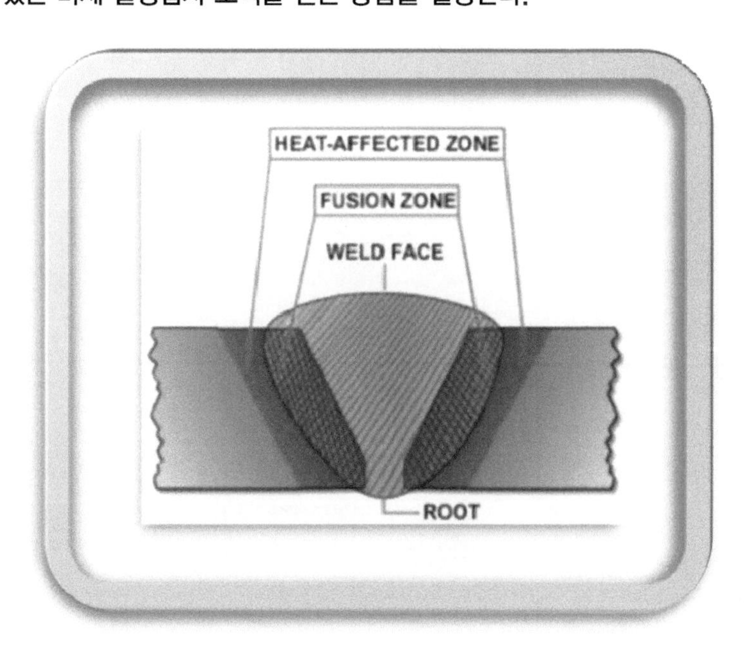

기본 응고 개념

용접부는 용융과 응고 과정에서 냉각 속도 및 모재와의 희석률의 차이 등으로 인해 합금 성분의 조성 및 응고 조직이 균질하지 않으며, 이 비 균질성은 용접부의 강도 및 건전성 등 기계적 특성에 많은 영향을 끼친다. 금속학적으로 건전한 용접부를 얻기 위해서는 기본적인 응고 개념의 이해가 필수적이다. 이 장에서는 응고 조직의 비균질성에 대해 아래의 기본적인 응고 개념을 이용하여 단계적으로 알기 쉽게 기술하고자 한다.

- 용질 원소의 재분배(Solute Redistribution)
- 응고 모드(Solidification Mode)
- 조성적 과냉(Constitutional Supercooling)
- 미세 편석(Microsegregation) 및 조대 편석(Macrosegregation)
- 수지상정(Dendrite) 응고 조직
- 상태도에서 응고 순서(Solidification Path)

먼저 용질 원소의 재분배(Solute Redistribution)에 대해 생각해 보면, 균일한 조성의 액체가 응고하여도 대부분의 고체 조성은 균일하지 않다. 고체의 조성이 균일하지 않는 이유는 아래의 원인에 의해 용질 원소가 재분배(Solute Redistribution)되기 때문이다.

- 상태도(Phase Diagram)
- 확산(Diffusion)
- 과냉(Undercooling)
- 유체흐름, 유동(Fluid Flow)

다음장에서 **용질원소가 재분배**(Solute Redistribution)되는 주요 원인인 상태도부터 단계적으로 설명한다.

1.1 용질 원소의 재분배

합금 성분을 가진 금속의 상태도에서 확인되는 바와 같이 고상선(Solidus Line)과 액상선(Liquidus Line) 사이의 영역에서는 합금성분이 다른 액상과 고상이 공존한다. 액상과 고상의 합금 성분이 다름으로 인해 응고시 용질 원소의 재분배가 발생하게 된다.

1.1.1. 평형 편석 계수(Equilibrium Segregation Coefficient)

그림 3-1 (a)는 공정 반응 또는 포정 반응 상태도의 한쪽 끝단의 형상을 확대한 그림이다. 각 물질의 상태도에는 물질 고유의 **평형 편석 계수**(Equilibrium Segregation Coefficient) 또는 **평형 분배 계수**(Equilibrium Partition Rario)인 k가 존재한다. k는 아래 식과 같이 어느 일정 온도에서 액상의 조성(C_L) 대 고상의 조성(C_S) 비이며, 즉 응고시 고액 경계에서 고상과 액상의 조성비를 의미한다. 그림 3-1 (a)에서 k값은 C_S가 C_L보다 작으므로 $0 < k < 1$의 값을 갖는다.

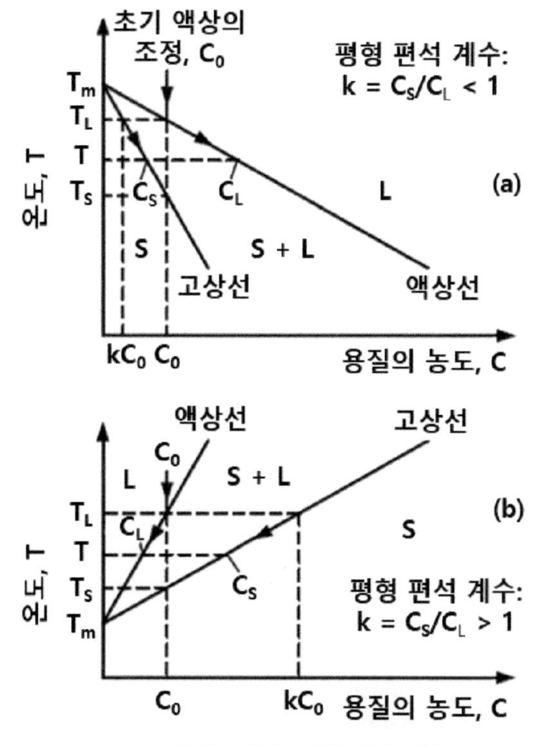

그림 3-1 상태도에서 평형 편석 계수 k

k값이 작을수록 액상에서 응고하는 고상의 용질 조성이 작다. 즉 k값이 작을수록 응고시 더 작은 양의 용질이 고상에 고용되고 대부분의 용질은 액상으로 배출되어 최종 응고하는 액상에 편석되는 용질의 양이 증가한다. k값이 작을수록 편석량이 증가하며, k 값으로 편석량을 알 수 있으므로 k를 평형 편석 계수라 부른다.

k값이 1보다 큰 그림 3-1 (b) 상태도는 전율 고용체의 상태도에서만 볼 수 있는 경우로 실제 용접에서 거의 거론되지 않는 예외적인 현상이므로 여기에서는 거론하지 않겠다.

1.1.2. 평형 편석 계수에 따른 편석량 및 응고 온도 구간 변화

k값이 작을수록 편석량과 응고 온도 구간이 증가하여 응고 균열에 취약해 진다. k값은 응고 균열의 경향성을 나타내는 가장 중요한 지표로 k값과 편석량 및 응고 온도 구간과의 관계를 이해하는 것이 중요하다.

먼저 **k값과 편석량과의 관계**를 고찰해보자. 그림 3-2에는 한 개의 액상선(Liquidus Line)에 대응하는 두 가지 경우의 고상선(Solidus Line)이 존재하며, 이를 이용하여 k값에 따른 최종 응고부에 편석되는 용질의 양을 알아보겠다. 1번 고상선의 경우는 400℃에서 액상의 조성이 10%, 고상의 조성이 6%이므로 k값은 0.6 이다. 10% 조성의 액상이 응고시 6%만 고상에 고용되고 4%는 액상으로 배출된다. 예를 들어 응고시 100개의 용질 원자 중 40개가 액상으로 배출된다는 의미이다. 2번 고상선의 경우는 400℃에서 고상의 조성이 2%이므로 k값이 0.2이다. k값 0.2는 동일한 이유로 응고시 100개의 용질 원자 중 80개가 액상으로 배출된다는 의미이다.

다시한번 정리하면 평형상태도에서 액상선과 고상선의 간격이 클수록 k값이 작아지며 응고시 더욱 많은 용질 원자가 액상으로 배출되어 최종 응고부에 편석되어 모이는 용질의 양이 증가한다.

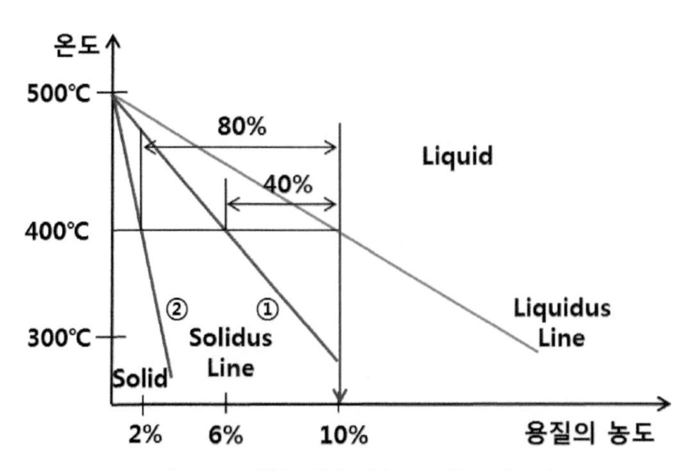

그림 3-2 평형 편석 계수에 따른 편석량

k값에 따른 '응고 온도 구간'의 변화를 그림 3-3을 이용하여 알아보겠다. 그림 3-3에서 용질의 농도가 2%인 액상을 응고시 k값이 0.6인 1번 고상선의 경우 응고가 대략적으로 490℃ 에서 시작하여 470℃ 에서 종료하여 응고 온도 구간이 20℃ 정도이다. k값이 0.2인 2번 고상선의 경우는 응고 온도 구간이 490℃ 에서 370℃까지로 약 120℃의 응고 온도 구간을 갖는다.

평형상태도에서 k값이 작을수록 편석량과 응고 온도 구간이 증가함을 알 수 있다. 또한 동일한 k값을 갖고 있는 상태도에서도 용질의 농도가 증가할수록 응고 온도 구간이 증가함도 알 수 있다.

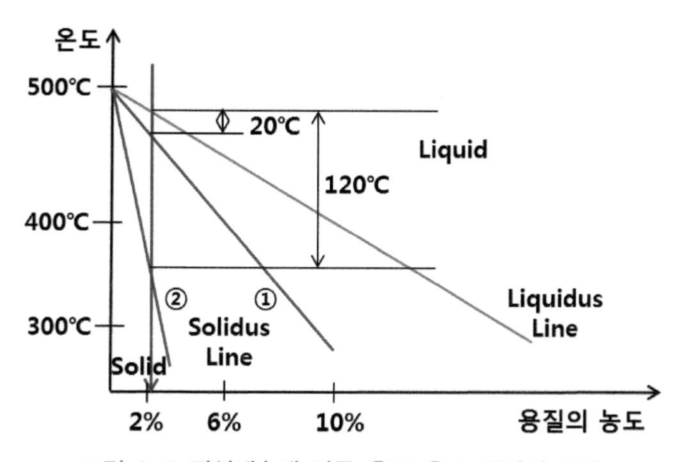

그림 3-3 편석계수에 따른 응고 온도 구간의 크기

지금까지 상태도를 이용하여 평형 편석 계수를 구하였고, 평형 편석 계수에 따른 편석량과 응고 온도 구간의 변화를 살펴보았다. 편석량과 응고 온도 구간은 용접시 응고 균열을 결정하는 중요한 요소이다. 다음의 여러 장에 나누어 응고 균열에 미치는 평형 편석 계수 즉 편석량과 응고 온도 구간의 영향을 설명하고 있다. 뒷 장에서 나누어져 설명될 응고 균열에 미치는 평형 편석 계수의 영향을 요약하여 아래의 한 Story로 묶어 요약해 보았다.

Story 응고 균열에 대한 황(S)와 인(P)의 영향

황(S)와 인(P)은 강에 불순물로 첨가되어 있으며, k값이 작아 용접시 강의 최종 응고부에 저융점 화합물로 편석된다. 또한 용접 응고 후 냉각 중 강은 1500℃ 부근에서 응고를 완료하나 S와 P의 화합물은 1000℃ 근처까지 액체 상태로 존재하여 용접 응고 후 냉각에 의한 열 수축에 의해 발생하는 인장 응력에 의해 S와 P가 액상으로 존재하는 최종 응고부에 균열이 야기된다. 이와 같이 S와 P는 평형편석계수가 매우 작아 강의 응고 균열을 야기하는 불술물로 함량이 제한되는 원소이다. 여기에서는 S와 P가 응고 균열을 야기하는 원인과 대책에 대해 간략히 정리하였다. 좀더 상세한 내용은 각 해당 장에서 자세히 다루도록 하겠다.

황(S)과 인(P)의 평형 편석 계수 k값은 각각 0.02와 0.13으로 매우 작은 값을 갖는다.

평형 편석 계수에 따라 S는 98%, P는 87%의 원자가 액상으로 배출되어 대부분의 원자가 최종 응고부에 편석된다. 또한 그림 3-3과 같이 k값이 작아 응고 온도 구간이 매우 넓고, 농도가 증가함에 따라서 응고 온도 구간이 넓어짐을 알 수 있다. 농도에 따른 응고 온도 구간의 증가는 그림 3-4와 같다.

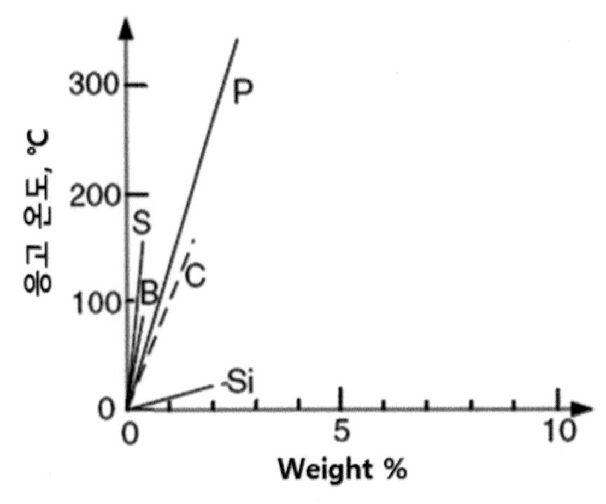

그림 3-4 용질 원자의 농도에 따른 응고 온도 구간의 증가[(1)]

실제 용접에서 응고 온도 구간의 증가가 의미하는 것을 그림 3-5를 이용하여 설명하겠다. 그림 3-5는 용탕의 최종 응고부인 용접부 중심에 위치한 입계에 용질 원자의 편석에 의한 액상의 존재 구간을 나타내고 있다. 순수한 철은 평형상태에서 1538℃의 한 온도에서 응고하므로 그림 3-5 (b)와 같이 고액 경계면만이 존재한다. Si 용질 원자를 포함한 용접부의 최종 응고부는 평형 편석 계수 k값이 크므로 응고 온도 구간이 작아 고액 계면에서 좁은 구간의 입계에 용질 원자의 액상이 그림 3-5 (c)와 같이 존재한다. 반면에 S와 P의 불순물 용질원자가 존재하는 경우 작은 k 값의 영향으로 응고 온도 구간이 크므로 고액 계면에서 넓은 구간에 걸쳐 그림 3-5 (d)와 같이 입계에 액상이 존재한다. 이 경우 넓은 구간에 걸쳐 액상이 존재하므로 열수축에 의한 작은 인장 응력에 의해서도 용접 후 냉각 중 균열이 쉽게 발생할 수 있다.

표 3-1 철, 망간 황화물의 특성

구분	분포 형상	응고 온도	공정점	응고균열 저항성
FeS	Film	1190 ℃	FeS-FeO 930℃	낮음
MnS	Isolated	1600 ℃	MnS-MnO 1300℃	높음

황(S)는 최종 응고부에 FeS의 화합물 형태로 존재하며, 표 3-1과 같이 낮은 공정점과 응고 온도를 갖는다. 또한 FeS는 계면 에너지가 작아 Wetting 성향이 높아 입계에 그림 3-6 (b)와 같이 Film의 형태로 존재하여 입자가 액상에 의해 분리되어 있으므로 응고 균열에 특히 취약하다. 응고 균열 저항성을 높이기 위해 Mn을 첨가하여 MnS 화합물을 형성하도록 하기도 한다.

MnS는 FeS에 비해 응고 온도도 높고 계면 에너지가 커서 계면에 그림 3-6 (c)와 같이 불연속적인 형태로 존재한다. 즉 Mn 첨가시 입계에 불연속적으로 액상이 존재하게 되어 인장응력에 견디는 힘이 커져 응고 균열에 저항성이 크게 향상된다.

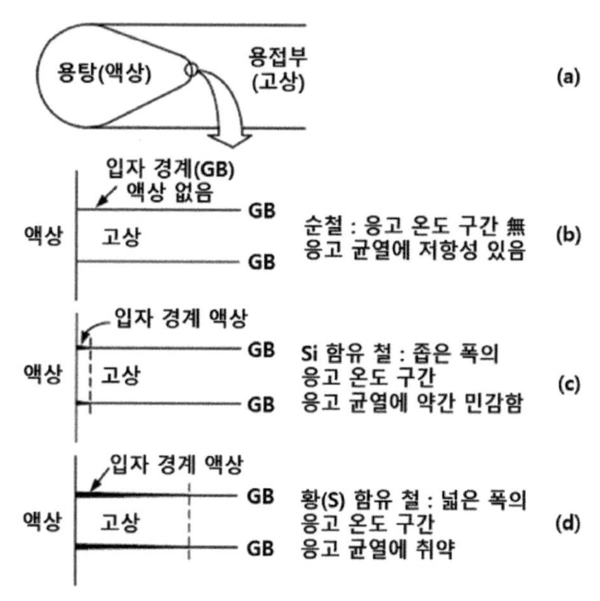

그림 3-5 최종 응고부 입계에서 용질 원자 편석에 의한 액상의 존재 범위

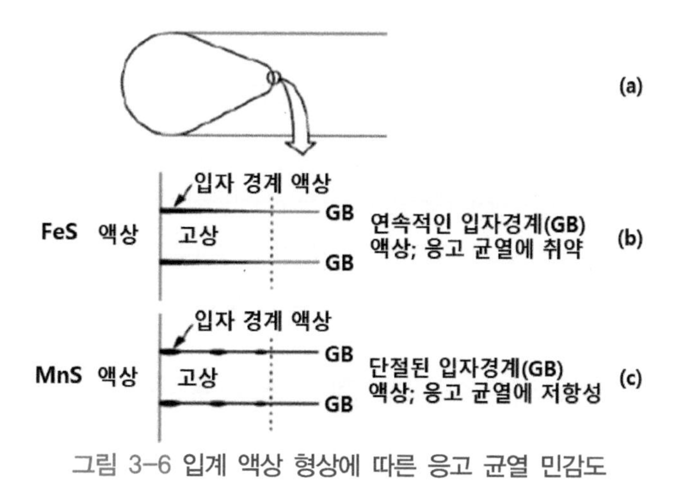

그림 3-6 입계 액상 형상에 따른 응고 균열 민감도

1.2 확산에 의한 용질 원소의 재분배

금속의 용융과 응고 과정에서 고체에서도 확산이 완벽하게 일어난다고 가정하면 고체와 액체 상태의 금속은 어느 조건에서나 균질한 합금성분을 가질 수 있다. 하지만 실제 응고 과정에서는 확산과 과냉각, 용탕의 흐름등의 외적인 요인에 의해 용질 원자의 균질한 분포는 이루어지지 않게 된다.

1.2.1. 용질의 재분포 유형 네 가지

응고시 고상과 액상에서 확산에 의한 용질 원소의 재분포가 발생한다. 이 재분포 현상을 수학적으로 계산하고 규명하기 위해 아래에 네 가지 가정 중 현상을 어느 정도 설명 가능하며 수학적으로 기술이 용이한 적정한 가정을 선정하여 모델을 정립하였다.

1) '고상과 액상에서 완벽하게 확산'된다는 가정

고상과 액상에서 완벽하게 확산된다는 것은 매우 이상적인 가정이다. 완벽하게 확산된다는 것은 무한이 느리게 응고가 진행되어야 적용가능한 가정이기 때문이며 실질적인 빠른 응고 현상은 설명하지 못한다.

2) '고상에서는 확산이 없고 액상에서는 완벽하게 확산'된다는 가정

고상에서 확산이 없다는 것은 어느 정도 실제 현상과 비슷하나, 액상에서는 완벽하게 확산된다는 것은 이상적인 평형 상태를 가정하고 있어 실질적인 빠른 응고 현상을 잘 설명하지 못하는 모델이다. 이 모델은 그림 3-7 (a)와 같이 응고 중 고상과 액상에서의 용질 원자의 농도가 나타난다.

3) '고상에서는 확산이 없고 액상에서는 제한된 확산'이 있다는 가정

고상에서 확산이 없다는 것은 어느 정도 실제 현상과 비슷하고, 액상에서도 확산계수에 비례하는 확산이 발생한다는 가정으로 실제 현상을 어느 정도 설명 할 수 있는 모델이다. 그림 3-7 (c)와 같이 응고 중 고상과 액상에서의 용질 원자의 농도가 나타난다. 앞으로 이 모델을 이용하여 확산에 의한 용질 원소의 재분배 현상을 설명하도록 하겠다.

4) '고상에서는 확산이 없고 액상에서는 제한된 확산과 유동'이 있다는 가정

고상에서 확산이 없다는 것은 어느 정도 실제 현상과 비슷하고, 액상에서도 확산계수에 비례하는 확산과 일정 부분의 유동이 있다는 가정으로 용접의 실제 현상을 가장 잘 설명 할 수 있는 모델이다. 그림 3-7 (b)와 같이 응고 중 고상과 액상에서의 용질 원자의 농도가 나타난다. 그러나 금속 야금학에서는 응고 현상을 잘 설명하고 있는 3)번 모델이 많이 이용되고 있다. 이 책에서도 이론적으로 가장 발달한 3)번 모델을 이용하여 확산에 의한 용질의 재분포 현상을 설명한다.

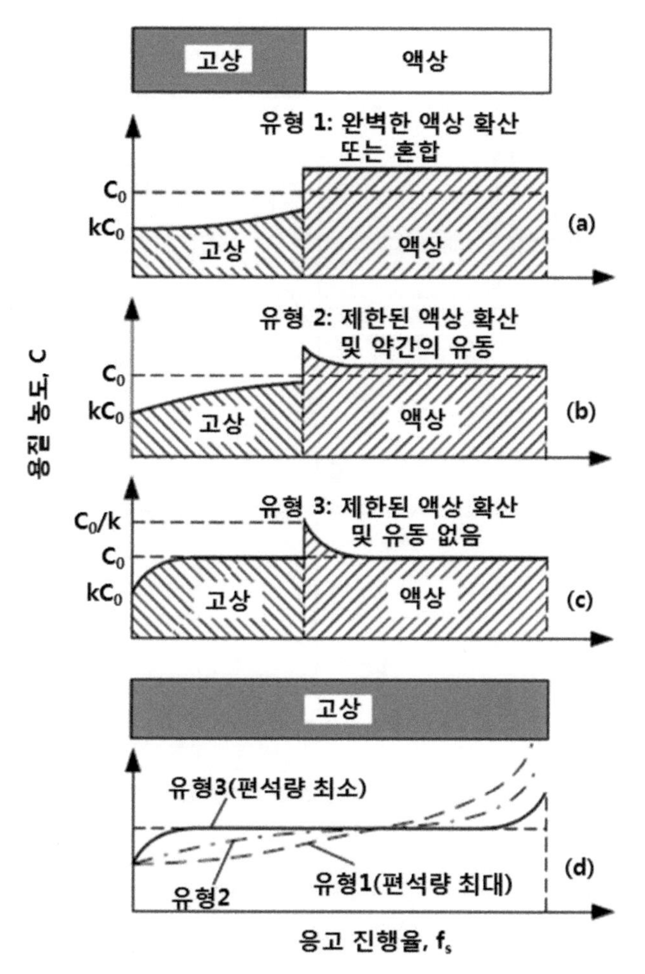

그림 3-7 용질의 재분배 모델 및 이에 따른 용질의 편석 형상

1.2.2. 액상에서 제한된 확산 모델을 이용한 용질의 재분배 현상

고상에서는 확산이 없고 액상에서는 제한된 확산이 있다는 모델을 이용하여 용질의 재분배 현상과 이에 따른 편석 현상을 그림 3-8을 이용하여 설명하도록 하겠다. 그림 3-8 (a)는 해당 물질의 상태도이며, (b)는 응고 중 고액 계면이 해당 위치를 지날 때 고액 계면의 액상과 고상의 조성을 기록한 그림이다. (c)는 고액 계면이 어느 위치에 있을 때 고상과 액상에서의 용질의 농도를 나타낸다.

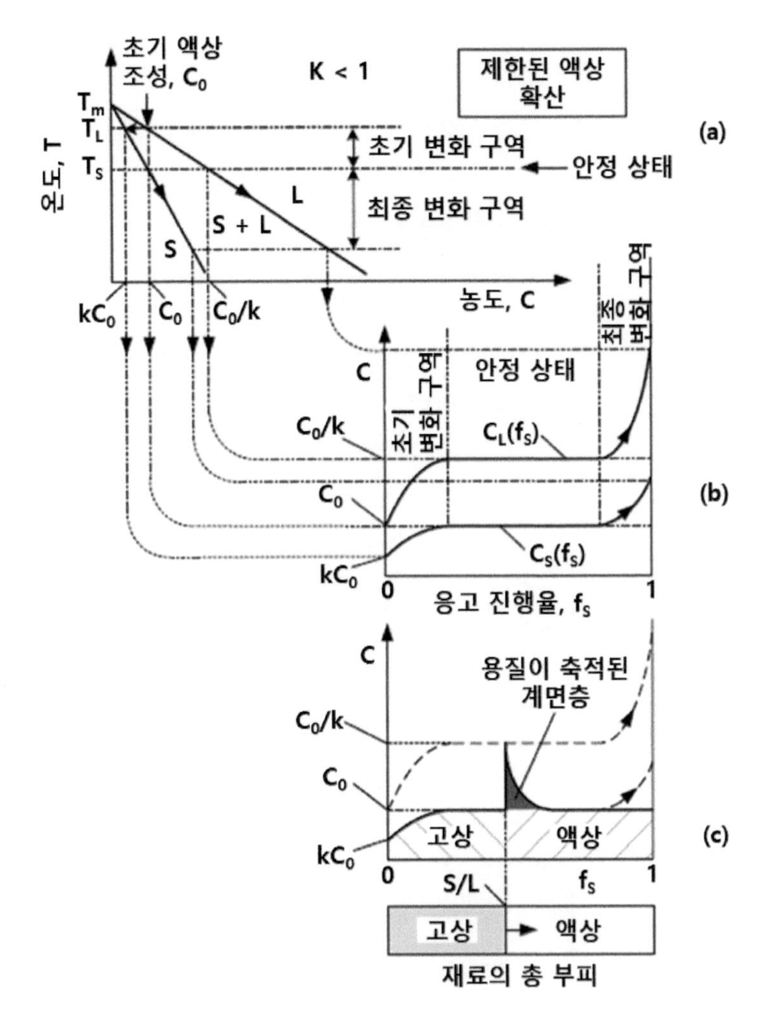

그림 3-8 액상의 제한된 확산 모델에 따른 용질 원자의 재분배

먼저 그림 3-8 (a)에서 C_0 조성의 액상을 냉각하면 온도 T_L에서 kC_0 조성의 고상이 생성된다. 따라서 그림 3-8 (b)와 같이 응고 초기 고액 계면의 액상의 조성은 C_0, 고상의 조성은 kC_0이다. 액상내의 확산이 제한적이기 때문에 응고가 진행됨에 따라 고체에서 배출된 용질은 고액 계면의 액상 쪽에 축적되어 고액 계면의 액상 쪽에 용질 원자의 농도가 증가한다. 고액 계면 액상쪽 용질 농도가 높은 영향으로 초기 C_L과 C_S는 다른 모드 보다 더 빨리 증가한다. 이 단계를 초기 변화 구역(Initial Transient)이라 한다. 응고가 진행되어 고상의 용질의 농도(C_S)가 C_0(C_L은 C_0/k)까지 증가하면 고액 계면의 용질의 농도가 변하지 않는 안정 상태(Steady State)가 된다. 안정 상태(Steady State)에서는 고액 계면이 움직일 때 C_0 조성의 액상에서 동일 조성인 C_0 조성의 고상이 생성되므로 고액 계면의 용질의 농도에 변화가 없다. 응고가 진행되어 잔류 액상의 길이가

Boundary Layer의 폭보다 작아지면 급격히 C_L과 C_S가 증가한다. 최종 적으로 액상과 고상의 농도가 증가하는 구간을 최종 변화 구간(Final Transient 구간)이라 한다. 최종 변화 구간(Final Transient 구간)은 Boundary Layer의 폭과 같다.

1.3 조성적 과냉(Constitutional Supercooling)

1.3.1. 응고 모드

응고 중 고액 계면의 형상은 기본적으로 아래 그림 3-9와 같이 평면 계면, 셀 계면, 주상 수지상정, 등축 수지상정의 네 가지 유형으로 구분된다. 순금속은 과냉 정도가 심하지 않다면 대부분 평면 계면의 형상을 가지나, 대부분의 합금은 응고 조건에 따라 평면 계면, 셀 계면, 주상 수지상정, 등축 수지상정의 형상을 갖는다.

그림 3-9의 네 가지 응고 모드 중 어느 모드로 응고 되는 지는 응고 중 발생하는 조성적 과냉 이론에 의해 결정된다고 설명할 수 있으며, 다음 장에서 조성적 과냉에 대해 자세히 기술하도록 하겠다.

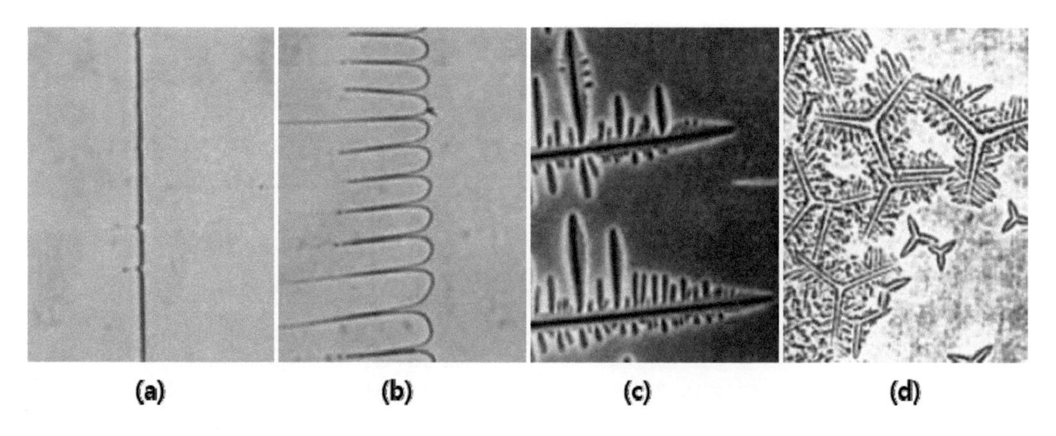

(a) 평면 계면(Planar) (b) 셀 계면(Cellular)
(c) 주상 수지상정(Columnar Dendritic) (d) 등축 수지상정(Equiaxed Dendritic) [(2), (3)]

그림 3-9 기본적인 응고 모드

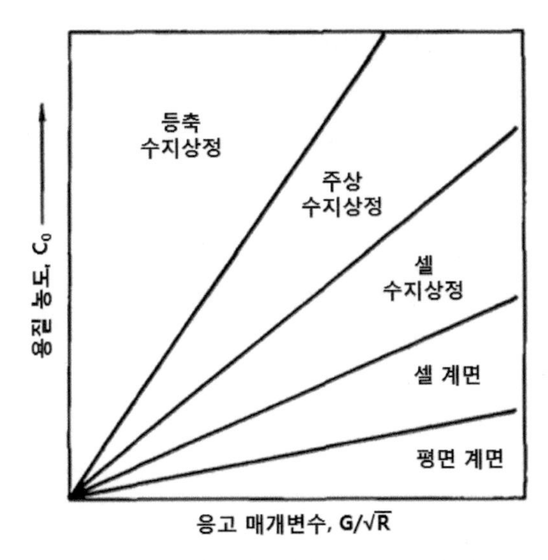

그림 3-10 과냉도에 따른 응고 조직의 성장

1.3.2. 조성적 과냉

조성적 과냉이라고 하는 현상은 용접시 응고 과정에서 합금 원소 및 불순물의 편석으로 인해 부분적으로 이들 원소의 농도가 높아지고 이로 인해 원래 예상되는 응고점 보다 더 낮은 온도에서도 여전히 액상으로 남아 있게 되는 현상을 의미한다.

고상에서는 확산이 없으나 액상에서는 확산 계수에 따른 제한된 확산이 있는 가정을 적용한 그림 3-11과 같은 응고 현상을 고려해 보자. 안정 상태(Steady State)에서 고액 계면의 고상의 조성은 C_0이며, 액상의 조성은 C_0/k 이다. 고액 계면에서 액상 쪽 용질의 농도 곡선에 접선을 그으면 D_L/R이 된다. 여기서 R은 응고 속도이고, D_L은 액상의 확산 계수이다.

그림 3-11의 고액 계면의 용질의 농도 분포를 다시 그리면 그림 3-12 (a)와 같다. 그림 3-12 (a) 그림의 용질의 농도에 따른 평형 응고 온도를 고려해 보자. 고액 계면의 액상의 조성 C_0/k에서 평형 응고 온도를 그림 3-11의 상태도에서 구하면 T_S이며, 액상의 조성인 C_0의 평형 응고 온도는 T_L이다. 그러므로 고액 계면에서 멀어짐에 따른 액상에서 용질의 농도 변화에 따른 평형 응고 온도의 변화는 그림 3-12 (b)와 같은 형상을 갖는다. 그림 3-12 (b)에서 접선의 기울기(ⓐ 온도 기울기)는 $\Delta T/(D_L/R)$ 값을 갖는다. 여기서 ΔT는 온도 차(T_L-T_S) 이다. 응고 중인 금속은 액상의 온도가 높으므로 고액 계면에서 액상쪽으로 갈수록 온도가 올라가는 실제 온도 기울기를 갖는다. 그림 3-12 (c)와 같이 접선의 기울기(ⓐ) 보다 응고 중인 금속의 실제 온도 기울기가 ⓒ 선과 같이 작다면 고액 계면 앞에 평형 응고 온도보다 실제 온도가 낮은 구간이 발생한다. 이를 조성에 의해 과냉이 발생하였다고 하여 '**조성적 과냉**'이라고 한다.

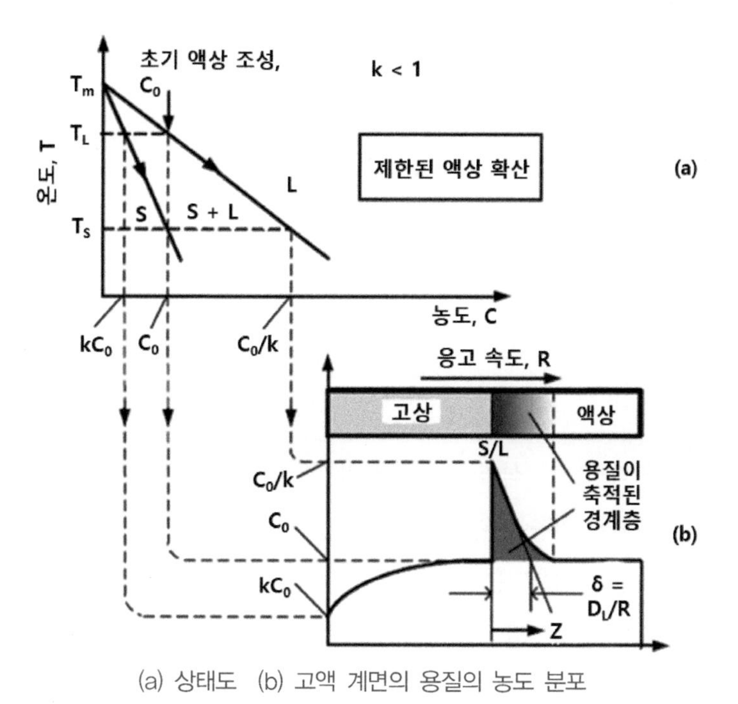

(a) 상태도 (b) 고액 계면의 용질의 농도 분포

그림 3-11 고상에서는 확산이 없고 액상에서는 제한된 확산이 있다는 가정을 적용한 응고 현상

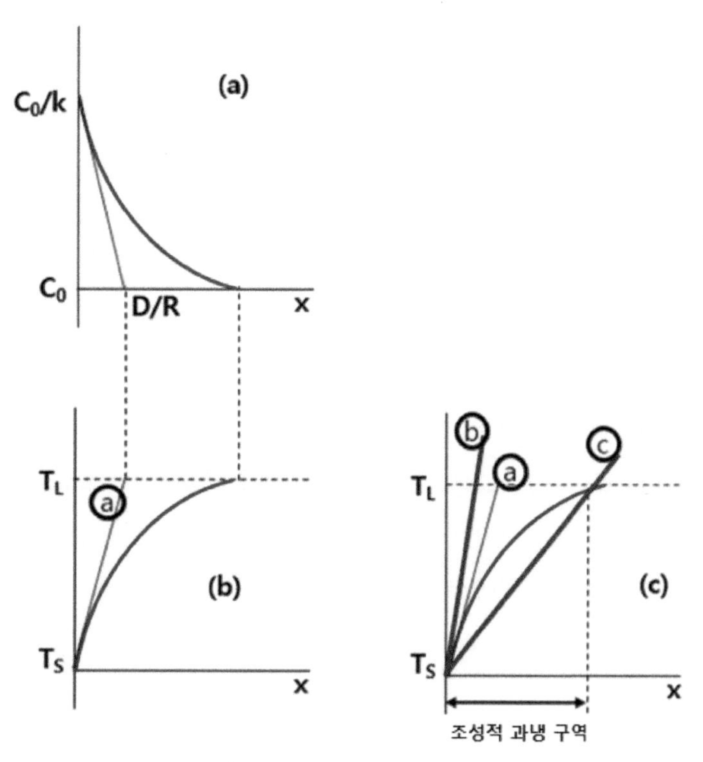

그림 3-12 조성적 과냉의 형성

즉 고액 계면에서의 실제 온도 기울기(G)가 접선의 기울기 보다 작다는 조성적 과냉의 조건을 수식으로 나타내면 아래 식과 같으며,

$$G < \frac{\Delta T}{D_L/R}$$

위의 식을 변형하면 다음과 같은 조성적 과냉 조건식이 완성된다.

$$\frac{G}{R} < \frac{\Delta T}{D_L}$$

조성적 과냉 발생에 대한 조건식의 오른쪽에 위치한 ΔT와 D_L은 물질에 따라 결정되는 고유값으로 변화가 불가능하나, 왼쪽에 위치한 실제 온도 기울기(G)와 응고 속도(R)은 용접 변수로 조절이 가능한 값이다. 온도 기울기는 입열량을 통해 조절이 가능하며 입열량이 클수록 실제 온도 기울기(G)는 작아진다. 그리고 응고 속도(R)는 용접 속도와 동일한 값이다. 그러므로 조성적 과냉 조건식을 해설하면 다음과 같다. G/R값이 작을수록 조성적 과냉이 크게 발생한다. 즉 온도 기울기가 작고(입열량이 크고) 응고 속도(용접속도)가 빠를수록 조성적 과냉이 크게 발생한다.

조성적 과냉에 발생의 의미를 고려해 보자. 고액 계면의 액상쪽 용질 원자의 농도 변화에 따라 상태도에 의해 결정되는 평형 응고 온도가 변화한다. 이에 따라 고액 계면의 액상 쪽에 용질 원자의 조성 변화에 의한 과냉이 발생하였다면 고액 계면에서 액상 쪽으로 멀어질수록 과냉도가 증가한다. 즉 고액 경계보다 액상쪽으로 갈수록 고상이 더욱 안정한 상이 된다는 의미이다. 조성적 과냉이 클수록 고액 경계보다 액상내에서 고상이 더욱 안정화되므로, 고액 경계보다 액상내에 응고가 더욱 촉진된다. 이에 따라 그림 3-13과 같이 조성적 과냉이 클수록 응고 형태가 평면 계면에서 셀 계면, 주상 수지상정, 등축 수지상정으로 변화한다.

용접시에는 응고 초기에서 응고 말기로 갈수록 실제 온도 기울기가 감소하여 조성적 과냉이 증가한다. 이에 따라 그림 3-13의 오른쪽 그림과 같이 조성적 과냉이 충분히 크다면 초기 응고부인 용융선(Fusion Line)은 평면 계면이나 응고가 진행되어 중심선(Centerline)으로 갈수록 셀계면, 주상 수지상정, 등축 수지상정으로 변화한다.

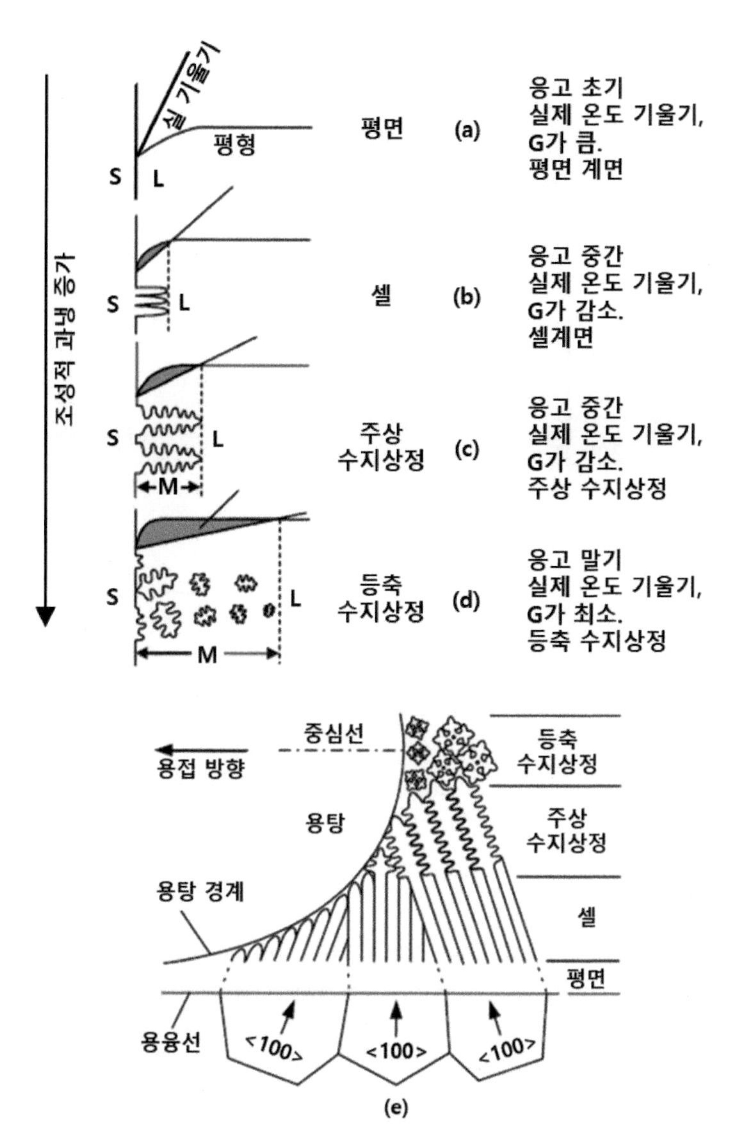

그림 3-13 용접시 초기 응고부와 최종 응고부의 조성적 과냉 변화에 따른 응고 조직의 변화

조성적 과냉을 조절하여 용접부에 등축 수지상정이 생성되면 입자 크기(Grain Size)가 미세화된다. 이에 따라 인성, 연성 및 강도가 향상되며 응고 균열에 대한 저항성도 향상된다. 등축 수지상정의 생성에 따라 응고 균열의 저항성이 향상되는 이유는 다음과 같이 정리할 수 있다. 등축 수지상정은 조성적 과냉 량이 충분한 경우 최종 응고부인 용접부 중심선(Centerline)에 생성된다. 응고 균열을 야기하는 황(S), 인(P)의 불순물도 최종 응고부인 중심선(Centerline)에 편석되나 최종 응고부의 입계 면적이 입자미세화로 인해 매우 넓어져 입계 면적 대비 황(S), 인(P)의

불순물 농도를 낮추는 효과가 있다. 또한 최종 응고부가 불균일하여 균열의 성장이 억제되는 효과도 있어 응고 균열에 저항성이 높다.

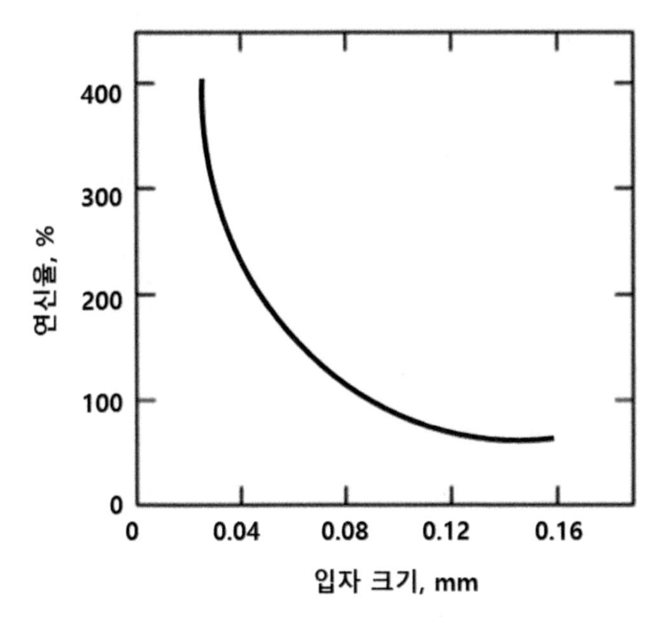

그림 3-14 입자 크기(Grain Size) 변화에 따른 연신율 변화 [4]

1.3.3. 용접 속도의 영향

지금까지 기계적 특성이 좋은 용접부를 얻기 위해서는 용접 조직을 미세화하여야 하고, 미세화하기 위해서는 충분한 조성적 과냉이 필요하며, 충분한 조성적 과냉을 얻기 위해서는 G/R값을 작게 유지하여야 하므로 실제 온도기울기(G)를 작게 하기 위해 입열량을 늘리고 용접속도(R) 높여야 한다고 알고 있다.

그러나 일반적인 실제 용접에서 용접속도를 높여도 용접부의 최종 응고부에 등축 수지상정이 생성되지 않는다. 등축 수지상정이 생성되기 위해서는 액상내에서 핵이 생성되어야 하나 앞의 1장의 3.2.1에 균일 핵생성에서 언급한 것과 같이 핵생성에는 표면에너지에 의한 에너지 장벽이 존재하고 용접은 냉각속도가 빨라 최종 응고부에서 등축 수지상정의 생성이 어렵다. 최종 응고부에도 주상 수지상정이 존재한다.

그림 3-15와 같이 용접 속도가 느린 경우 용탕의 형상은 타원형이나 용접 속도가 빠를수록 용탕의 형상은 뒤쪽으로 갈수록 용탕의 폭이 감소하는 Teardrop 형상을 갖는다. 빠른 용접 속도에 의해 용탕이 Teardrop 형상을 갖는다면 주상정이 직선으로 성장하여 최종 응고부가 용접부

중심선에 깨끗하게 일직선으로 나타난다. 반면에 느린 용접속도에 의한 타원형 용탕의 경우 최종 응고부가 복잡한 형상을 갖는다. 최종 응고부의 깨끗한 일직선 형상은 균열 발생시 전파가 쉽고 최종 응고부의 면적이 작아 황(S), 인(P)의 농도가 높아진다. 이에 따라 응고균열에 취약한 형상이 된다. 반면에 느린 용접속도에 의한 최종 응고부는 최종 응고부를 식별하기 어려울 정도로 복잡한 형상을 갖는다. 이에 따라 균열의 전파가 어려우며, 최종 응고부의 면적이 넓어 황(S), 인(P)과 같은 불순물의 농도도 낮아져 응고균열에 저항성이 높은 조직이 된다.

결론적으로 용접부에 미세 조직을 얻기 위해 용접속도를 빠르게 하면 조직이 미세한 등축 수지상정이 발생하지 않고 오히려 용접 중심선이 깨끗한 응고 균열에 취약한 조직이 얻어짐을 알 수 있다.

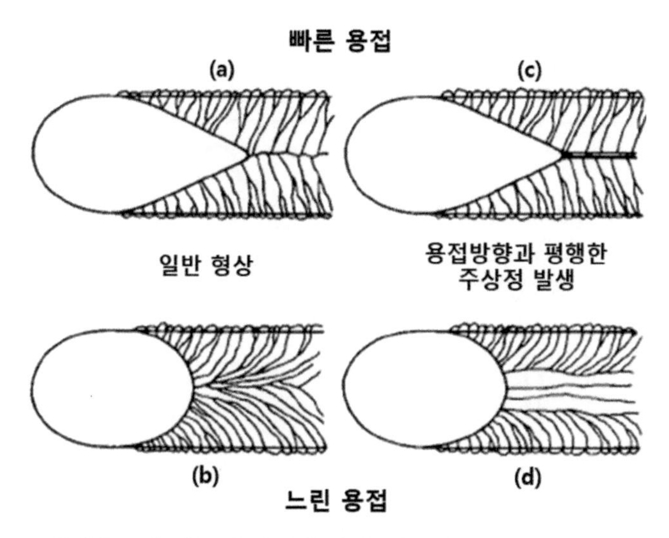

그림 3-15 용접속도에 따른 용탕의 형상과 최종 응고부 주상 수직상정의 형상

용접부의 응고 균열 저항성을 높이기 위한 등축 수지상정인 미세 조직을 형성하는 방법은 2장에서 자세하게 설명할 예정이다.

1.4 편석 현상

용융금속이 융점이하로 냉각되면 핵 생성이 시작되고 작은 핵이 성장하여 성장된 결정립이 타 결정립과 접하면 응고가 완료된다. 합금 용접부의 응고시에 용질 원자의 완전한 균질 분포를 기대할 수는 없으며, 대개의 경우에 용질 원자의 불균일에 의한 응고 편석(Solidification Segregation)이 발생한다. 합금조성에 불균일성이 생기는 것을 응고 편석이라하는데, 수지상정 구조에서 합금의 표면이 중심부보다 용질의 농도가 높은 편석이 생성되는데 응고과정에서 용질이 중심부에서 표면으로 이동하기 때문이다.

1.4.1. 미세 편석(Microsegregation)

편석은 최종 응고부인 용접부의 중심선(Centerline)에 발생한다고 이야기 되었다. 좀더 미세하게 살펴보면 셀 계면으로 성장시에 셀의 경계면과 수지상정으로 성장시의 수지상 사이도 미세적으로 보면 최종 응고부이며 이 부위에도 그림 3-16과 같이 동일한 편석 현상이 발생한다.

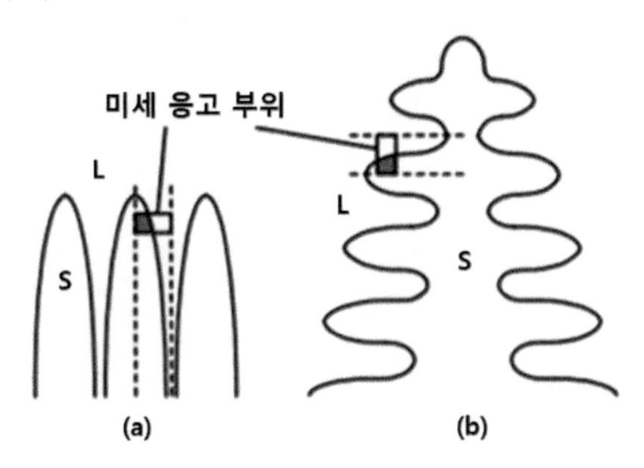

그림 3-16 셀계면 및 수지상정 유형의 응고시 최종 응고부의 미세 편석 현상

셀 계면으로 성장시 셀 성장 방향에 수직인 단면에서 편석에 의한 용질의 농도는 그림 3-17 (a)와 같이 나타난다. 전율 고용체를 제외한 대부분의 경우에 평형 편석 계수(k)가 1 이하이므로 그림 3-17 (a)와 같은 편석 현상이 나타난다. 또한 액상에서 확산 유형에 대한 가정에 따라 편석 형상이 다르게 나타나며, 액상에서 제한된 확산의 경우에 어느 정도 실제와 유사한 결과를 예측할 수 있다.

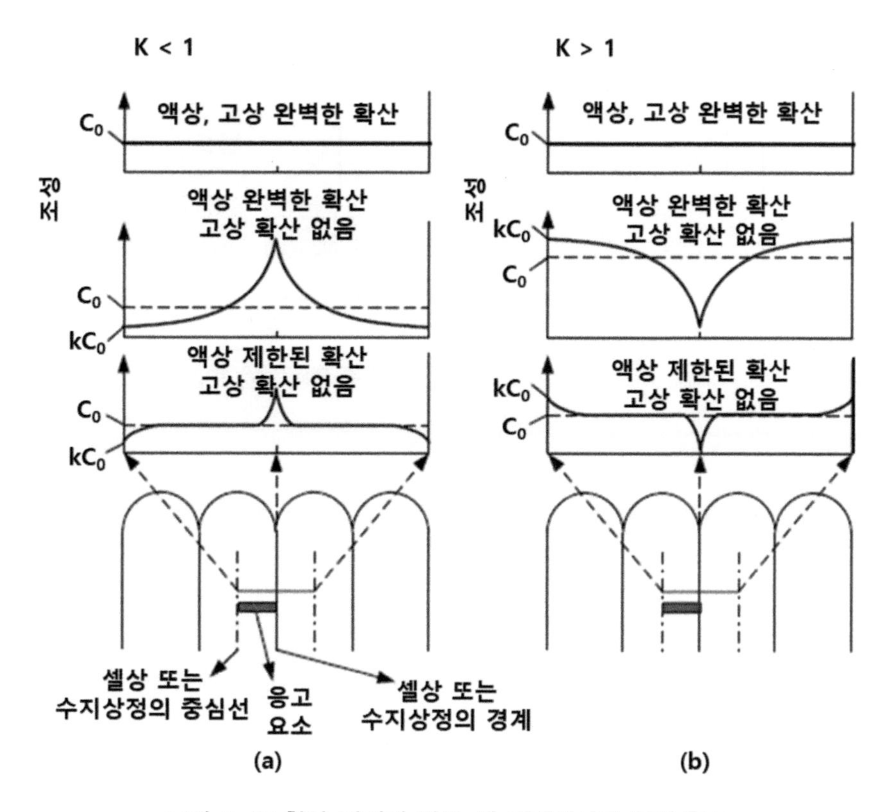

그림 3-17 확산 가정에 따른 셀 계면에서의 편석 형상

1.4.2. 거시 편석(Macrosegregation)

그림 3-18과 같은 Banding 현상은 거시 편석의 한 경우이다. Banding은 지금까지 설명한 평형 편석 계수에 따른 용질의 재분배 현상과 다르게 용접 속도의 불균일에 의해서 발생하는 거시적인 편석 현상이다. 그림 3-18의 용접 초기에는 안정 상태(Steady State)에서 용접 속도 R1으로 용접하고 있다. 이 상태에서 용접 속도를 증가시키면 순간적으로 액상으로 배출되는 용질의 양이 증가하여 고액 계면에 용질의 농도가 증가한다. 액상의 농도 증가에 따라 이때 응고하는 고상의 농도도 증가하게 된다. 반대로 용접 속도를 낮추면 순간적으로 액상으로 배출되는 용질의 양이 감소하여 고액 계면에 용질의 농도가 감소한다. 액상의 농도 감소에 따라 이때 응고하는 고상의 농도도 감소하게 된다. 용속 속도 뿐만이 아니라 입열량의 불균일 등 용접 조건의 불균일에 따라 Banding 현상이 발생할 수 있으므로 용접 조건을 일정한 상태로 유지하는 것이 양질의 용접부를 얻는데 중요한 요소이다.

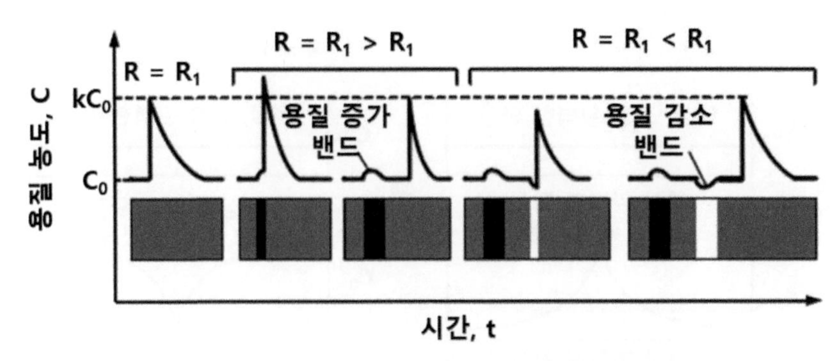

그림 3-18 용접 속도의 변동에 따른 Banding 현상

1.5 냉각속도에 따른 용접금속의 조직

용접 속도와 입열량을 통하여 냉각 속도를 조절할 수 있다. 용접 속도를 높이거나 입열량을 감소시키면 냉각 속도가 빨라진다. 냉각 속도가 빨라진다면 입자의 성장 시간이 감소하게 되어 그림 3-19와 같이 입자의 크기가 감소하여 미세한 조직을 얻을 수 있다.

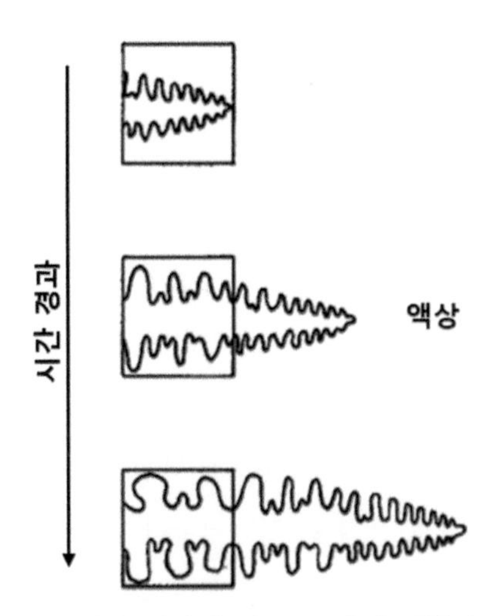

그림 3-19 성장 시간에 따른 주상 수지상정의 크기

그림 3-20은 실제 온도 기울기(G)와 용접 속도(R)에 따른 용접시 응고 조직의 형상을 정리한 그림이다. 앞에 설명하였듯이 G/R값이 작을수록 조성적 과냉이 커져서 등축 수지상정이 발생하기 용이하다. 이에 따라 도표의 좌측 상단에서 우측 하단으로 갈수록 G/R값이 감소하게 되어 평면 계면, 셀계면, 주상 수지상정, 등축 수지상정이 차례로 나타나게 된다.

G•R 값은 냉각 속도를 의미하므로 도표의 원점에서 멀어질수록 냉각 속도가 증가한다. 이에 따라 원점에서 멀어질수록 용접시 입자의 크기가 감소한다.

G•R의 단위의 의미를 생각해보면 아래와 같이 쉽게 냉각속도를 의미함을 알 수 있다.

G•R = dT/dx • dx/dt = dT/dt (냉각 속도)

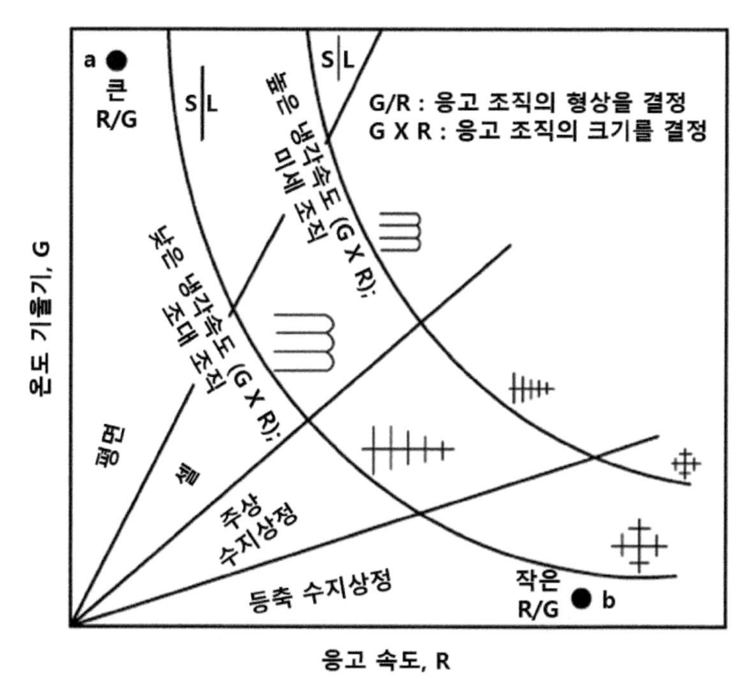

그림 3-20 온도 기울기(G) 및 용접 속도(R)에 따른 응고 조직의 형상

참고문헌

1 Principles and Technology of the Fusion Welding of Metals, Vol. 1., 56: 245s, 1977.
2 Jackson, K.A., in Solidification, American Society for Metals, Metals Park, OH, 1971, p.121.
3 Jackson, K.A., Hunt, J.D., Uhlmann, D.R., Sewand III, T.P., Trans. AIME, 236: 149, 1966.
4 Petersen, W. A., Weld. J., 53: 74s, 1973.

용접 금속의 응고: 입자 구조(Grain Structure)

앞장에서는 평형 상태도와 조성적 과냉을 통해 응고 모드가 결정됨을 정리하였다. 그리고 응고 현상은 다른 상변태와 같이 핵 생성과 성장으로 이루어져 있다. 그러므로 이번 장에서는 응고 상변태를 구성하는 핵 생성 및 성장의 고찰을 통해 응고 현상에 대해 정리해 보겠다.

2.1 용접의 핵생성 원리

앞서 1장 3.2에서 응고시 핵생성을 위해서 표면에너지에 의한 에너지 장벽(ΔG^*)이 존재함을 설명하였다. 주물의 응고시 주물벽에 핵생성하여 핵생성의 에너지 장벽을 낮추는 것과 같이 용접시에도 모재 위에 핵생성하며 이를 통해 핵생성 에너지 장벽을 낮추어 핵생성이 좀더 용이해 진다.

동종 용접시에는 모재의 입자(Grain)가 핵으로 작용하여 별도의 핵생성 없이 모재의 입자가 성장하는 방법으로 응고한다. 이에 따라 동종 용접시에는 아래 그림 3-21과 같이 핵생성 장벽이 존재하지 않는다. 이와 같이 동종 용접시 모재의 입자가 성장하는 것을 에피택셜 성장(Epitaxtial Growth)라고 한다.

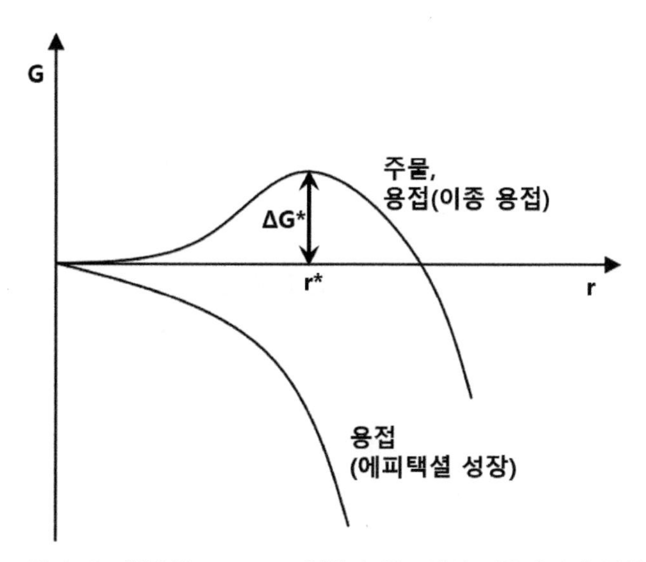

그림 3-21 용접의 Epitaxial 성장과 응고시의 자유에너지 변화

2.2 용접시 에피택셜 성장(Epitaxial Growth)

에피(Epi)란 단어는 위 방향으로 더해진다는 것을 의미하고, 동종 재질의 용접시는 용접조직과 모재의 결정 구조가 동일하므로 새로운 핵이 생성하여 성장하기 보다는 기존의 모재 조직이 성장하는 방향으로 응고 조직이 형성된다.

동종 재질의 용접시 응고는 모재의 결정 구조에 원자가 확산 및 부착하여 모재의 입자(Grain)가 성장하는 에피택셜 성장(Epitaxial Growth)을 한다. 이때 입자(Grain)는 결정 구조에서 원자의 선밀도가 가장 낮은 방향으로 성장하며, 원자 밀도가 가장 낮은 방향으로 성장하는 이유는 이 방향으로 응고시 응고 속도가 가장 빠르기 때문이다.

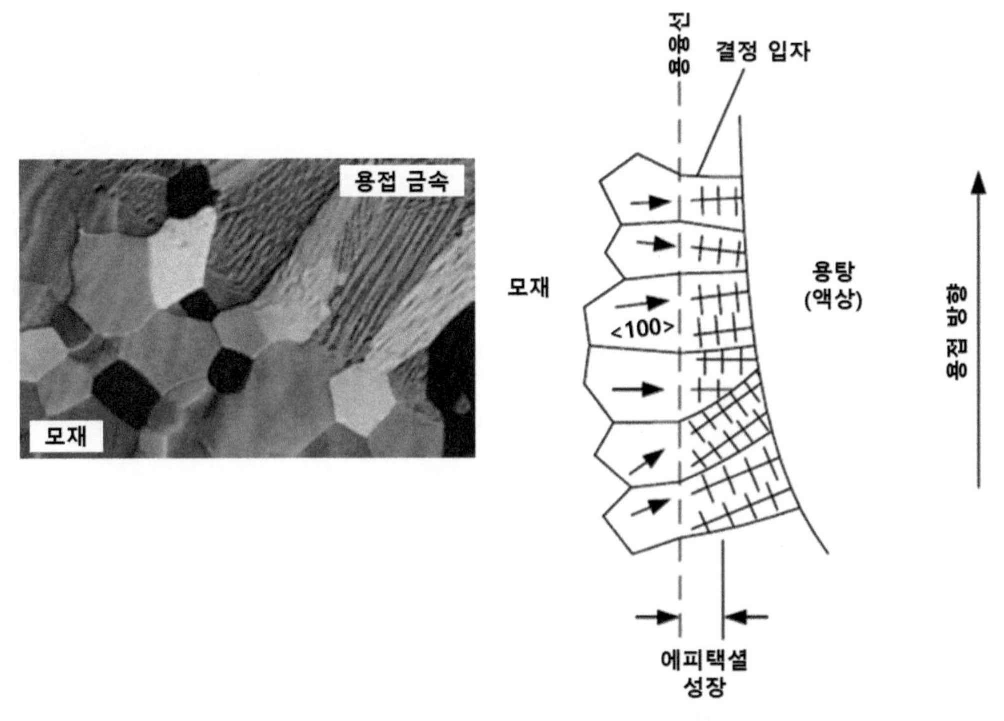

그림 3-22 용접시 에피택셜 성장과 우선 성장 방향 〈100〉 [9]

그러므로 BCC 결정구조와 FCC 결정구조에서 입자의 응고시 성장 방향은 그림 3-22과 같이 〈100〉 방향이며, 이를 우선 성장 방향(Easy Growth Direction)이라 하고 표 3-2와 같이 정리된다.

표 3-2 결정 구조에 따른 우선 성장 방향

결정 구조	우선 성장 방향	예
면심 입방 구조 (FCC)	⟨100⟩	알루미늄 합금, 오스테나이트계 스테인리스강
체심 입방 구조 (BCC)	⟨100⟩	탄소강, 페라이트계 스테인리스강
육방 조밀 구조 (HCP)	$\langle 10\bar{1}0 \rangle$	타이타늄, 마그네슘
체심 정방 정계 (BCT)	⟨110⟩	주석

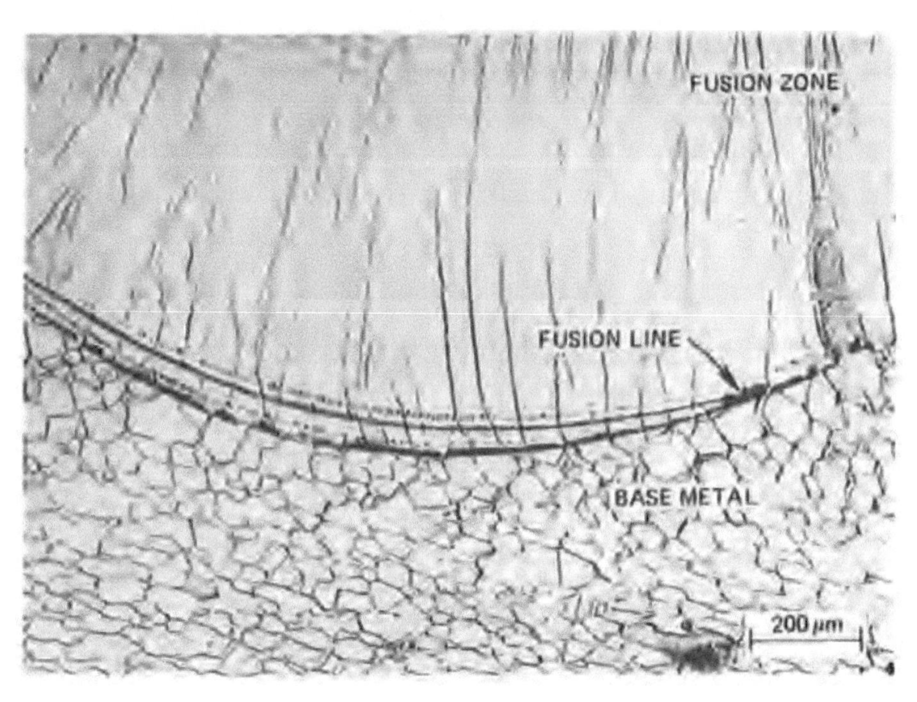

그림 3-23 이리듐 합금의 전자빔 용접시 에피택셜 성장과 주상정 성장

2.3 용접시 비에피택셜 성장(Nonepitaxial Growth)

이종 용접시 또는 다른 조성의 용접봉을 사용하는 경우 모재와 용접조직의 결정 구조가 달라 에피택셜 성장을 하지 못한다. 이종 용접시는 그림 3-24와 같이 핵생성 에너지 장벽을 낮추기 위해 모재 위에 새로운 핵이 생성되어 성장한다. 용접 금속은 빠른 냉각 속도로 입자가 충분히 성장하지 못해 입자 크기가 그림 3-24와 같이 모재보다 작고, 모재와 관계없이 독립적으로 존재한다.

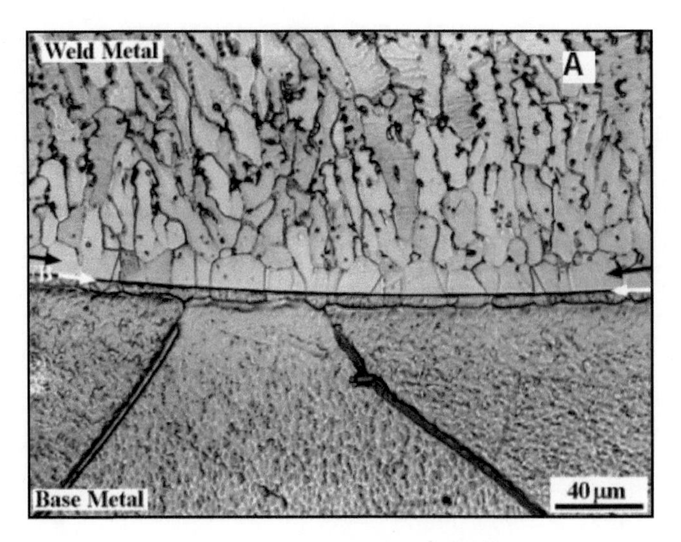

그림 3-24 비에피택셜 성장[2]

2.4 경쟁 성장(Competitive Growth)

응고 방향과 냉각 방향은 동일하고 용탕의 경계선은 냉각 방향(응고 방향)에 수직하다. 그리고 FCC 및 BCC 결정 구조는 우선 성장 방향(Easy Growth Direction)이 〈100〉 방향이다. 즉 응고 방향은 용탕의 경계선과 수직한 방향과 가장 근접한 〈100〉 방향으로 정의할 수 있으며, 근사치로 보면 용탕의 경계선과 수직방향으로 볼 수 있다.

경쟁 성장이란 각 입자(Grain)는 〈100〉 방향으로 성장하나, 결정 입자 중 〈100〉 방향이 냉각 방향과 근사한 입자만이 응고 속도가 빨라 살아남는다는 의미이다.

그림 3-25를 보면 Fusion Boundary에서 6개의 입자(Grain)가 성장을 시작하였으나 최종 적으로 용탕의 경계에서는 3개의 입자(Grain)만이 살아남아 성장하고 있다. 입자(Grain)의 우선 성장 방향이 열흐름 방향 즉 냉각 방향과 가장 근사한 경우의 성장 속도가 가장 빠르며 이런 Grain 만이 살아남았음을 알 수 있다.

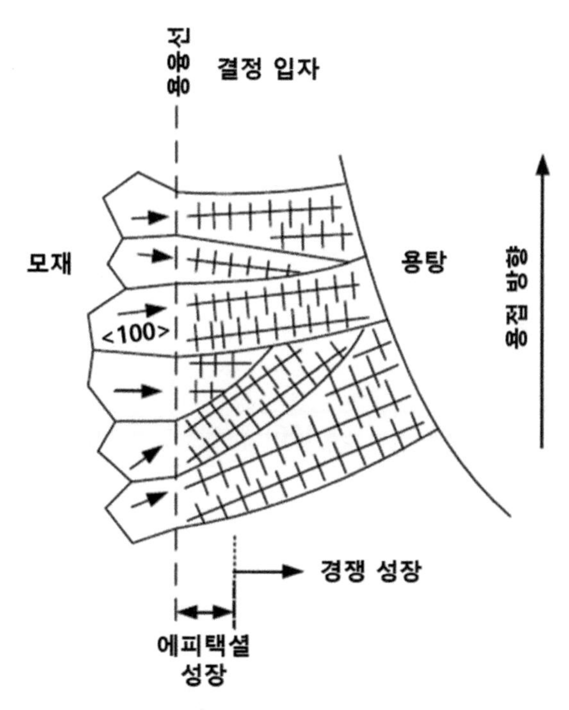

그림 3-25 경쟁 성장(Competitive Growth)

2.5 용접 속도에 따른 응고 형상의 변화

용탕(Weld Pool)은 용접 속도가 느린 경우 그림 3-26 (b)와 같이 원형 및 타원형의 형상을 가지나 용접속도 증가에 따라 그림 3-26 (a)와 같이 용탕의 중심이 용접봉 위치보다 뒤쪽으로 멀어지는 연신된 Teardrop 형상을 갖는다.

용탕의 형상에 따른 수지상정의 응고 형상을 그림 3-27을 이용하여 고찰해 보자. 낮은 속도로 용접한 경우 용탕은 타원형으로 왼쪽으로 이동한다. 응고 방향은 열흐름 방향(냉각 방향)이며 냉각 방향은 용탕 경계선의 수직 방향이다. 그러므로 용접이 진행됨에 따라 용탕이 왼쪽으로 이동하고 이에 따라 응고가 진행되는 용탕 경계선의 수직 방향 즉 수지상정이 유선형으로 성장한다.

반면에 높은 속도로 용접하여 용탕이 Teardrop 형상을 갖는 경우는 용접이 진행되어 용탕이 왼쪽으로 이동하여도 용탕 경계선에서의 수지상정의 응고 방향이 변하지 않고 직선의 형상으로 수지상정이 성장한다.

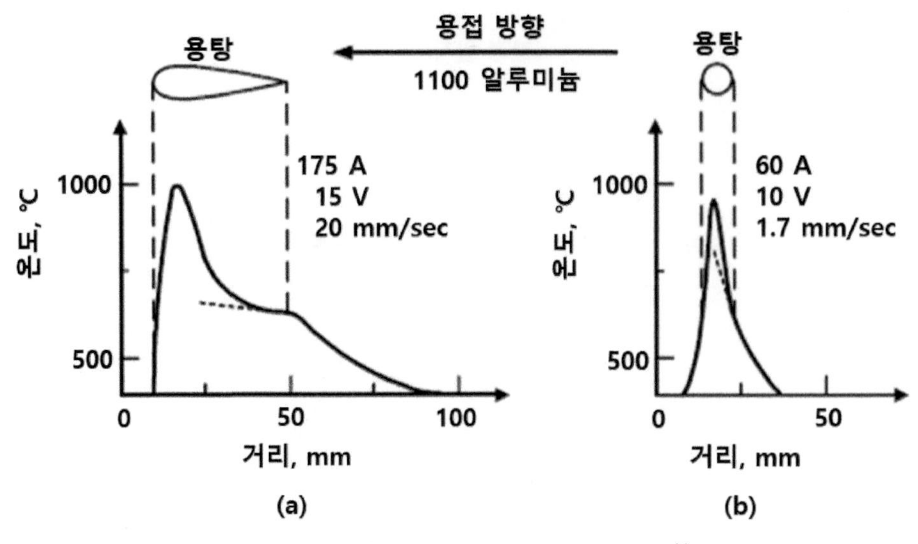

그림 3-26 용접 속도에 따른 용탕의 형상[3]

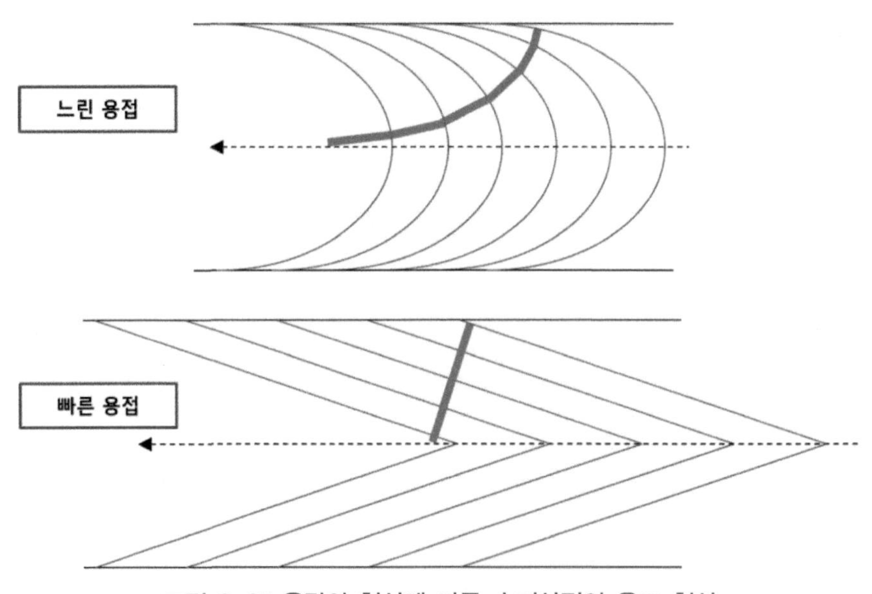

그림 3-27 용탕의 형상에 따른 수지상정의 응고 형상

빠른 속도로 용접하면 용탕이 Teardrop 형상이 되어 수지상정이 직선의 형상으로 성장하여 그림 3-28 (a)와 같이 최종 응고부가 깨끗하게 용접부의 중앙에 위치한다. 반면에 느린 속도로 용접하면 용탕의 형상이 타원형이 되어 최종 응고부인 용접 중심부(Centerline)가 그림 3-28 (b)와 같이 복잡한 형상을 갖는다. 참고로 그림 3-28 (c), (d)와 같이 용접 중심부에 일직선의 주상정이 성장하는 경우는 중심부(Centerline)에서 성장한 주상정의 우선 성장 방향이 냉각 방향과

유사하여 경쟁 성장에서 살아남는 경우의 형상이다.

느린 용접 속도에 의해 최종 응고부의 형상이 복잡한 형상을 갖는다면 Crack의 전파가 어렵고, 계면의 면적이 넓어져 최종 응고부의 불순물 P, S의 농도 감소 효과가 있다. 즉 빠른 용접 속도에 의해 용접 중심부가 깨끗한 조직보다 느린 속도로 용접하는 경우 응고 균열에 저항성이 높은 조직이 된다.

1장의 Story에서 정리한 것과 같이 조성적 과냉을 통해 용접부 중심(Centerline)에 등축 수지상정을 생성하여 응고 균열에 저항성이 있는 미세한 조직을 얻기 위해 용접 속도를 빨리하면 핵생성에 대한 에너지 장벽으로 등축 수지상정이 생성되지 않고 오히려 최종 응고부인 용접 중심부가 깨끗하게 형성되어 오히려 응고 균열에 취약한 조직이 되며, 느린 속도로 용접하여야 용접 중심부(Centerline)가 복잡한 형상을 가져 응고 균열에 저항성이 있는 조직이 된다.

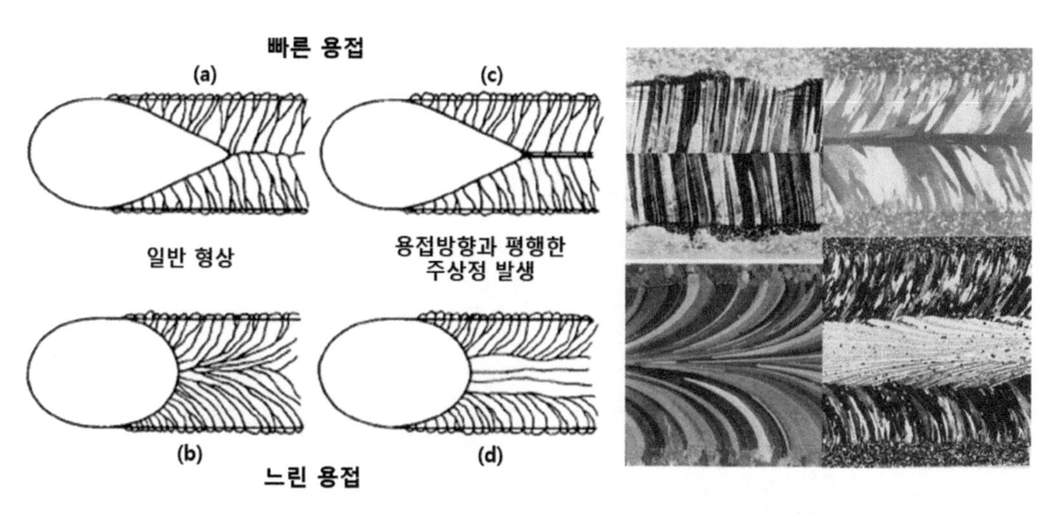

그림 3-28 용접 속도에 따른 용접 조직의 형상 변화[10]

2.6 용접 금속의 입자 미세화 방법

앞에서 용접속도를 높여 충분한 조성적 과냉이 형성되어도 핵생성의 에너지 장벽으로 인해 등축 수지상정이 형성되지 못하고 오히려 깨끗한 용접 중심부 조직을 만들어 응고 균열에 취약함을 설명하였다. 핵생성 에너지 장벽을 넘어 미세한 조직을 형성하기 위해서는 외부에서 인위적으로 핵을 넣어주어야 한다.

외부에서 인위적으로 핵을 넣어주면서 느린 속도로 용접한 경우는 조성적 과냉이 적어 핵이 성장하지 못하여 그림 3-29 (a)와 같이 미세 조직이 생성되지 못한다. 반면에 빠른 속도로 용접한 경우는 충분한 조성적 과냉이 생성되어 외부에서 주입한 핵이 성장하여 그림 3-29 (b)와 같이 용접부 중심(Centerline)에 미세한 등축 수지상정 조직이 형성되어 응고 균열에 저항성이 매우 높은 용접 조직이 된다.

낮은 용접 속도로 용접시 최종 응고부인 용접 중심선(Centerline) 부위가 복잡한 구조가 형성되어 응고 균열에 저항성이 있는 조직을 만들 수 있으나, 빠른 용접 속도로 충분한 조성적 과냉을 만들어 주고 동시에 외부에서 핵을 인위적으로 주입한 경우 용접 중심선(Centerline)에 등축 수지상정이 생성되어 응고 균열에 더욱더 저항성이 높은 미세한 조직을 만들 수 있다. 서냉에 의해 용접 중심선(Centerline)을 복잡하게 만든 조직보다 용접 중심선(Centerline)의 등축 수지상정 조직은 입계 면적이 큰폭으로 넓어져 P, S 불순물의 농도를 크게 낮추어 응고 균열에 저항성이 매우 높아진다.

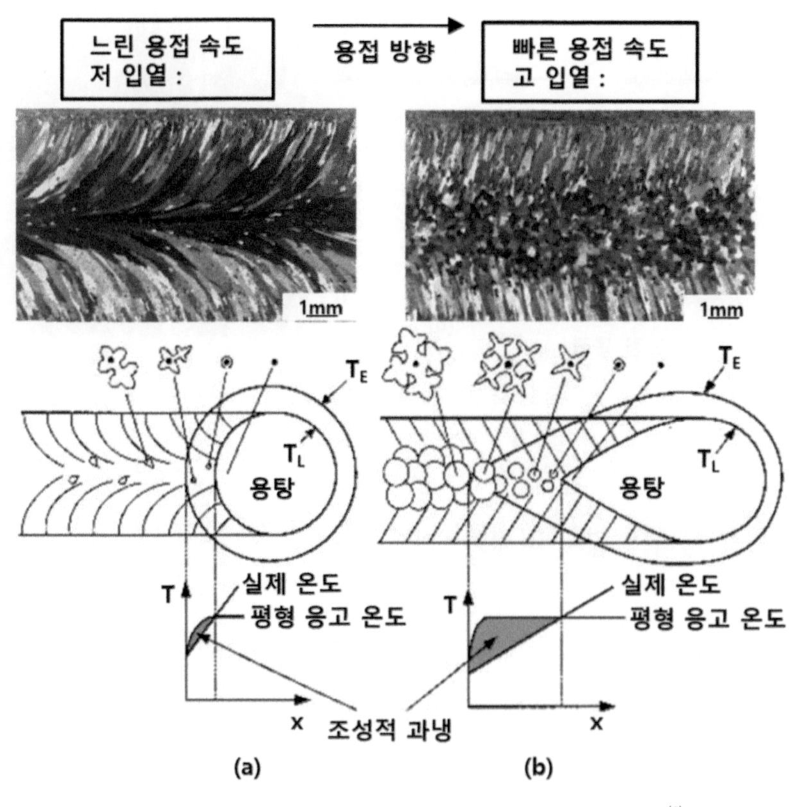

그림 3-29 인위적인 핵 주입을 통한 미세 조직 형성[6]

입자 크기가 작은 경우 응고 균열에 저항성이 높을 뿐 아니라, 그림 3-30과 같이 연성도 향상되고, 동시에 강도와 인성이 향상된다.

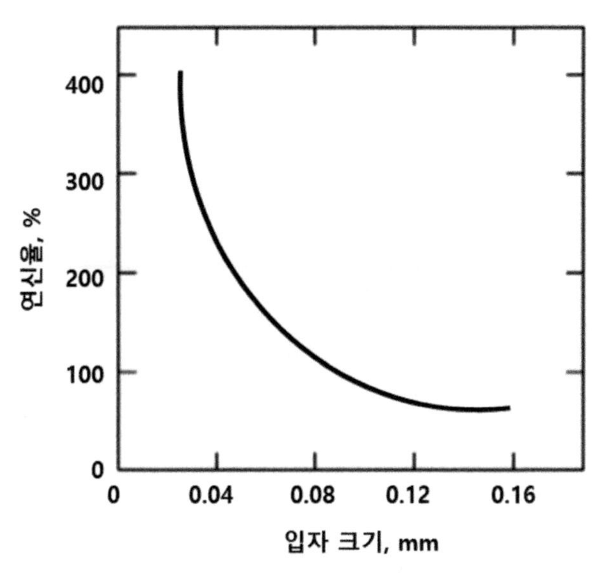

그림 3-30 입자(Grain) 크기에 따른 연신율 변화 (11)

용접부에 미세한 등축 수지상정 조직을 얻기 위해서는 용접시 충분한 조성적 과냉과 인위적으로 외부에서 핵을 만들어 주어야 한다. 인위적으로 핵을 만들어 주는 방법은 아래 표 3-3과 그림 3-31과 같이 정리할 수 있다.

표 3-3 인위적인 핵생성 방법

No.	방법	내용	비고
1	수지상정 끝단 조각 (Dendrite Fragments)	용탕의 유동을 이용하여 수지상정의 끝부분을 쪼개어 액상내에 핵으로 작용하게 하는 방법	용탕의 유동을 강하게 조절함
2	떨어진 입자 (Detached Grain)	용탕의 유동을 이용하여 부분 용융존(PMZ)의 입자(Grain)을 떼어 내 핵으로 작용하게 한다	
3	이종 핵생성 (Heterogeneous Nucleation)	용접봉에 질화물 및 금속간 화합물(TiB2, TiN, Al3Zr) 등을 생성시키는 원소를 첨가하여 핵을 생성시키는 방법	용접봉에 Ti, B 등 해당 원소 첨가함
4	표면 핵생성 (Surface Nucleation)	용탕 표면에 차가운 가스를 불어 표면에서 충분한 과냉에 의해 핵을 생성하는 방법	

수지상정 끝부부을 쪼개거나 부분 용융존의 입자(Grain)을 떼어 내는 표 3-3의 1, 2번 방법은 용탕의 충분한 유동이 필수적이다.

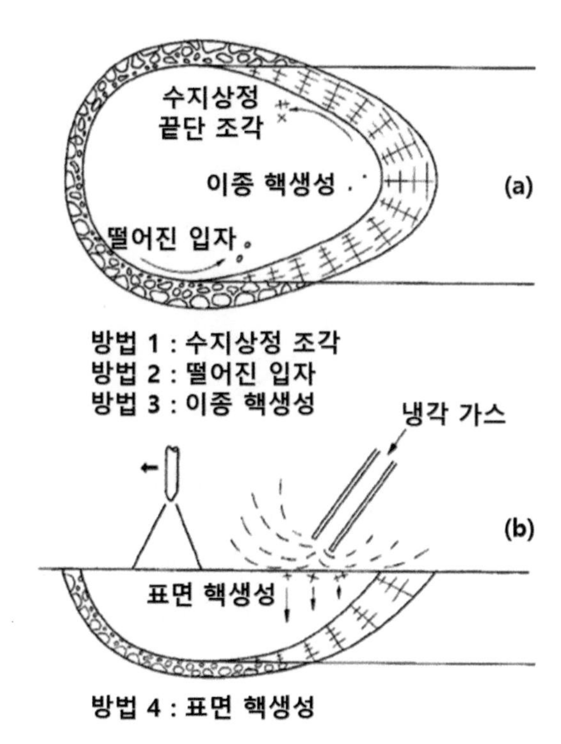

그림 3-31 인위적으로 용탕에 핵을 만드는 방법[4]

2.6.1. 용탕의 유동에 의한 핵생성

미세한 용접부 조직을 만들기 위해서는 빠른 용접 속도로 충분한 조성적 과냉을 만들고 동시에 인위적으로 핵을 만들어야 한다. 충분한 조성적 과냉을 생성하려면 G(온도기울기)/R(용접속도) 값을 작게하여야 한다. 즉 입열량을 높이고 용접 속도를 빠르게 하여야 한다.

여기에서는 수지상정의 끝단을 조각내거나 부분 용융 구역(PMZ)의 입자(Grain)를 떼어내어 핵으로 만들기 위한 용탕의 유동을 증가시키는 방법에 대해 정리하였다.

첫번째로 교류 자기장을 이용하여 용탕의 유동을 만드는 방법이 있으며, 그림 3-32와 같이 그림으로 표시하였다. 용탕의 유동을 크게 한 경우 그림 3-33(b)와 같이 용접 중심선(Center-line)의 넓은 부위에 미세한 등축 수지상정이 생성되었다.

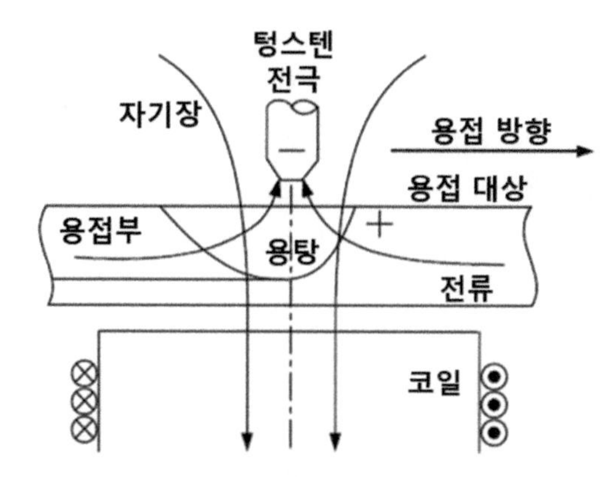

그림 3-32 교류 자기장을 이용한 용탕의 유동 방법[5]

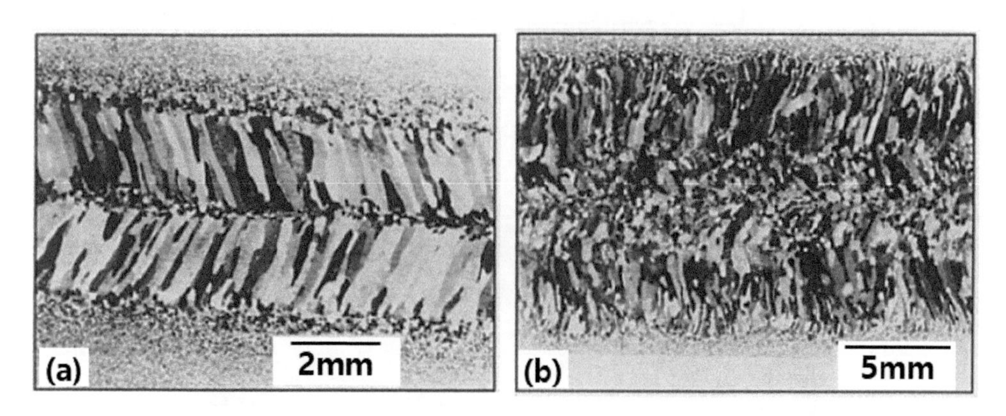

(a) 용탕의 유동이 작은 경우 및 (b) 용탕의 유동이 큰 경우의 미세 조직 분포[6]
그림 3-33 409 페라이트 스테인리스 강의 GTAW 용접시 입자 구조에 미치는 용탕 유동의 영향

두번째 방법은 용접 방향과 평형하거나 수직 방향의 아크 진동을 통해 용탕의 유동을 유도하는 방법이다. 그림 3-34 및 그림 3-35와 같이 아크 진동이 클수록 용탕의 유동이 증가하여 입자(Grain)의 크기가 미세화된다.

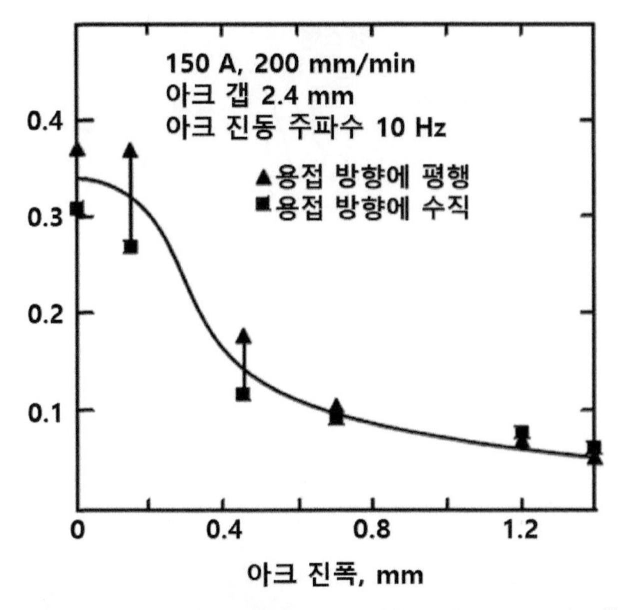

그림 3-34 아크의 유동에 따른 입자(Grain)의 크기 변화[7]

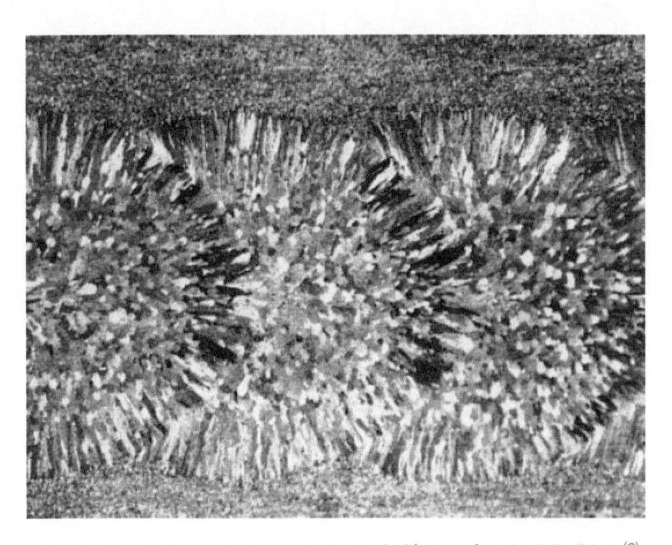

그림 3-35 아크의 유동에 따른 입자(Grain) 미세와 형상[8]

지금까지 인위적으로 용탕의 유동을 유도하는 방법 두 가지에 대해 정리하였다. 인위적인 방법 이외에 용접시 자연적으로 발생하는 용탕의 유동 현상을 설명하겠다. 용접시 발생하는 용탕의 유동을 야기하는 힘은 그림 3-36에 제시된 바와 같이 네 가지가 존재한다.

네 가지 힘은 부력(Buoyancy Force), 로렌츠 힘(Lorentz Force), 표면장력(Surface Tension Force), 아크 전단 응력(Arc Shear Stress)이다. 부력과 표면 장력, 아크 전단 응력의

세 가지 힘은 수지상정 끝단 조각과 부분용융 구역 입자가 생성되는 용탕의 경계에서 볼 때 용탕의 중심부로 흐르는 유동 방향을 야기한다. 온도가 높은 중심부로 용탕이 이동하므로 용탕으로 떨어져 나온 수지상정 끝단 조각과 부분 용융존 입자는 성장하기 보다는 다시 용해 된다. 오직 로렌츠 힘에 의한 유동만이 중심에서 차가운 부위로 용탕이 이동하므로 생성시킨 핵이 성장할 수 있다. 즉 로렌츠 힘만이 조직 미세화에 기여하는 유동을 만든다. 또한 로렌츠 힘에 의한 유동은 용탕에 생성된 가스를 배출하고 용탕의 깊이 즉 용입을 깊어지게 하는 역할도 한다.

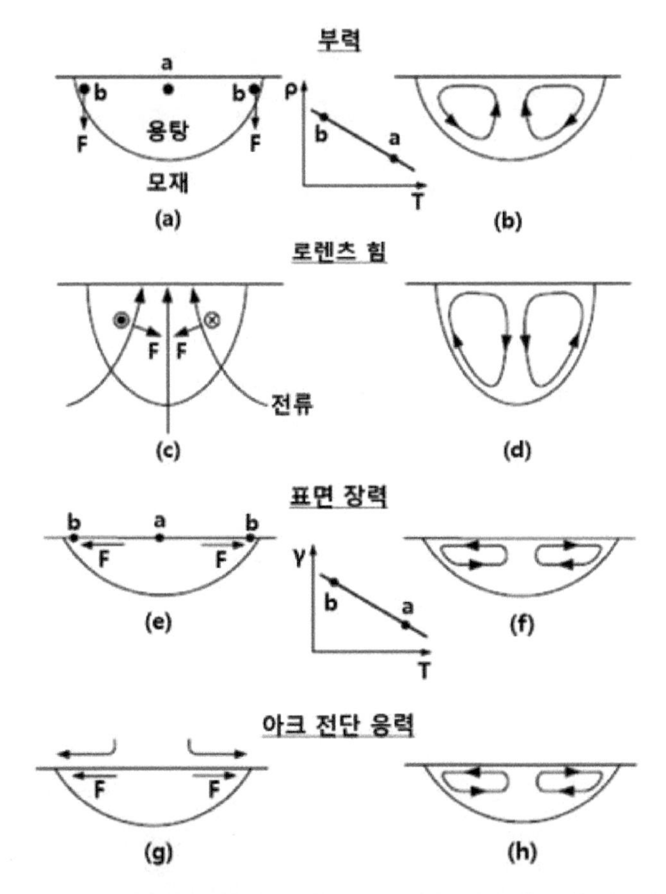

그림 3-36 용접시 발생하는 용탕의 유동을 야기하는 네 가지 힘

2.6.2. 황(S) 농도에 따른 표면 장력과 유동 방향의 변화

황(S)의 농도가 낮으면 온도가 높을 수록 표면 장력이 감소하나, 황(S)의 농도가 증가하면 온도가 높을 수록 표면 장력이 증가한다. 그림 3-37은 황(S) 농도에 따른 표면 장력과 용탕의 유동 방향의 변화를 표시하였다. 황(S)의 농도가 높아지면 표면장력이 변화하여 로렌츠 힘과 같은 유동을 야기하여 용탕의 깊이가 깊어진다.

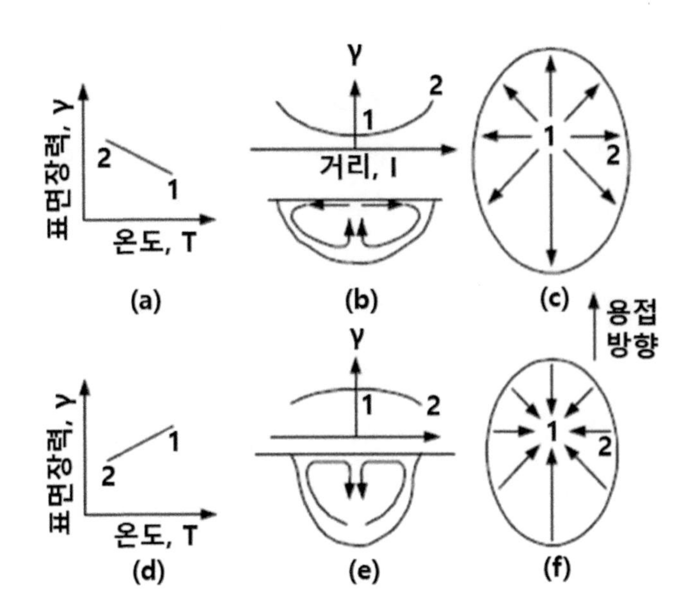

그림 3-37 황(S) 농도 변화에 따른 용탕의 유동 방향 변화

2.6.3. 이종 핵생성(Heterogeneous Nucleation)

앞에서 용탕의 유동을 통해 수지상정 끝단 조각과 부분 용융 구역의 입자를 떼어내어 핵을 생성하는 방법에 대해 논의 하였다. 여기에서는 용탕에 접종재(Inoculant) 주입을 통해 이종의 핵을 생성(Heterogeneous Nucleation)하는 방법을 정리하였다.

접종재 원소가 첨가된 용접봉을 사용하여 용탕에 TiB_2, TiN, Al_2Zr과 같은 질화물 및 금속간 화합물을 형성하여 이종의 핵으로 작용하게 하는 방법이다.

Al 합금의 용접시 접종재로 0.38%의 Ti이 첨가된 용접봉을 사용하는 경우 그림 3-38 (b)와 같이 미세화된 용접 조직을 볼 수 있다.

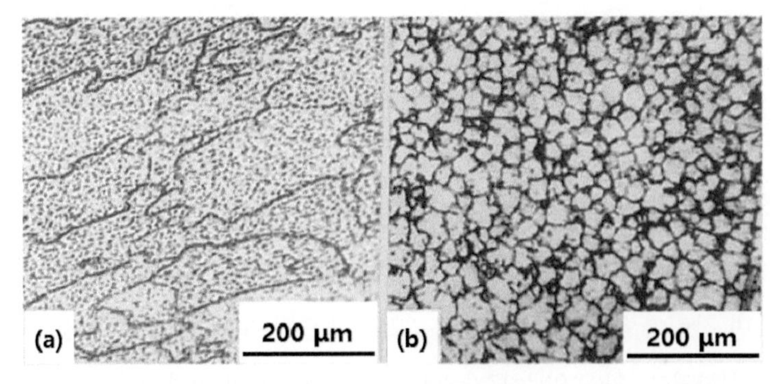

(a) 2319 Al-Cu 용접봉 사용 (b) 0.38% Ti이 첨가된 2319 Al-Cu 용접봉 사용[9]

그림 3-38 2090 Al-Li-Cu 합금의 용접 조직

2.6.4. 표면 핵생성

차가운 아르곤 가스를 용탕 표면에 분사하여 용탕 표면에서 핵을 인위적으로 생성하는 방법이다. 그림 3-39와 같이 표면에서 생성된 핵이 용탕내로 침강하여 등축 수지상정으로 성장하여 용접 조직이 미세화 된다.

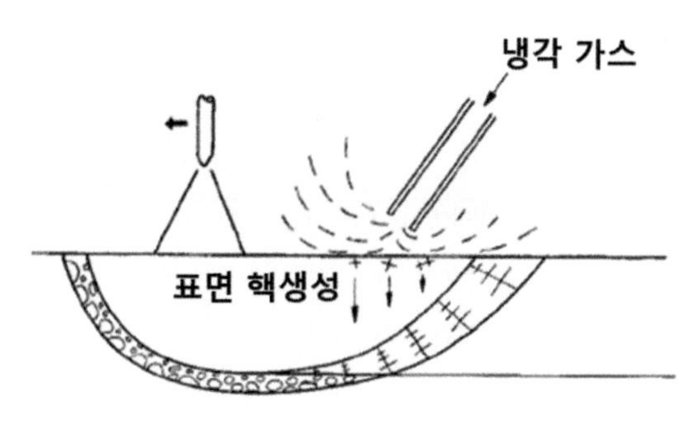

그림 3-39 차가운 가스를 이용한 표면 핵생성

참고문헌

1 18th ed., O'brien R.L., Ed., Jefferson's Welding Encyclopedia, American Welding Society, Miami, FL, 1997, p.316.

2 Nelson, T.W., Lippold, J.C., and Mills, M.J., Weld. J., 78: 329s, 1999.

3 Kou, S., Welding Metallurgy, 2nd Edition, Wiley, p.186, 2003.

4 Kou, S., and Le, Y., Weld. J., 65: 305s, 1986.

5 Matsuda, F., Ushio, M., Nakagawa, H., and Nakata, K., in Proceedings of the Conference on Arc Physics and Weld Pool Behavior, Vol. 1, Welding Institute, Cambridge, 1980, p.337.

6 Villafuerte, J. C., and Kerr, H. W., Weld. J., 69: 1s, 1990.

7 Davies, G.J., and Garland, J.G., Int. Metall. Rev., 20(196): 83, 1975.

8 Kou, S., Welding Metallurgy, 2nd Edition, Wiley, p.193, 2003..

9 Sundaresan, S., Janaki Ram, G. D., Murugesan, R., and Viswanathan, N., Sci. Technol. Weld. Join., 5: 257, 2000.

10 Arata, Y., Matsuda, F., Mukae, S., and Katoh, M., Trans. JWRI, 2: 55, 1973.

11 Petersen, W. A., Weld. J., 53: 74s, 1973.

용접 금속의 응고: 입자 내의 미세 구조

앞장에서는 핵생성과 성장 현상을 통해 용접 조직의 미세화 방법에 대해 정리하였다. 이번 장에서는 관점을 좀더 미시적 관점으로 입자(Grain) 단위에서 용접 조직의 미세화에 대해 다루어 보도록 하겠다.

3.1 응고 모드

앞에서 기술한 것과 같이 용탕의 고액 계면에서 조성적 과냉이 커질수록 그림 3-40과 같이 응고 모드가 평면 계면, 셀 계면, 주상 수지상정, 등축 수지상정으로 변한다. 단 등축 수지상정의 생성은 핵생성에 대한 에너지 장벽으로 인해 인위적으로 핵을 넣어 주어야 가능하다.

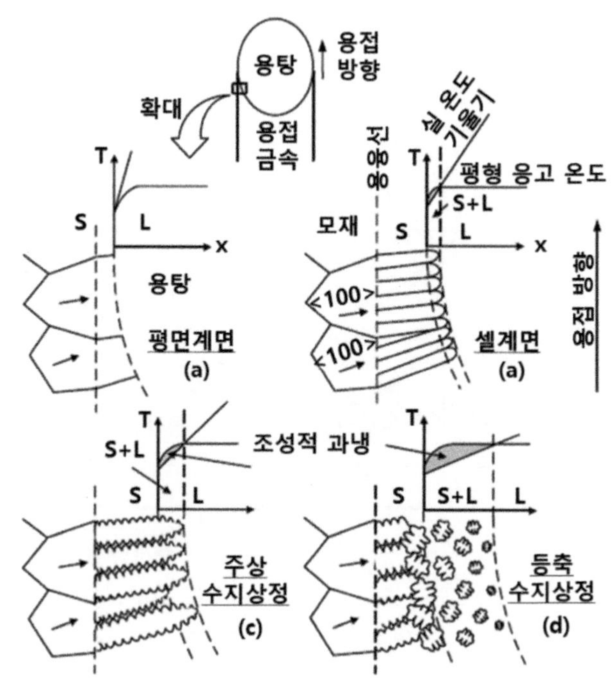

그림 3-40 조성적 과냉 크기에 따른 응고 모드의 변화

3.1.1. 응고 속도(R, Growth Rate)와 온도 기울기(G, Temperature Gradient)

앞장에서 용접시 응고가 진행될수록 조성적 과냉이 증가하며, 응고 모드가 이에 따라 평면 계면에서 셀계면, 수지상정으로 변한다고 정리하였다. 이번 장에서는 어떤 이유로 최종 응고부로 가면 조성적 과냉이 증가하는지 용탕내의 응고 속도(R)와 온도 기울기(G)의 변화를 이용하여 설명하도록 하겠다.

먼저 용탕의 초기 응고부인 용융 경계선(Fusion Line)에서 최종 응고부인 중심선(Centerline)으로 갈수록 응고 속도의 변화를 그림 3-41을 이용하여 설명하겠다. 냉각 방향 즉 응고 방향은 그림 3-41과 같이 용탕의 경계선과 수직인 방향 n과 가장 근접한 결정 구조별 우선 성장 방향(FCC, BCC 결정 구조에서 〈100〉 방향)이며, 이에 따라 응고 방향 R은 용탕의 경계선에 수직인 n 방향과 거의 근접한 방향이므로 편의상 n방향과 R 방향을 동일한 방향으로 고려하도록 하자. 그러면 응고 속도 R은 다음과 같은 식으로 정리할 수 있다.

$$R = V \cos \alpha$$

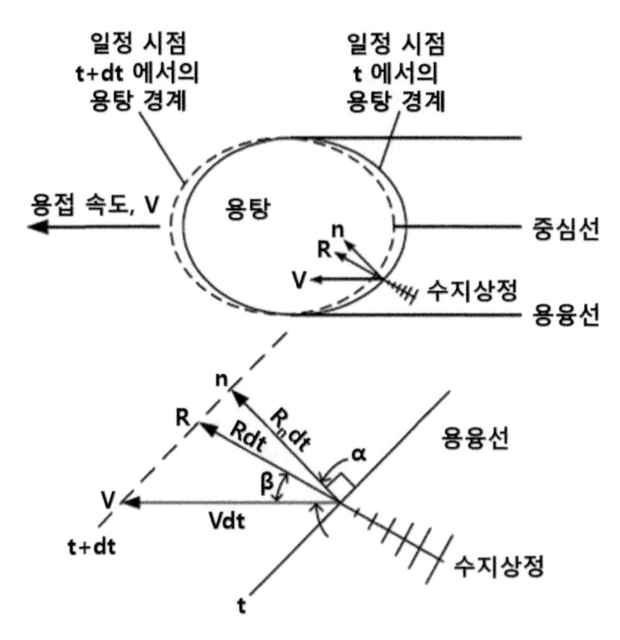

그림 3-41 용탕내 각 부분에서의 용접속도와 응고 속도의 관계

용탕에 위의 식을 적용하면 초기 응고부인 용융선(Fusion Line)에서의 응고 속도는 각도 α가 90°이므로 응고 속도 R은 0이며, 중심선(Centerline)에서는 각도 α가 0°이므로 응고 속도 R은 최대값인 V와 동일한 값을 갖는다.

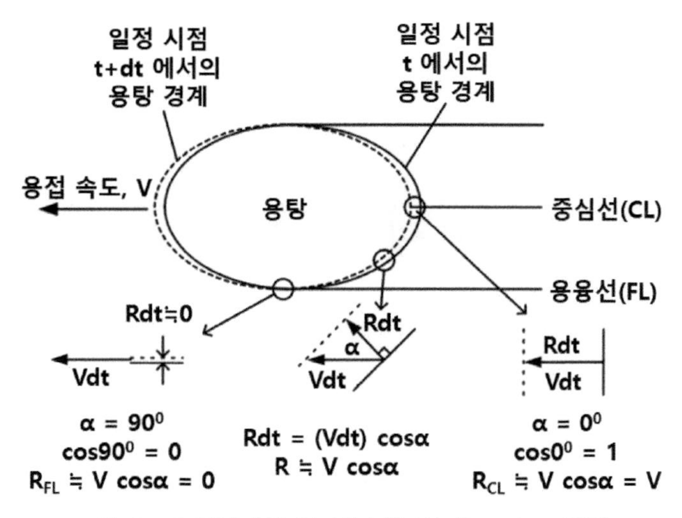

그림 3-42 용탕내의 각 부분에서의 응고 속도 변화

용탕 내에서 온도 기울기에 대해 알아보자. 용탕 경계선의 온도는 동일한 온도이므로 용탕의 중심부와 경계선의 온도 차이 ΔT는 동일하다. 그러므로 용융선(Fusion Line)에서는 용탕의 중심까지의 거리가 가장 짧으므로 온도 기울기가 가장 크다. 반대로 중심선(Centerline)에서는 용탕의 중심까지의 거리가 가장 길므로 온도 기울기가 가장 작다. 더하여 용탕의 Teardrop 끝부분에서의 온도 기울기는 그림 3-43과 같이 매우 작음을 알 수 있다.

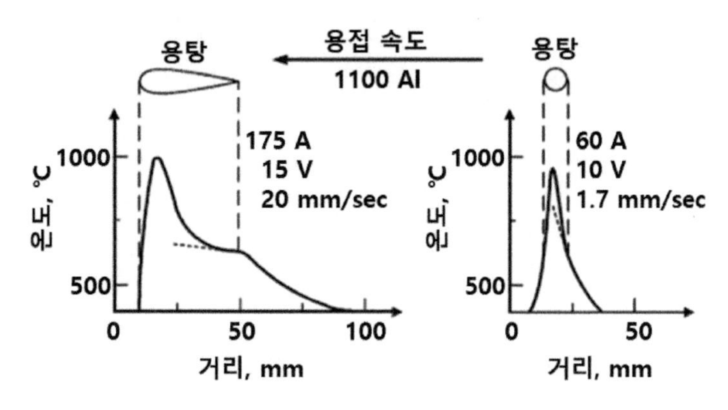

그림 3-43 용탕의 거리에 따른 온도 분포[1]

용탕 각 부분의 응고 속도와 온도 기울기를 정리하면 그림 3-44와 같다. 용융선(Fusion Line)에서 온도 기울기가 가장 크고 응고 속도는 가장 작으며, 중심선(Centerline)에서는 응고 속도가 가장 크고 온도 기울기는 가장 작다. 즉 G_{CL} 〈 G_{FL}**이고** R_{CL} 〉〉 R_{FL}이다.

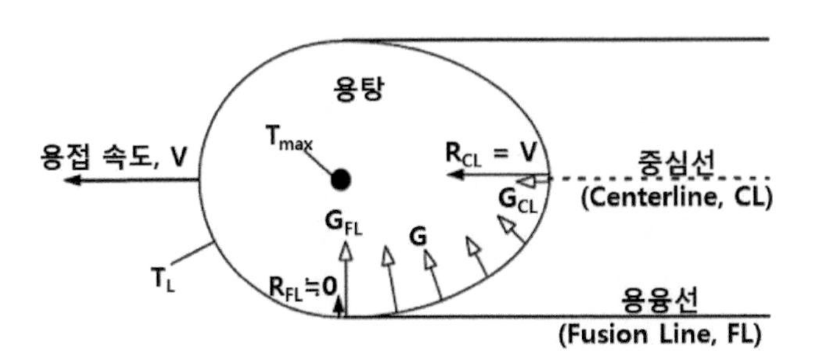

그림 3-44 용탕 각부분의 응고 속도와 온도 기울기

중심선(Centerline)에서의 G/R값이 퓨젼라인(Fusion Line)에서의 값보다 매우 작으므로 최종 응고부인 중심선(Centerline)에서의 조성적 과냉이 최소가 된다.

$$\left(\frac{G}{R}\right)_{CL} \ll \left(\frac{G}{R}\right)_{FL}$$

3.1.2. 용탕 내 위치에 따른 응고 모드의 변화

용탕에서 초기 응고부인 용융선(Fusion Line)에서 최종 응고부인 중심선(Centerline)으로 이동함에 따라 조성적 과냉이 증가하여 그림 3-45와 같이 용융선(Fusion Line)에서 중심선(Centerline)으로 갈수록 평면 계면, 셀 계면, 주상 수지상정, 등축 수지상정으로 응고모드가 변한다. 다만 등축 수지상정이 생성되기 위해서는 핵생성의 에너지 장벽 때문에 인위적으로 핵을 주입하여야 한다.

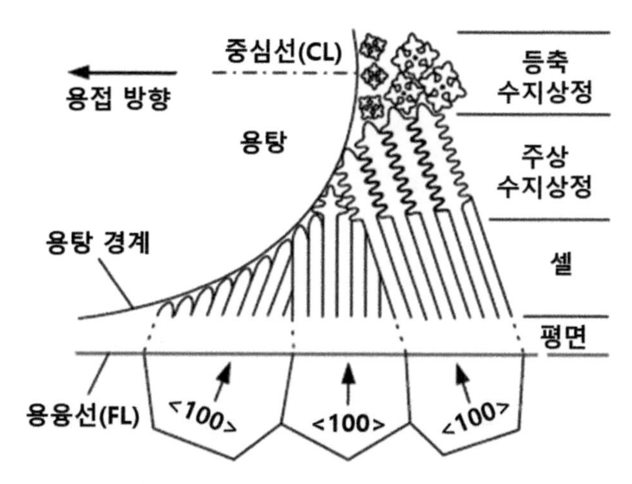

그림 3-45 용탕에서 조성적 과냉의 변화에 따른 응고 모드의 변화

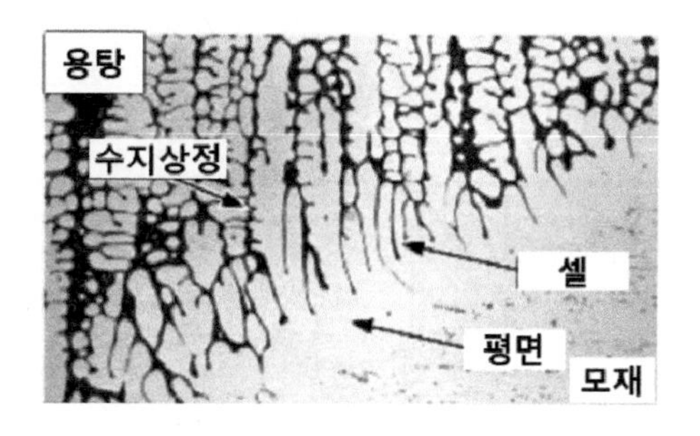

그림 3-46 1100 Al 합금을 4047 용접봉으로 용접한 용접부의 응고 모드 변화

3.2 수지상정과 셀의 입자 크기(또는 간격)

수지상정 사이의 간격과 셀 사이의 간격은 냉각 속도에 의해 결정된다. 냉각 속도가 느린 경우 성장 시간이 충분히 주어져서 수지 상정과 셀의 크기가 커지며, 반대로 냉각 속도가 빠른 경우 성장 시간이 작게 주어져서 수지 상정과 셀의 크기가 작아진다.

앞에서 $G_{CL} < G_{FL}$이며, $R_{CL} \gg R_{FL}$임과 G X R은 냉각 속도임을 언급하였다. 그러므로 냉각 속도는 다음 식과 같이 중심선에서의 냉각 속도가 큼을 알 수 있다.

$$(G \times R)_{CL} > (G \times R)_{FL}$$

그림 3-47은 공정 상태도를 갖는 금속의 C_0 조성에서 열 싸이클과 용탕에서의 조직의 크기를 나타내고 있다. 중심선(Centerline)은 응고시간이 b로 용융선(Fusion Line)의 응고시간 a보다 짧아 중심선의 냉각 속도가 빠르다는 것을 알 수 있다. 이에 따라 중심선의 수지상정의 크기 및 간격이 작아진다. 그러므로 Al 합금의 용접시 그림 3-48과 같이 중심선이 용융선(Fusion Line)보다 수지상정의 크기가 작다.

표 3-4 과냉도에 따른 응고 모드

위치	R	G	G/R	조성적 과냉	응고모드	GXR	냉각속도	셀 간격
중심선	特大	小	小	大	수지상정	大	大	미세
용융선	特小	大	大	小	평면	小	小	조대

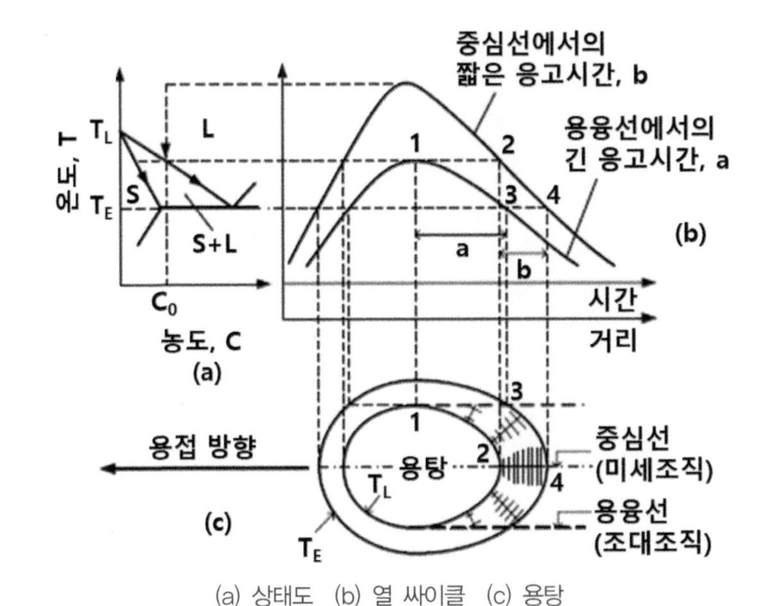

(a) 상태도 (b) 열 싸이클 (c) 용탕

그림 3-47 용탕에서의 위치에 따른 입자 크기

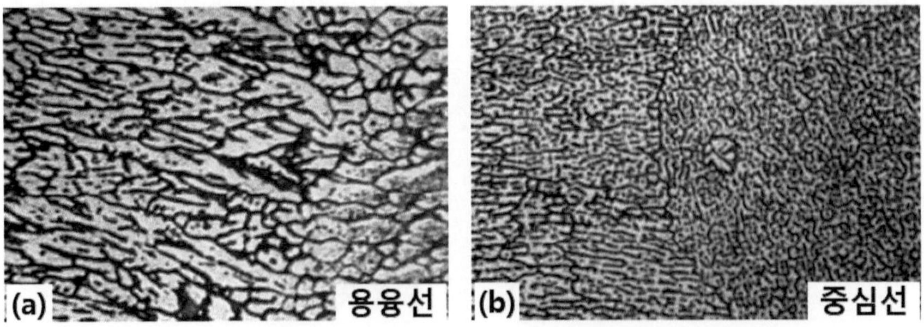

(a) 용융선 (b) 중심선

그림 3-48 6061 Al 합금의 GTAW 용접시 위치에 따른 입자(Grain)의 크기

3.3 용접 변수의 영향

지금까지 응고 속도(R)와 온도 기울기(G)를 이용하여 응고 모드의 변화와 응고 조직의 입자 크기 등에 대하여 기술하였다. 그러면 응고 속도(R) 및 온도 기울기(G)가 용접 변수와 어떤 관계가 있는지 규명하면 용접 변수를 조정하여 응고 모드 및 응고 조직을 조절할 수 있다.

입열량(단위 길이당)이 증가 할수록 온도 기울기(G)는 작아져 G/R 값이 감소하여 조성적 과냉이 증가한다. 또한 GxR 값도 감소하므로 냉각 속도도 감소하여 응고 조직의 입자 크기가 커진다. 입열량과 조직의 크기와의 관계를 그림 3-49에 나타내었다.

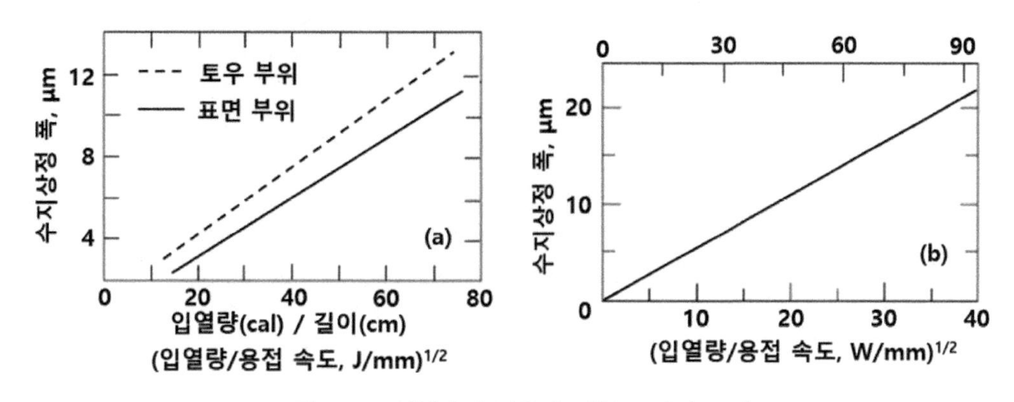

그림 3-49 입열량의 변화에 따른 조직의 크기

용접 속도가 증가할수록 응고 속도(R)가 증가하므로 조성적 과냉이 증가하고 냉각 속도 증가로 응고 조직의 입자 크기가 작아진다. 단위 시간 당 입열량을 동일하게 유지하고 용접 속도만을 증가시키면 단위 길이당 입열량을 감소되므로 온도 기울기(G)가 증가하고 응고 속도(R)도 증가하므로 냉각 속도 증가로 인한 응고 조직의 입자가 미세화 된다.

응고 속도(R)와 온도 기울기(G)는 용접변수인 용접 속도(V)와 입열량을 통해 조절 가능하며, 용접부의 응고 모드와 조직의 크기 등을 결정할 수 있다.

3.3.1. 아크의 횡방향 저주파 진동(1Hz Transverse Oscillation)

아크가 횡방향 저주파(1 Hz) 진동을 하는 경우 진동 속도가 느려 용탕이 아크의 움직임을 따라 오므로 실 용접 속도(w)는 진동하지 않는 경우의 용접속도(u)보다 빠르다. 이에 따라 G x R 값이 증가하여 냉각 속도가 증가하므로 횡방향 저주파 진동하는 경우 용접 조직이 그림 3-51과 같이 미세화 된다.

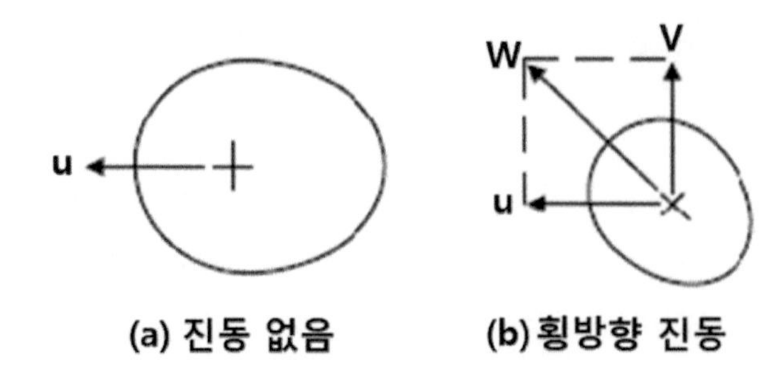

그림 3-50 아크의 횡방향 저주파(1 Hz) 진동 움직임

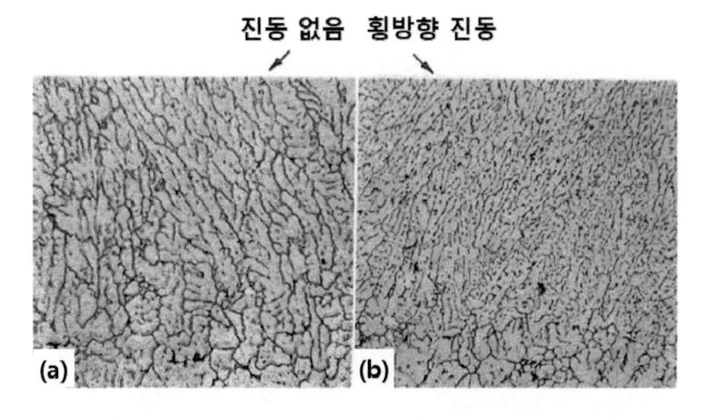

(a) 아크의 횡방향 진동이 없이 용접시 조대 조직
(b) 아크의 횡방향 진동 적용하여 용접시 미세 조직[(2)]

그림 3-51 2014 Al 합금의 GTAW 용접조직

또한 아크의 횡방향 움직임에 따라 조직의 방위가 그림 3-52와 같이 형성됨에 따라 균열의 성장이 억제되고 P, S의 불순물의 상대적인 농도도 감소하여 응고 균열에 저항성이 있는 용접 조직이 형성된다. 또한 이 조직은 강도, 연성, 인성 등의 기계적 성질이 개선된다.

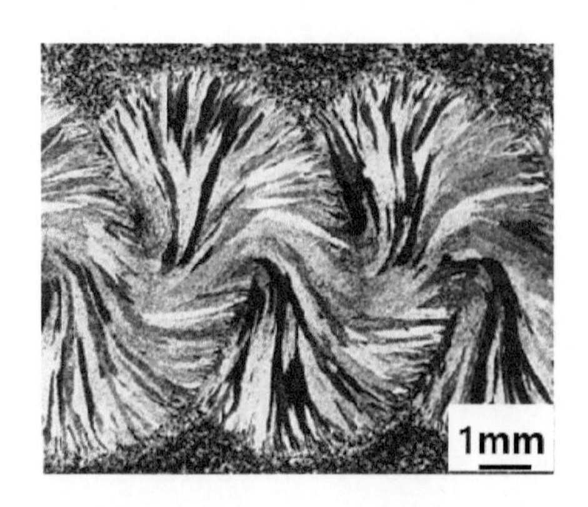

그림 3-52 아크의 횡방향 저주파(1 Hz) 진동에 의한 용접 조직[(3)]

참고문헌

1 Kou, S., Welding Metallurgy, 2nd Edition, Wiley, p.186, 2003.

2 Kou, S., and Le. Y., Weld. J., 64: 51, 1985.

3 Kou, S., and Le. Y., Metall. Trans., 16A: 1345, 1985.

응고 후 상변태

지금까지 응고 현상에 대해 고찰하였다. 그러나 탄소강과 같은 소재는 응고 후 고상 상변태에 의해 용접 금속의 응고 조직과 기계적 특성이 결정된다. 그러므로 응고 후 고상 상변태를 이해하는 것은 용접 금속의 특성을 이해하는 데 필수적이다.

이장에서는 두 가지 고상 상변태에 대해 다루겠다. 첫번째는 오스테나이트계 스테인리스강의 δ 페라이트에서 γ 오스테나이트로의 고상 상변태이며, 두번째는 탄소강 또는 저합금강의 γ 오스테나이트에서 α 페라이트로의 고상 상변태이다.

4.1 오스테나이트계 스테인리스강의 페라이트에서 오스테나이트로 상변태

오스테나이트계 스테인리스강의 용접 금속은 γ 오스테나이트(fcc) 기지에 δ 페라이트(bcc)가 일정 부분 존재하는 조직이다. 약 10% 이상의 δ 페라이트가 존재하면 연성, 인성 및 부식 저항성이 감소하고, 약 5% 이하의 δ 페라이트가 존재하면 응고 균열을 초래할 수 있어 용접시 δ 페라이트 함량의 조절이 중요하다.

4.1.1. 의사 이원 상태도(Pseudo-binary Phase diagram)

스테인리스강의 상태도는 Fe-Cr-Ni의 3원 상태도이다. 2원상태도와 달리 3개의 조성으로 인하여 3원 상태도는 세로축이 온도인 삼각 기둥의 입체 형태이다. 그러므로 2차원인 지면에 표시가 어려워 활용이 어렵다.

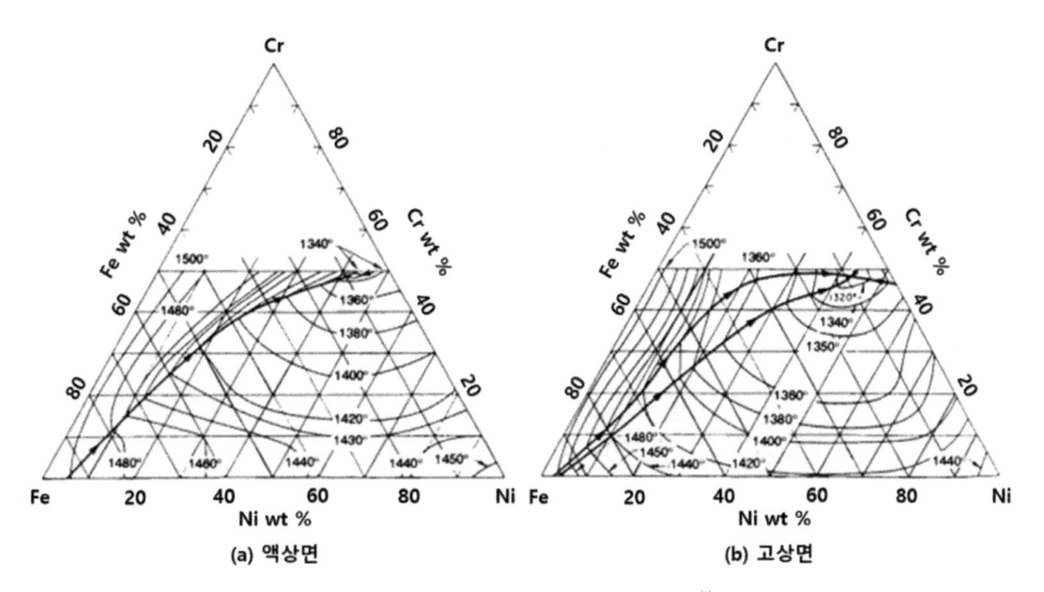

그림 3-53 Fe-Cr-Ni의 3원 상태도 [1]

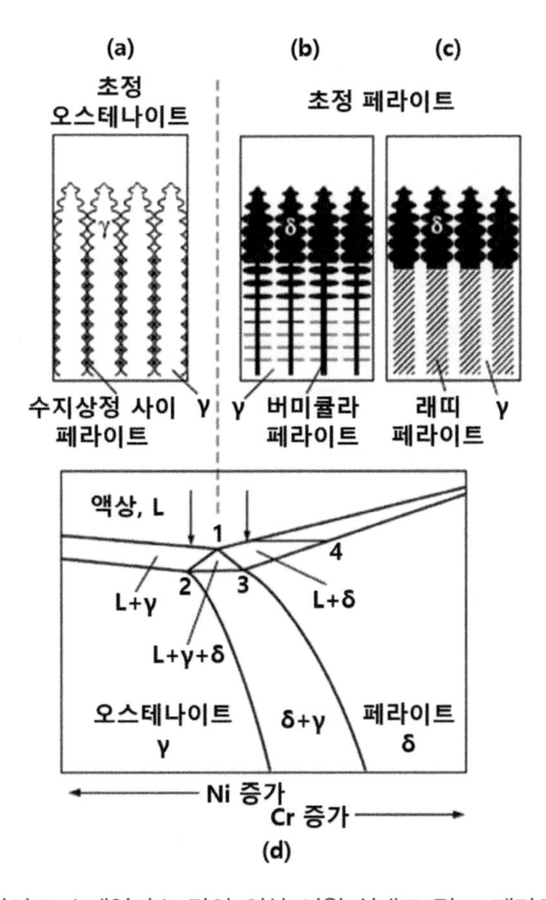

그림 3-54 오스테나이트 스페인리스 강의 의상 이원 상태도 및 δ 페라이트 세 가지 형상

2차원적으로 표시하여 쉽게 읽고 활용할 수 있도록 하기 위해 스테인리스강의 3원 상태도에서 Fe의 조성을 약 30% 정도로 고정하고 Cr-Ni의 2개 조성의 상태도로 표시한다. 이렇게 이원 상태도처럼 나타낸 상태도를 의사 이원 상태도(Pseudo-binary Phase Diagram)라하며, 그림 3-54 (d)와 같다.

오스테나이트 강의 용접 금속의 페라이트는 그림 3-54 (a), (b), (c)와 같이 세 가지 유형으로 존재한다. 공정 삼각형(Eutectic Triangle)의 상부 꼭지점 좌측인 Ni Rich 영역에서는 액상에서 γ 오스테나이트가 수지상정으로 먼저 응고하고 수지상정 사이에 페라이트가 존재하는 그림 3-54 (a)와 같은 형상을 갖는다. 공정 삼각형(Eutectic Triangle)의 상부 꼭지점 우측의 Cr Rich 영역에서는 액상에서 δ 페라이트가 수지상정으로 먼저 응고하며, 응고한 페라이트가 고상 변태를 통해 γ 오스테나이트로 변태한다. 변태 후 잔여 페라이트는 그림 3-54 (b), (c)와 같이 Vermicular (Skeleton) 페라이트 또는 Lathy 페라이트의 형태로 존재한다. Cr의 함량이 적으면 Vermicular 페라이트, Cr의 함량이 많으면 Lathy 페라이트의 형상을 갖는다.

4.1.2. 초정이 γ 오스테나이트인 스테인리스강의 상변태

아래 그림 3-55는 세 가지 조성의 오스테나이트계 스테인리스강의 상태도를 나타내고 있다. 가장 왼쪽의 상태도는 310SS의 상태도이다. 공정 삼각형의 왼쪽으로 Ni의 함량이 많으며 초정으로 γ 오스테나이트 상이 생성된다.

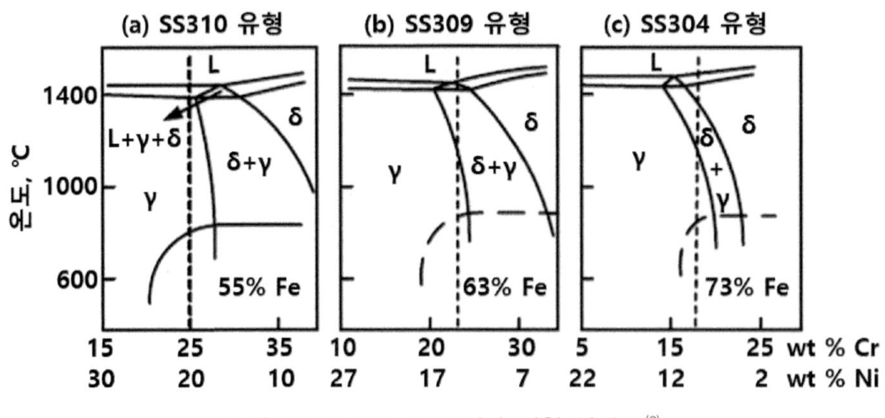

그림 3-55 Fe-Cr-Ni 의사 이원 상태도 (2)

SS 310과 같이 초정으로 γ 오스테나이트가 응고하는 경우의 상변태를 그림 3-56을 이용하여 설명한다. 그림 3-56 (c)의 상태도에서 SS 310과 같은 초정이 γ 오스테나이트 상인 C_0 조성의 액상이 냉각되어 응고하는 경우를 3단계로 나누어 설명할 수 있다.

1단계로 액상이 냉각되어 액상선인 ①번점에 위치하면 C_0 조성의 액상에서 C_γ조성의 γ 오스테나이트 상의 주상정이 그림 3-56 (b)의 ①번 응고 그림과 같이 성장하기 시작한다. 응고하는 γ 오스테나이트 상은 상태도에서 알수 있듯이 액상보다 Ni이 많고 Cr은 적다. 따라서 γ 오스테나이트 상의 응고시 용질의 재분배가 발생하여 응고상 주위의 액상에는 Cr 농도가 높아진다.

2단계로 응고가 진행되면 그림 3-56 (b) ②와 같이 γ 오스테나이트 주상정 사이의 액상에 Cr의 농도가 계속 증가하게 된다.

3단계로 최종 응고부인 주상정 사이의 액상의 Cr의 농도가 C_δ까지 증가하게 되면 그림 3-56 (b) ③과 같이 주상정 사이의 최종 응고부에서 C_δ 조성의 δ 페라이트가 응고한다. 응고 시간에 따른 각각의 응고 형상을 연결하여 그리면 그림 3-56 (a)와 같은 주상정의 성장 모습을 알 수 있다.

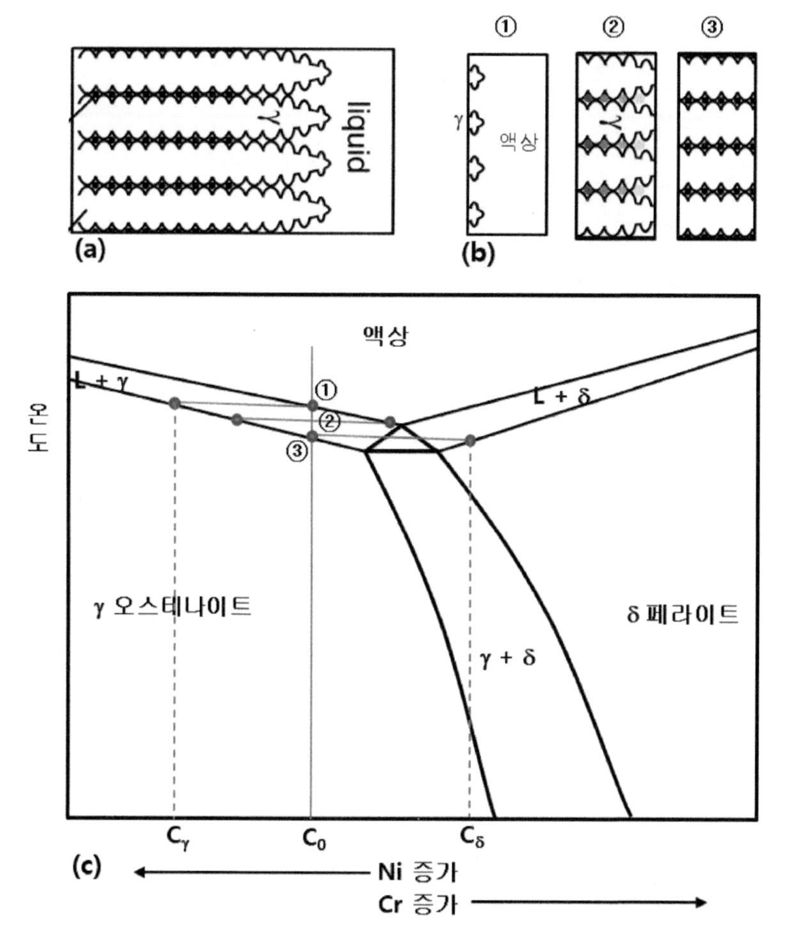

그림 3-56 γ 오스테나이트 상이 초기 응고상인 C_0 조성 액상의 응고 형상

일반적으로 생각하기에 SS 310은 상태도를 보면 γ 오스테나이트가 100%인 조성을 갖고 있으므로 SS 310을 용접하면 용접부 전체가 γ 오스테나이트로 생성될 것으로 생각하기 쉽다. 그러나 용질의 재분배에 의한 편석 현상으로 인해 응고상 주위의 액상에서 Ni의 농도가 낮아지고 Cr의 농도가 높아져 최종 응고부에는 δ 페라이트가 그림 3-57과 같이 생성된다. 밝은 색의 γ 오스테나이트 상 사이에 어두운 색의 δ 페라이트가 생성되어 있는 것을 볼 수 있다.

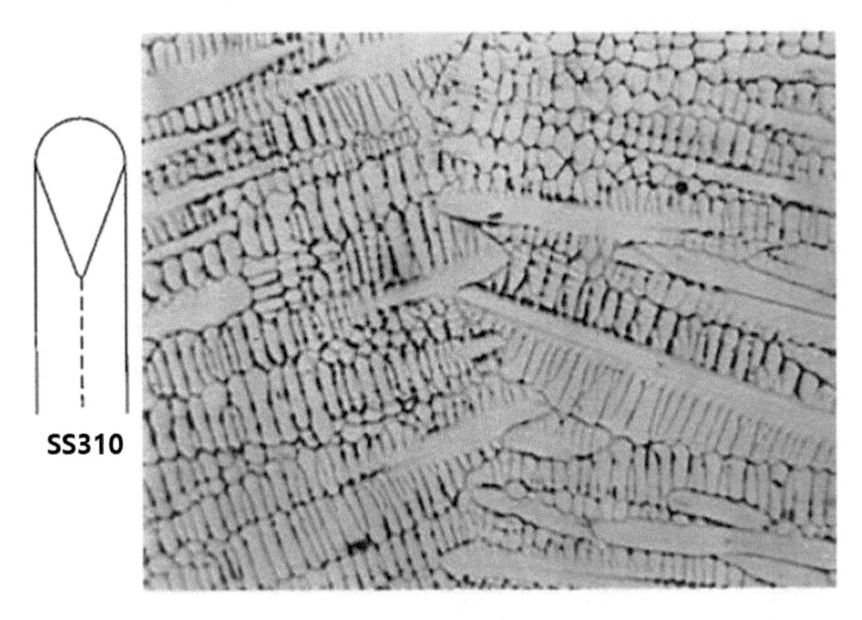

그림 3-57 SS 310 용접부의 최종 응고부에 δ 페라이트 형성된 형상[(2)]

4.1.3. 초정이 δ 페라이트인 스테인리스강의 상변태

1) SS 309의 용접시 Vermicular 페라이트 형성

앞서 소개한 그림 3-55의 세 가지 조성의 오스테나이트계 스테인리스강의 상태도 중 SS 309 상태도에서 보면 공정 삼각형의 상부 꼭지점 보다 Cr의 함량이 많은 오른쪽에 위치하여 초정으로 δ 페라이트 상이 생성된다.

SS 309와 같이 초정으로 δ 페라이트가 응고하는 경우의 상변태를 그림 3-58을 이용하여 설명한다. 그림 3-58 (c)의 상태도에서 SS 309와 같은 초정이 δ 페라이트 상인 C_0 조성의 액상이 냉각되어 응고하는 경우를 4단계로 나누어 설명할 수 있다. SS 309는 응고 후 고상변태가 추가되어 총 4단계로 설명이 가능하다.

1단계로 액상이 냉각되어 액상선인 ①번점에 위치하면 C_0 조성의 액상에서 C_δ 조성의 δ 페라이트 상의 주상정이 그림 3-58 (b)의 ①번 응고 그림과 같이 성장하기 시작한다. 응고하는 δ 페라이트 상은 상태도에서 알수 있듯이 액상보다 Cr이 많고 Ni 적다. 따라서 δ 페라이트 상의 응고시 용질의 재분배가 발생하여 응고 상 주위의 액상에는 Ni 농도가 높아진다.

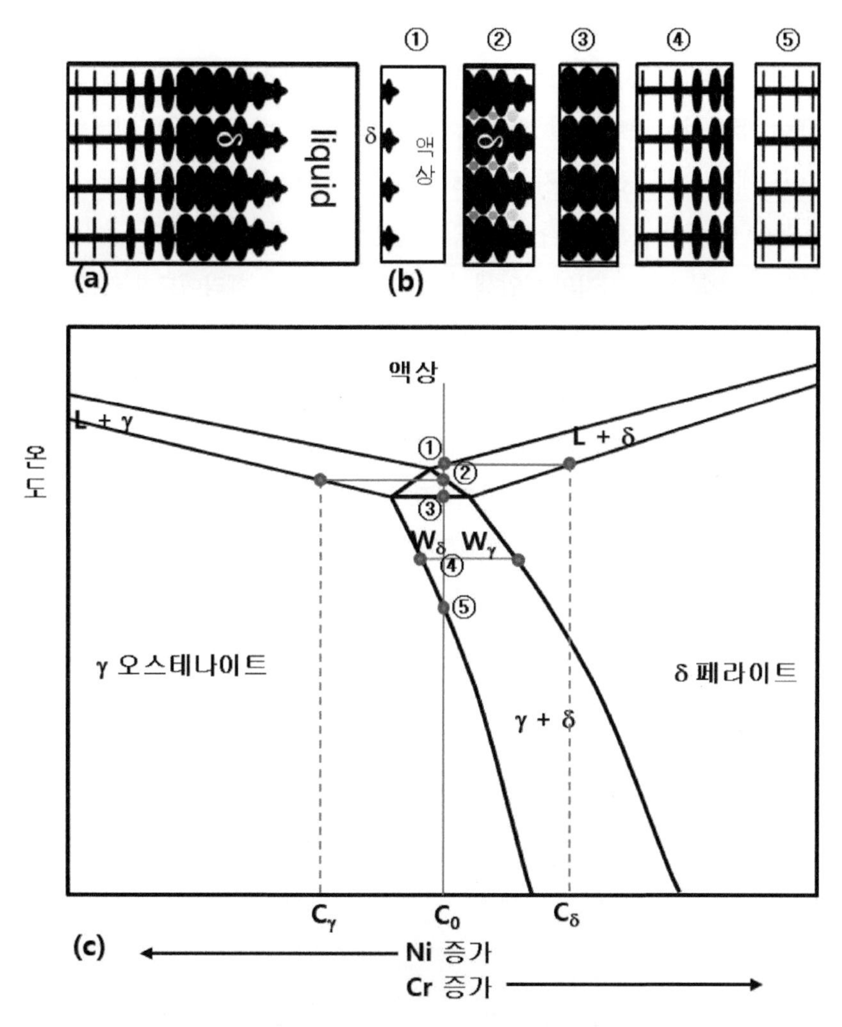

그림 3-58 δ 페라이트 상이 초기 응고상인 C_0 조성(SS 309) 액상의 응고 형상

2단계로 1번점에서 2번점까지 냉각되면서 응고가 진행되면 그림 3-58 (b) ②와 같이 주상정이 성장하고 주상성 사이의 액상에 Ni의 농도가 계속 증가한다.

3단계로 2번점과 3번점 사이에서 주상정도 성장하나 주상성 사이의 액상에 Ni의 농도가 높아져 최종 응고부인 주상정 사이의 최종 응고부 액상에서 그림 3-58 (b) ③과 같이 Cγ 조성의 γ 오스테나이트가 성장한다.

4단계는 3번점에서 5번점으로 냉각됨에 따라 γ 오스테나이트가 성장하여 δ 페라이트가 γ 오스테나이트로 변태되는 그림 3-58 (b) ④과 같은 과정이다. 주상성 사이의 γ 오스테나이트가 성장하면 잔여 δ 페라이트에는 Cr이 점점 축적된다. 최종적으로 남은 δ 페라이트에는 Cr이 너무 높게 축적되어 γ 오스테나이트로 변태하지 못하고 δ 페라이트 주상정의 형상이 그림 3-58 (b) ⑤와 같이 뼈다귀 형태만 남기도록 고상변태가 진행된다. 고상 변태시에도 Ni은 γ 오스테나이트로 Cr은 δ 페라이트로 용질의 재분배가 발생한다. 재분배로 인해 고상 상변태가 진행될수록 주상정의 잔여 δ 페라이트에는 Cr의 농도가 지속적으로 증가하게 되어 최종적으로 남은 δ 페라이트에는 Cr의 농도가 높아 더 이상 γ 오스테나이트로의 고상변태가 진행되지 못하고 남게 되며, 최종적으로 그림 3-58 (b) ⑤와 같이 기지의 하얀색 γ 오스테나이트에 δ 페라이트가 검은색의 뼈다귀 형태로 존재한다.

일반적으로 생각하기에 상태도에서 SS 309는 상온에서 100% γ 오스테나이트로 존재하므로 SS 309를 용접하면 용접부 전체가 γ 오스테나이트로 생성될 것으로 생각하기 쉽다. 그러나 용질의 재분배에 의한 편석 현상 및 고상변태로 인해 용접부 조직은 그림 3-59와 같이 γ 오스테나이트의 기지에 검은 색의 δ 페라이트가 뼈다귀 형태로 존재한다. 이 뼈다귀 형태의 δ 페라이트를 Vermicular(벌레먹은) 페라이트 또는 Skeleton(뼈다귀) 페라이트라고 한다.

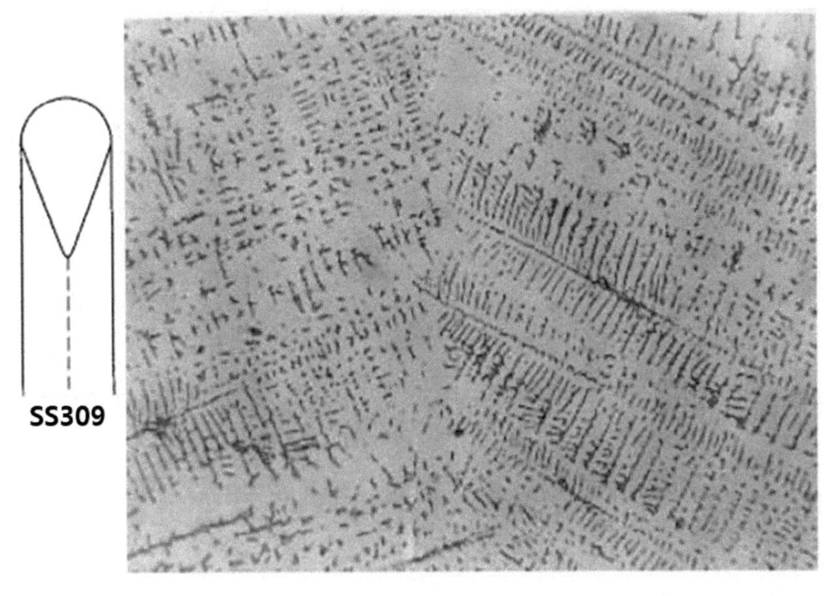

그림 3-50 SS 309 용접부의 δ 페라이트의 형상(Vermicular 또는 Skeleton 페라이트) (2)

2) SS 304의 용접시 Lathy 페라이트 형성

그림 3-55의 세 가지 조성의 오스테나이트계 스테인리스강의 상태도 중 SS 304 상태도는 공정 삼각형의 오른쪽인 Cr의 함량이 가장 많은 경우로 초정으로 δ 페라이트 상이 생성된다.

SS 304와 같이 초정으로 δ 페라이트가 응고하는 공정삼각형의 오른쪽 Cr 함량이 많은 경우의 상변태를 그림 3-60을 이용하여 설명한다. 그림 3-60 (c)의 상태도에서 SS 304와 같은 초정이 δ 페라이트 상인 C_0 조성의 액상이 냉각되어 응고하는 경우를 4단계로 나누어 설명할 수 있다. SS 304는 응고 후 고상변태가 추가되어 총 4단계로 나누워 설명이 가능하다.

1단계로 액상이 냉각되어 액상선인 ①번점에 위치하면 C_0 조성의 액상에서 Cδ 조성의 페라이트 상의 주상정이 그림 3-60 (b)의 ①번 응고 그림과 같이 성장하기 시작한다. 응고하는 δ 페라이트 상은 상태도에서 알수 있듯이 액상보다 Cr이 많고 Ni 적다. 따라서 δ 페라이트 상의 응고시 용질의 재분배가 발생하여 응고 상 주위의 액상에는 Ni 농도가 높아진다.

2단계로 응고가 진행되면 그림 3-60 (b) ②와 같이 δ 페라이트 주상정이 성장함에 따라 주상정 사이의 액상에 Ni의 농도가 계속 증가하게 된다.

3단계로 최종 응고부인 주상정 사이의 액상의 Ni의 농도가 Cγ까지 증가하게 되면 그림 3-60 (b) ③과 같이 주상정 사이의 최종 응고부에서 Cγ 조성의 γ 오스테나이트가 응고한다.

4단계는 아래쪽 3번점에서 4번점으로 냉각됨에 따라 δ 페라이트가 γ 오스테나이트로 고상변태하는 과정이다. SS 304는 δ 페라이트 주상성의 Cr의 농도가 SS 309보다 많아 δ 페라이트가 γ 오스테나이트로 상변태시 잔여 주상정에 Cr의 농축이 빨리 발생한다. 이에 따라 δ 페라이트에서 γ 오스테나이트로의 고상변태가 연속적으로 발생하지 못하여 잔여 δ 페라이트가 그림 3-60 (b) ④와 같은 검은색의 불연속적인 Lathy 페라이트 형태를 갖는다.

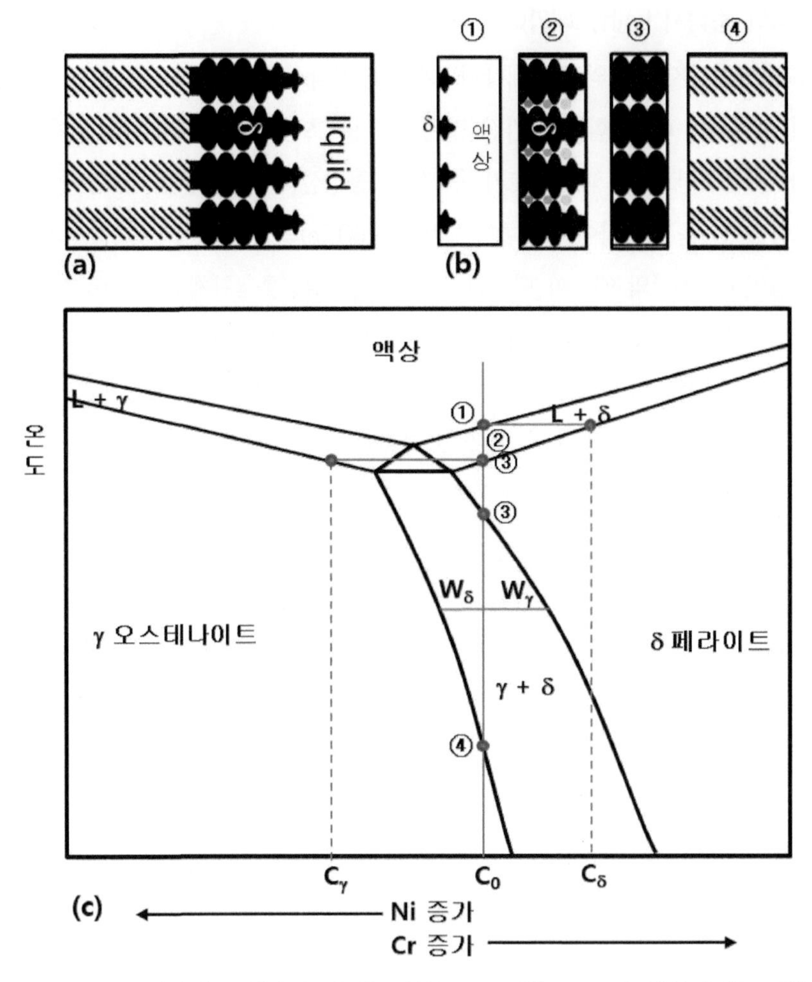

그림 3-60 δ 페라이트 상이 초기 응고상인 C_0 조성(SS 309) 액상의 응고 형상

일반적으로 생각하기에 상태도에서 SS 304는 상온에서 100% γ 오스테나이트로 존재하므로 SS 304를 용접하면 용접부 전체가 γ 오스테나이트로 생성될것으로 생각하기 쉽다. 그러나 용질의 재분배에 의한 편석 현상 및 고상변태로 인해 용접부 조직은 그림 3-61과 같이 γ 오스테나이트의 기지에 검은 색의 δ 페라이트가 봉 형태로 존재한다. 이 봉 형태의 δ 페라이트를 Lathy 페라이트라고 한다.

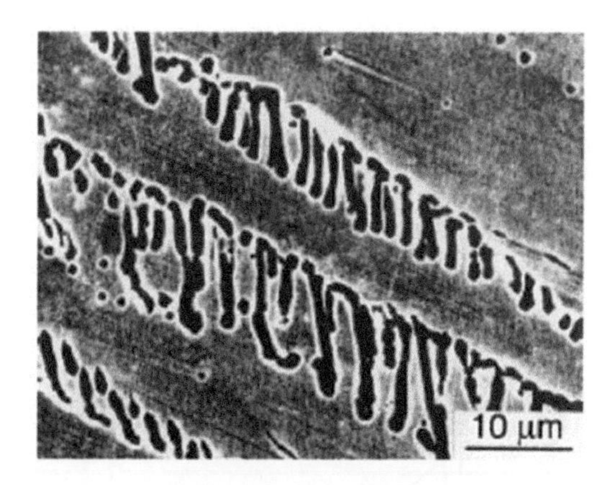

그림 3-61 Fe-18.8Cr-11.2Ni 스테인리스강의 용접부 Lathy 페라이트 형상[3]

4.1.4. Schaeffler Diagram을 이용한 Ferrite 함량 예측

Schaeffler가 최초로 용접금속의 조성과 페라이트 함량의 관계를 정량적으로 제시하여 그림 3-62와 같이 나타내었다. Schaeffler Diagram은 페라이트를 생성하는(Ferrite Former) Cr 당량과 오스테나이트를 형생성하는(Austenite Former) Ni 당량으로 표시된다.

그림 3-62의 Schaeffler Diagram의 의미를 생각해 보자. 오스테나이트 생성 원소(Austenite Former)인 Ni 당량 성분이 많은 영역에서는 오스테나이트가 생성되고 페라이트 생성 원소(Ferrite Former)인 Cr 당량 성분이 증가할수록 페라이트의 함량이 100%까지 증가한다.

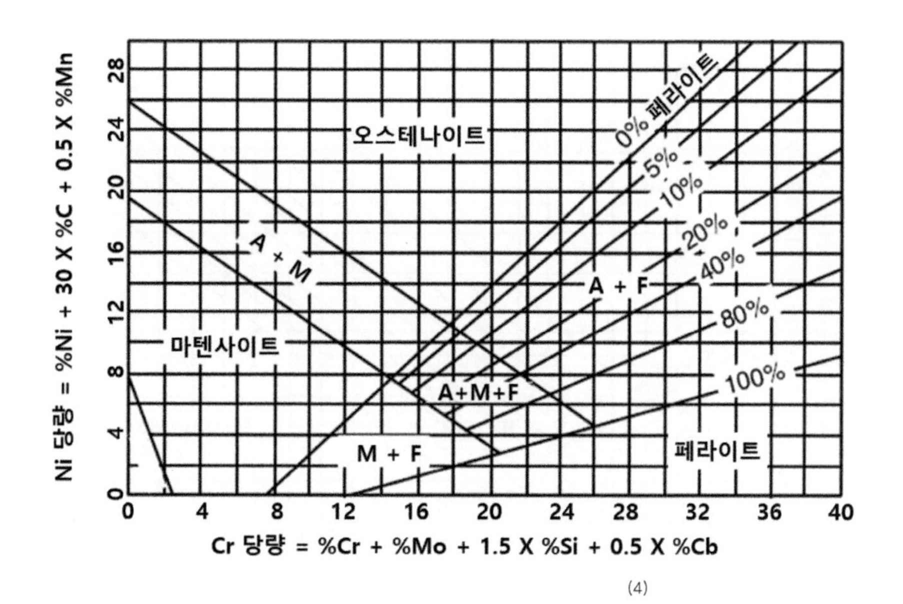

그림 3-62 Schaeffler Diagram[4]

Cr 당량과 Ni 당량이 모두 감소하면 기지 원소인 Fe의 특성이 크게 나타나게 된다. Cr과 Ni 당량이 일정 수준으로 감소하면 Fe의 경화도가 높은 특성으로 마르텐사이트가 생성된다. Cr과 Ni 당량이 최소로 감소하면 경화도가 감소하여 Fe의 α 페라이트가 생성된다.

그림 3-63과 같이 N은 강한 오스테나이트 생성 원소이나, Schaeffler Diagram의 Ni 당량에는 N이 없다. 이에 DeLong이 Schaeffler Diagram의 Ni 당량에 N을 추가하여 개선한 DeLong Diagram을 그림 3-64에 나타내었다.

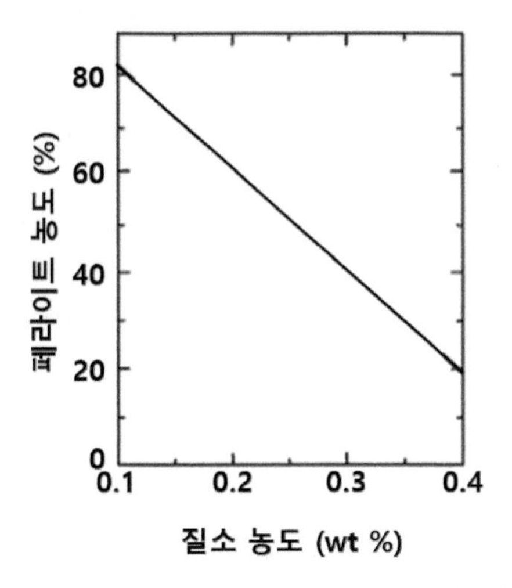

그림 3-63 페라이트 생성에 미치는 N의 영향[5]

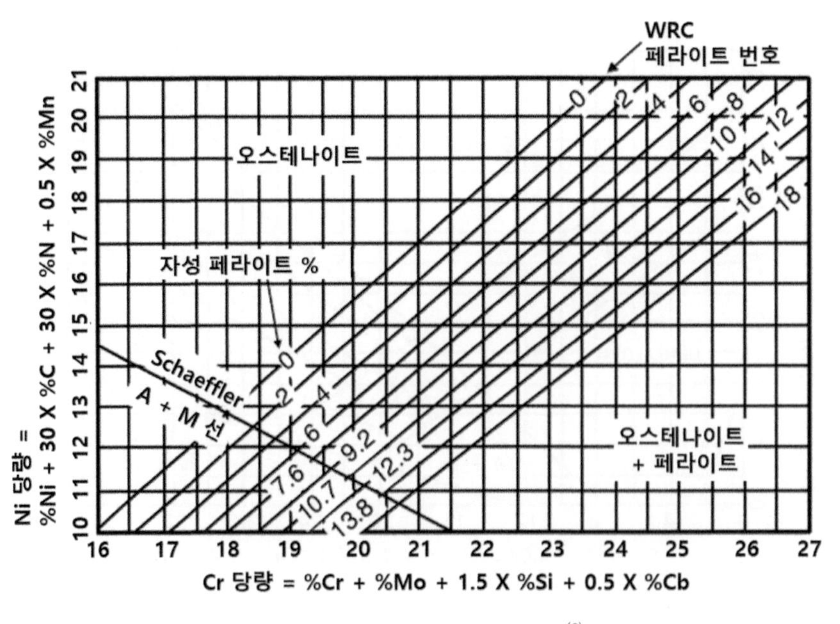

그림 3-64 DeLong Diagram[6]

또다른 용접금속의 조성과 페라이트 함량의 관계를 정량적으로 제시하는 것으로 그림 3-65와 같이 WRC Diagram이 있다. WRC Diagram에는 Ni 당량에 Cu를 포함하고 있다.

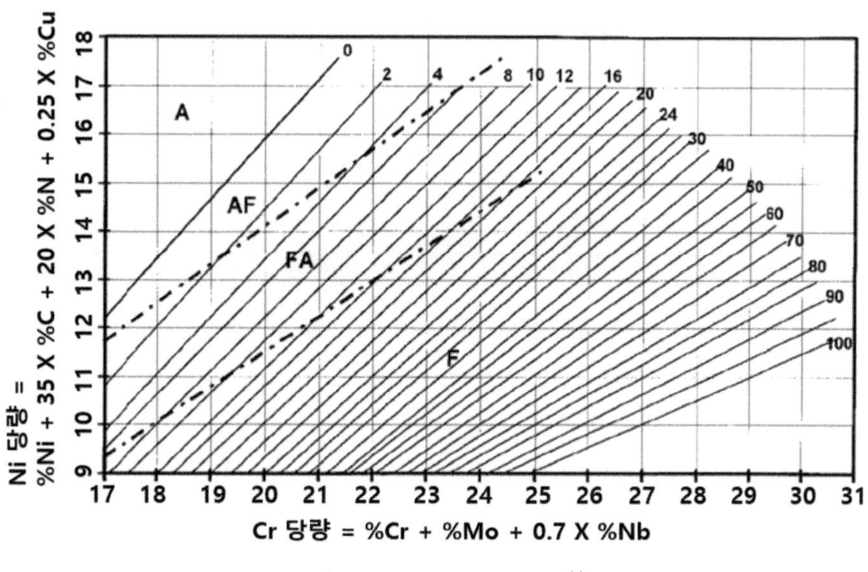

그림 3-65 WRC Diagram [7]

1) 페라이트 생성 원소 및 오스테나이트 생성 원소

Schaeffler Diagram을 보면 Cr 당량과 Ni 당량의 성분비에 따라 페라이트, 오스테나이트 또는 마르텐사이트 상이 생성된다. Cr과 Ni이 왜 페라이트와 오스테나이트를 생성하는지와 어떤 원소들이 Cr 당량 및 Ni 당량에 해당하는지에 대해 이해해 보자.

전율 고용체가 되기위한 조건을 기술한 Hume-Rothery 법칙은 다음과 같다.

1. 고용체를 이루는 각 원소의 결정구조는 같아야 한다.
2. 두 원소의 원자크기는 15% 이상 달라서는 안된다.
3. 두 원소가 화합물을 형성해서는 안된다.
4. 두 원소의 원자가가 같아야 한다.

결정구조 및 원자크기 등의 조건이 비슷한 특성을 갖는 원자들이 전율 고용체를 형성한다는 내용이다. 즉 비슷한 특성을 갖고 있으면 고용도가 증가하여도 계의 에너지가 올라가지 않아 전율 고용체가 될 수 있다. 반대로 이야기하면 결정구조 등의 특성이 다르면 계의 에너지가 증가하여 계가 불안정해 진다는 의미이다. 그러므로 페라이트가 BCC 결정구조이므로 페라이트 생성 원소는 모두 BCC 구조이다. Cr 당량의 원소를 보면 Cr, Mo, Nb등이 BCC 구조다. Si은 예외적으로 금속도 아니고 BCC 구조도 아니나 Cr 당량에 포함되어 있다. 이유는 FCC 구조는 배위수 12의 조밀구조이고 BCC 구조는 배위수 8의 비조밀 구조이다. Si는 비금속으로 비조밀 구조를 가지므로 FCC 보다는 BCC 구조와 비슷하여 Cr 당량에 포함된 것으로 보인다. 같은 이유로 S와 P도 비금속으로 FCC 구조보다는 BCC 구조와 친밀하며 FCC보다 BCC 구조에 많이 고용 가능하므로, 응고균열을 예방하기 위해 페라이트를 형성하여 S와 P를 고용하도록 하는 것이다.

오스테나이트 생성원소는 같은 이유로 모두 Ni, Mn과 같은 FCC 구조이다. 또한 오스테나이트 생성원소에는 C와 N과 같은 침입형 원소가 있다. 침입형 원소는 FCC 구조의 침입형 원소 자리가 크며, BCC 구조의 침입형 원소 자리는 작다. 그러므로 C와 N 같은 침입형 원소는 BCC 구조에 고용되면 격자 변형을 야기하고 계의 에너지를 높여 불안정하며, FCC 구조에서는 격자 변형이 작아 안정하여 잘 고용된다. 따라서 C와 N 같은 침입형 원소는 오스테나이트 생성원소이며 강력한 Ni 당량 원소이다.

4.1.5. 냉각 속도에 따른 δ Ferrite 함량의 변화

Schaeffler Diagram과 DeLong Diagram 등을 이용하여 페라이트 함량을 예측하나 실제 용접시 냉각 속도가 빠를수록 예측값의 오차가 커진다. 특히 LBW와 EBW와 같이 냉각 속도가 빠른 용접법을 사용하는 경우 오차가 더욱 크다. 냉각 속도가 빠른 경우 어떤 이유로 오차가 커지는지 고려해 보자.

1) 초정이 γ 오스테나이트인 스테인리스강

Fe-Cr-Ni의 의사 이원 상태도에서 공정 삼각형의 상부 꼭지점의 Ni 함량이 많은 쪽이며, 이 조성의 액상을 냉각하면 초정으로 γ 오스테나이트가 생성된다. 응고시 냉각 속도를 빠르게 할수록 확산에 의한 용질 원자의 재분배가 감소하여 최종 응고부의 Cr 농축량이 감소하고 결과적으로 페라이트 생성량이 감소한다.

즉 초정으로 γ 오스테나이트가 생성되는 스테인리스강은 냉각속도가 빠를수록 페라이트의 양이 감소 하게 된다.

2) 초정이 δ 페라이트인 스테인리스강

Fe-Cr-Ni의 의사 이원 상태도에서 공정 삼각형의 상부 꼭지점의 Cr 함량이 많은 쪽이며, 이 조성의 액상을 냉각하면 초정으로 δ 페라이트가 생성된다. 그림 3-66의 상태도에서 초정으로 생성된 페라이트는 $\gamma + \delta$ 상이 공존하는 온도 구간을 지나면서 δ 페라이트에서 γ 오스테나이트로의 고상변태가 일어난다. 냉각 속도가 빠를수록 확산에 의한 변태량이 감소하므로, γ 오스테나이트 상의 양이 감소하고 δ 페라이트 상의 양이 증가한다.

즉 초정으로 δ 페라이트가 생성되는 스테인리스강은 냉각속도가 빠를수록 페라이트의 양이 증가 하게 된다.

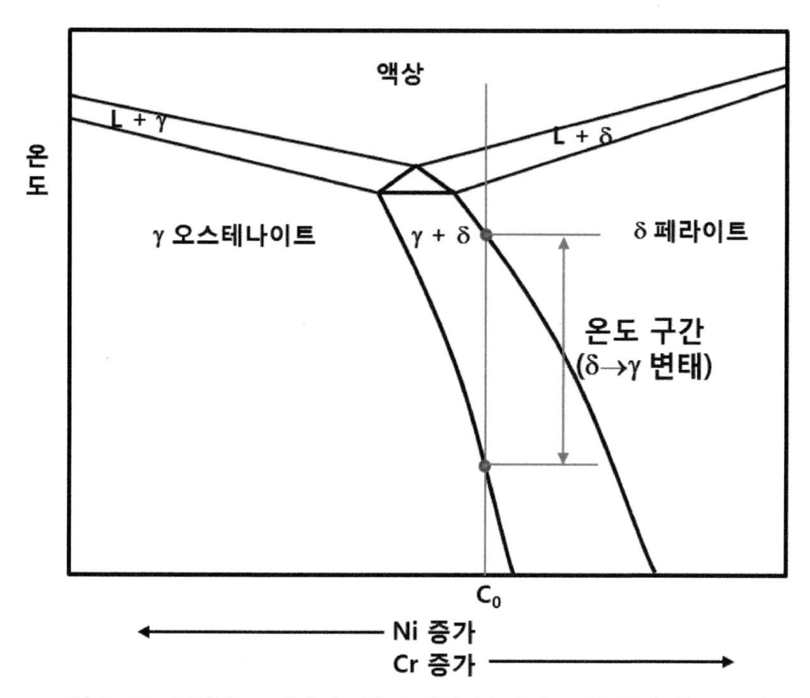

그림 3-66 초정이 δ 페라이트인 스테인리스강의 고상 변태 온도 구간

4.1.6. 수지상정의 끝단(Tip) 과냉에 따른 응고 모드의 변화

급냉으로 인한 수지상정의 끝단(Tip) 과냉시 초정으로 δ 페라이트가 생성되는 조성에서 초정으로 γ 오스테나이트로 응고가 일어 날수 있다.

그림 3-67에서 C_0 화학 조성의 경우 상태도에 따르면 초정으로 δ 페라이트가 응고한다. 그러나 LBW 또는 EBW와 같은 빠른 냉각속도의 용접기법을 적용하거나 용탕을 빠르게 냉각하면 초정으로 γ 오스테나이트가 응고한다. 빠르게 냉각되는 경우 δ 페라이트 액상선에서 δ 페라이트가 응고하지 못하고 과냉되어 확장된 γ 오스테나이트 액상선($C_{L\gamma}$) 아래로 액상이 과냉 될 경우 열역학 적으로 γ 오스테나이트의 응고가 가능하며 이러한 현상은 공정 삼각형의 꼭지점에 가까울 수록 잘 발생한다.

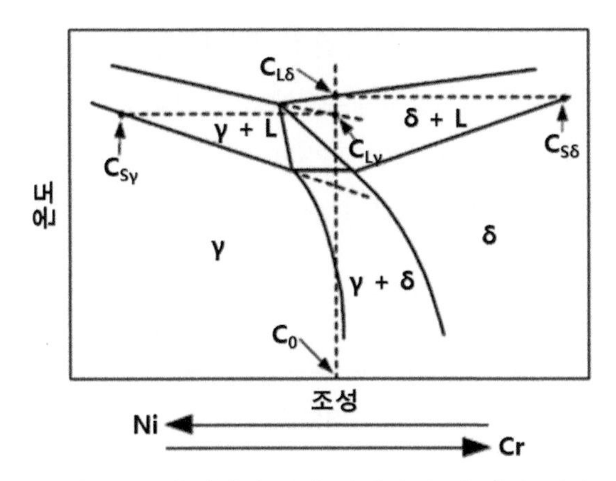

그림 3-67 수지상정 끝단 과냉시 초정 상의 변경

표 3-5 과냉도에 따른 응고 조직

위치	R	G	G/R	조성적 과냉	응고모드	GXR	냉각속도	셀 간격
중심선	特大	小	小	大	수지상정	大	大	미세
용융선	特小	大	大	小	평면	小	小	조대

그림 3-68을 보면 공정 삼각형 꼭지점에 가까운 조성인 SS 309을 용접시 냉각 속도가 빠른 경우 용접 중심선 부근에 초정으로 δ 페라이트가 아닌 γ 오스테나이트 상이 생성됨을 볼 수 있다. 용접 중심선(Centerline) 부위는 표 3-5와 아래 제시된 식과 같이 빠른 응고 속도(R)로 인해 냉각 속도가 빨라 수지상정 끝단에 과냉이 발생하기 용이하고 초정으로 γ 오스테나이트가 생성되기 쉽다. (주변부는 δ 페라이트가 초정이며, 중심부는 γ 오스테나이트가 초정임)

$$(G \times R)_{CL} > (G \times R)_{FL} \quad (G : 온도\ 기울기,\ R : 응고\ 속도)$$

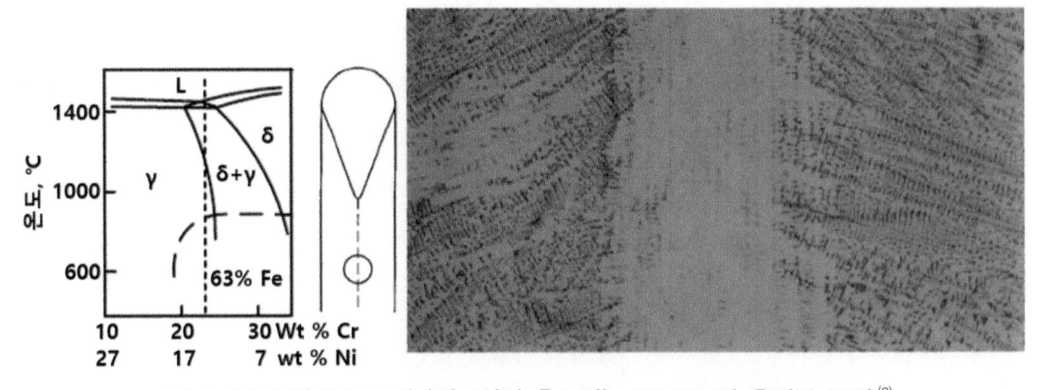

그림 3-68 초정으로 δ 페라이트상이 응고되는 SS 309의 용접부 조직[2]

4.1.7. 재가열 중 Ferrite의 분해

다중 용접 또는 보수 용접시 앞선 용접부의 페라이트 함량이 감소하는 현상이 발생한다. SS 316의 경우 γ 고용선의 온도는 약 1280℃이며, 이 온도 바로 아래의 γ 오스테나이트가 존재하는 높은 온도로 가열시 용질의 확산에 의해 δ 페라이트가 용해되고 γ 오스테나이트가 생성된다. 재 용접시 매우 좁은 영역에서 발생하며, 변형시 균열이 발생하기 쉬워 연성과 인성이 감소한다.

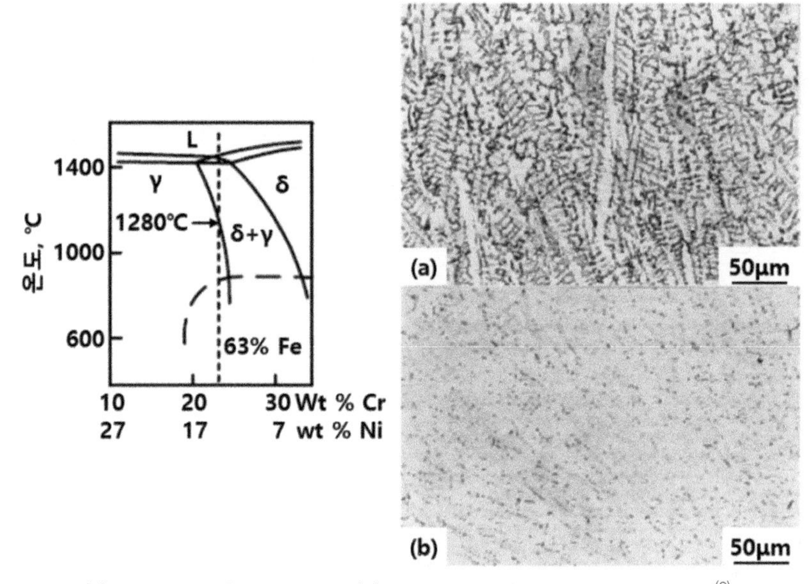

(a) SS 316의 용접부 조직 (b) 1,250℃로 재 가열시 용접부 조직[8]

그림 3-69 고온 가열에 의한 δ Ferrite 용해 현상

4.2 저탄소강과 저합금강(Low Alloy)의 응고 후 상변태

용접금속에서 수지상정과 셀은 식별이 어려운 경우가 있다. 식별이 어려운 이유는 다음의 세 가지로 간략히 요약할 수 있다.

첫번째는 평형 편석 계수(k) 값이 1에 가까워 용질의 재분배 및 편석이 거의 발생하지 않는 경우이다. 이 경우 편석량이 적어 수지상정과 셀 사이에 이종의 조직이 거의 발생하지 않아 수지상정과 셀을 식별하기 어렵다.

두번째는 고상내에 용질의 확산 속도가 빠른 경우이다. 이 경우 확산에 의해 편석량이 감소하여 수지상정과 셀 사이에 이종의 조직이 거의 발생하지 않아 수지상정과 셀을 식별하기 어렵다.

마지막 세번째는 응고 후 고상변태가 존재하는 경우이다. 고상 변태가 발생하는 경우 응고 조직인 수지상정과 셀이 사라지므로 이전 조직인 수지상정과 셀을 식별할 수 없게 된다.

저탄소강과 저합금강의 경우도 응고 조직인 수지상정과 셀 조직이 페라이트와 베이나이트 등으로 고상 변태하므로 용접 조직에서 응고 조직인 수지상정과 셀 조직을 식별할 수 없다.

4.2.1. CCT(Continuous Cooling Transformation) Diagram

일정한 냉각속도로 연속냉각하여 변태의 개시점과 종료점을 측정하여 온도와 시간의 관계로 표시한 것을 연속냉각곡선이라고 한다.

저탄소강과 저합금강의 용접금속 조직을 설명하기 위해 여러가지 CCT(Continuous Cooling Transformation) Diagram이 있으며 그림 3-70도 그중 하나의 CCT Diagram이다. 그림 3-70의 육각형 조직은 수지상정을 절단한 단면을 표시한 그림이며, 그림의 냉각곡선과 같이 냉각시 핵생성이 용이한 입자의 경계(Grain Boundary)에서 Grain Boundary 페라이트가 생성된다.

Grain Boundary 페라이트는 Allotriomorphic 페라이트라고도 부른다. 치환형 원자가 확산이 어려운 낮은 온도까지 냉각되면 확산 속도의 저하로 탄소가 Planar 계면까지 확산하지 못하고 확산 거리가 짧은 Side Plate 페라이트가 성장한다. Side Plate 페라이트는 Widmanstatten 페라이트라고도 부른다. 더 낮은 온도로 냉각되면 Side Plate 페라이트가 성장하는 것보다 내부에 산화물과 같은 입자가 있다면 산화물과 같은 입자에서 Acicular 페라이트가 핵생성하여 성장하는 것이 더 빠르다. Acicular 페라이트는 서로 엮인 구조를 가져 Crack의 성장이 어려워 인성이 좋은 조직이다. 더 온도가 낮아지면 확산이 더욱 어려워져 상부 베이나이트와 하부 베이나이트가 차래로 생성된다.

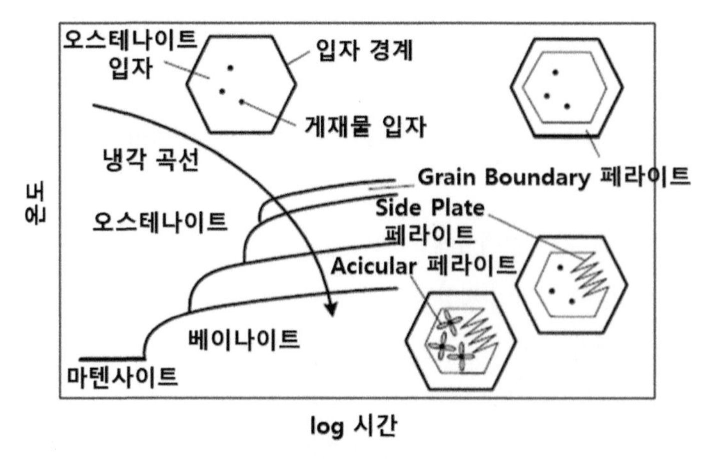

그림 3-70 저 탄소강의 CCT Diagram

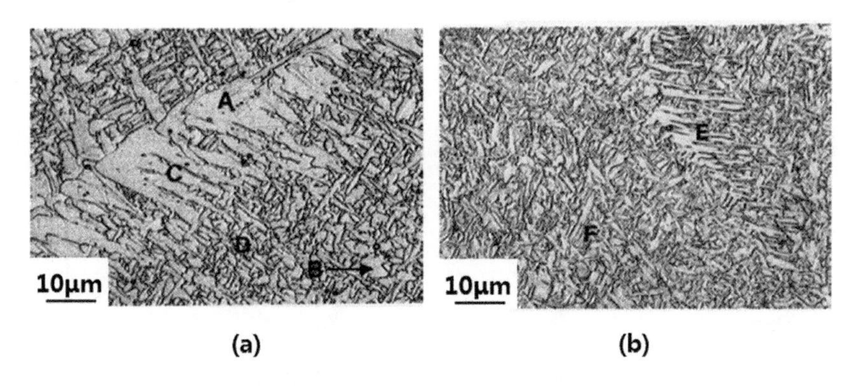

그림 3-71 저 탄소강의 용접금속 조직

A: Grain Boundary 페라이트 B: Polygonal 페라이트 C: Widmanstatten 페라이트

D: Acicular 페라이트 E: 상부 베이나이트 F: 하부 베이나이트 [9]

각 생성된 조직은 그림 3-71의 저 탄소강의 용접 조직에서 볼 수 있다. 또한 그림 3-72에서는 개재물에 Acicular 페라이트가 핵생성하여 성장한 조직을 볼 수 있다.

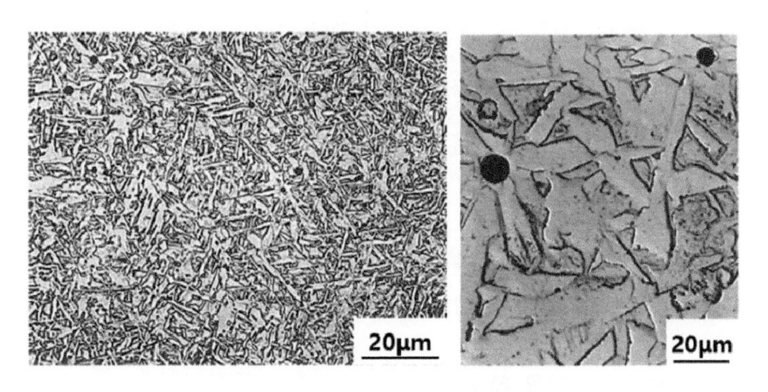

그림 3-72 저탄소강과 저합금강의 용접시 개재물 입자와 Acicular 페라이트 조직 [10]

4.2.2. 미세조직의 페라이트 형상에 영향을 주는 요소

용접조직의 페라이트 형상에 영향을 주는 요소는 크게 다음의 네 가지로 구분할 수 있으며 그 영향은 그림 3-73에 간략히 요약하였다.

a) 800℃에서 500℃까지의 냉각 시간(Δt_{8-5})

b) 합금 원소의 양

c) 오스테나이트 입자 크기(Grain Size)

d) 용접금속 산소 농도

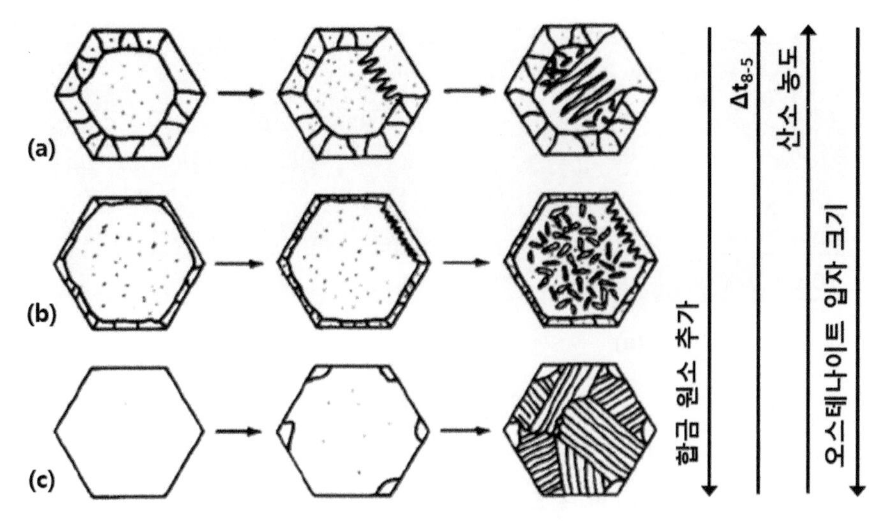

그림 3-73 용접 조직의 페라이트 형상에 영향을 주는 요소 [11]

1) 냉각 시간 (Δt_{8-5})

냉각 속도가 빨라짐에 따라 그림 3-74의 냉각 곡선은 3번, 2번, 1번 곡선으로 변하여 냉각된다. 이에 따라 변태 생성조직은 Grain Boundary 페라이트 → Widmanstattern 페라이트 → Acicular 페라이트 → 베이나이트로 변태한다. 자세히 기술하면 느린 3번 냉각 곡선으로 냉각되면 그림 3-74 (a)와 같이 Grain Boundary 페라이트와 Side Plate 페라이트가 생성되며, 조금 빠르게 2번 곡선으로 냉각되면 그림 3-74 (b)와 같이 Acicular 페라이트가 주로 생성되고, 좀더 빠르게 1번 곡선으로 냉각되면 그림 3-74 (c)와 같이 베이나이트가 주로 생성됨을 알 수 있다.

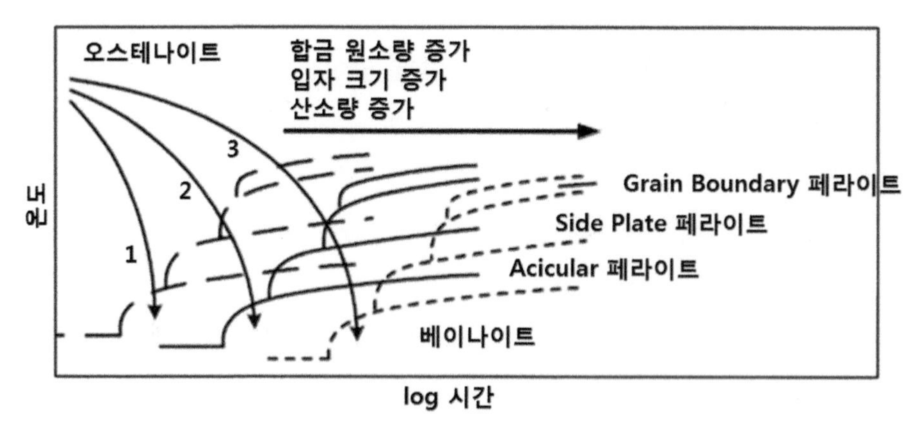

그림 3-74 저탄소강의 용접시 페라이트 형성에 대한 냉각 시간,
합금 원소, 입자 크기, 산소 농도의 영향

2) 합금 원소의 양

합금 원소의 양이 증가 할수록 CCT 곡선은 더 긴 시간과 낮은 온도 방향으로 이동한다. 합금 원소가 증가하면 변태시 확산에 의한 용질의 재분배량이 증가하여 변태에 더 많은 시간이 걸린다. 이에 따라 CCT 곡선이 더 긴 시간과 낮은 온도 방향으로 이동하게 된다. 이에 따라 합금 원소의 양이 증가함에 따라 그림 3-74의 3번 냉각 곡선으로 볼 때 생성조직은 Grain Boundary 페라이트 → Widmanstattern 페라이트 → Acicular 페라이트 → 베이나이트로 변경된다.

또한 합금 원소의 양이 증가하면 CCT 곡선의 이동으로 경도가 높은 마르텐사이트 생성이 용이해지며, 일반적으로 이런 현상을 '합금원소를 첨가하면 경화도가 증가한다'고 많이 표현하고 있다.

3) 오스테나이트 입자 크기(Grain Size)

오스테나이트의 입자 크기가 커지면 페라이트가 핵생성하는 입자 경계(Grain Boundary) 면적이 감소하므로 페라이트 핵생성에 더 많은 시간이 소요되어 CCT 곡선이 더 긴 시간과 낮은 온도 방향으로 이동한다. 이에 따라 생성되는 조직도 Grain Boundary 페라이트 → Widmanstattern 페라이트 → Acicular 페라이트 → 베이나이트로 변경된다.

4) 용접 금속의 산소 양

산소 함량이 증가하면 산화물과 같은 개재물이 증가하여 오스테나이트 입자의 성장이 제한되며 이에 따라 입자 크기(Grain Size)가 작아진다. 입자 크기가 작아지면 페라이트 핵생성 위치인 입자 경계(Grain Boundary) 면적이 넓어져 핵생성이 용이해진다. 결론적으로 산소 함량이 증가하면 CCT 곡선이 짧은 시간과 높은 온도 방향으로 이동한다. 산소 함량의 증가 효과는 오스테나이트 입자 크기가 작아지는 효과와 동일하며 그림 3-75와 같이 나타난다.

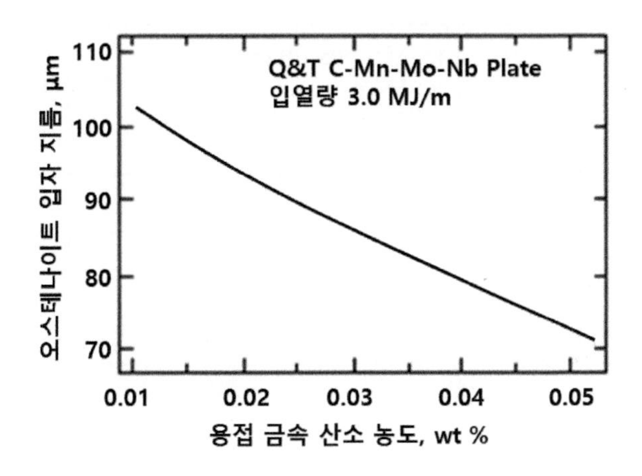

그림 3-75 용접금속의 산소 농도와 오스테나이트 입자 크기의 관계[12]

4.2.3. Acicular Ferrite

용접 금속에 함유된 산소는 CCT 곡선의 이동 효과와 더불어 Acicular 페라이트를 생성하는 역할을 한다. 그림 3-76에서 용접 차폐가스(Shielding Gas)에 적정량의 산소를 추가하면 Acicular 페라이트가 최대로 생성됨을 알 수 있다.

Ar-O_2 또는 Ar-CO_2 혼합 가스를 이용하여 용접 금속에 산소를 첨가할 수 있으며, CO_2 가스는 용접시 아크열에 분해되어 용접금속에 산소로 첨가되므로 O_2 가스와 같은 역할을 한다.

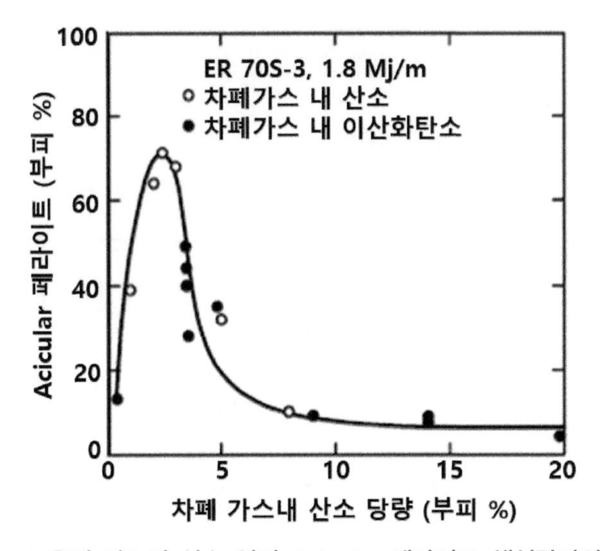

그림 3-76 용접 가스의 산소 양과 Acicular 페라이트 생성량과의 관계[13]

Acicular 페라이트는 서로 간에 그물 구조를 가지므로 Crack에 저항성이 있어, 그림 3-77과 같이 Acicular 페라이트 생성량이 증가할수록 용접금속의 인성이 증가한다.

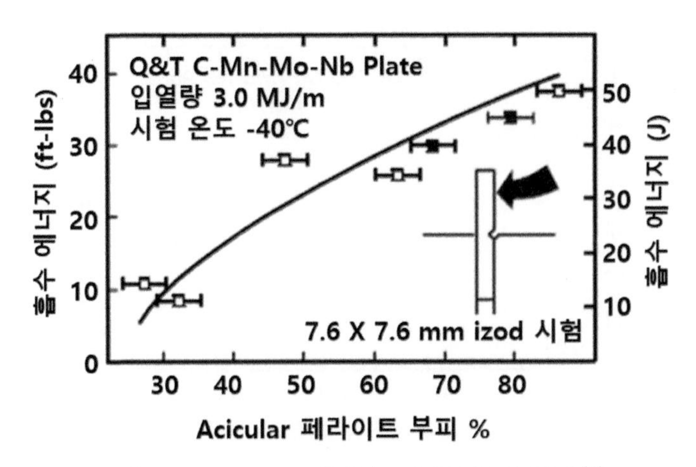

그림 3-77 Acicular 페라이트와 인성과의 관계[12]

그림 3-78에서 용접가스에 적성량의 산소를 첨가하면 Acicular 페라이트가 많이 생성되어 인성이 향상됨을 알 수 있다.

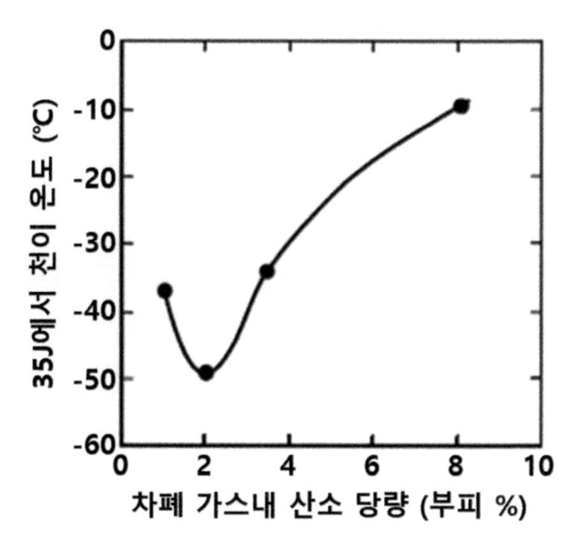

그림 3-78 용접가스의 산소량과 연성-취성 천이 온도와의 관계 (13)

참고문헌

1 Metals Handbook, Vol. 8, 8th ed., American Society for Metals, Metals Park, OH, 1973.

2 Kou, S., and Le, Y., Metall. Trans., 13A: 1141, 1982.

3 Inoue, H., Koseki, T, Ohkita, S., and Fuji, M., Sci. Technol. Weld. Join., 5: 385, 2000.

4 Schaeffler, A. L., Metal Prog., 53: 273s, 1974.

5 Sato, Y. S., Kokawa, H., and Kuwana, T., Sci. Technol. Weld. Join., 4: 41, 1999.

6 Delong, W. T., Weld. J., 53: 273s,1974.

7 Kotecki, D. J., and Siewert, T. A., Weld. J., 71: 171s, 1992.

8 Chen, M. H., and Chou, C. P., Sci. Technol. Weld. Join., 4: 58, 1999.

9 Grong, O., and Matlock, D. K., Int. Metals Rev., 31: 27, 1986.

10 Babu, S. S., Reidenbach, F., David, S. A., Bollinghaus, Th., and Hoffmeister, H., Sci. Technol. Weld. Join., 4: 63, 1999.

11 Bhadeshia, H. K. D. H., and Svensson, L. E., in Mathematical Modeling of Weld Phenomena, Eds. H. Cerjak and K. Easterling, Institute of Materials, 1993.

12 Fleck, N. A., Grong, O., Edwards, G. R., and Matlock, D. K., Weld. J., 65: 113s, 1986.

13 Onsoien, M. I. Liu, S., and Olson, D. L., Weld. J., 75: 216s, 1996.

용접 금속의 화학적 불균일 현상

지금까지 응고 및 응고 후 상변태에 대해 공부하면서 상태도 및 편석 계수 등에 의해 편석이 발생하는 현상도 같이 정리하였다. 이장에서는 편석 계수에 의한 편석뿐만 아니라 용접 중 발생하는 화학적 불균일 현상에 대해 다루도록 하겠다. 대표적인 화학적 불균일 현상은 용질 원자의 편석, 밴딩(Banding), 개재물(Inclusion), 가스 기공(Gas Porosity) 등이 있다.

5.1 미세 편석(Microsegregation)

3장의 1 '기본 응고 개념'에서 기술한 것과 같이 평형 편석 계수 k가 1보다 작은 경우 최종 응고부인 셀과 수지상정의 경계에 편석한다. 반면에 k가 1보다 큰 경우는 셀과 수지상정의 중심에 편석한다.

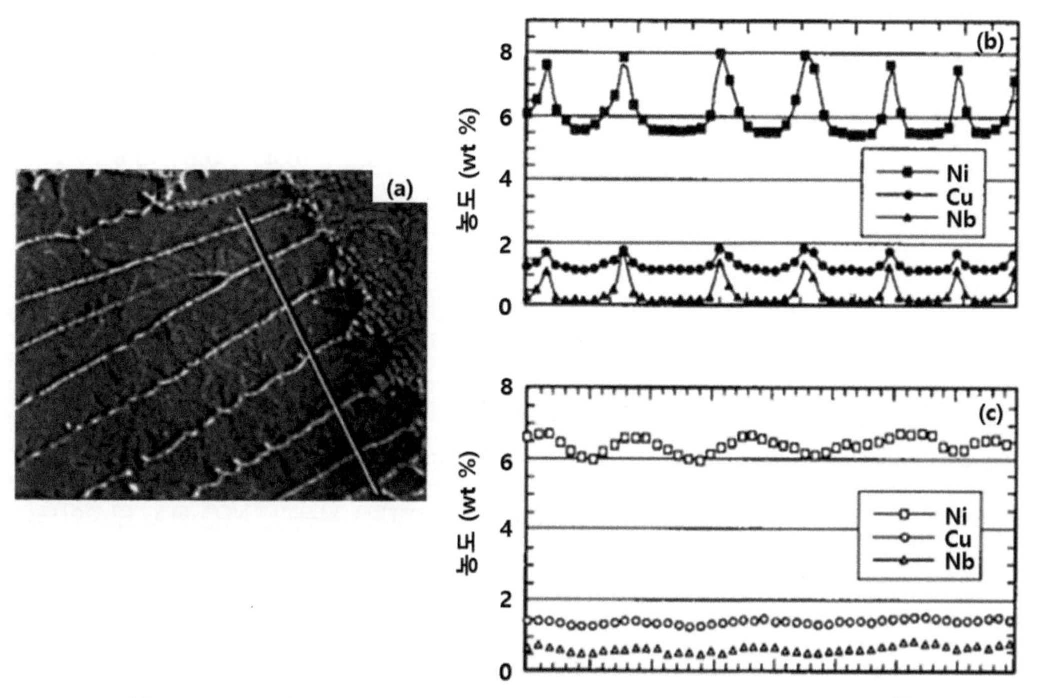

(a) 용접조직 (b) 수지상정의 성장 첨단 (c) 수지상정의 첨단에서 400μm 뒤쪽 [1]

그림 3-79 마르텐사이트계 스테인리스강의 수지상정 횡단 방향의 미세 편석 현상 비교

5.1.1. 고상 확산의 영향

응고 후 냉각 중에 확산 현상이 발생하여 편석 현상이 감소한다. 그림 3-79와 같이 마르텐사이트계 스테인리스강의 용탕에서 응고 직후인 주상정 첨단에서는 수지상정 사이에 용질 원자의 미세 편석 현상이 발달해 있다. 반면에 응고 후 일정 시간이 지난 첨단에서 400μm 뒤쪽의 농도 분포를 보면 용질 원자의 확산에 의해 미세 편석 현상이 뚜렷하게 감소하였음을 볼 수 있다.

FCC 구조는 최조밀 구조로 원자 사이의 틈이 작아 침입형 용질 원자와 치환형 용질 원자 모두 확산이 어렵다. 반면에 비조밀 구조인 BCC 구조는 원자간 틈이 커서 확산이 용이하다. 그림 3-80 (a)와 같이 BCC 구조는 용질원자의 확산이 용이하여 응고 후 0.25초 뒤에 용질 원자의 편석 현상이 대부분 해소됨을 볼 수 있다. 또한 그림 3-80 (b)와 같이 FCC 구조에서는 용질 원자의 확산이 어려워 응고 후 3.2초 후에도 편석 현상이 대부분 유지됨을 볼 수 있다.

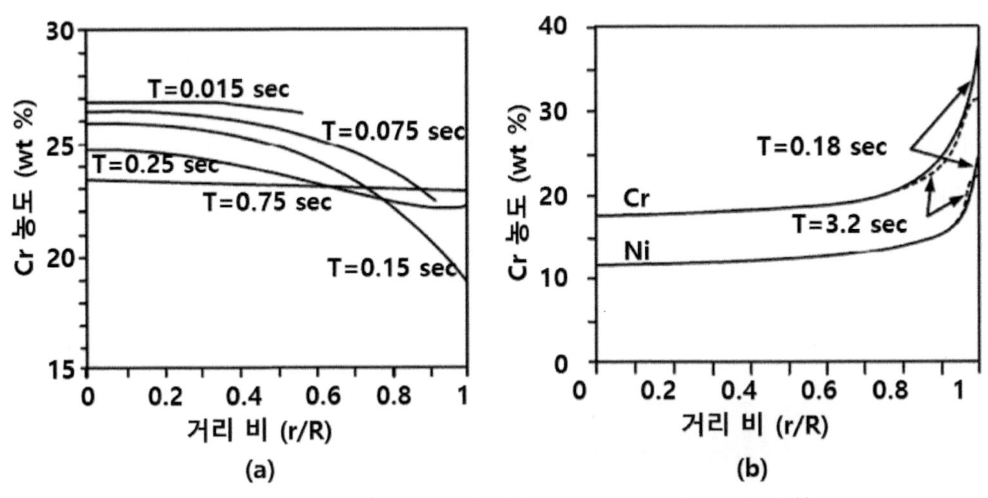

(a) Fe-23Cr-12Ni (BCC 구조) (b) Fe-21Cr-14Ni (FCC 구조)[2]

그림 3-80 미세 편석 현상에 대한 고상 확산의 영향

앞장에서 설명하였듯이 SS 308은 초정이 δ 페라이트로 응고하며, 최종 응고부인 수지상정 사이에 γ 오스테나이트가 응고한다. 이후 냉각 중 δ+γ 영역을 통과시 γ 오스테나이트가 δ 페라이트를 잡아먹으며 성장하며 최종적으로 δ 페라이트는 Lath 형태로 남는다. Ni은 FCC 구조이므로 FCC 조직인 γ 오스테나이트에 편석하고, Cr은 BCC 구조이므로 BCC 조직인 δ 페라이트에 편석하여 그림 3-81과 같은 미세 편석 현상이 나타난다.

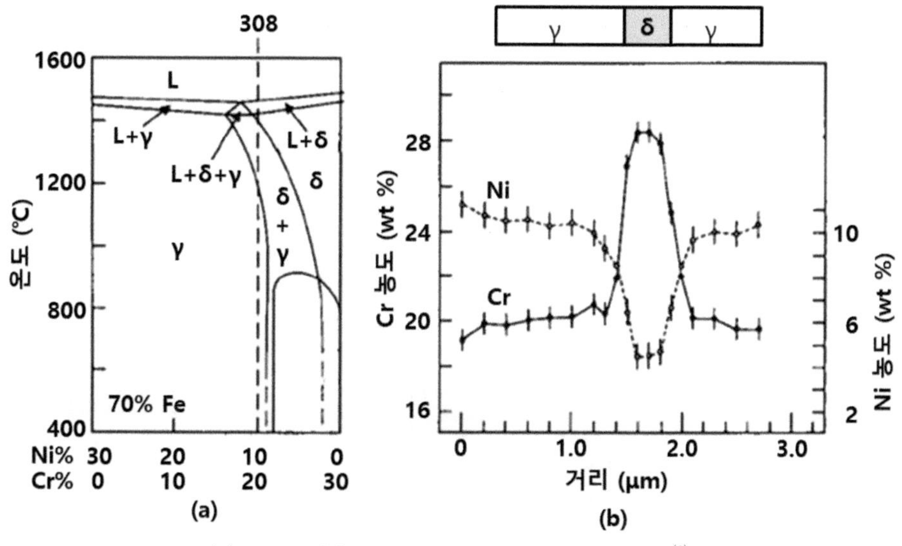

(a) 상태도 (b) 수지상정 횡단 방향의 미세 편석[3]

그림 3-81 SS 308의 미세 편석

5.1.2. 수지상정의 Tip 과냉의 영향

수지상정 Tip의 과냉도가 클수록 좀더 낮은 온도에서 응고하므로 확산 속도 저하로 용질의 재분배가 감소하여 결과적으로 고상내 편석이 감소한다.

그림 3-82의 그림에서 액상선의 응고 온도(T_L)과 수지상정 Tip의 실제 온도(T_t)와의 온도 차이만큼 과냉이 발생하며 과냉은 아래 식의 네 가지로 구분할 수 있다.

$$\Delta T = \Delta T_C + \Delta T_R \ (+ \Delta T_T + \Delta T_K \ )$$

ΔT_C = Tip 전단 용질 조성 증가에 의해 야기된 과냉
ΔT_R = 곡률 반경에 따른 표면에너지 증가에 의한 과냉
ΔT_T = 핵생성 에너지 장벽에 의한 과냉(에피택셜 성장시 미미함)
ΔT_K = 액상의 원자가 수지상정에 부착되는 어려움 정도에 의한 과냉으로 미미함

조성에 의해 야기된 과냉(ΔT_C)는 수지상정 응고시 액상으로 배출된 용질 원자에 의해 수지상정 끝단(Tip) 주위의 액상에서 용질 원자의 농도가 증가에 따른 평형 응고 온도 저하로 인한 좀더 낮은 온도에서 응고하는 현상이다. 이 과냉은 조성적 과냉과 비슷한 개념으로 이해할 수 있다.

계면이 평면인 경우보다 계면이 곡률을 갖는 경우 계면이 증가하여 고상의 에너지가 높아져 좀더 낮은 온도에서 응고한다. 즉 수지상정 끝단(Tip)의 곡률 반지름이 작아질수록 응고 온도가 낮아진다.

열역학 적으로 핵생성에 대한 에너지 장벽이 높은 경우에도 응고온도가 저하하며 동종 용접에 의한 에피택셜 성장시는 핵생성 에너지 장벽이 없으므로 과냉에 미치는 영향이 거의 없다. 확산된 원자가 고상에 부착하기 어려운 경우도 응고온도 저하로 과냉이 증가하나 위의 두 가지 원인에 의한 과냉 정도는 미미하여 무시할 수 있다.

그림 3-82와 같이 수지상정의 응고 속도가 빠른 경우 수지상정 끝단(Tip)의 반지름이 작아져 과냉이 증가하여 좀더 낮은 온도에 응고하게 된다.

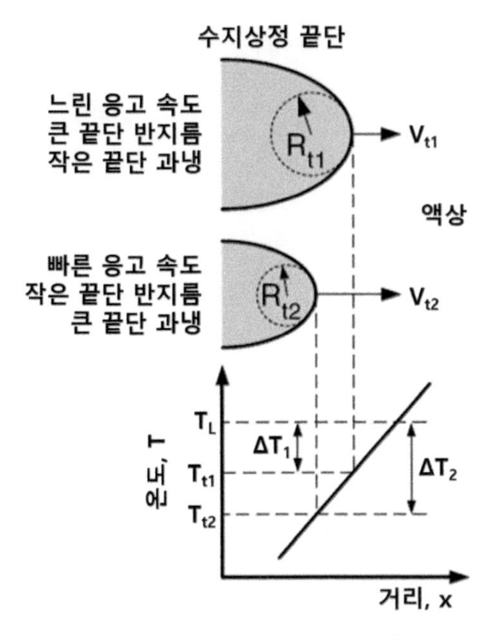

그림 3-82 수지상정 Tip 과냉

그림 3-83은 수지상정 끝단(Tip)의 과냉 정도에 따른 미세 편석 현상의 차이를 보여주고 있다. 그림 3-83 (a)는 서냉시의 경우이며, 서냉하는 경우 응고속도가 낮아 수지상정의 끝단(Tip) 반지름이 커지고 과냉이 감소하여 높은 온도에서 응고한다. 이에 따라 용질 원자의 재분배가 활발하게 이루어져, 그림 3-83 (a)와 같이 수지상정 끝단(Tip)의 과냉이 있는 경우와 없는 경우의 미세 편석 차이가 적게 나타난다. 반면에 냉각 속도가 빠른 경우 수지상정의 끝단(Tip) 반지름이 작고 수지상정 끝단(Tip) 과냉이 증가하여 낮은 온도에서 응고하므로 확산에 의한 용질 원자의 재분배가 감소한다. 이에 따라 그림 3-83 (b)와 같이 수지상정 끝단(Tip)의 과냉이 있는 경우가 없는 경우보다 미세 편석 현상이 현저하게 증가하게 된다.

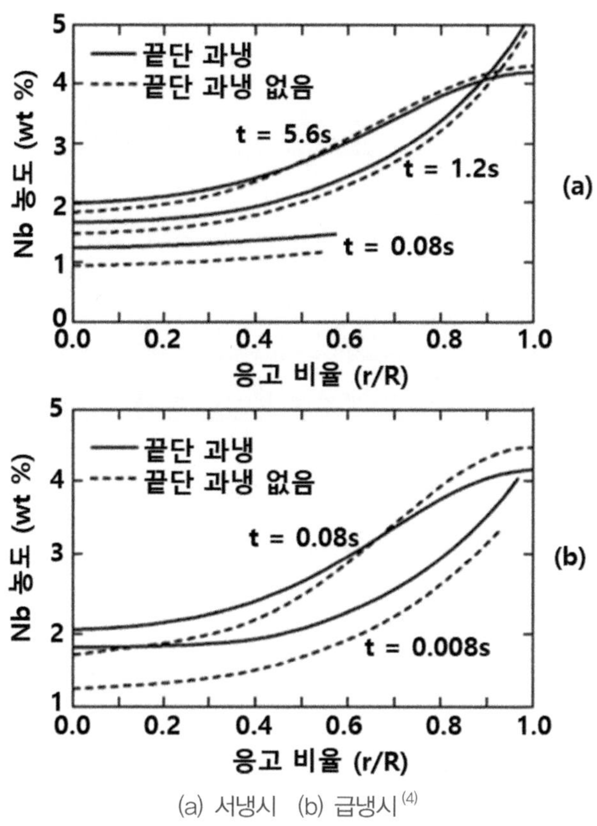

(a) 서냉시 (b) 급냉시[(4)]

그림 3-83 Fe-3.3Nb 용접시 미세편석 현상

5.2 밴딩(Banding)에 의한 편석 현상

3장 1.4.2에서 설명한 것과 같이 거시 편석의 한 종류인 밴딩 현상의 원인은 주로 용접 속도의 불균일로 인해 발생한다. 다른 원인으로는 아크의 맥동, 아크의 불안정, 용접가스의 불안정 및 용탕의 유동 등이 있다.

그림 3-84에는 물결 무늬의 Banding 현상을 볼 수 있다. 백색은 경도가 낮은 오스나이트 조직이며, 흑색의 조직은 경도가 높은 마르텐사이트 조직이다. 취성이 높은 마르텐사이트 조직에서는 균열을 관찰 할 수 있다.

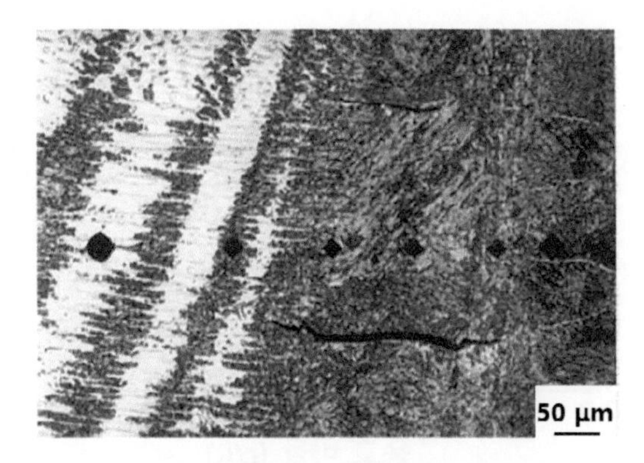

그림 3-84 **탄소강 모재를 오스테나이트계 스테인리스강 용접봉으로 용접한** Banding **현상**[(5)]

5.3 개재물(Inclusion)과 기공(Gas Porosity)

개재물과 기공은 용접 금속의 기계적 특성을 저하시키며, 가스-금속 및 슬래그-금속 반응에 의해 생성된다. 또한 개재물은 다중 용접시 슬래그 재거가 미흡한 경우에도 발생한다.

그림 3-85에서 다층 용접시 발생 가능한 슬래그 개재물과 같은 결함들을 볼 수 있다.

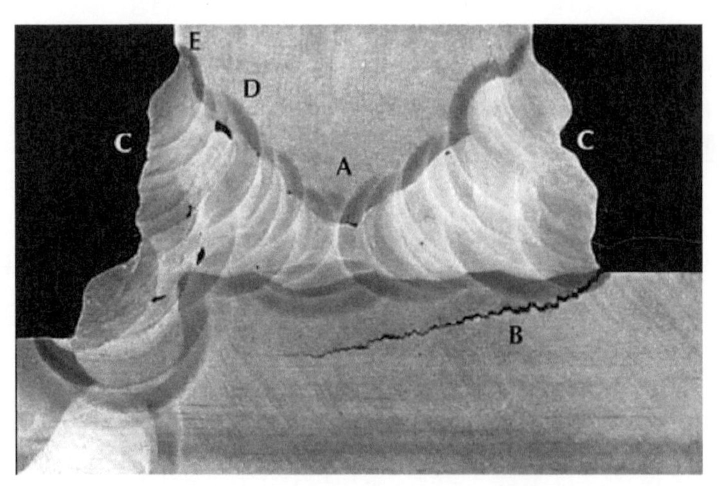

(A) 융합 부족(LF) (B) 라멜라 티어링 (C) 표면 불균일 (D) 슬래그 혼입 (E) 언더컷[(6)]

그림 3-85 **다층 용접시 결함 종류**

Al합금은 표면에 높은 융점의 산화물 층이 존재한다. 그림 3-86 (a)와 같이 깊은 용입 설계시에는 산화물의 용융 및 배출이 어려워 용접 금속내에 산화물이 개재물로 남게 된다.

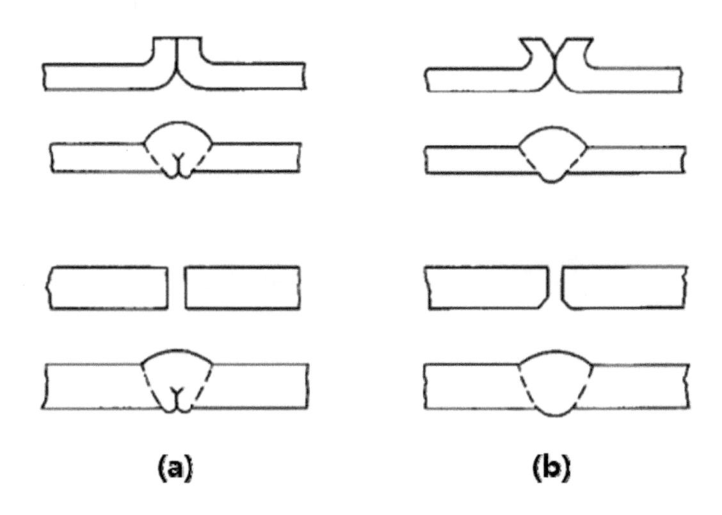

그림 3-86 Al 용접시 조인트 설계 및 그에 따른 산화물 잔류 현상[7]

5.4 용탕 인근의 불균일한 용질 농도

이종 재질을 용접하거나 모재와 용접봉의 재질이 다른 경우 모재와 용접부의 조성이 다르다. 이런 이유로 모재와 용접부 경계에 조성이 불균일하게 변하는 구역이 존재한다. 조성 불균일에 의해 마르텐사이트가 생성될 수 있으며 수소유기균열(HIC, Hydrogen Induced Crack)이나 응력부식균열(SCC, Stress Corrosion Cracking)등의 문제를 야기할 수 있다.

그림 3-87은 SS 304L 모재를 SS 310 용접봉으로 용접한 조직이다. 그러므로 그림 3-87 (b)와 같이 모재와 용접부의 조성이 다르다. 용탕에서 모재와의 경계에는 모재가 용융되었으나 용접봉과 섞이지 않은 Unmixed Zone이 존재하며, 이 부분은 용탕이지만 모재와 유사한 조성을 갖는다. 또한 모재중 부분 용융부(PMZ), 열영향부(HAZ)도 역시 모재와 유사한 조성을 갖는다. 그림 3-88을 보면 용접부내 열영향부(HAZ), 부분 용융부(PMZ), Unmixed Zone의 위치를 알 수 있다.

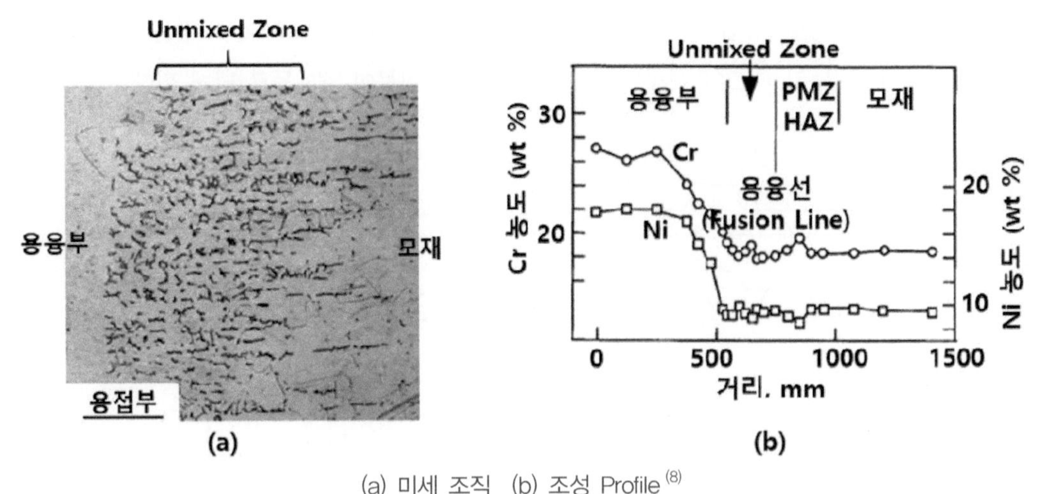

(a) 미세 조직 (b) 조성 Profile [8]

그림 3-87 SS 304L 모재를 SS 310 용접봉으로 용접

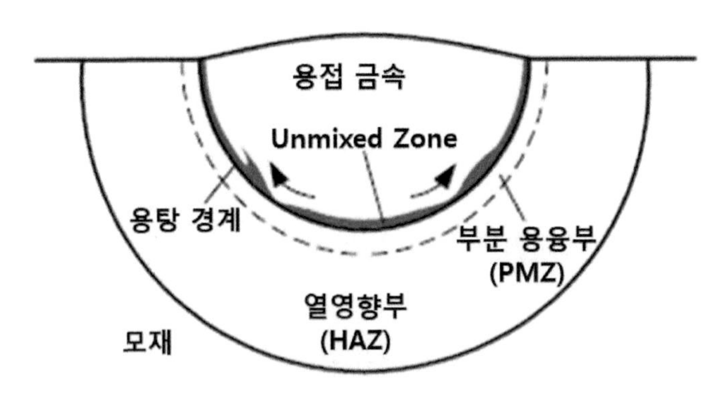

그림 3-88 용접부 Unmixed Zone의 위치

용탕 경계부에 농도 불균일은 수소유기균열(HIC, Hydrogen Induced Crack)이나 응력부식균열(SCC, Stress Corrosion Cracking) 등의 문제를 야기할 수 있다. 조성 불균일 지역의 조성이 Schaeffler Diagram의 마르텐사이트 영역에 해당하는 부분이 있다면, 이곳에서 마르텐사이트가 생성되어 용탕 경계에서 균열을 초래할 수 있다. 그림 3-89는 저합금강을 스테인리스 용접봉으로 용접한 경우이며 용탕의 경계에서 조성이 불균일하여 마르텐사이트가 생성된 것을 관찰할 수 있다.

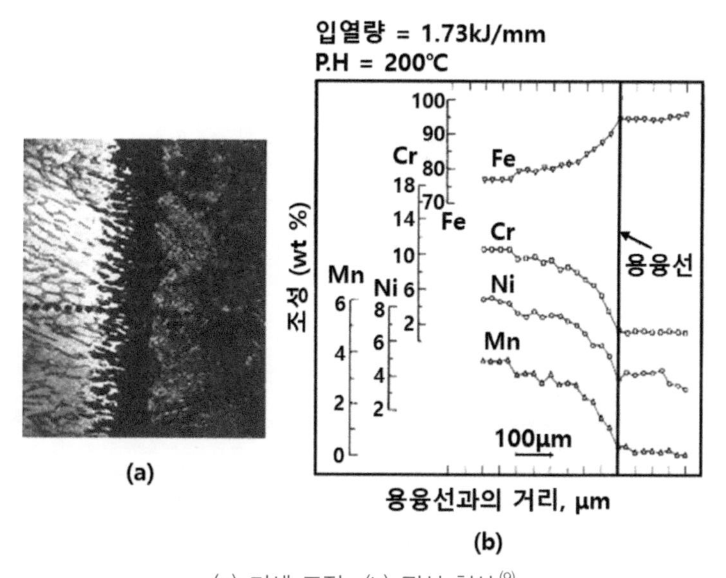

(a) 미세 조직 (b) 편석 현상[9]

그림 3-89 저합금강을 스테인리스 용접봉으로 용접

그림 3-90 (a)는 탄소강과 오스테나이트 강을 E309 용접봉을 사용하여 SMAW 용접법으로 충분한 예열과 층간 온도 조절없이 용접한 그림이다. 예열과 층간 온도 관리 부족으로 인해 급냉이 형성되었고, 결과적으로 탄소강쪽 용탕 경계선을 따라 취성이 있는 마르텐사이트가 생성된 것을 볼 수 있다. 이 마르텐사이트는 Ni Base 용접봉을 사용하여 마르텐사이트 생성을 억제하고 예열과 층간온도를 통해 적절히 서냉하면 그림 3-90 (b)와 같이 마르텐사이트 생성을 방지할 수 있다. E309 용접봉은 Ni Base 용접봉 보다 Ni 함량이 적고, Cr 함량이 높아 마르텐사이트 생성을 완전히 억제하지 못한다.

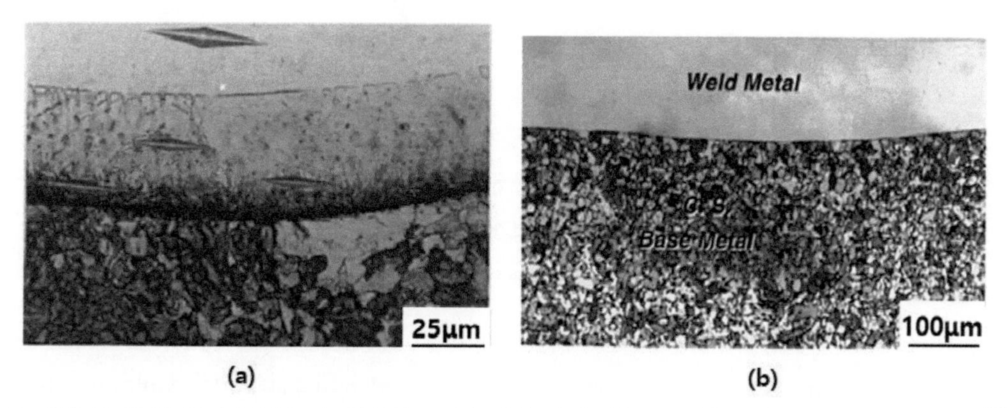

(a) 용융 경계선을 따라 형성된 마르텐사이트 (b) 예열 및 층간온도 조절을 통한 마르텐사이트 미생성[10]

그림 3-90 탄소강과 스테인리스강의 이종 용접시 탄소강 쪽 용접 금속

5.5 용접 금속의 거시 편석(Macro Segregation) 현상

용탕의 유동에 의해 용탕이 혼합되면 용접금속의 거시 편석이 최소화된다. 동종의 금속을 용접하는 경우 거시 편석 현상이 잘 관찰되지는 않지만, 단층 이종 용접시 용탕의 혼합이 불충분한 경우 거시 편석현상이 잘 관찰된다. 다층 이종 용접의 경우에는 용탕의 혼합이 충분하여도 거시 편석 현상이 관찰된다.

5.5.1. 단층(Single-Pass) 용접

단층 이종 용접시 용탕의 혼합이 불충분한 경우 거시 편석 현상이 발생하나, 자기장을 이용하여 용탕의 유동을 증진하는 방법으로 거시 편석 현상을 최소화 시킬 수 있다.

레이져 용접이나 전자빔 용접은 입열량이 작아 냉각 속도가 빠른 용접이므로 용접속도를 빠르게 하면 응고 전 용탕이 혼합될 충분한 시간이 없어 거시 편석 현상이 발생한다.

그림 3-91은 레이져 용접시 빠른 용접속도에 의해 용탕이 충분히 혼합되지 못하여 발생한 거시 편석 현상이다.

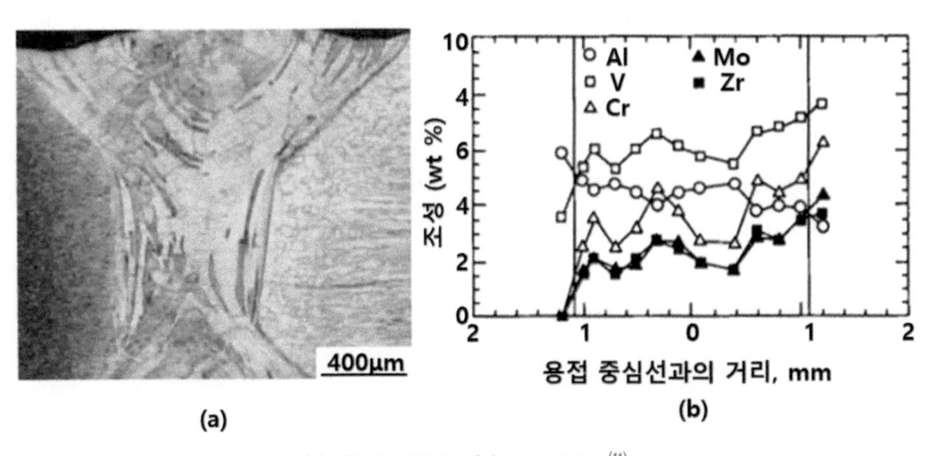

(a) 용접부 단면 (b) 농도 분포 [11]

그림 3-91 Ti-6Al-4V와 Ti-3Al-8V-6Cr-4Mo-4Zr (βC)합금의 레이져빔 용접시 거시 편석 현상

5.5.2. 다층(Multi Pass) 용접

그림 3-92는 이종 금속 용접시 첫번째 Bead(Root Pass)의 희석률과 조성을 설명한다. 첫번째 Pass는 모재와 용접봉에 의한 희석률에 의해 조성이 결정되나, 두번째 이후의 Pass에서는 용탕

의 위치에 따라 용탕을 구성하는 부분이 달라지므로 Pass별로 조성이 차이가 난다. 즉 다층 이종 용접에서는 아무리 용탕의 혼합을 잘하여도 거시 편석이 발생한다.

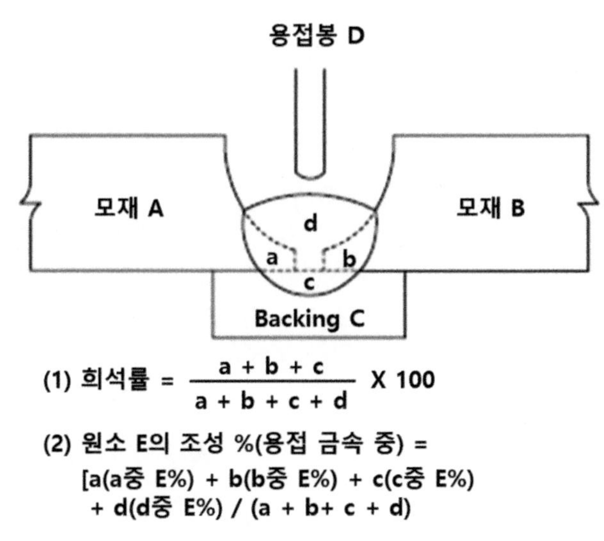

그림 3-92 이종 금속 용접시 용접봉에 의한 희석률과 조성[12]

그림 3-93에서 4130강과 SS 304을 SS 312 용접봉으로 이종 용접시 각 Pass별 조성의 차이를 볼 수 있다.

또한 그림 3-94에서 Pass별 조성의 차이에 의한 미세 조직의 변화를 볼 수 있다. Cr의 함량이 첫번째 Pass에서 18%이며, 세번째 Pass에서는 25%이다. 이런 거시 편석 현상에 따라 Pass가 증가할수록 Ferrite의 양이 증가하는 것을 알 수 있다.

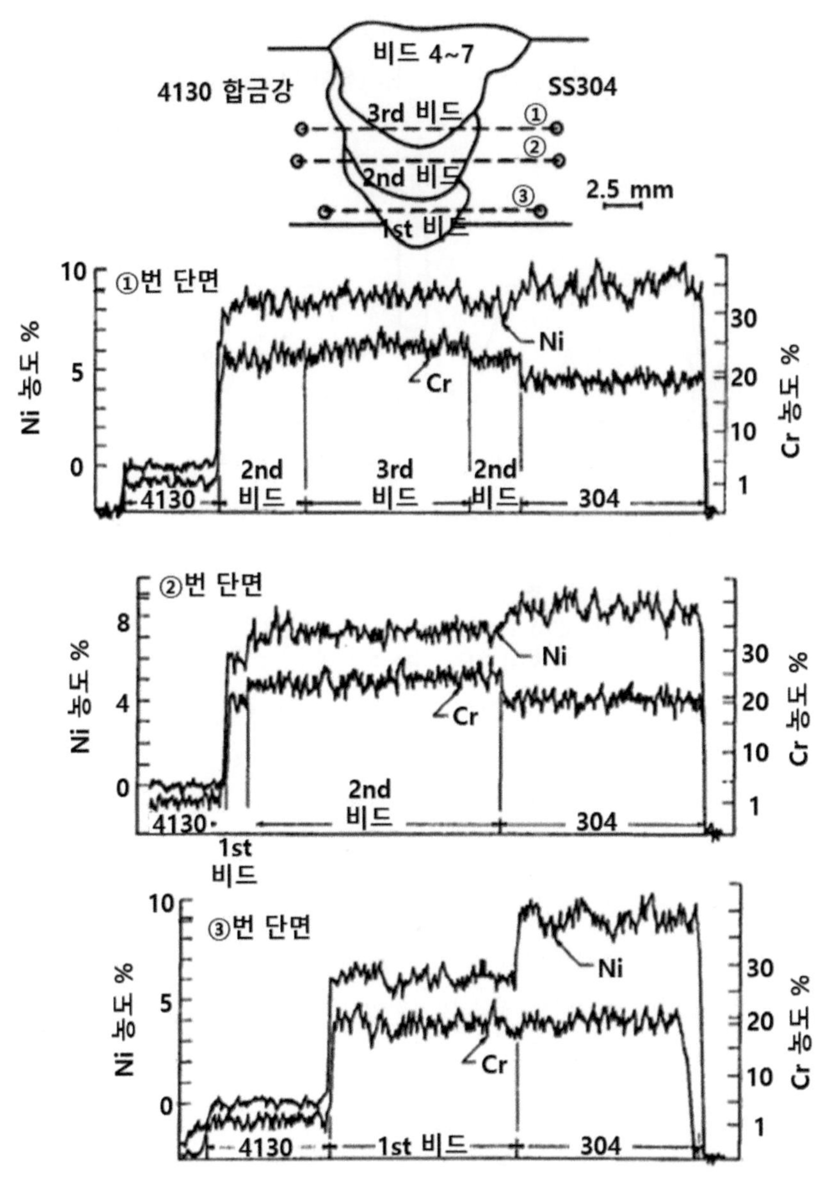

그림 3-93 4130강과 SS 304의 다층 용접시 거시 편석 현상[12]

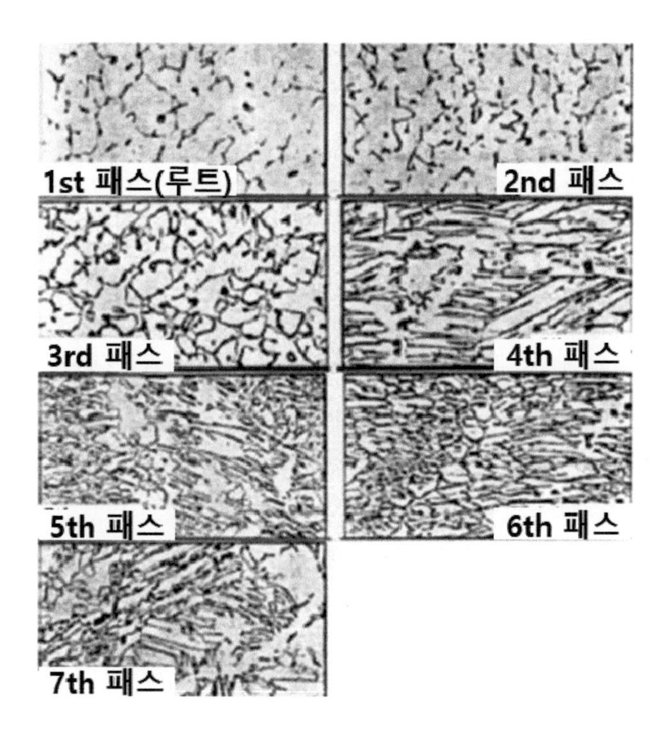

그림 3-94 4130강과 SS 304의 다층 용접시 미세 조직의 변화 (12)

참고문헌

1 Brooks, J. A., and Garrison, W. M. Jr., Weld. J., 78: 280s, 1999.

2 Brooks, J. A., in Weldability of Materials, Eds. R. A. Patterson and K. W. Mahin, ASM International, Materials Park, OH, March 1990, p.41.

3 David, S. A., Goodwin, G. M., and Braski, D. N., Weld. J., 58: 330s, 1979.

4 Brooks, J. A., Li, M., Baskes, M. I., and Yang, N. C. Y., Sci. Technol. Weld. Join., 2: 160, 1997.

5 Rowe, M. D., Nelson, T. W., and Lippold, J. C., Weld. J., 78: 31s, 1999.

6 Lochhead, J. C., and Rodgers, K. J., Weld. J., 78: 49, 1999.

7 Inert Gas Welding of Aluminum Alloys, Society of the Fusion Welding of Light Metals, Tokyo, Japan, 1971 (in Japanese)

8 Baeslack, W. A. III, Lippold, J. C., and Savage, W. F., Weld. J., 58: 168s, 1979.

9 Ornath, F., Soudry, J., Weiss, B. Z., and Minkoff, I., Weld. J., 60: 227s, 1991.

10 Omar, A. A., Weld. J., 67: 86s, 1998.

11 Liu, P. S., Baeslack III, W. A., and Hurley, J., Weld. J., 73: 175s, 1994.

12 Estes, C.L., and Turner, P. W., Weld. J., 43: 541s,1964.

용접 금속의 응고 균열

앞장들에서 응고 및 편석 현상에 대해 다루었다. 이 장에서는 응고 중 발생하는 응고균열 현상 및 특징에 대해 좀더 자세히 설명하고, 응고 균열의 민감도에 영향을 주는 금속학적 및 기계적 요인들에 대해 논하겠다. 마지막으로 응고 균열을 방지하는 방법에 대해 설명하도록 하겠다.

6.1 응고균열의 특징, 원인 및 시험 방법

6.1.1. 입계 균열(Intergranular Cracking)

응고 균열은 용접 금속의 대부분이 응고되는 응고 말기에 발생한다. 용접부 냉각 중 금속의 응고 온도 보다 200~300℃ 아래에서 냉각중 발생하는 인장응력에 의해 발생한다. 구속이 크고 모재가 두꺼울수록 발생하는 인장응력이 증가하여 응고 균열의 발생 경향이 커진다. 용접금속의 응고시 황(S), 인(P)과 같은 불순물이 최종 응고부에 편석하여 최종 응고부에 저융점 액상인 얇은 Film이 고상을 분리하고 있을 때 용접부에 발생하는 인장 응력에 의해 균열이 발생한다.

응고 균열은 용접부 중심선과 같은 최종 응고부에서 발생하며 그림 3-95와 같은 모양을 갖는다.

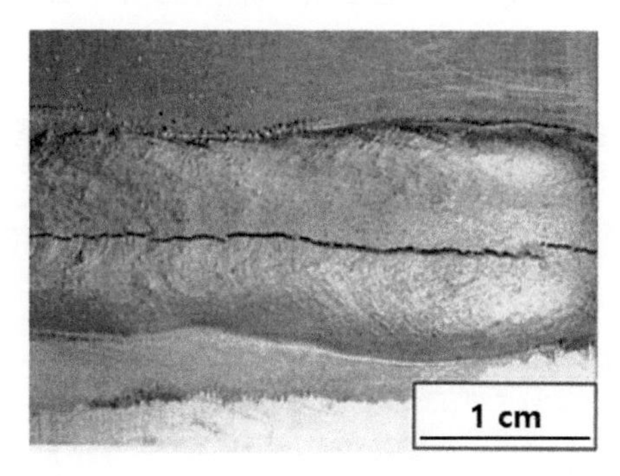

그림 3-95 6061 Al합금의 GMAW 용접시 발생한 응고 균열

응고 균열은 응고 중 발생한다고 하여 부르는 명칭이며, 균열 발생시점에 따른 명칭이다. 응고 균열의 발생위치에 따라서는 Centerline 균열, 발생 형상에 따라 Dovetail 균열, Crater 균열과 같이 다양하게 부르고 있다. 또한 미세 조직학적으로는 최종 응고부인 입계에서 발생하는 입계

균열(Intergranular Cracking)의 한 종류이다. 응고 균열은 고온에서 발생한다고 하여 고온 균열(Hot Cracking)으로 부르기도 한다. 이와 같이 응고 균열은 발생시점, 발생위치, 발생형상, 발생온도 등에 따라 다른 명칭으로 불리고 있으니 주의가 필요하다.

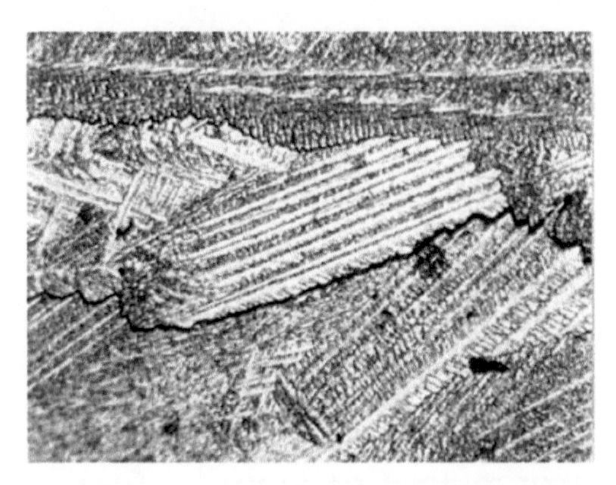

그림 3-96 7075 Al합금의 제살 용접시 발생하는 응고 균열(Dovetail 균열) [1]

6.1.2. 응고 균열 민감도 시험

1) Houldcroft 시험

Houldcroft 시험은 응고균열의 민감도를 평가하기 위해 사용되며, 시편이 생선뼈와 같이 생겼다고 하여 Fishbone 시험이라고도 부른다. 시편은 그림 3-97과 같으며, Slot의 깊이가 클수록 구속이 감소하여 용접부에 발생하는 잔류 응력이 작아지므로, 용접시 발생하는 열응력을 조절하기 위해 시편의 Slot 깊이를 단계적으로 조절한다. Slot의 길이가 짧은 쪽에서 반대편으로 용접을 하면, 발생하는 응력이 가장 큰 용접 시작 부위부터 용접 중심선을 따라 균열이 진행된다. 균열이 전파된 부분까지의 Slot의 깊이를 보고 응고 균열의 민감도를 판정할 수 있다.

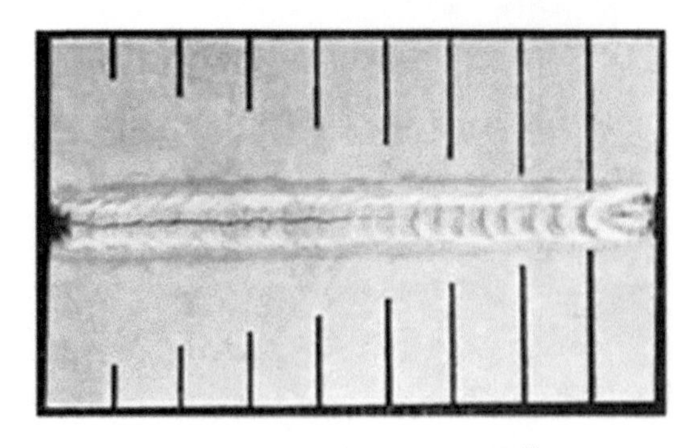

그림 3-97 Houldcroft 시험 [2]

2) Varestraint 시험

Varestraint 시험은 용접 중에 정해진 반경으로 시편에 굽힘 변형을 가하여 발생한 균열을 평가하는 방법이다. 평가는 가해진 변형량과 균열의 길이를 측정하여 균열 민감도 지수를 구한다. 균열 길이는 전체 균열의 총 길이 또는 제일 긴 균열의 길이를 사용한다. 시험 방법은 그림 3-98 (a)와 같으며, 그림 3-98 (b)는 변형을 횡방향으로 가하는 'Transverse Varestraint 시험'이다.

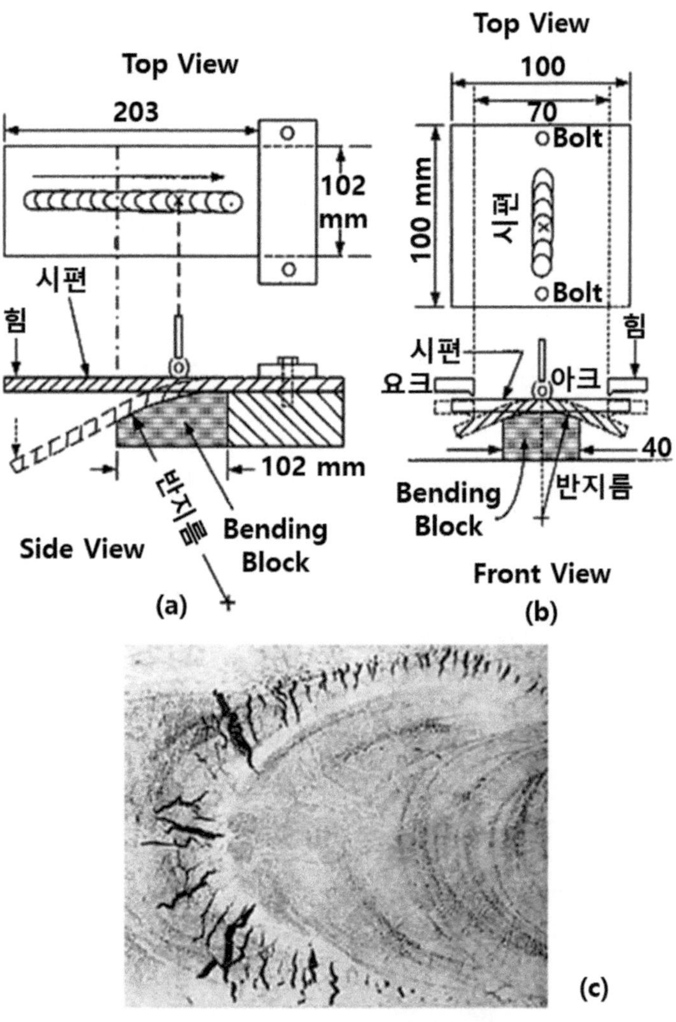

(a) Varestraint 시험 (b) Transverse Varestraint 시험
(c) 페라이트계 스테인리스강의 응고 균열 시편[3]

그림 3-98 **응고 균열 시험**

6.2 응고 균열 민감도에 영향을 주는 요인

여기에서는 응고 균열 민감도에 미치는 아래의 네 가지 금속학적 요인과 기계적 요인의 영향에 대해 정리해 보겠다.

- 황(S)과 인(P)의 불순물에 의한 응고 온도 구간 증가
- 최종 응고부의 액상의 양
- 초기 응고상
- 용접 금속의 입자 형상

6.2.1. 황(S)과 인(P)의 불순물에 의한 응고 온도 구간 증가

3장 1.1.2의 그림 3-3에서 평형 편석 계수가 작을수록 응고 구간이 증가한다는 사실을 정리하였다. 응고 온도 구간이 커질수록 용접 금속에서 고상과 액상이 공존하는 범위가 넓어지며, 고상과 액상이 공존하는 구간에서는 응고 균열에 취약해 진다.

황(S)와 인(P) 불순물은 비교적 낮은 농도만 존재하여도 탄소강과 저합금강의 응고 균열을 야기하는 원소이다. 응고 균열을 야기하는 이유는 황(S)와 인(P) 불순물은 평형 편석 계수 k값이 작아 입계와 같은 최종 응고 부위에 편석되어 FeS와 같은 저융점 화합물을 형성하기 때문이다. 불순물별 응고 온도 구간 변화에 대한 영향을 그림 3-99에 정리하였다. 그림에서 황(S)와 인(P) 불순물은 응고 온도 범위를 크게 넓히는 것을 볼 수 있다. 그림 3-100과 같이 응고 온도 구간이 넓어질수록 응고 균열의 길이가 증가한다.

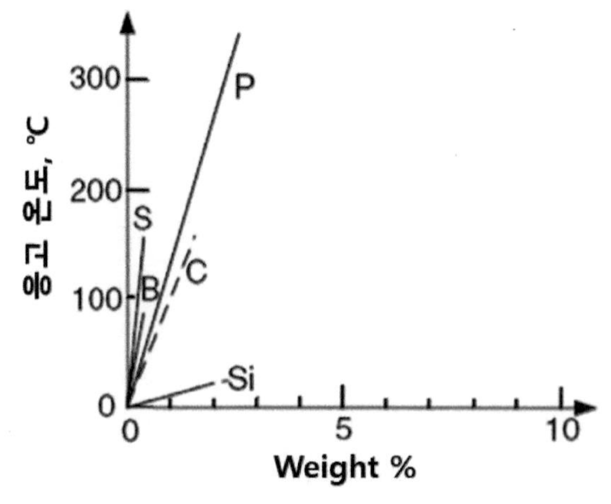

그림 3-99 탄소강과 저합금강의 응고온도 범위에 대한 합금 원소의의 영향[4]

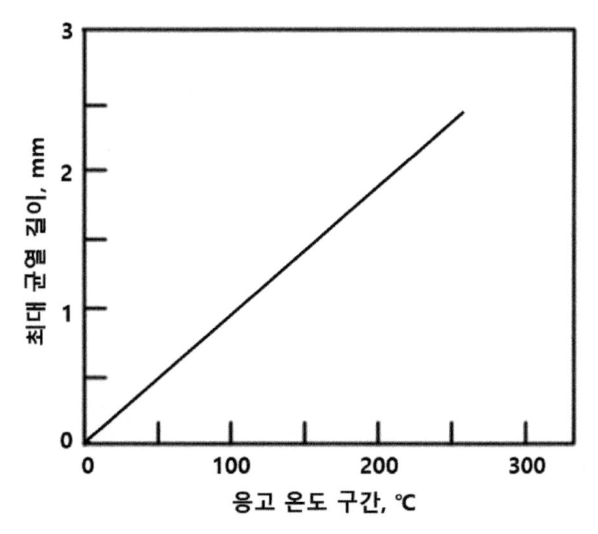

그림 3-100 응고 온도 구간과 최대 균열 길이와의 관계
(예 : Nb Bearing Superalloy, Inconel 718, HR 160)[5]

황(S)와 인(P)의 불순물에 의해 응고 온도 구간이 커지면, 용접 금속이 응고된 후에도 입계와 같은 최종 응고부에서는 액상이 그림 3-101과 같이 존재하여 용접 후 발생하는 인장 잔류응력에 의해 응고 균열이 발생한다. 황(S)과 인(P) 화합물은 젖음(Wetting) 특성이 좋아 입계에 넓게 퍼져 응고 균열에 더욱 더 취약하다.

좀더 상세한 내용은 앞의 3장 1에서 기 설명한 내용을 참조한다.

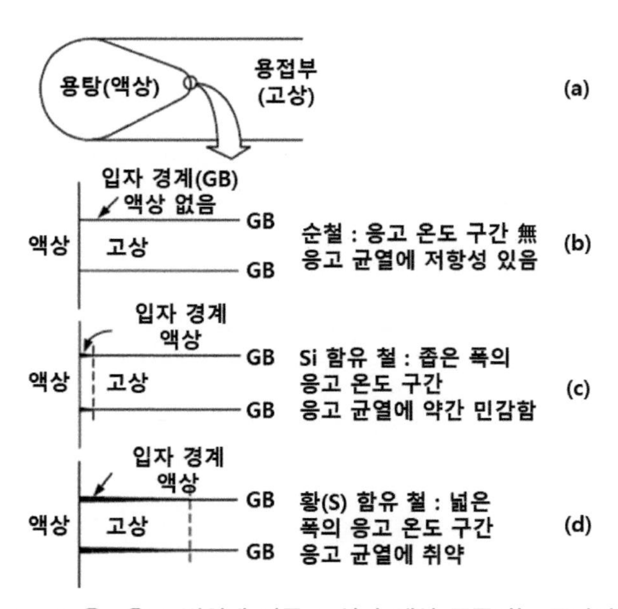

그림 3-101 응고온도 범위에 따른 고상과 액상 공존하는 구간의 변화

6.2.2. 최종 응고부의 액상의 양

응고 온도 구간은 합금 원소의 양에 따라서도 변화한다. 일반적으로 합금 원소의 양이 증가함에 따라 응고 온도 구간은 증가하나, 합금 원소의 양이 일정량 이상으로 증가하면 응고 온도 구간이 감소한다.

그림 3-102의 탄소강의 상태도를 이용하여 탄소의 농도 변화에 따른 응고 온도 구간의 변화를 고찰해 보았다. 상태도의 γ상과 액상(L)이 공존하는 γ + L 영역의 온도 범위가 응고 온도 구간이다. 탄소 농도가 증가함에 따라 응고 온도 구간이 증가하여 탄소 농도 2%에서 응고 온도 구간이 최대가 되며, 탄소 농도가 2% 이상이 되면 응고 온도 구간이 감소하여 공정 조성인 탄소 농도 4.3%에서 응고 온도 구간이 Zero가 된다.

이번에는 탄소강의 상태도를 이용하여 최종 응고 온도에서 액상의 양을 고찰해보자. 지렛대 법칙에 따라 탄소 농도 2%까지는 최종 응고 온도에서 액상의 양은 매우 적은 양이 존재한다. 1130℃에서 공정 반응을 하는 경우 지렛대 법칙에 의해 탄소의 양이 2% 이상으로 증가할수록 최종 응고 온도인 공정 온도에서 액상의 양이 증가한다. 공정 조성인 4.3%가 되면 최종 응고 온도에서 모두 액상으로 존재하며 추가 냉각시 모든 액상이 공정 조직으로 응고한다.

그림 3-103 (c)와 같이 순금속의 경우 최종 응고부에 편석에 의한 액상이 없으므로 응고 균열에 저항성이 높다. 그러나 그림 3-103 (d)와 같이 불순물 또는 합금 함량이 증가함에 따라 최종 응고부에 액상이 존재하게 되며 응고 균열에 취약하게 된다. 그러나 액상이 더욱 증가하게 되어 그림 3-103 (e), (f)와 같이 최종 응고부에 충분한 액상이 존재한다면 응고 균열이 발생하여도 주변에 존재하는 액상이 균열 부위를 메꾸어 응고 균열을 치료한다.

요약하면 탄소강에서는 응고 온도 범위가 크고 최종 응고 온도에서 액상의 양이 적은 탄소 농도 2%에서 응고 균열에 제일 취약함을 알 수 있다.

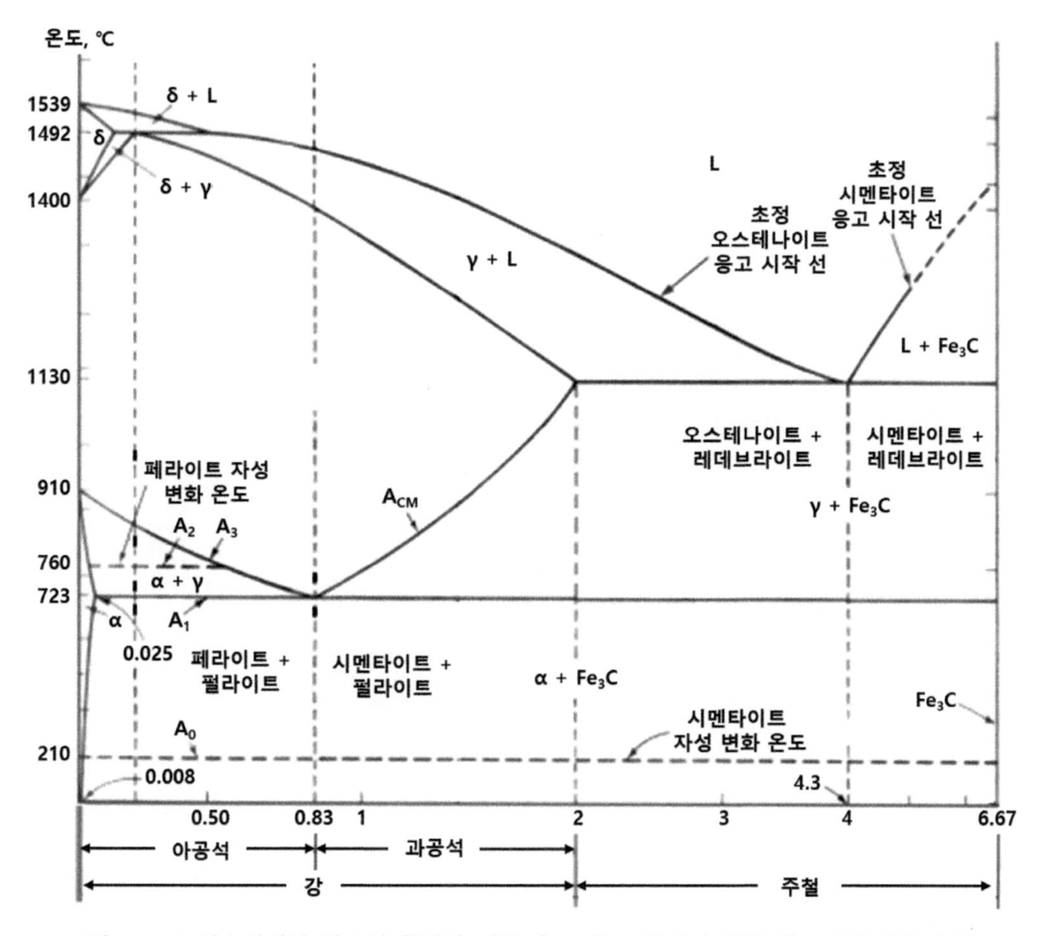

그림 3-102 탄소강에서 탄소의 함량에 따른 응고 온도 구간과 최종 응고부의 액상의 양

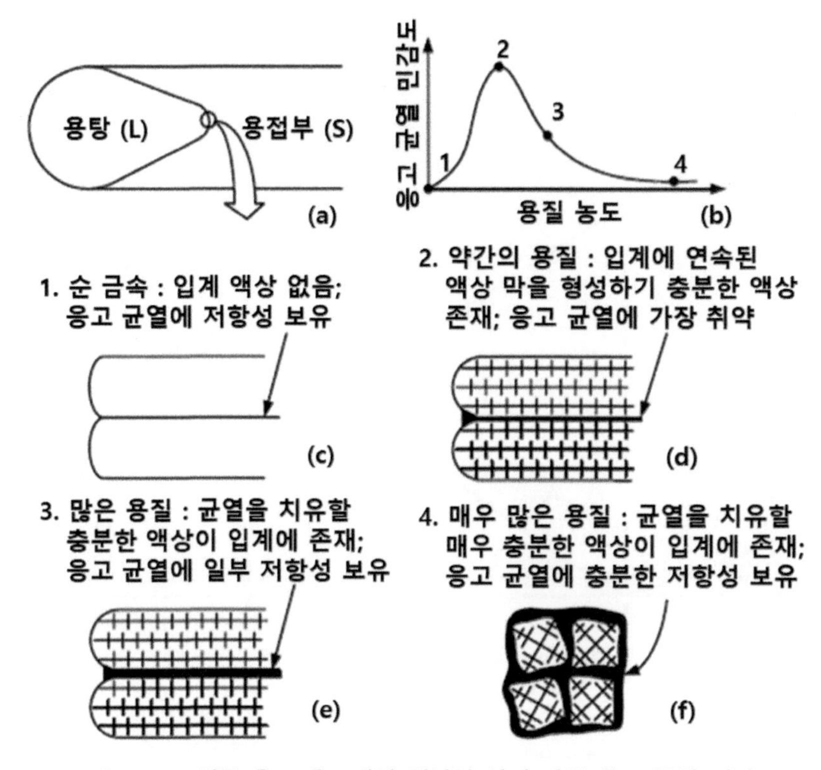

그림 3-103 최종 응고 온도에서 액상의 양에 따른 응고 균열 민감도

그림 3-104에 보면 Al 합금에서 Cu의 농도가 적은 경우 응고 균열이 발생하지 않았으나, Cu 4%에서는 응고 균열이 발생하였고, Cu가 8.4% 인 경우에는 응고 균열이 발생하였으나 주면의 액상이 균열 부위를 메꾸어 응고 균열이 치유된 것을 볼 수 있다.

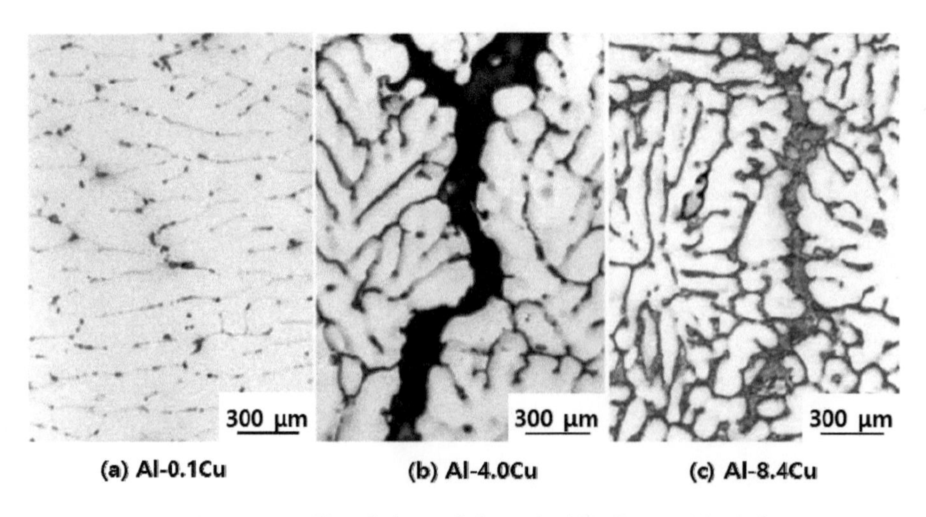

그림 3-104 Al합금에서 Cu의 농도에 따른 응고 균열 발생

그림 3-105와 같이 Al합금을 포함한 모든 합금에서는 응고 온도 구간이 넓고 액상의 양이 적어 응고 균열에 취약한 중간 조성 구간이 존재한다.

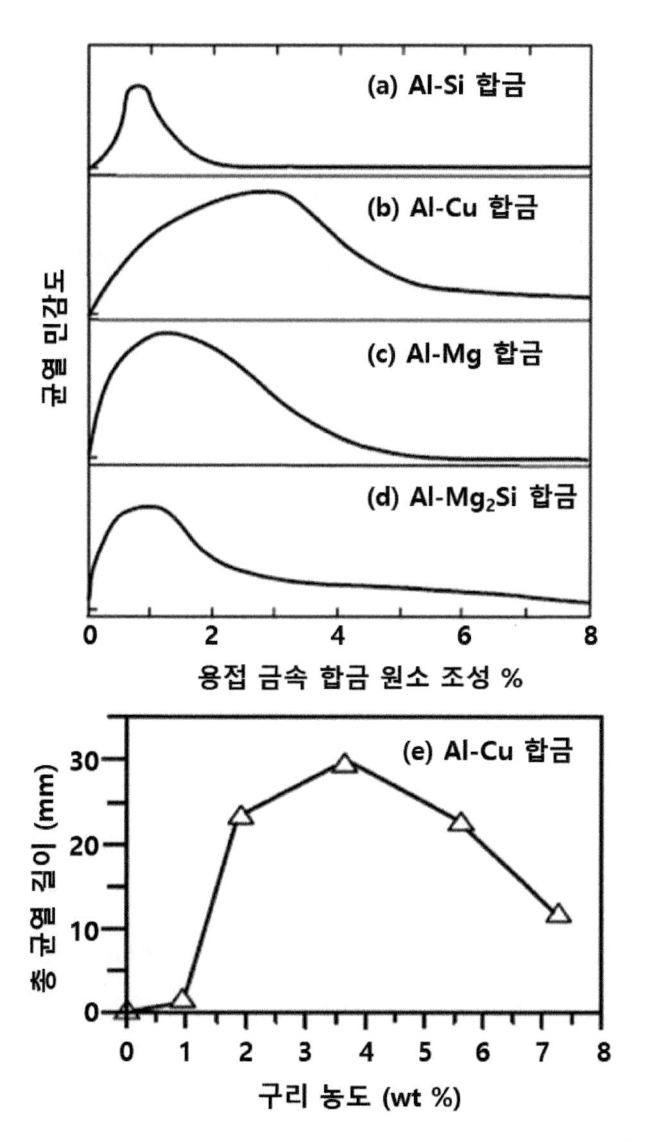

그림 3-105 Al 합금에서 합금 조성에 따른 응고 균열 민감도[(6), (7)]

6.2.3. 초기 응고상

γ 오스테나이트는 FCC 구조로 배위수가 12로 최조밀구조이며, δ 페라이트는 BCC 구조로 배위수가 8인 좀더 느슨한 구조를 갖는다. 황(S)과 인(P)은 사방정계(Orthorhombic) 구조로 BCC와 좀더 유사한 구조이며 이로 인해 아래 표와 같이 γ 오스테나이트 보다는 δ 페라이트에 고용도가 높다.

그러므로 초기 응고상이 γ 오스테나이트인 경우 황(S)과 인(P)이 γ 오스테나이트에 고용되지 못하고 최종 응고부에 편석되어 응고 균열에 취약하며, 반대로 초기 응고상이 δ 페라이트인 경우 황(S)과 인(P)이 δ 페라이트에 고용되어 최종 응고부에 편석이 감소하여 응고 균열에 저항성이 있게 된다.

표 3-6 강의 페라이트와 오스테나이트 상에 황과 인의 고용도

	δ 페라이트	γ 오스테나이트
황 (Sulfur)	0.18	0.05
인 (Phosphorus)	2.8	0.25

1) 스테인리스강

그림 3-106과 같이 스테인리스강의 의사이원상태도에서 SS 310과 같이 Ni이 Rich한 공정 삼각형 꼭지점 왼쪽의 조성은 초기 응고상이 γ 오스테나이트(FCC 구조)이며, SS 309 및 SS 304와 같이 Cr이 Rich한 공정 삼각형 꼭지점의 오른쪽 조성은 초기 응고상이 δ 페라이트(BCC 구조)이다. SS 310과 같이 초기 응고상이 γ 오스테나이트인 경우 최종 응고부에 황(S)과 인(P)이 대부분 편석되므로 응고 균열에 취약하며, SS 309과 SS 304과 같이 δ 페라이트인 경우 황(S)과 인(P)이 대부분 고용되므로 응고 균열에 저항성이 있다.

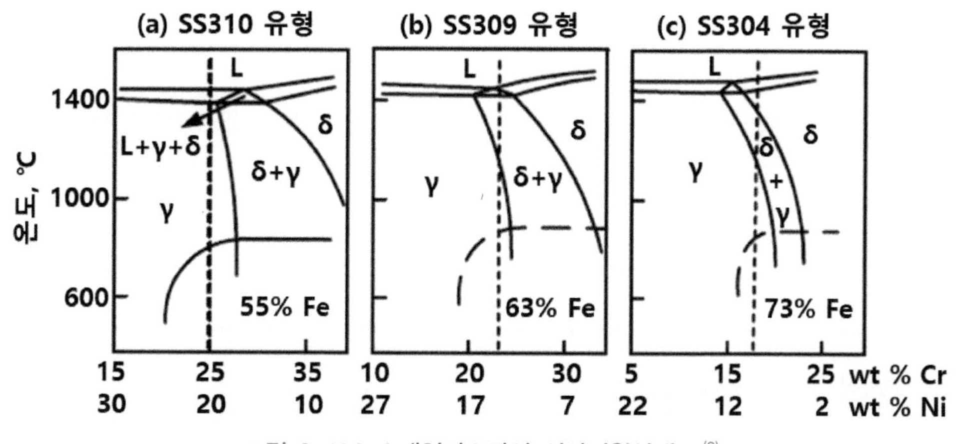

그림 3-106 스테인리스강의 의사이원상태도[8]

황(S)과 인(P)이 스테인리스강의 응고 균열에 미치는 영향을 총 정리하면 그림 3-107과 같다. Cr/Ni의 비가 작은 왼쪽 구역은 초기 응고 상이 γ 오스테나이트(Primary Austenite)이므로 응고 균열이 발생하고, Cr/Ni의 비가 큰 오른쪽 구역은 초기 응고 상이 δ 페라이트(Primary Ferrite)이므로 응고 균열이 발생하지 않는다. 또한 초기 응고상이 γ 오스테나이트이어도 P와 S 불순물의 양이 미미하면(총 S와 P 함량이 작은 아래쪽) 편석 량이 미미하므로 응고 균열이 발생하지 않는다.

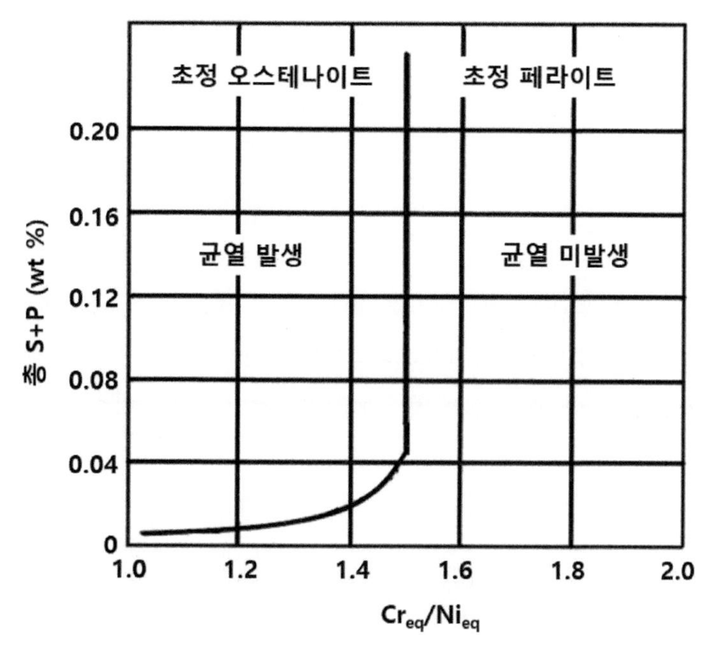

그림 3-107 오스테나이트 강의 응고 균열 민감도[9]

2) 탄소강

그림 3-108은 탄소강의 상태도 중 포정반응이 있는 저탄소강의 응고 영역이다. 상태도에서 탄소 함량이 0.53% 이상이면 초정으로 FCC 구조인 γ 오스테나이트가 응고하므로 황(S)과 인(P)의 불순물이 있다면 응고 균열이 발생하기 용이하다. 그러나 위의 0.53% 기준은 평형 상태도 기준 즉 냉각 속도가 느린 경우에 어느 정도 유효하나, 용접시는 일반적으로 냉각 속도가 무척 빠르므로 1493℃ 이하로 과냉이 되며, 이 경우 0.53% 이하에서도 초정으로 γ 오스테나이트가 응고하여 응고 균열에 취약하다. 일반적으로 용접시는 탄소 농도가 0.16% 이하에서 초정으로 δ 페라이트가 응고하여 응고 균열에 저항성을 갖는다.

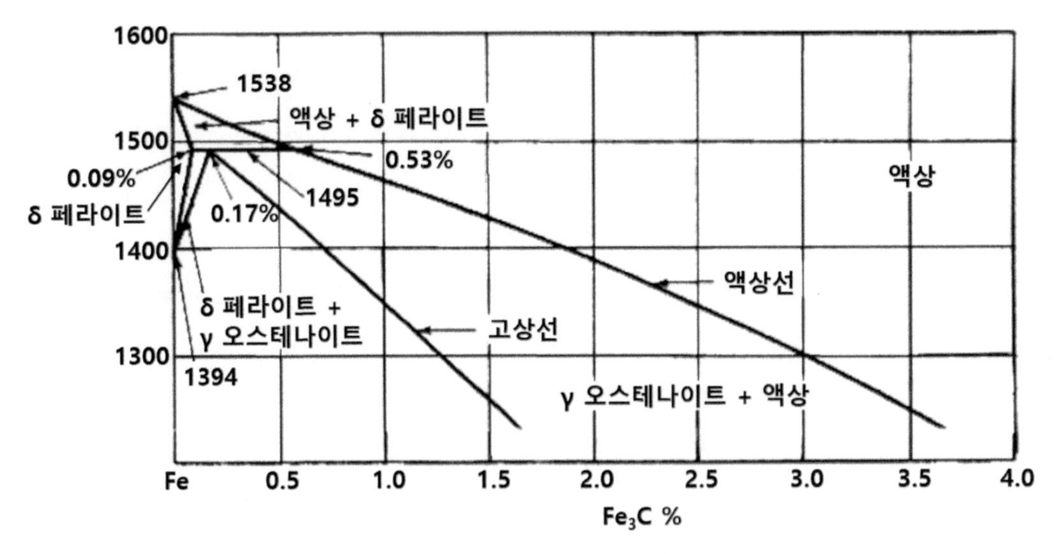

그림 3-108 Fe-Fe_3C 상태도

탄소강의 응고 균열을 예방하기 위해 Mn을 첨가한다. Mn을 첨가시 최종 응고부에 표 3-7과 같이 MnS 화합물의 액상이 형성되며, MnS 화합물은 표면에너지가 커서 계면에 그림 3-109와 같이 물방울 형상으로 뭉친다. 이로 인해 입계의 많은 부분이 고상간 접촉되어 응고 균열에 저항성이 향상된다.

표 3-7 탄소강 응고시 망간 첨가 효과

상	형상	용융 온도	공정 반응	응고 균열
FeS	연속 막	1190℃	FeS-FeO 930℃	민감
MnS	고립형	1600℃	MnS-MnO 1300℃	저항성

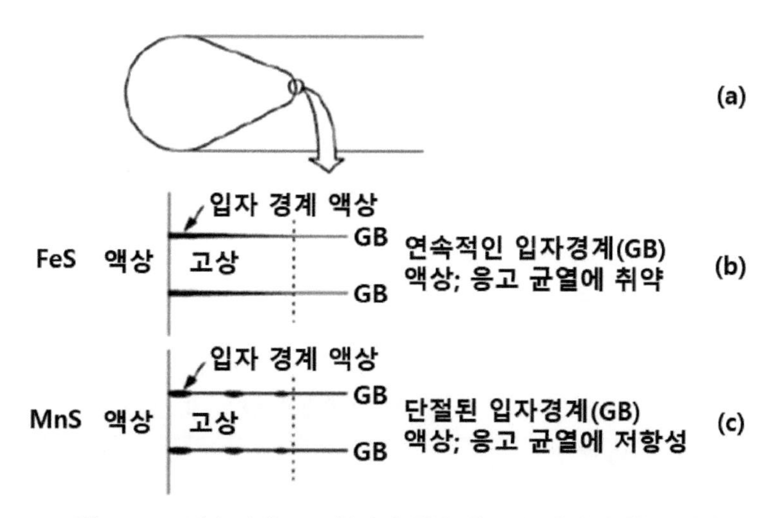

그림 3-109 탄소강에 Mn 첨가시 최종 응고부 액상의 형상 변화

탄소강의 응고 균열 민감성을 정리하면 그림 3-110과 같다. 탄소 농도가 0.16% 이상이 되면 Mn의 함량이 높아도 응고 균열에 취약함을 알 수 있다. 탄소강의 응고 균열을 예방하기 위해서는 첫번째로 탄소의 함량을 0.16% 이하로 조절하여 초정으로 δ 페라이트가 형성되도록 하여 황(S)이 δ 페라이트에 고용되도록 하여야 하며, 최종 응고부에 편석되는 잔여 황(S)은 Mn을 첨가하여 MnS 화합물을 형성하도록 하여야 응고 균열이 방지된다는 것을 알 수 있다.

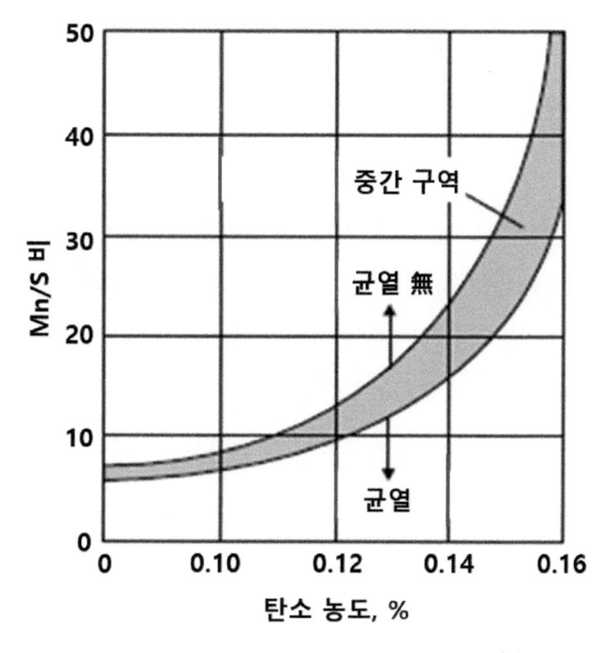

그림 3-110 탄소강의 응고 균열 민감도 [10]

참고 용접부 설계에 따른 응고 균열 민감도

용접 이음부 설계중 대표적인 필렛, V형 그루브, I 형 그루브의 세 가지 이음부 설계는 희석률이 20%에서 80%까지 차이가 난다. 압력 용기에 가장 많이 사용하는 SA516-70(C Max 0.31%, Mn 약1%, S Max 0.035%) 탄소강을 일반적인 탄소강 용접봉(C 0.06~0.08%, Mn 0.98%, S 0.009%)을 이용하여 용접시에 응고 균열 민감도를 계산하면 그림 3-111과 같다.

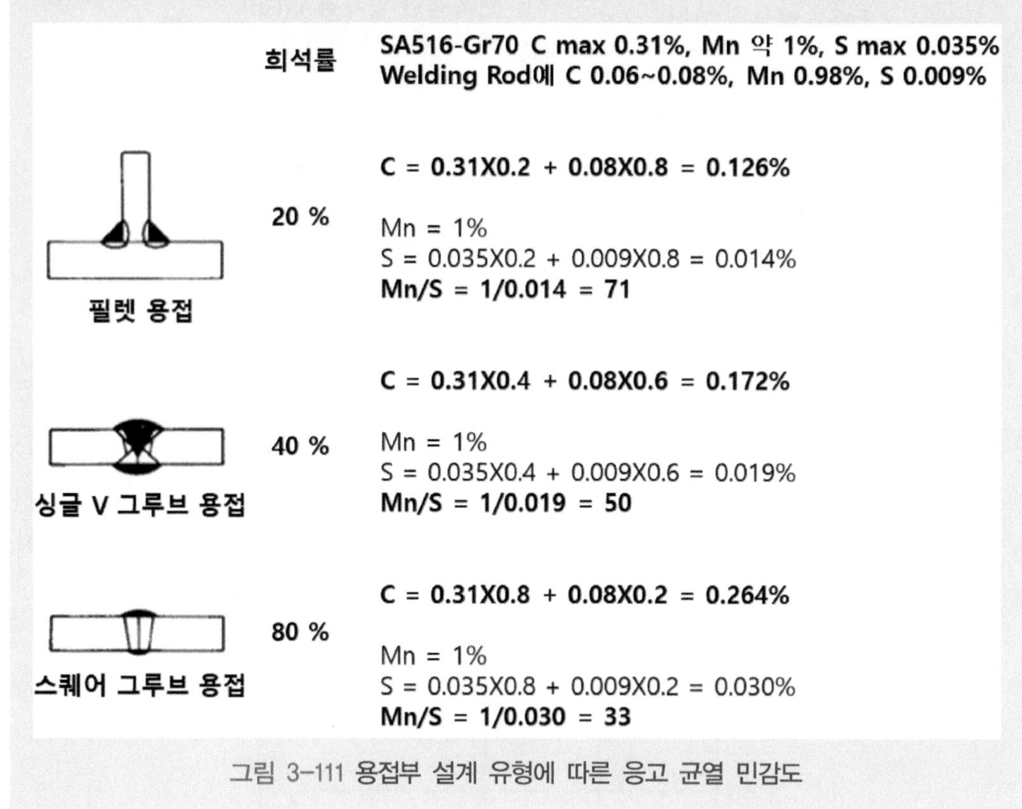

그림 3-111 용접부 설계 유형에 따른 응고 균열 민감도

필렛 용접시는 희석률 계산시 탄소 농도가 최대 0.126%로 응고 균열에 저항성이 있다. V형 그루브 이음 설계 적용시는 탄소 농도가 최대 0.172%이며, Mn/S비가 50으로 응고 균열 발생 경계선에 있다. V형 그루브를 적용시는 응고 균열을 예방하기 위해서 용접봉의 탄소 농도와 황(S)의 농도를 검토하여야 한다. I형 그루브를 적용시는 탄소 농도가 0.264%로 응고 균열에 취약하다. 황(S)의 불순물 조절이 어렵고 잔류 응력이 발생한다면 응고 균열을 예방하기 위해 I형 그루브는 적용하지 않는 것이 바람직하다.

6.2.4. 용접 금속의 입자 형상

조대한 주상 수지상정이 미세한 등축 수지상정보다 응고 균열에 민감하다. 미세한 등축 수지상정은 최종 응고부가 복잡하여 균열이 성장하기 어려우며, 입계 면적이 커서 황(S) 및 인(P)과 같은 불순물의 농도가 낮아지는 효과등에 의해 응고 균열에 저항성이 높다. 미세한 등축 수지상정을 얻기 위해서는 높은 조성적 과냉과 핵생성을 위한 외부의 핵 주입이 필요하다. 외부에서 핵을 주입하지 않고 용접 속도(R)를 빠르게 하여 조성적 과냉만 크게 한 경우에는 오히려 응고 균열에 취약한 주상 수지상정이 형성된다. 좀더 자세한 내용은 앞에 기술한 3장 2.5를 참조한다.

$$\frac{G}{R} < \frac{\Delta T}{D_L}$$

용접 속도가 빠른 경우 용탕의 형상이 그림 3-112와 같이 Teardrop 형상을 갖고 응고조직은 조대한 주상 수지상정이 형성된다. 이에 따라 용접 최종 응고부인 중심선(Center Line)이 깔끔하게 일직선 형상으로 형성되어 불순물의 편석 및 균열의 전파가 용이하여 응고 균열에 아주 취약한 조직이 된다. 외부에서 인위적으로 핵을 넣어주지 않는 경우에는 느리게 용접하여 최종 응고부를 복잡한 형상으로 만드는 경우가 편석 및 균열의 전파가 어려워 응고 균열에 저항성이 있는 조직을 형성시킬 수 있다.

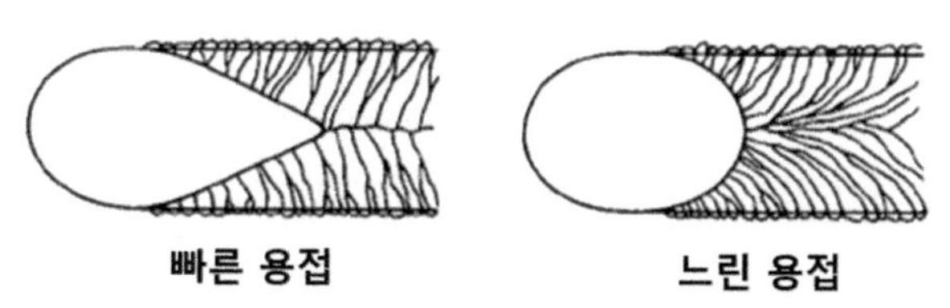

그림 3-112 용접 속도에 따른 용탕 및 용접 조직의 형상

6.2.5. 기계적 요인

용접 후 열 수축, 응고 수축시 수축이 제한되면 응력이 발생하여 응고 균열에 취약해 진다. 특히 γ 오스테나이트계 스테인리스강과 같이 열팽창 계수가 크고 열전도도가 작은 재질은 온도 불균일에 의한 열 수축 및 팽창에 의한 발생 응력이 크기 때문에 응고 균열에 더욱 민감하다. 알루미늄(Al) 합금은 열전도도는 좋으나, 열팽창과 응고수축이 커서 응고 균열에 민감하다.

그림 3-113은 강의 필렛 용접시 응고 균열 발생 사진이다. 오른쪽 용접부를 먼저 용접하였으며 이 부분은 구속이 적어 응고 균열이 발생하지 않았으나, 나중에 용접한 왼쪽 용접부는 용접 후 수축시 오른쪽 용접부에 의해 수축이 제한되므로 발생응력이 커서 응고 균열이 발생한 것을 알 수 있다.

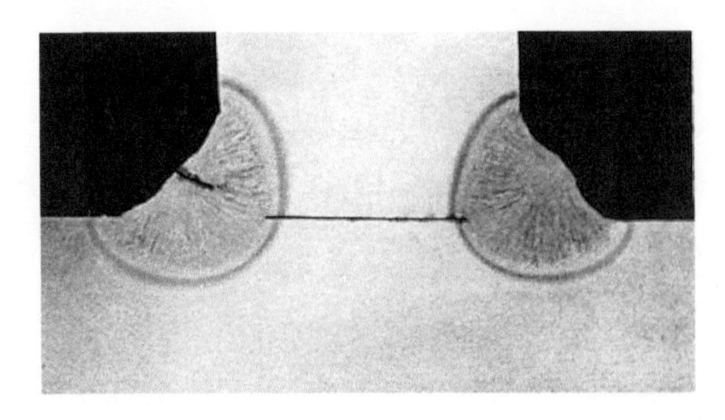

그림 3-113 강의 용접시 구속에 의한 응고 균열 발생[11]

6.3 응고 균열 저감법

6.3.1. 용접 금속의 조성 조절

1) 알루미늄(Al) 합금

앞장에서 설명한 것과 같이 응고 온도 구간이 넓고 최종 응고 온도에서 잔여 액상의 양이 적은 응고 균열에 취약한 중간 조성이 있다. 그림 3-114에서 보면 응고 균열에 취약한 중간 조성이 있으며, 이 취약한 조성은 공정 반응 및 포정 반응의 상태도에서 응고 온도 구간이 가장 넓은 조성임을 알 수 있다. 그림 3-114의 이원계 Al 합금과 마찬가지로 삼원계 Al 합금에서도 응고 균열에 취약한 중간 조성이 존재하며 그림 3-115와 같다.

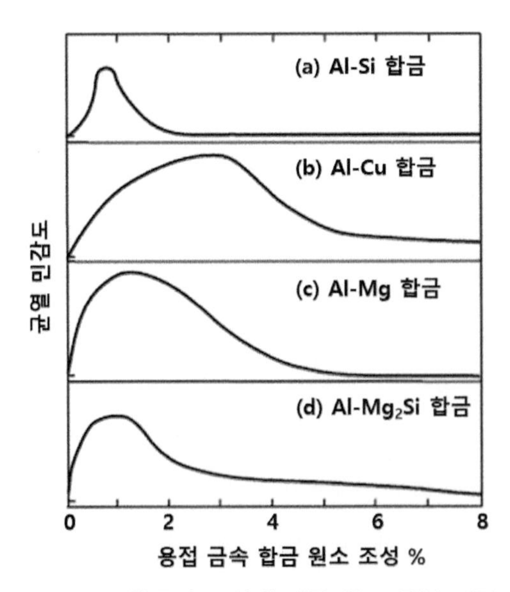

그림 3-114 Al합금의 조성에 따른 응고 균열 민감도[6]

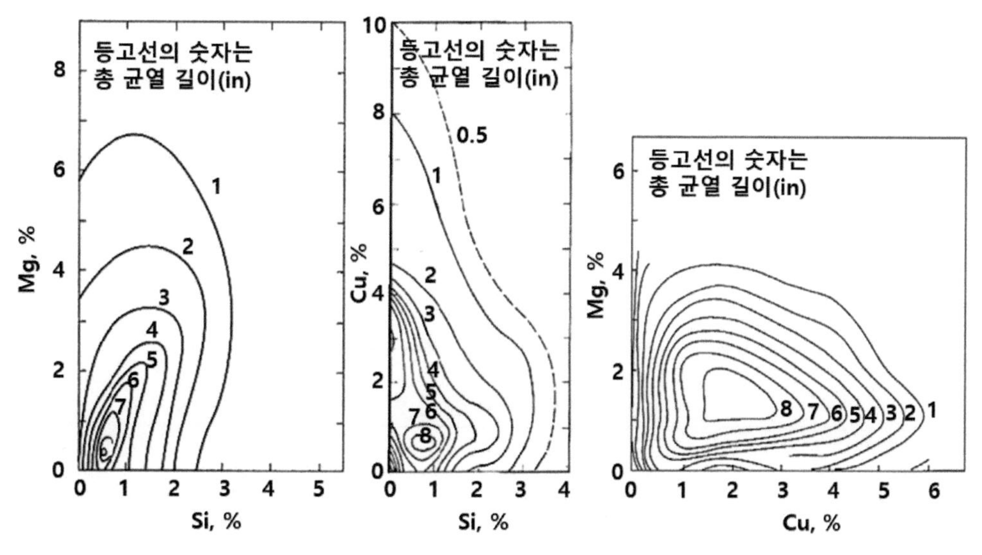

(a) Al–Mg–Si 합금 (b) Al–Cu–Si 합금 (c) Al–Mg–Cu 합금[12], [13]

그림 3-115 Al 합금의 조성에 따른 응고 균열 민감도

2) 탄소강과 저합금강

앞장에서 기 설명한 내용을 다시한번 그림 3-116을 이용하여 요약하면 탄소강 및 저합금강의 응고 균열은 Mn/S 비가 증가할수록 응고 균열이 감소한다. 그러나 탄소 함량이 0.16% 이상으로 증가하면 Mn/S비가 증가하여도 응고 균열 예방 효과가 적다. 즉 응고 균열을 예방하기 위해서는 우선적으로 탄소함량을 낮추는 것이 선행되어야 한다. 그 다음 Mn/S비를 높이는 것이 필요하다.

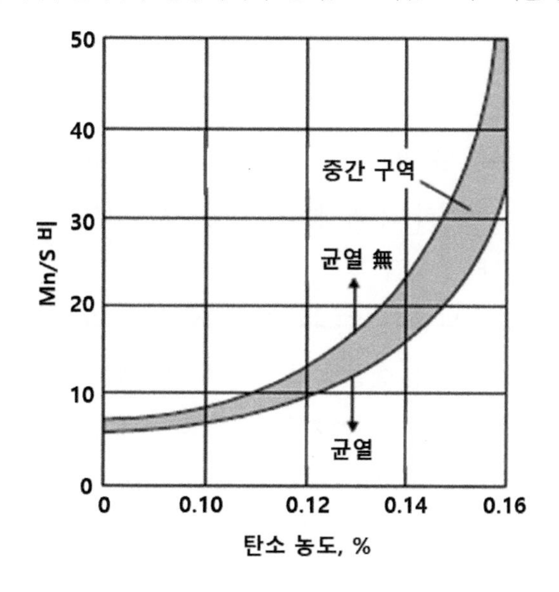

그림 3-116 탄소강의 응고 균열에 영향을 미치는 탄소 함량 및 Mn/S 비의 영향[10]

그림 3-117과 같은 다층 용접의 경우 초층은 용접 금속의 희석률이 매우 높아 모재의 높은 탄소 함량에 따라 용접금속도 탄소함량이 높아진다. 응고 균열을 예방하기 위해서는 초증 용접시 저탄소 용접봉을 사용하여야 한다. 고탄소강(C 1% 이상)의 용접시는 특히 용접봉 선택시 주의하여야 한다.

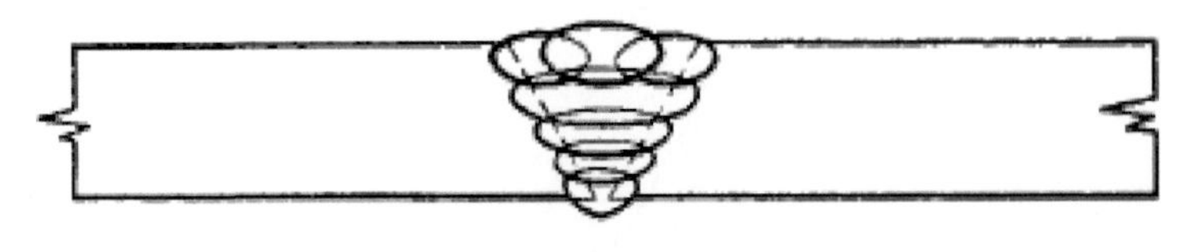

그림 3-117 다층 용접 형상[14]

고탄소강(C 1% 이상)을 용접시는 탄소함량에 따른 응고 균열을 예방하기 위해 그루브 면을 SS 310으로 버터링한 후 스테인리스 용접봉으로 용접하는 것이 유용하다. 스테인리스강은 탄소 함량이 0.08% 이하이므로 버터링시 응고 균열에 저항성이 있다. 주철의 경우는 Ni로 버터링하는 것이 추천된다.

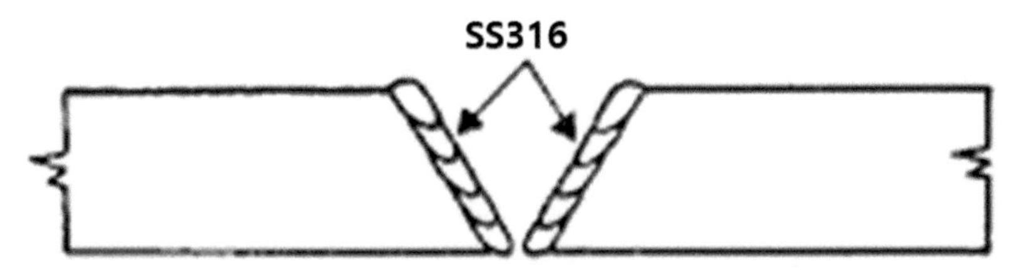

그림 3-118 고탄소강 용접시 V 그루브면 SS 310 재질로 버터링[14]

3) 오스테나이트계 스테인리스강

응고 균열을 예방하기 위해 스테인리스강의 용접 금속에 5% 이상의 δ 페라이트가 요구된다. δ 페라이트 양이 증가하면 스테인리스강의 내식성이 나빠지고 취성이 증가하여 대략적으로 페라이트는 10% 이하로 제한된다.

응고 균열은 응고 중 균열이 발생하는 현상이므로 초정상이 페라이트인 것과 고온에서 응고시 발생하는 페라이트의 양이 중요하다. 실질적으로 상온에서의 페라이트 양은 중요하지 않으나 응고 중 고온에서 페라이트 양을 측정하기 어려워 편의상 상온 페라이트 양을 측정하여 관리한다. 페라이트 양은 Schaeffler Diagram 또는 DeLong Diagram을 이용하여 예측 가능하나 냉각 속도가 빨라질수록 예측치와의 오차가 증가한다.

참고 Schaeffler Diagram을 이용한 용접시 페라이트 량 예측

스테인리스강과 탄소강의 이종 용접시 Schaeffler Diagram을 이용하여 응고 균열을 예방하기 위한 적정 용접봉을 검토해 본다. 이종 용접시 희석률은 그림 3-119와 같다.

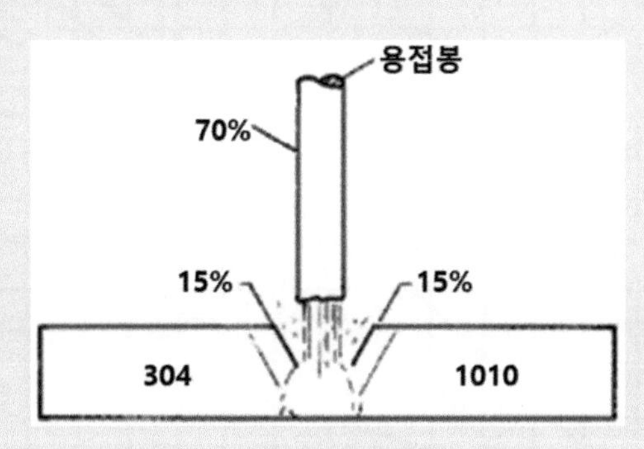

그림 3-119 스테인리스강과 탄소강 이종 용접시 용접봉 선택

(1) 310 용접봉 사용 경우

먼저 탄소 함량 0.12%의 SS 310 용접봉을 이용하는 경우를 검토하면 표 3-8과 같은 용접금속의 조성이 얻어질 수 있다.

표 3-8 SS 310 용접봉 사용시 용접금속의 조성

원소	용접봉	X 70%	SS 304	X 15%	1010강	X 15%	용접 금속
Cr	26.0	18.2	18.0	2.7	0	0	20.9
Ni	21.0	14.7	8.0	1.2	0	0	15.9
C	0.12	0.084	0.05	0.0075	0.10	0.015	0.1065
Mn	1.75	1.23	2.0	0.30	0.4	0.06	1.59
Si	0.4	0.28	–	–	0.2	0.03	0.31

Cr 당량 = 20.9 + 1.5 X 0.31 = 21.4
Ni 당량 = 15.9 + 30 X 0.1065 + 0.5 X 1.59 = 19.9

이렇게 얻어진 용접금속의 크롬 당량은 21.4이며, Ni 당량은 19.9이다. 이 값을 Schaeffler Diagram에 적용하면 페라이트가 0%로 예측되어 응고 균열에 취약한 용접 금속이 생성된다.

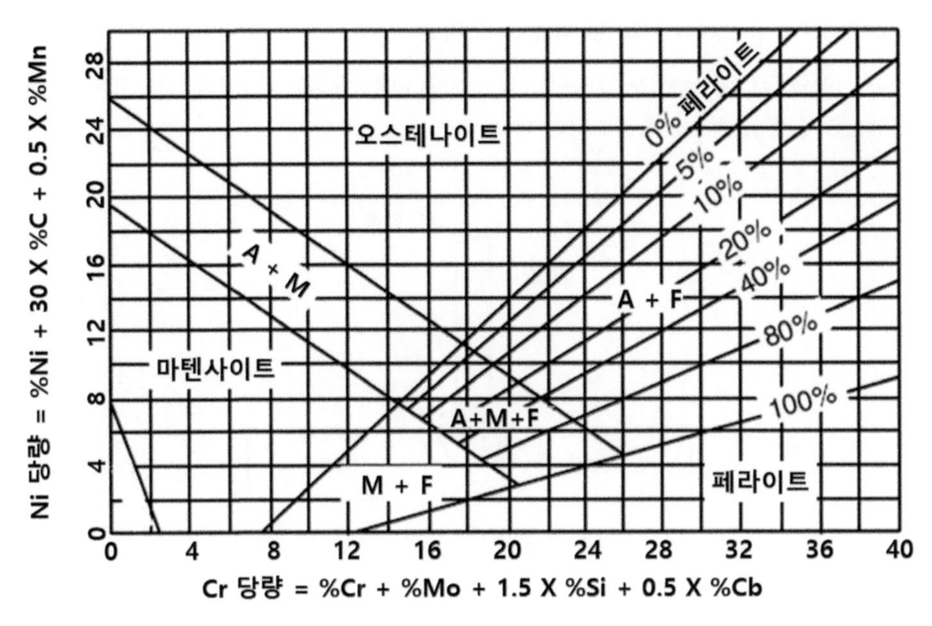

그림 3-120 Schaeffler Diagram [15]

(2) 309 용접봉 사용 경우

저탄소(0.03%) SS 309 용접봉을 적용하는 경우를 고려해 보면 표 3-9에 제시된 바와 같은 용접금속의 성분을 예측할 수 있다.

표 3-9 309 용접봉 사용시 용접금속 성분 예상

원소	용접봉	X 70%	SS 304	X 15%	1010강	X 15%	용접 금속
Cr	24.0	16.8	18.0	2.7	0	0	19.5
Ni	13.0	9.1	8.0	1.2	0	0	10.3
C	0.12	0.021	0.05	0.0075	0.10	0.015	0.0435
Mn	1.98	1.39	2.0	0.30	0.4	0.06	1.75
Si	0.4	0.28	–	–	0.2	0.03	0.31

Cr 당량 = 19.5 + 1.5 × 0.31 = 20.0
Ni 당량 = 10.3 + 30 × 0.0435 + 0.5 × 1.75 = 12.48

이렇게 얻어진 용접금속의 크롬 당량 20.0와 Ni 당량 12.48을 Schaeffler Diagram에 적용하면 페라이트 함량이 5~10% 사이로 예측되어, 전체적으로는 오스테나이트 조직을 가지면서 약간의 페라이트 조직을 함께 가지고 있어서 응고 균열에 저항성이 있는 용접 금속이 형성될 수 있음을 예측할 수 있다.

6.3.2. 응고 조직 조절

1) 응고 조직 미세화

앞에서 설명한 것과 같이 조대한 주상 수지상정은 미세한 등축 수지상정 보다 응고 균열에 취약하다. 조대한 주상 수지상정은 빠른 속도로 용접한 경우 용탕이 Teardrop 형태인 그림 3-121 (a)와 같다. 주상 수지상정이 직선 방향으로 성장하여 용접 중심선에 깨끗하게 형성되어 황(S)과 인(P)의 편석시 응고 균열에 취약한 조직이 된다. 반면에 느린 속도로 용접시 용탕이 타원형으로 형성되어 주상 수지상정이 곡선형으로 성장하여 최종 응고부가 복잡한 형상으로 형성된다. 이로 인해 황(S)과 인(P)의 단위 면적당 농도가 감소하며 균열의 전파가 어려워 응고 균열에 저항성이 있는 조직이 된다.

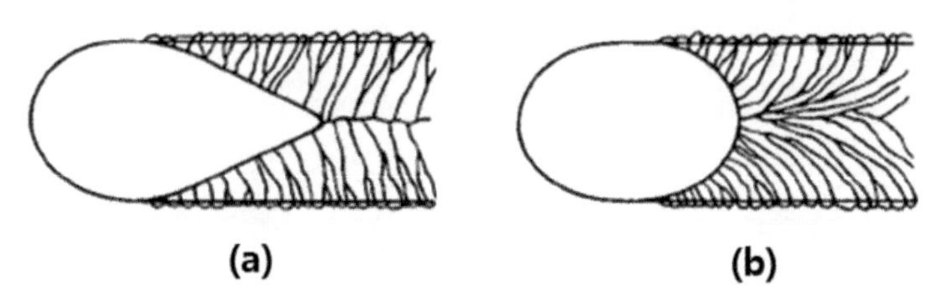

그림 3-121 용접 속도에 따른 주상 수지상성 형상

최종 응고부인 용접 중심부에 미세한 등축 수지상정을 형성시 황(S)과 인(P)의 단위 면적당 농도가 현저히 감소하며 균열의 전파도 많이 어려워져 응고 균열에 대한 저항성이 가장 높다.

용접 중심부에 미세한 등축 수지상정을 형성하기 위해서는 두 가지 조건이 만족되어야 한다. 첫째로는 충분한 조성적 과냉이 형성되어야 하며 이를 위해 빠른 용접 속도와 높은 입열량이 요구된다. 두번째로는 외부에서 인위적으로 핵을 형성시켜야 한다. 핵을 형성시키는 방법은 여러 가지가 있으며 가장 보편적인 방법은 용접봉에 Ti, Zr, B와 같은 질화물 및 금속간 화합물 등을 형성하는 원소를 미량 첨가하는 방법이다.

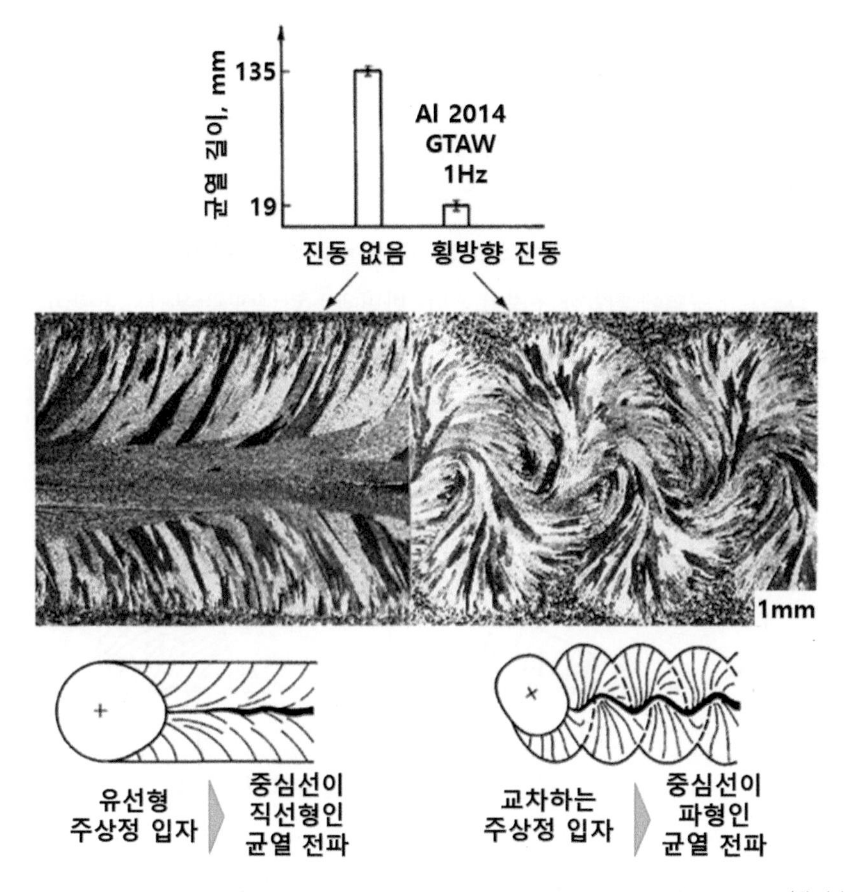

그림 3-122 아크 횡방향 움직임(Oscillation)에 의한 응고 균열 저항성 향상[(16), (17)]

2) 자기장을 이용한 아크 진동

자기장을 이용하여 아크를 1Hz의 주기로 천천히 좌우로 움직이면 그림 3-122와 같이 주상 수지상정이 곡선 형상으로 성장하여 균열의 발생과 전파가 한층 어려워져 응고 균열에 저항성이 향상된다.

아크의 횡방향 움직임 주파수를 높일 경우 용탕의 응고가 아크의 움직임을 따라가지 못하므로 그림 3-123과 같이 주파수가 1 Hz인 느린 경우에 응고 균열에 대한 저항성이 가장 높았다.

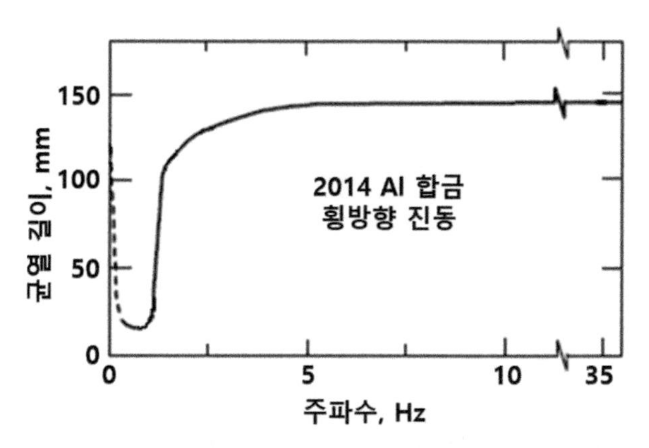

그림 3-123 Al 합금(2014)의 아크 횡방향 움직임(Oscillation) 주파수에 따른 응고 균열 저항성 (16)

그러나 Ti이 소량 첨가된 5052 Al합금에서는 아크의 진폭과 주파수를 크게한 경우 용탕의 활발한 교반에 따라 Ti의 금속간 화합물 형성에 따라 핵생성이 촉진되어 그림 3-124와 같이 용접부에 미세한 조직이 형성된다. 이 경우 그림 3-125와 같이 높은 주파수에도 응고 균열의 저항성이 높은 상태를 유지한다.

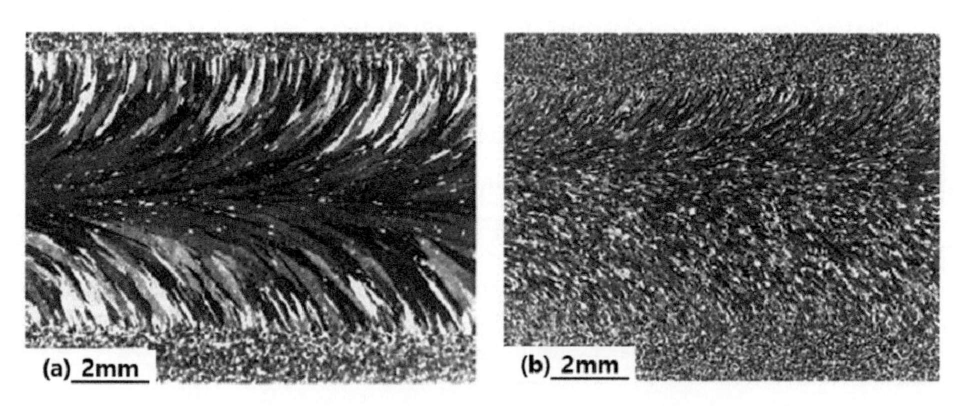

(a) Oscillation 없는 경우 (b) 20Hz의 Oscillation (17)

그림 3-124 5052 Al합금의 용접 조직

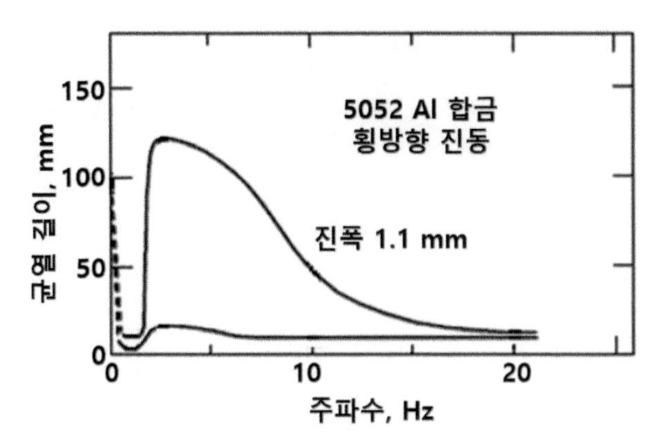

그림 3-125 Al 합금(5052)에서 주파수 및 진폭의 변화에 따른 응고 균열 저항성 변화[17]

6.3.3. 구속 및 응력 저감

용접시 발생하는 응력을 최소화하면 응고 균열 발생이 감소한다. 응력 발생을 감소시키기 위해서는 가능한 한 구속을 최소화하여야 한다. 또한 에너지 집중도가 큰 EBW와 LBW 등과 같은 용접방법을 사용하여 입열량을 최소화하고 예열을 사용하면 열변형 및 응력 발생이 감소하여 응고 균열 발생을 상당 부분 억제할 수 있다.

필렛 용접시 오목(Concave) 형상은 발생 응력이 그림 3-126 (a)와 같이 증가하여 응고 균열에 취약하며 볼록(Convex) 형상이 표면의 인장 응력이 감소하여 응고 균열에 저항성이 향상된다.

필렛 용접후 냉각시 용접 표면에는 Root와 Toe로 향하는 인장응력이 작용한다. 오목(Concave)한 형상은 표면에 인장응력이 많이 걸려 응고 균열에 취약하다. 반면에 볼록(Convex) 형상은 Root로의 인장응력에 의한 표면에 압축응력이 Toe로 향하는 인장응력을 상쇄하여 표면의 인장응력이 감소하여 응고균열에 대한 저항성이 향상된다. 다만 과도한 볼록(Convex) 형상은 Toe 부위에 응력 집중되어 피로파괴 또는 HIC등에 취약하므로 과도하게 볼록한 형상은 피하여야 한다.

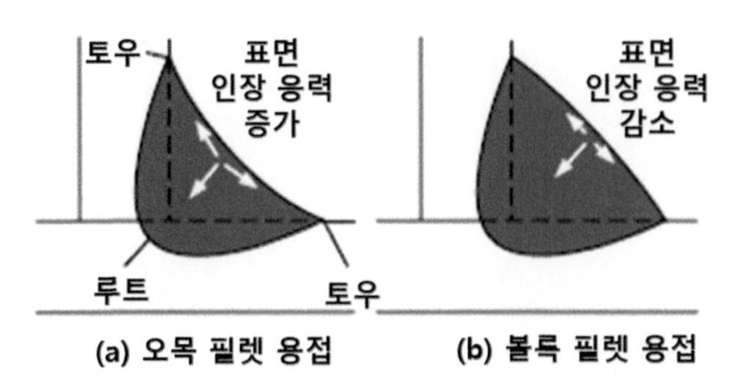

그림 3-126 필렛 용접시 응고 균열 발생 응력 저감 형상[18]

용접 이음이 V 그루브인 다층 용접시에도 그림 3-127 (c)와 같이 용접 비드의 폭이 작고 볼록(Convex)한 형상이 표면 인장응력을 감소시켜 응고 균열에 저항성이 높다.

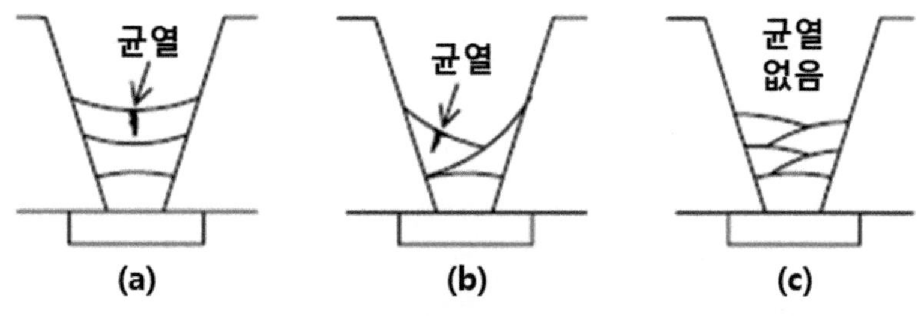

(a) 오목 형상 (b) 오목 형상 (c) 볼록 형상[18]
그림 3-127 다층 용접시 용접부 형상에 따른 응고 균열 저항성

그림 3-128 (b)와 같이 폭/깊이 비가 큰 경우 응고 균열에 저항성이 향상된다. 폭/깊이 비가 작은 경우 그림 3-128 (a)와 같이 양쪽에서 성장한 주상 수지상정 조직이 중앙에서 급격한 각도로 접촉하게 되므로 중앙에서 균열의 성장이 용이하고, 응력의 방향 측면에서도 발생 응력 방향이 용접부 표면과 평형하게 되어 응력이 집중되므로 응고균열에 취약하다.

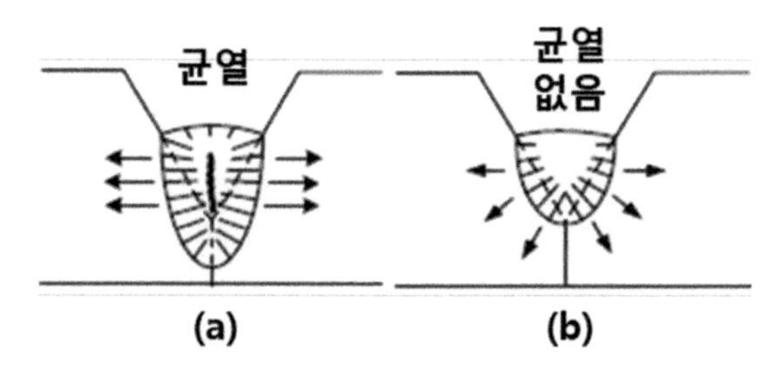

그림 3-128 V 그루브 폭/깊이 비에 따른 응고 균열 저항성[18]

참고문헌

1 Kou, S., Welding Metallurgy, 2nd Edition, Wiley, p.264, 2003.

2 Liptax, J. A., and Baysinger, F. R., Weld. J., 47: 173s, 1968.

3 Krysiak, K. F., Grubb, J. F., Pollard, B., and Campbell, R. D., in Welding, Brazing, and Soldering, Vol. 6, ASM International, Materials Park, OH, December 1993, p.443.

4 Principles and Technology of the Fusion Welding of Metals, Vol. 1, Mechanical Engineering Publishing Co., Peking, China, 1979 (in Chinese)

5 DuPont, J. N., Michael, J. R., and Newbury, B. D., Weld. J., 78: 408s, 1999.

6 Dudas, J. H., and Collins, F. R., Weld. J., 45: 241s, 1966.

7 Michaud, E. J., Kerr, H. W., and Weckman, D. C., in Trends in Welding Research, Eds. H. B., Smartt, J. A. Johnson, and S. A. David, ASM International, Materials Park OH, June 1995, p.154.

8 Kou, S., and Le, Y., Metall. Trans., 13A: 1141, 1982.

9 Lienert, T. J., in Trends in Welding Research, Eds. J. M. Vitek, S. A. David, J. A. Johnson, H. B. Smartt, and T. DebRoy, ASM International, Materials Park, OH, June 1998, p.726.

10 Smith, R. B., in Welding, Brazing, and Soldering, Vol. 6, ASM International, Materials Park, OH, December 1993, p.642.

11 Linnert, G. E., Welding Metallurgy, Vol. 2, 3rd ed., American Welding Society, New York, 1967.

12 Jennings, P. H., Singer, A. R. E., and Pumphrey, W. I., J. Inst. Metals, 74: 227, 1948.

13 Pumphrey, W. I., and Moore, D. C., J. Inst. Metals, 73: 425, 1948.

14 Jefferson, T. B., and Woods, G., Metals and How to Weld Them, James Lincoln Arc Welding Foundation, Cleveland, OH, 1961.

15 Schaeffler, A. L., Metal Prog., 56: 680. 1949.

16 Kou, S., and Le, Y., Metall. Trans., 16A: 1887, 1985.

17 Kou, S., and Le, Y., Metall. Trans., 16A: 1345, 1985.

18 Blodgett, O. W., Weld. Innovation Q., 2(3): 4, 1985.

CHAPTER 04

부분 용융부 (PMZ)

부분 용융부는 용융부와 열영향부 사이에 존재하는 모재의 아주 좁은 부분이다. 상태도에서 액상과 고상이 공존하는 구간의 온도에 노출된 모재 부분으로 지렛대 법칙에 따라 부분적으로 용해되는 부분이다. 부분적으로 액화되는 특성에 따라 액화 균열 및 수소 균열 등이 발생 가능하며, 이 장에서는 부분 용융부의 형성 원리, 편석 현상 및 균열 발생 기구 등에 대해 다루도록 하겠다.

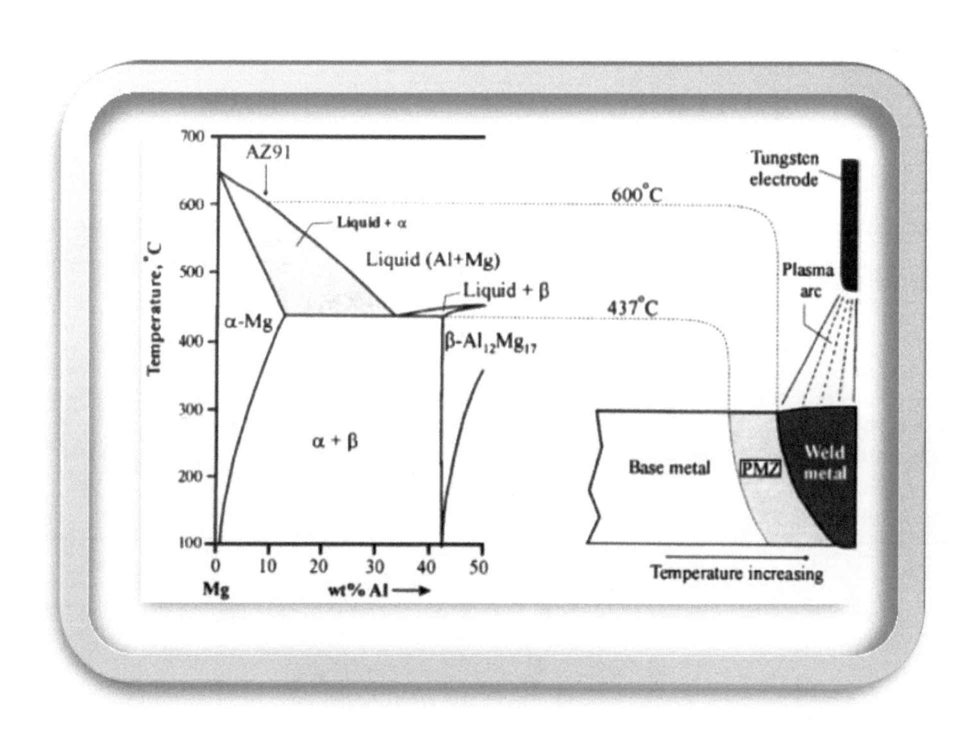

부분 용융부(PMZ)의 형성

부분 용융부는 용탕에 인접한 모재에서 부분적으로 용융되는 부분이며, 영어로는 PMZ (Partially Melted Zone)이라고 부른다. PMZ(부분적으로 녹은 영역)는 입자 경계(GB)에 액화가 발생하여 입계 균열을 일으킬 수 있는 용접 금속 바로 외부의 모재 영역이다. 알루미늄 합금은 용접과정에서 액상에 의한 균열에 취약한 것으로 알려져 있다. 응고 과정에서 합금 원소의 부분 편석에 따라 응고점이 달라지게 되고 결과적으로 용접과정에서 PMZ가 응고 수축에 의한 응력을 견디지 못하고 균열에 이르게 되는 상황을 흔히 접하게 된다.

이장에서는 이렇게 부분적으로 용융되었다가 응고되는 부분 용융부의 액화 기구, 입자 경계 (Grain Boundary) 액상의 응고 및 이에 따른 편석 현상에 대해 다루도록 한다.

1.1 액화 현상

알루미늄 합금의 용접 조직인 그림 4-1 (a)에 보면 용탕에 인접한 모재 부분에 좁은 부분 용융부(PMZ)가 보인다. 그림 4-1 (b)와 같이 부분 용융부(PMZ)를 확대해 보면 검은 색의 입자 경계가 보이고 입자 경계 주위에 밝은 색의 좁은 밴드 형태가 보인다. 입자(Grain) 중 밝은 색의 이 밴드 부위만 용접시 용융되었다 재 응고된 부위이다.

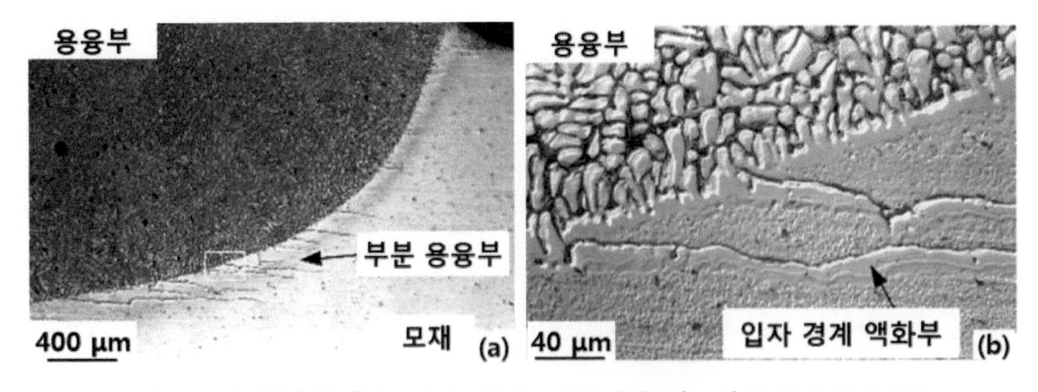

그림 4-1 Al 합금(6061)의 GMAW 용접시 부분 용융부(PMZ)의 미세 조직 구조

그림 4-2는 알루미늄 합금의 GMAW 용접으로 생성된 PMZ 구역의 미세 조직 구조이다. 앞의 그림 4-1과 같이 용접부에 인접한 모재에 PMZ가 보인다. 2219 알루미늄 합금은 Al-Cu 합금으로 Cu의 조성이 6.3%이다. 용접시 부분 용융부(PMZ)는 그림 4-3에서 모재가 T_L(643℃)과 T_E(548℃) 사이 온도인(α + L) 영역으로 가열된 구역이다. 이 온도 구간으로 가열된 부분은 고상과 액상이 공존하며, 그 양은 지렛대 법칙에 따라 결정된다.

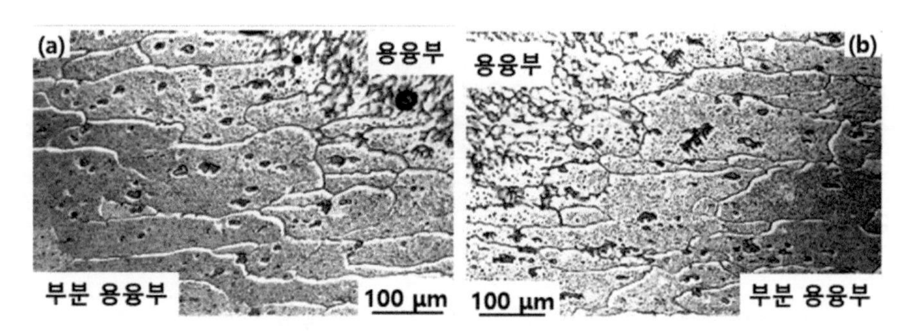

그림 4-2 2219 Al 합금의 GMAW 용접시 PMZ의 미세 조직 구조[1]

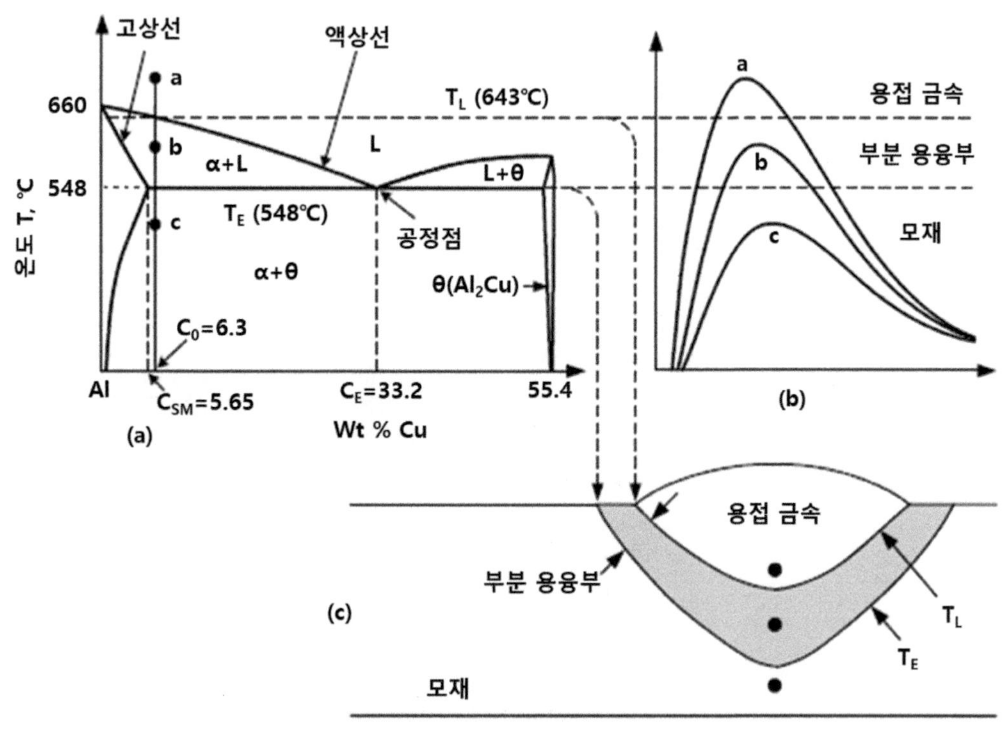

(a) Al-Cu 상태도의 Al Rich Side (b) 가열 및 냉각 곡선 (c) 용접부 단면도

그림 4-3 2219 Al 합금의 PMZ 형성

1.1.1. 액화 기구

부분용융부(PMZ)의 액화기구를 그림 4-4를 이용하여 설명하겠다. α상의 Cu 용해 한계 조성(C_{SM})보다 작은 C_1 조성의 세 가지 액화기구와 α상의 Cu 용해 한계 조성(C_{SM})보다 큰 C_2 조성의 두 가지 액화기구에 대해 설명하겠다. 마지막 여섯 번 째로 상태도와 관련 없는 모재의 저융점 개재물이 액화하는 기구를 언급하겠다.

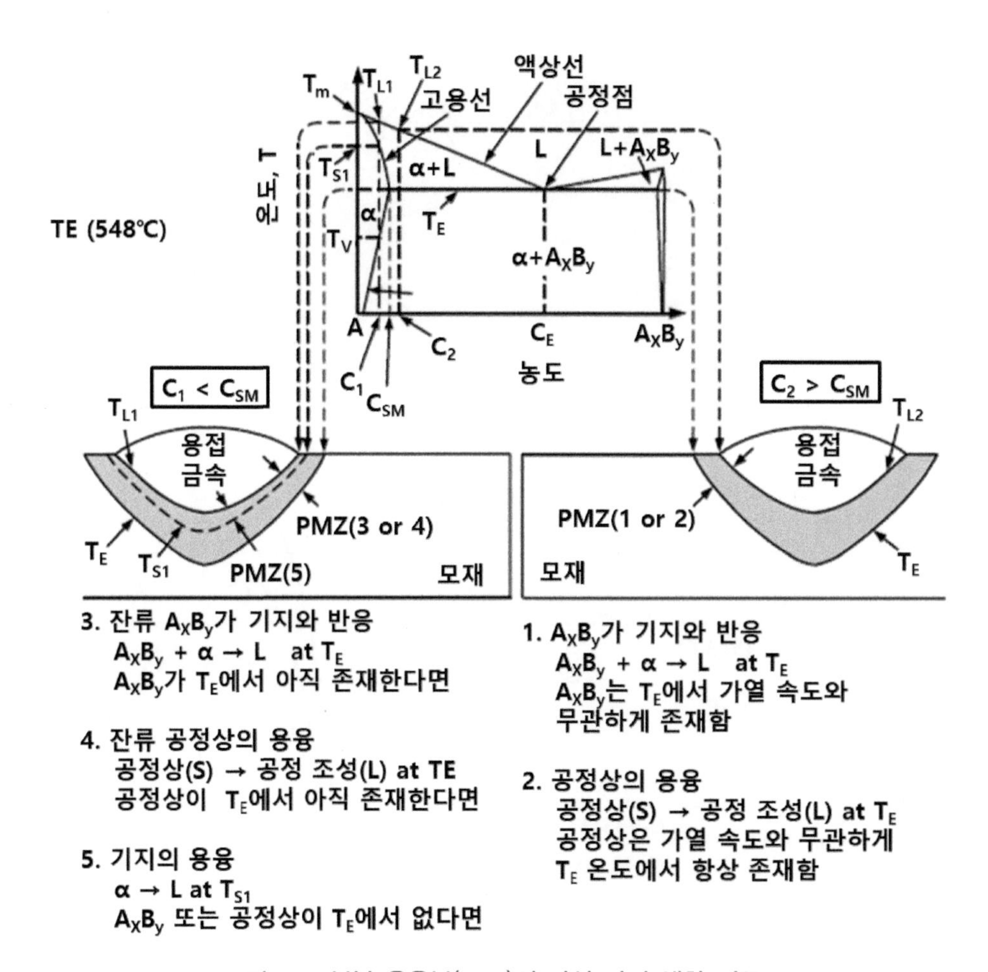

그림 4-4 부분 용융부(PMZ)의 다섯 가지 액화 기구

1) 액화기구 1: A_xB_y 금속간 화합물의 공정 반응

그림 4-4의 부분 용융부(PMZ)에 대한 액화 기구를 알아보겠다. 첫번째 기구는 A_xB_y 금속간 화합물의 공정 반응이다. α상의 기지에 A_xB_y 금속간 화합물이 석출되어 있는 C_2 조성의 합금이 용접 중 T_E 온도 이상으로 가열되면 T_E 온도에서 아래의 공정 반응에 의한 액화 현상이 발생한다.

$$A_xB_y + \alpha \rightarrow L$$

입자 경계에서 공정반응에 의해 공정 조성의 액상으로 액화되어, α상 입자 경계에 공정 조성의 액상이 존재하게 된다. 온도가 T_E 온도 이상으로 증가하면 추가적으로 α 상이 액화되어 액상의 양이 점차 증가한다.

냉각시는 생성된 아공정 액상에서 처음에 Cu 농도가 적은 α상이 응고하며 이에 따라 액상에 Cu 조성이 증가하여 공정 조성(C_E)이 된다. 마지막으로 공정 온도 T_E에서 입자 경계에 공정 반응에 의한 공정 조직이 형성된다.

2) 액화기구 2: 공정 반응

C_2 조성의 합금도 최종 응고부인 입자 경계는 공정 조직으로 구성되어 있다. 그러므로 용접시 T_E 온도에서 입자 경계의 공정 조직은 아래 공정 반응에 의해 액화된다.

$$\text{공정 조직(S)} \rightarrow L$$

3) 액화기구 3: 잔류 A_xB_y의 기지와 반응

이번 액화기구는 α상의 Cu 용해한도 이상의 조성인 C_1 조성의 액화기구이다. 이 기구는 조성적 액화 기구(Constitutional Liquation Mechanism)로 잘 알려져 있다. α상 모재 기지에 A_xB_y 금속간 화합물이 석출상으로 존재하는 경우 공정 온도에서 아래 식과 같은 공정 반응에 의해 액상이 생성된다.

$$A_xB_y + \alpha \rightarrow L$$

4) 액화기구 4: 잔류 공정 조직의 용융

이번 액화기구는 α상의 Cu 용해한도 이상의 조성인 C_1 조성의 액화기구이다. C_1 조성의 액상이 응고시에도 편석 현상에 의해 공정 반응에 의한 공정 조직이 최종 응고부인 입자 경계(Grain Boundary) 부위 등에 형성된다. 형성시 생성된 응고 조직은 용접시 빠른 가열로 인해 T_V 온도 이상에서 공정조직이 α상인 기지에 용해되지 않고 T_E온도에서 공정반응에 의해 액상으로 용융된다. TE 온도 이상으로 상승시 추가적으로 기지인 α상이 용융된다.

$$\text{공정 조직(S)} \rightarrow L$$

5) 액화기구 5: 기지의 용융

C1 조성의 α상으로만 구성된 모재가 TS1 온도에서 TL1 사이의 온도에서 모재의 일부가 용융된다. 용융된 액상의 양은 지렛대 법칙에 의해 예상할 수 있다.

$$\alpha \rightarrow L$$

6) 액화기구 6: 편석된 불순물의 액화

응고시 S와 P과 같은 저융점 화합물이 최종 응고부에 편석한 경우 가열시 이 부분이 액화되는 현상이다.

1.1.2. 입자 경계(Grain Boundary) 액상의 응고

1) 입자 경계(Grain Boundary) 액상의 응고 방향

용접시 냉각 방향은 용탕의 경계선에 수직한 방향이다. 그러므로 부분 용융존의 입자 경계의 액상은 그림 4-5와 같이 용탕 방향으로 응고한다.

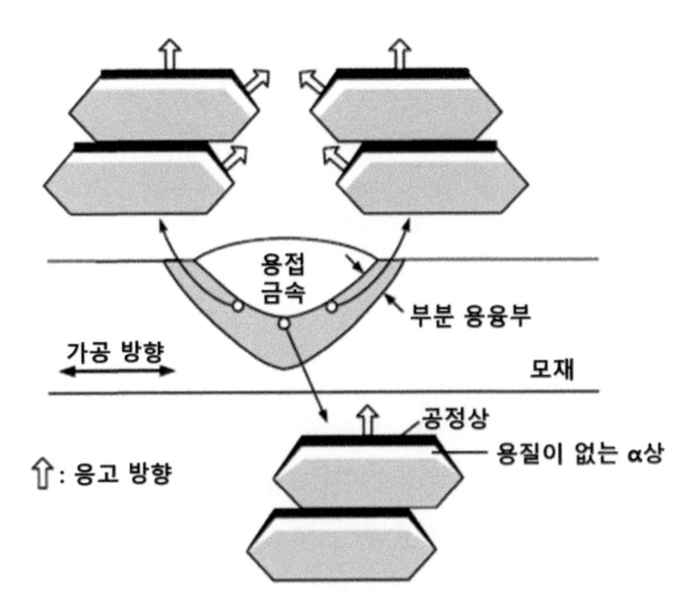

그림 4-5 부분 용융존의 입자 경계 액상의 방향성 응고

2) 입자 경계 액상의 응고시 편석 현상

그림 4-6의 상태도에서 C_0 조성의 합금을 용접시 부분 용융부의 입자 경계에서 용융이 발생하여 액상이 생성되며, 응고시는 편석 현상이 발생한다. 그림 4-7과 같이 평형편석계수 k값이 1보다 작은 경우 액상의 응고시 용질이 액상으로 배출되어 응고된 고상은 용질의 농도가 작다. 응고가 진행됨에 따라 액상의 용질 농도가 증가하여 공정 농도 C_E에 도달하면 공정조직이 형성된다.

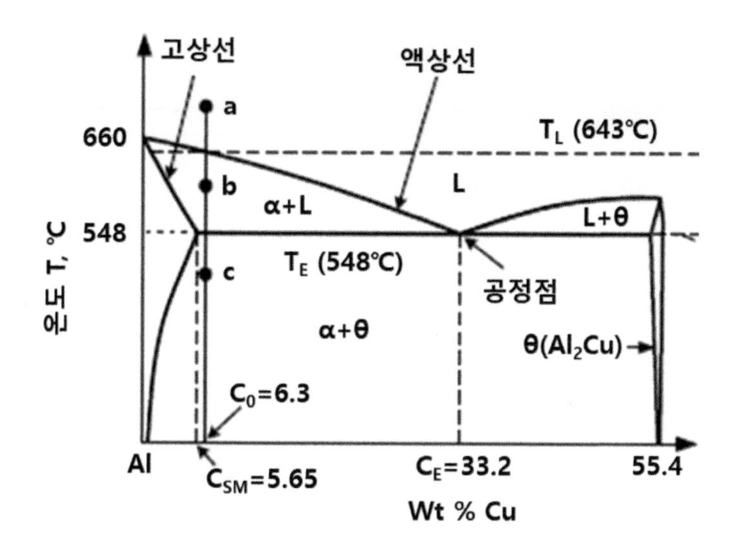

그림 4-6 Al-Cu 공정 반응 상태도

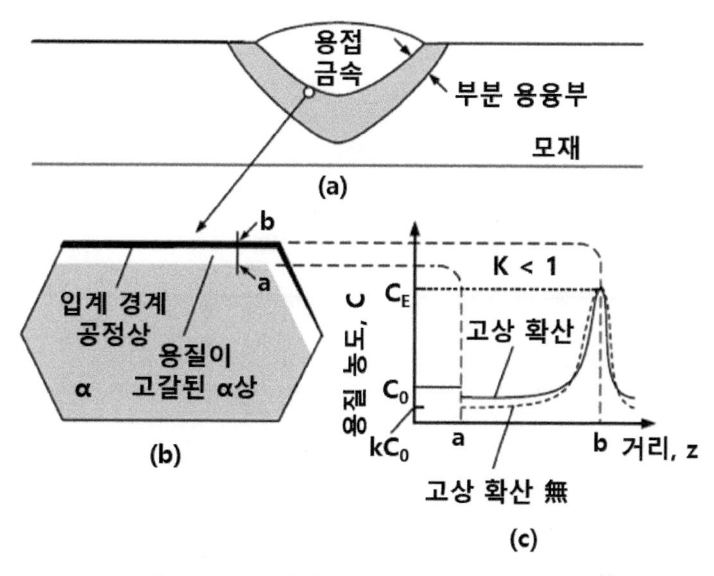

그림 4-7 부분 용융부의 입자 경계 편석 현상[2]

2219 Al 합금의 용접시 부분 용융부 입자 경계에서 편석 현상이 그림 4-8과 같이 발생하였음을 볼 수 있다.

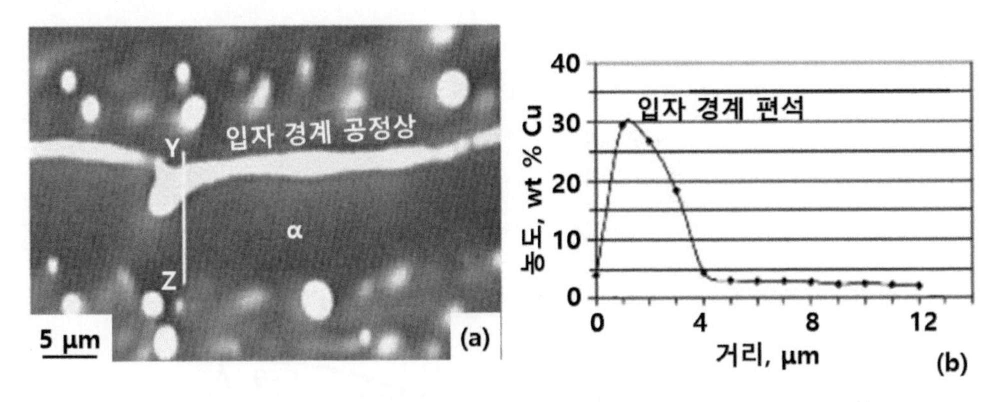

그림 4-8 2219 Al 합금의 용접시 부분용융부의 입자 경계 편석 현상[3]

3) 입자 경계(Grain Boundary) 액상의 응고 모드

입자 경계(Grain Boundary)는 액상의 폭이 짧아 수지상정이 발달하지 못하며, 발생 가능한 응고 모드는 평면(Planar) 계면 모드 또는 셀(Cellular) 계면 모드이다. 대부분의 입자 경계 액상의 응고 모드는 평면 계면 모드이다. 단 다음의 두 가지 조건을 만족하는 경우는 셀(Cellular) 계면 모드로 응고가 가능하다.

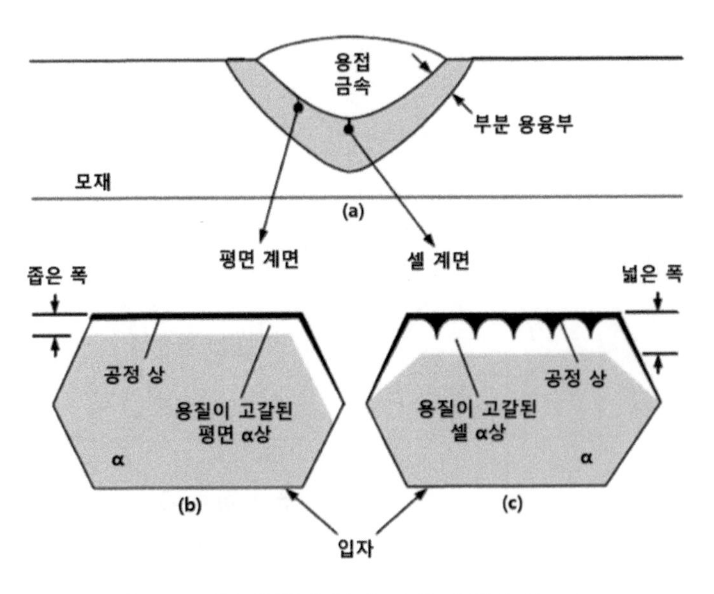

그림 4-9 부분 용융부 입자 경계 액상의 응고 모드

첫번째는 액상의 구역 폭이 넓어야 한다. 폭이 좁은 경우 조성적 과냉이 커도 평면 계면으로 응고하며 셀 계면까지 발달하지 못한다.

두번째는 조성적 과냉이 커야 한다. 즉 G/R 값이 작아야 한다(G: 온도 기울기, R: 응고 속도) 용탕의 가운데 부분은 G(온도 기울기)값이 작고 R(응고 속도)값이 크므로 셀계면 모드가 발생할 가능성이 높다.

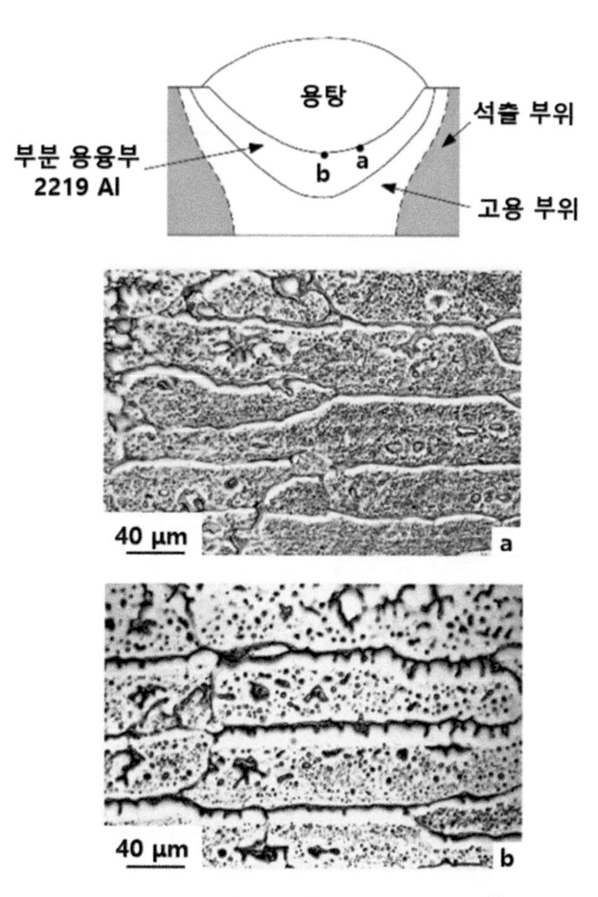

그림 4-10 2219 Al 합금의 응고 모드 (4)

2219 Al 합금의 부분 용융부의 입자 경계 액상의 응고 모드는 그림 4-10과 같다. 앞에 설명한 것과 같이 대부분 평면 계면 모드로 응고하였으나 용탕의 중심부는 조성적 과냉이 커서 셀계면 모드로 응고하였음을 볼 수 있다.

참고문헌

1 Huang, C., and Kou, S., Weld. J., 79: 113s, 2000.
2 Huang, C., and Kou, S., Weld. J. 2002.
3 Huang, C., and Kou, S., Weld. J. 80: 9s, 2001.
4 Huang, C., and Kou, S., Weld. J. 80: 46s, 2001.

부분 용융부와 관련된 결함

모재의 열영향부에 속하는 부분 용융부는 응고와 냉각 과정에서 다양한 변화를 겪게 된다. 용질 원자의 낮은 융점 및 편석에 의한 저융점 액막의 형성은 직접적인 응고 균열을 유발하게도 하지만, 가공 경화 현상이 사라지면서 강도가 저하하는 현상이 발생하고, 부분적인 석출물의 분포에 의해 연성이 저하하기도 한다. 앞장에서는 부분 용융부의 형성 및 편석 현상에 대해 설명하였고, 이장에서는 부분 용융부의 편석 현상에 의해 발생하는 결함에 대해 다루도록 하겠으며, 아래와 같은 결함이 발생하여 용접시 주의가 필요하다.

- 액화 균열(Liquation Cracking) : 부분 용융부의 고온 균열의 한 종류임
- 강도 및 연성의 손실
- 수소 균열(Hydrogen Cracking)

Al 합금에서 액화 균열 및 연성 저하 현상이 많이 발생한다. 향후 내용 기술의 편의성을 위해 아래의 표 4-1과 같이 주요 Al합금과 용접봉의 공칭 조성을 정리하였다.

표 4-1 주요 알루미늄합금의 조성

	Si	Cu	Mn	Mg	Cr	Zn	Ti	Zr	Fe
1100		0.12							
2014	0.8	4.4	0.8	0.5					
2024		4.4	0.6	1.5					
2219		6.3	0.3				0.06	0.18	
2319		6.3	0.3				0.15	0.18	
4043	5.2								
5083			0.7	4.4	0.15				
5356			0.12	5.0	0.12		0.13		
6061	0.6	0.28		1.0	0.2				
6063	0.4			0.7					
6082	0.9		0.5	0.7					0.3
7002		0.75		2.5		3.5			
7075		1.6		2.5	0.23	5.6			

2.1 액화 균열(Liquation Cracking)

액화 균열은 부분 용융부의 입계에서 발생하는 입계 균열이며, 용탕의 경계를 따라 발생한다.

2.1.1. 액화 균열 민감도 시험

부분 용융부의 액화 균열 민감도는 Varestraint 시험, Circular Patch 시험, 고온 연성 시험과 같은 다양한 방법으로 평가 할 수 있다.

1) Varestraint 시험

Varestraint 시험은 응고 균열의 민감도 시험 방법으로 많이 사용되고 있으며, 동일하게 액화 균열의 민감도 시험 방법으로도 많이 사용되고 있다. 용접 중에 정해진 반경으로 시편에 굽힘 변형을 가하여 발생한 균열을 평가하는 방법이다. 평가는 가해진 변형량과 균열의 길이를 측정하여 균열 민감도 지수를 구한다. 균열 길이는 전체 균열의 총 길이 또는 제일 긴 균열의 길이를 사용한다. 시험 방법은 그림 4-11 (a)와 같으며, 그림 4-11 (b)는 변형을 횡방향으로 가하는 'Transverse Varestraint 시험'이다.

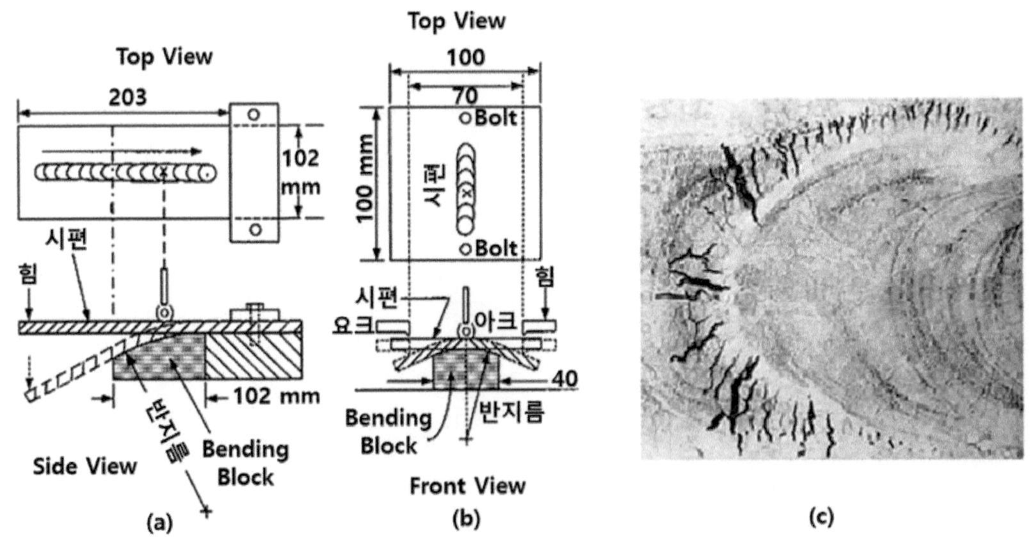

(a) Varestraint 시험 (b) Transverse Varestraint 시험 (c) 페라이트계 스테인리스강의 응고 균열

그림 4-11 응고 균열 시험[(1), (2), (3)]

2) Circular Patch 시험

Circular Patch 시험은 그림 4-12와 같다. 용접 후 냉각 중 시편의 용접부 바깥쪽은 인장 응력을 받으며, 용접부 안쪽은 압축 응력을 받는다. 그러므로 인장응력을 받는 용접부 바깥쪽의 부분 용융부(PMZ)에서 균열이 시작하여 용접 방향으로 균열이 성장한다.

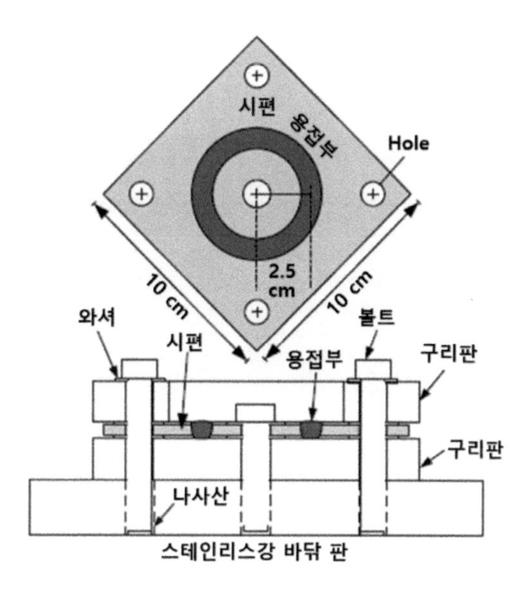

그림 4-12 Circular Patch 시험 방법

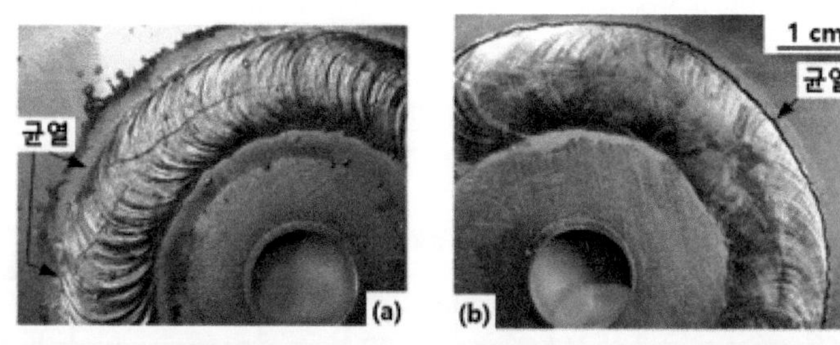

(a) 6061 Al 합금 모재, 1100 Al 용접봉 (b) 2219 Al 합금(바깥쪽) 및 1100 Al 합금(안쪽) 모재, 1100 Al 용접봉[4]

그림 4-13 Al 용접봉 Circular Patch 시험시 응고 균열과 액화 균열 발생

그림 4-13 (a)는 6061 Al 합금을 1100 Al 용접봉으로 용접한 시편이다. 사진을 보면 3개의 균열이 용접부 바깥쪽 부분 용융부에서 시작하여 용접 방향인 시계 방향으로 용접 중심선을 따라 성장하였다. 최종 응고부인 용접 중심선을 따라 균열이 발행한 응고 균열의 전형적인 형상이다. 그림 4-13 (b)는 바깥쪽의 6061 Al 합금과 안쪽의 1100 Al 합금을 1100 Al 용접봉을 이용하여 용접한 시편이다. 용접부 바깥쪽 부분 용융부에서 균열이 시작하여 부분 용융부를 따라 균열이

전파하였다. 모재의 열영향부가 시작되는 부분 용융부를 따라 균열이 성장하는 액화 균열의 전형적인 형상이다.

3) 그리블 용접 시뮬레이터(Gleeble Weld Simulator)를 이용한 고온 연성 시험

그림 4-14와 같은 그리블 용접 시뮬레이터를 사용하여 고온 연성 시험을 실시한다. 시편을 고정하고 인장응력을 가하면서 전류에 의한 저항열로 사전에 계획된 온도로 가열 및 냉각하여 시험한다.

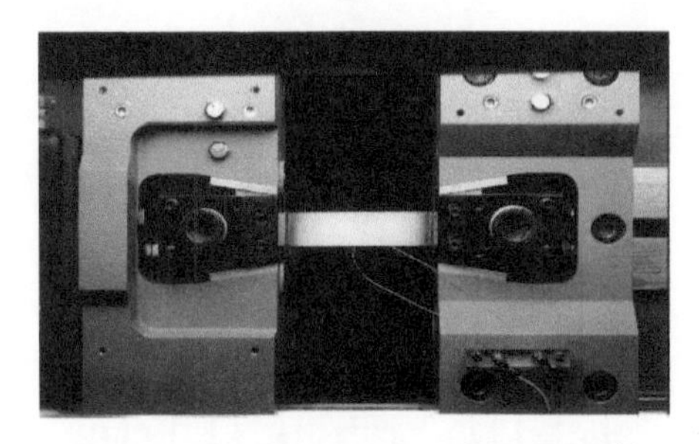

그림 4-14 그리블 용접 시뮬레이터 [5]

균열 저항성이 있는지 고온 연성 커브를 몇 가지 기준을 이용하여 검토한다. 몇 가지 기준 중 하나는 그림 4-15와 같이 시험하며 가열 후 냉각시 얼마나 빨리 연성이 회복되는지를 시험하는 것이다. 그림 4-15 (a)는 붕소(B)가 미량 함유된 코발트(Co) 합금으로 냉각시 바로 연성을 회복하였다. 즉 이 합금은 액화 균열에 상당한 저항성을 갖고 있다. 반면에 그림 4-15 (b)는 붕소(B)가 상당량 함유된 코발트(Co) 합금으로 상당한 온도를 냉각된 후 연성이 회복되었다. 이 경우는 액화 균열에 저항성이 낮다고 판단할 수 있으며, 그 이유로는 붕소(B)의 저융점 화합물 형성으로 액화균열에 민감하다고 생각된다.

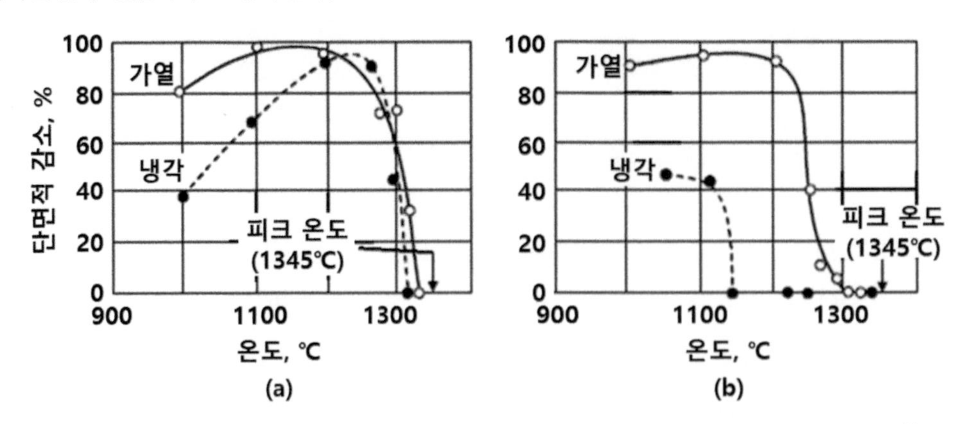

(a) 0.0002 wt% B (b) 0.003 wt% B, OH : 1345℃로 가열, OC : 1345℃로 부터 냉각 [6]

그림 4-15 보론(B)의 함량에 따른 214 Co 합금의 고온 연성 특성

2.1.2. 액화 균열(Liquation Cracking) 기구

액화 균열 기구는 크게 두 가지로 구분할 수 있다.

첫번째는 응고 균열 기구와 유사한 기구로 황(S), 인(P)과 같은 불순물의 편석에 의해 최종 응고부에 액상의 저융점 개재물을 형성하는 기구이다. 그림 4-15의 보론(B)이 최종 응고부에 저융점 화합물을 형성한 것도 동일한 기구이다.

두번째는 모재보다 용접부의 응고 온도가 높은 경우이다. 용접부가 먼저 응고하고, 모재의 부분 용융부는 낮은 온도까지 액상으로 존재하는 경우이다. 이 경우 용접부의 응고 수축에 의해 부분 용융부에 균열이 발생하는 기구이다.

좀더 자세히 두번째 액화 균열 기구에 대해 정리해 보겠다. 가열시 부분 용융부의 최종 응고부인 입자 경계(Grain Boundary)에서 액화가 발생하고 응고시 발생하는 열수축 및 응고 수축에 의해 가해지는 인장응력에 의해 취약한 부분 용융부의 입자 경계 액화부분에 그림 4-16과 같은 균열이 발생한다.

알루미늄(Al) 합금은 다음과 같은 특성이 있어 액화균열에 특히 취약하다. 첫번째 특성은 넓은 응고 온도 범위와 높은 열전도도로 인해 부분 용융부의 온도 구간이 넓기 때문이다. 둘째로는 액상과 고상의 밀도차가 크기 때문이다. 즉 응고시 응고 수축량이 6.6%로 매우 크다. 셋째로는 열수축량 또한 탄소강의 두 배 정도로 매우 크기 때문이다.

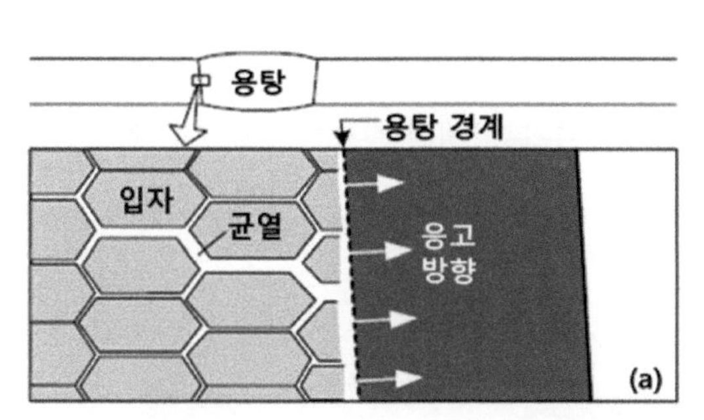

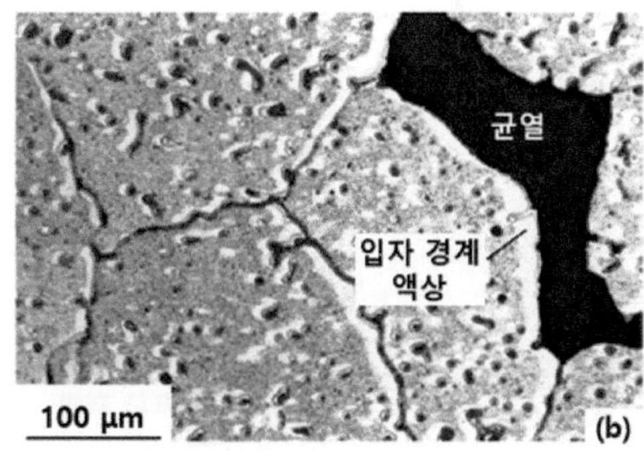

그림 4-16 Al 합금 용접부의 부분 용융부에 균열 생성[4]

그림 4-17에서 2219 알루미늄 합금(Al-6.3Cu)을 용접시 Cu 6.3% 조성인 용접봉을 사용하는 경우에는 용접부에 액화균열이 발생하지 않았으나, 이 보다 Cu 함량이 매우 낮은 Cu 0.95% 조성의 용접봉을 사용한 경우에는 용접부에서 액화 균열이 발생하였다. 액화 균열이 발생한 이유는 그림 4-17의 상태도를 보면 알 수 있다. 용접봉 Cu의 조성이 낮은 용접부의 응고 온도가 높고

Cu 조성이 높은 모재의 부분 용융부 응고 온도가 낮다. 이에 따라 용접부 응고시 수축으로 인한 인장응력으로 액상이 늦게까지 존재하는 부분 용융부에서 균열이 발생한다.

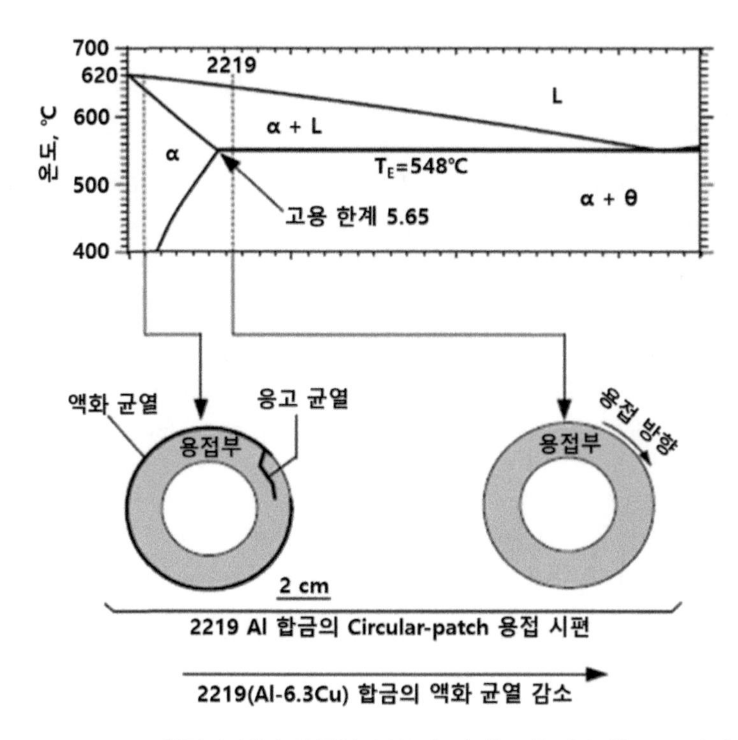

그림 4-17 2219 Al 합금의 부분 용융부 균열에 미치는 용접부 합금 조성의 영향[4]

그림 4-18과 같이 압연재의 압연 방향에 수직한 방향으로 용접하였다. 부분 용융부의 액상이 용접부 보다 훨씬 낮은 온도까지 존재한다면 용접부의 수축에 의해 발생한 응력으로 압연재에 균열이 발생한다.

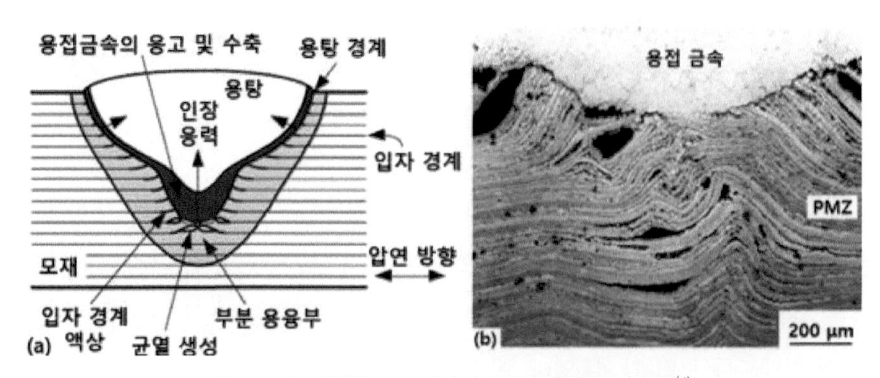

그림 4-18 용접시 압연재의 부분 용융부 균열[4]

2.2 액화 균열 방지 방법

액화 균열 기구의 방지 방법을 용접봉, 입열량, 구속, 모재의 네 가지 측면으로 설명하도록 한다. 다음의 액화 균열 방지 방법은 앞장에서 설명한 두 가지 액화 균열 기구 중 어느 하나에 해당되거나 두 가지 기구에 공통적으로 해당되기도 한다.

2.2.1. 용접봉 선택

부분 용융부에서 액화 균열이 발생하기 위해서는 용접금속이 높은 온도에서 먼저 응고하고 모재는 낮은 온도까지 액상으로 남아야 한다. 액화 균열 발생을 조건식과 글로 표현하면 다음과 같다.

T_{WS} 〉 T_{BS} : 용접금속의 고상선 온도가 모재 금속의 고상선 온도보다 높아야 한다.

(T_{WS} : Weld Metal Solidus Temperature, T_{BS} : Base Metal Solidus Temperature)

반대로 액화 균열이 발생하지 않는 조건은 용접 금속의 고상선 온도(Solidus Temperature)가 모재 부분용융부(PMZ)의 고상선 온도(Solidus Temperature)보다 낮아야 한다. 용접후 냉각시 부분 용융부가 먼저 응고되므로 액화 균열이 발생하지 않는다. 그러므로 액화균열이 발생하지 않도록 하기 위해서는 모재에 따라 용접봉의 선택이 중요하다.

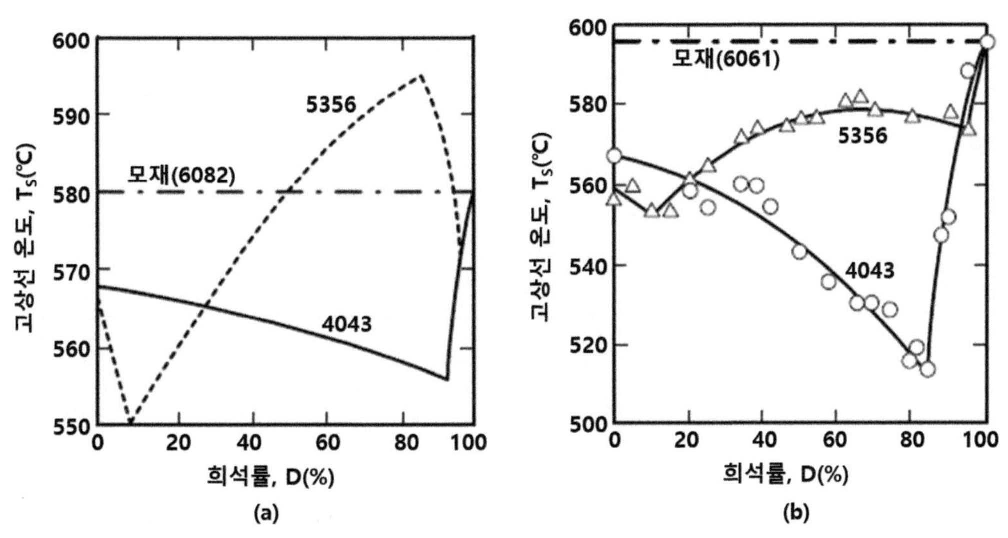

(a) 6082 Al 합금 (b) 6061 Al 합금 [(7), (8)]

그림 4-19 희석률에 따른 용접금속의 고상선 온도 변화

그림 4-19 (a)의 6082 알루미늄 합금을 5356 알루미늄 합금 용접봉으로 용접시 희석율 50% 이상인 경우 용접 금속이 높은 온도에서 먼저 응고하므로 액화균열에 취약하다. 반면에 그림 4-19 (b)의 6061 알루미늄 합금을 5356 알루미늄 합금 또는 4043 알루미늄 합금 용접봉으로 용접시는 희석율에 관계없이 모재의 부분용융부가 높은 온도에서 먼저 응고하므로 액화균열에 저항성이 있다.

2.2.2. 입열량 최소화

입열량이 적을 수록 부분 용융부의 폭이 감소하여 액화균열에 대한 저항성이 높아진다. 입열량을 작게 하기 위해서는 LBW, EBW와 같은 용접방법을 사용하거나 입열량을 낮게 유지한 다층(Multi Pass) 용접을 적용할 필요가 있다.

1Hz 정도의 아크 진동(Oscillation)을 사용하는 것도 입열량을 감소시키는 좋은 방법이다.

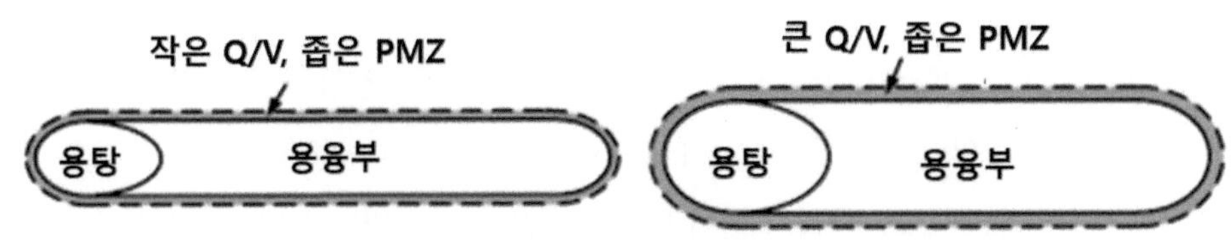

그림 4-20 입열량에 따른 부분 용융부의 크기

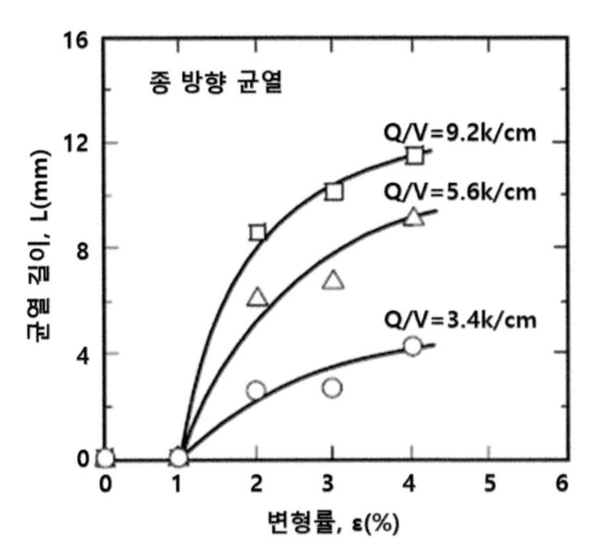

그림 4-21 Varestraint 시험시 입열량에 따른 액화균열의 크기
(모재 6061 알루미늄 합금, 용접봉 5356 알루미늄 합금) [8]

2.2.3. 구속 최소화

액화 균열과 수소 균열 등 대부분의 균열은 조직 구조와 인장 응력에 영향을 받는다. 구속을 최소화하여 용접시 발생하는 인장응력을 감소시키면 액화균열에 대한 저항성이 증가한다.

2.2.4. 모재의 조건

1) 불순물

미량 합금 원소와 불순물(P, S등)을 첨가하면 그림 4-22와 같이 공정 상태도와 포정 상태도에서 모재의 액화 시작 온도를 감소시키고 응고 온도 범위를 넓힌다. 이에 따라 모재가 액화균열에 민감해 진다.

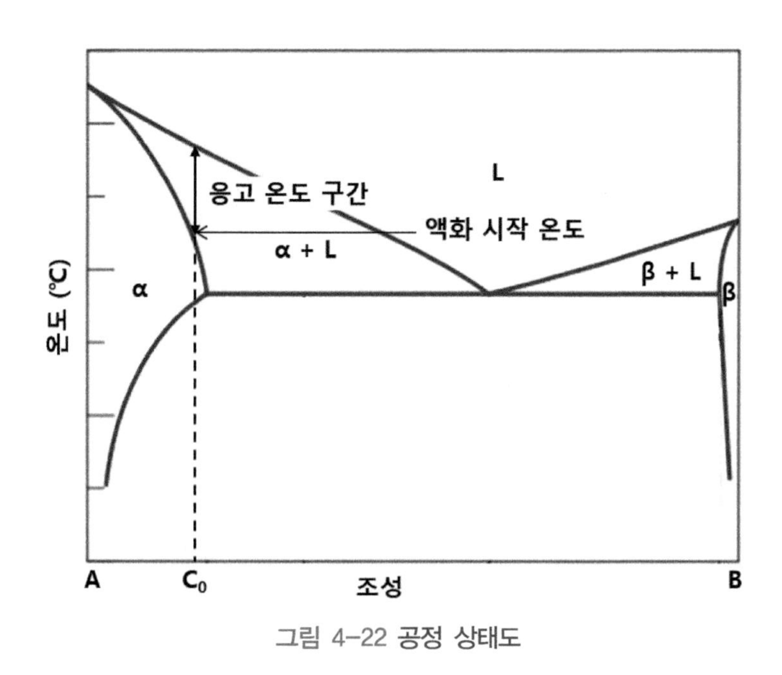

그림 4-22 공정 상태도

그림 4-23과 같이 스테인리스강에 합금 원소를 미량 첨가하면 액화 시작 온도가 감소한다. 그러나 일정 이상 합금 원소가 첨가되면 공정 온도 및 포정 온도에 도달하여 액화 시작 온도가 더 이상 감소하지 않는다.

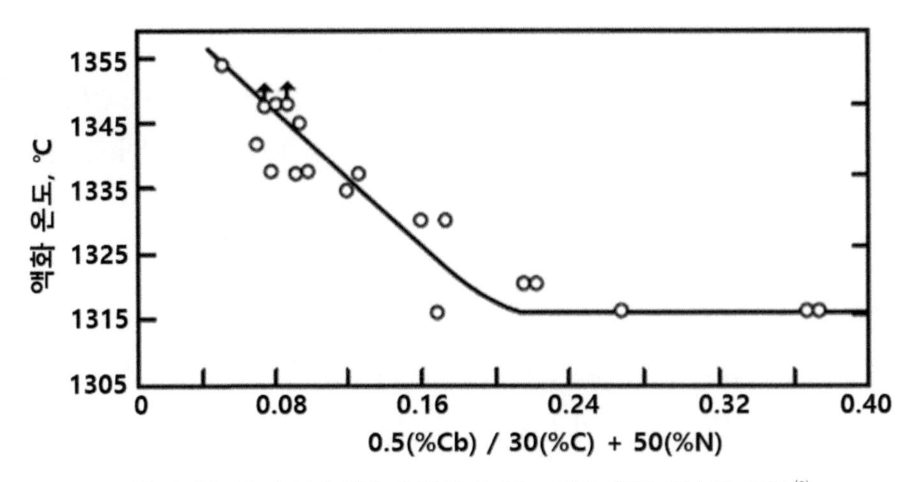

그림 4-23 SS 347의 액화 온도에 미치는 미량 합금 원소의 영향[(9)]

2) 입자 크기(Grain Size)

그림 4-24와 같이 입자 크기가 클수록 입자 계면의 면적이 작아져 입자 계면에 액화 균열을 야기하는 물질의 농도가 높아져 액화 균열에 민감해 진다. 그림 4-25는 6061 알루미늄 합금을 GTAW 용접한 시편을 Vrestraint 시험한 결과로 입자 크기가 클수록 액화 균열이 증가하는 것을 알 수 있다.

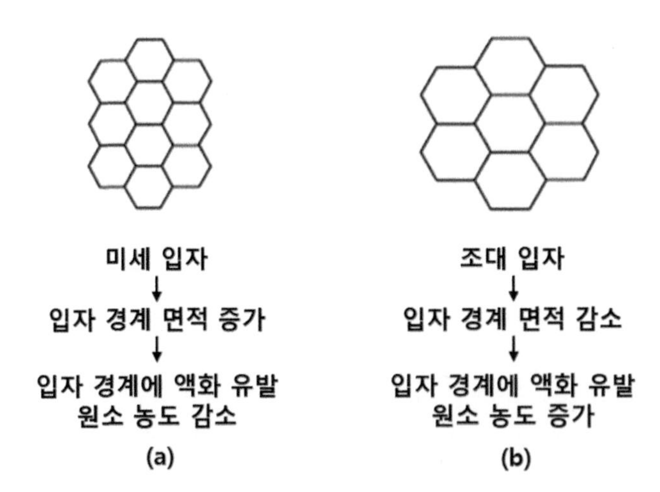

그림 4-24 액화 균열을 야기하는 물질의 농도에 대한 입자 크기의 영향

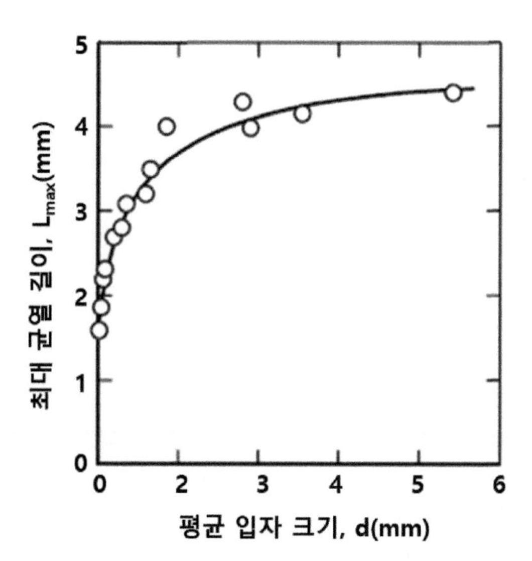

그림 4-25 액화 균열에 대한 입자 크기의 영향
(6061 알루미늄 합금의 GTAW 용접시편을 Varestraint 시험시) [8]

3) 입자 방향(Grain Orientation)

용접방향과 압연 판재의 가공 방향이 평행한 경우 모재 방향으로의 입자의 계면이 복잡한 형상을 가지게 되어 균열이 모재로 전파하기 어려워지며 이로 인해 액화 균열이 감소한다.

4) 미세 편석(Micro Segregation)

모재에 황(S)과 인(P) 같은 불순물이 상당량 존재한다면 황(S)과 인(P)은 최종 응고부인 입자 계면에 편석하게 된다. 그리고 용접에 의해 가열시 부분 용융부의 입자 경계에 많은 양의 액상이 생성되어 액화 균열이 증가한다. 주철 같은 경우 황(S)과 인(P)이 상당량 존재하므로 불순물 편석에 의한 액화 균열에 취약한 재질이다.

2.3 강도와 연성의 손실

부분 용융부(PMZ)에는 용질 농도가 감소한 영역과 농도가 증가한 편석 영역이 같이 존재한다. 농도가 감소한 영역은 연성이 좋으나 강도가 낮고, 편석 영역은 취성이 높아 연성이 낮다. 이에 따라 그림 4-26과 같이 알루미늄 합금의 용접부를 인장 시험시 강도와 연성이 모두 저하되는 현상이 발생한다.

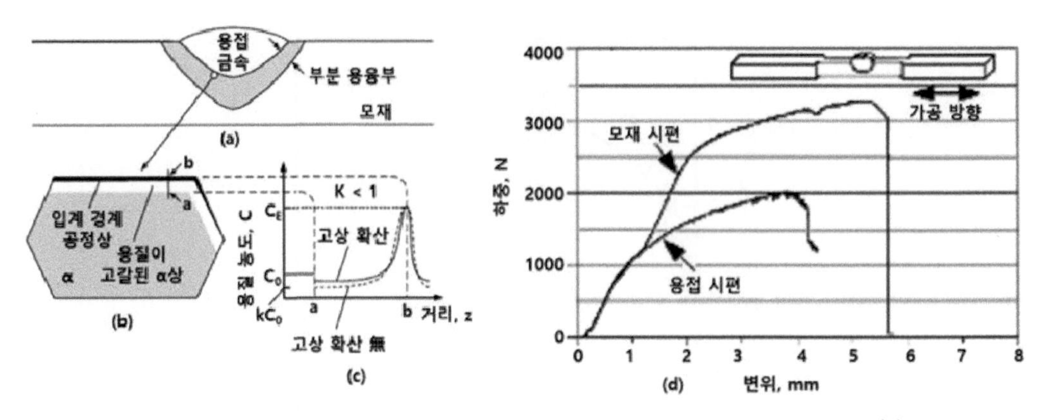

그림 4-26 2219 알루미늄 합금의 GMAW 용접 조직의 인장시험 결과[10]

2.4 수소 균열(Hydrogen Cracking)

알루미늄의 수소 용해도는 용융점 온도 이상의 고온에서는 약 1 cm^3/100 g 정도이나 응고가 시작되면 약 0.05 cm^3/100 g 정도로 급격히 감소한다. 수소는 주로 용융물 표면에서 원자적으로 흡수되며, 용접이나 주조 과정에서 대기중의 수증기가 흡수되면서 알루미늄 산화물과 함께 유리된 수소가 흡수된다. 참고로 25 ℃의 대기 상태에서 65 % 상대 습도는 16 g/m^3 H_2O 증기를 포함한다.

$$2Al + 3H_2O \rightarrow Al_2O_3 + 6H$$

용접시 부분 용융부 입자 경계(Grain Boundary)에 액상이 형성된다. 이 얇은 액상 영역은 용탕과 연결되어 있어 용탕의 수소가 부분 용융부로 이동하는 연결 통로가 된다. 액상의 수소 용해도는 고상에 비해 4배 이상 높으므로 용접시 용탕에 수소가 쉽게 용해되어 들어 올수 있다. 또한 부분 용융부의 응고시 수소가 과용해 상태가 되어 수소 균열(지연 균열)이 발생하는 원인이 된다.

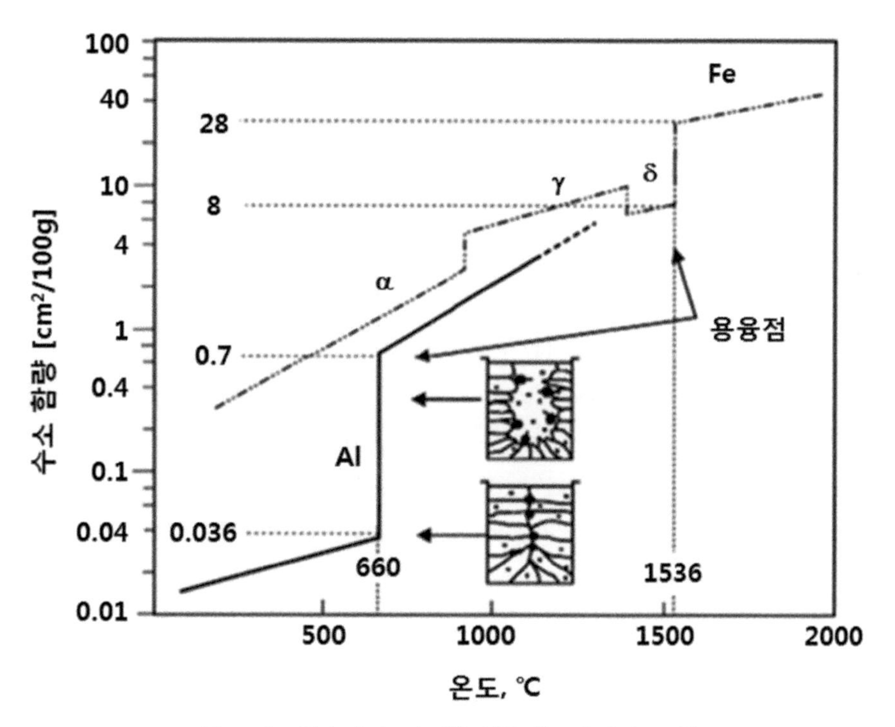

그림 4-27 탄소강과 비교한 알루미늄의 수소 고용도

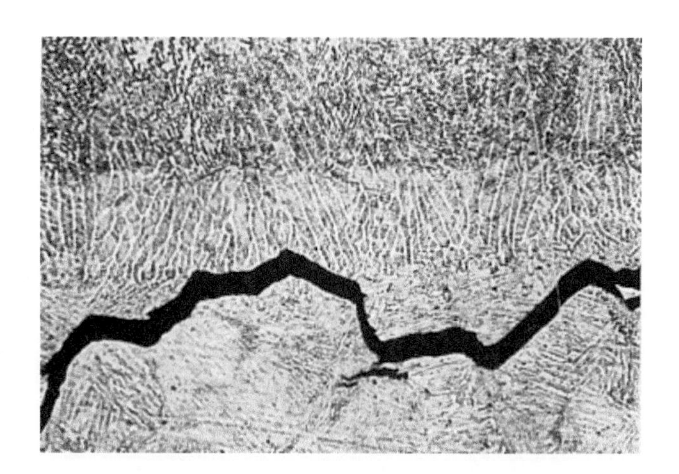

그림 4-28 HY-80강(Ni-Cr-Mo 저합금강)의 부분 용융부 수소 균열 발생[11]

참고문헌

1 Effects of Minor Elements on the Weldability of High–Nickel Alloys, Welding Research Council, 1969.
2 Methods of High–Alloy Weldability Evaluation, Welding Research Council, 1970.
3 Yeniscavich, W., in Methods of High–Alloy Weldability Evaluation, p.1.
4 Huang, C., and Kou, S., Weld. J. 2002.
5 HAZ 1000, Duffers Scientific, Troy, NY, Dynamic System, Inc.
6 Cieslak, M. J., in ASM Handbook, Vol. 6: Welding, Brazing and Soldering, ASM International, Materials Park, OH, 1993, p.88.
7 Gittos, N. F., and Scott, M. H., Weld. J., 60: 95s, 1981.
8 Miyazaki, M., Nishio, K., Katoh, M., Mukae, S., and Kerr, H. W., Weld. J., 69: 362s, 1990.
9 Cullen, T. M., and Freeman, J. W., J. Eng. Power, 85: 151, 1963.
10 Huang, C., and Kou. S., Weld. J., 80: 9s, 2001.
11 Savage, W. F., Nipples, E. F., and Szekeres, E. S., Weld. J., 55: 276s, 1976.

CHAPTER 05

열영향부

(Heat Affected Zone)

용접시 직접 용융되어 용접금속을 형성하지는 않지만, 용접과정의 높은 온도에 노출되어 화학적 또는 기계적 특성이 변화되는 모재의 부분을 열영향부(HAZ, Heat Affected Zone)라고 칭한다. 재질마다 열영향부의 거동 특성이 다르므로, 이장에서는 각각의 특성을 대표하는 다섯 가지 재질에 대해 정리하도록 하겠다. 먼저 가장 많이 사용되는 탄소강과 스테인리스강의 열영향부 특성을 살펴보겠다. 그리고 추가적으로 가공 경화형 재료와 석출 경화형 재료의 열영향부 특성을 정리하였으며, 가공 경화형 재료와 석출 경화형을 대표하는 알루미늄과 니켈 합금을 이용하여 정리하였다.

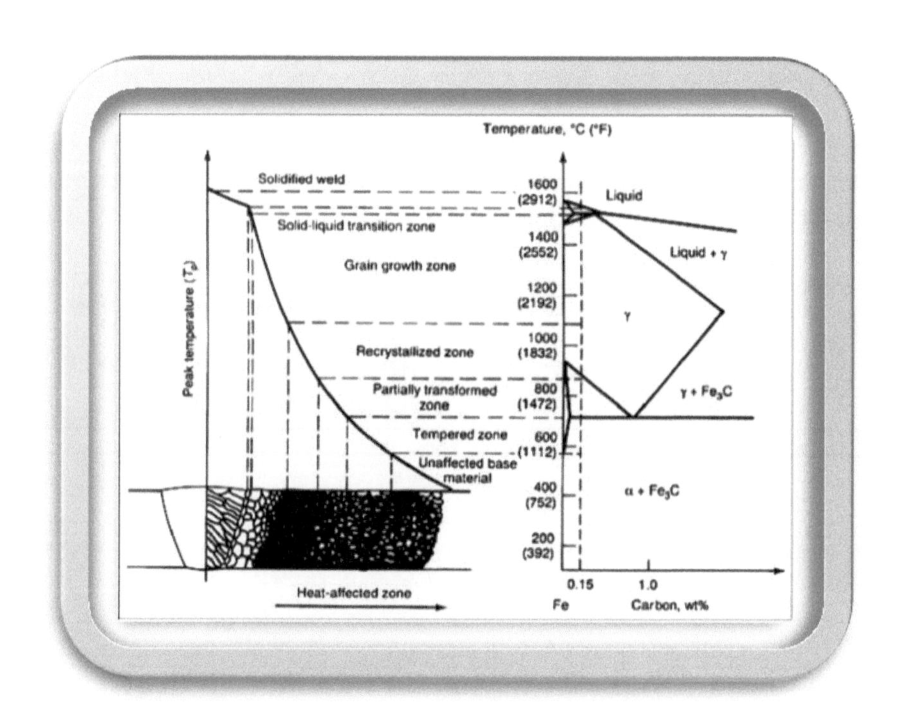

변태 강화 재료: 탄소강 및 저합금강

변태 강화재료라고 이름을 붙인 이들 강종은 응고와 냉각 과정에서 상변태가 발생하고 그에 따라서 해당 강종의 기계적 특성에 변화가 생기는 강종으로서 열처리 합금이라고 이해하면 된다. 탄소강과 저합금강은 저렴하고 용접성이 좋아 가장 많이 사용되는 용접 재료이며, 용접시 대표적인 문제점을 정리하면 아래와 같다. 이중 용융부와 부분 용융부의 용접시 문제점은 앞에서 기 설명하였고 이 장에서는 용접시 열영향부(HAZ)의 문제점에 대해 다루겠다.

표 5-1 탄소강과 저합금강의 용접시 대표적인 문제점과 해결 방안

문제점	해당 금속	해결 방안
기공	탄소강, 저합금강	용접봉에 탈산제(Al, Ti, Mn) 첨가
수소 균열	고 탄소강	저수소계 용접봉 또는 오스테나이트계 스테인리스강 용접봉 사용 예열 또는 후열처리
라멜라 티어링	탄소강, 저합금강	횡방향 구속이 최소화되는 이음 설계 연한 재료로 버터링
재열 균열	내식성 또는 내열강	입자성장이 최소화되도록 저입열 응력집중과 구속을 최소화 가능한한 입계 온도 구간을 빠르게 가열
응고 균열	탄소강, 저합금강	용접부 탄소 함량 0.16% 이하로 조절 적절한 Mn/S 비 유지
입자 성장에 의한 HAZ부 저 인성	탄소강, 저합금강	탄화물과 질화물 형성 원소를 추가하여 입자 성장 억제
주상정 입자 조대화에 의한 용융부 인성 저하	탄소강, 저합금강	입자 미세화 다층 용접을 이용한 입자 미세화

1.1 평형 상태도

상태도와 용접부의 열영향부를 그림 5-1과 같이 연계하여 그릴 수 있다. 이 그림에서는 쉬운 설명을 위해 용접시 빠른 가열과 빠른 냉각 속도에 의한 영향을 고려하지 않았다. 열영향부(HAZ)

는 용탕에 인접한 모재 부위로 공석 반응 온도(A_1)와 포정 반응 온도 사이의 온도 범위로 가열된 부분이다. 부분 용융부는 포정 반응 온도와 액상선 온도 사이의 온도로 가열되어 부분적으로 용융된 부분이다. 용융부는 액상선 이상의 온도까지 가열되어 액상으로 된 부분이다.

일반적으로 열영향부(HAZ)는 상변태가 발생하는 공석 반응 온도(A_1) 이상까지 노출된 용탕 주위의 모재 부위를 지칭하나, 공석 반응 온도(A_1) 이하에서도 금속간 화합물의 석출 및 입자 성장 등으로 인해 모재의 기계적 특성이 변하므로 이 부분까지 열영향부로 칭하기도 한다.

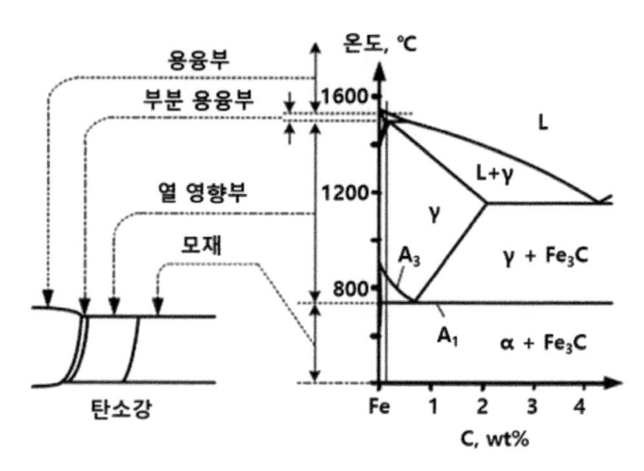

(a) 열영향부 (b) Fe–Fe_3C평형 상태도

그림 5–1 탄소강 용접

1.2 용접시 상변태 및 입자 성장

1.2.1. 가열시 A_1, A_3 상변태

공석 반응에 의한 상변태는 확산이 필수적으로 동반되는 상변태이므로 상변태에 확산에 필요한 시간이 필요하다. 용접시는 가열 속도가 빠르기 때문에 공석 온도(A_1)에서 공석 반응(α + Pearlite $\Rightarrow \gamma$)에 의한 상변태가 어려우며, 가열 속도가 증가할수록 A_1과 A_3 변태온도가 증가한다. 가열시의 A_1과 A_3 변태온도를 A_{C1}과 A_{C3}로 표시한다. Cuisson은 프랑스어로 가열을 의미하며 A_{C1}의 C는 Cuisson에서 왔으며 가열을 의미한다.

합금 원소의 함량이 많을 수록 상변태시 합금 원소의 확산에 의한 재분배에 더 많은 시간이 필요하여, A_{C1}과 A_{C3} 변태 온도의 상승 폭은 증가한다. 또한 V, W, Cr, Mo, Ti, Nb과 같은 탄화물 생성 원소는 탄소의 확산을 방해하므로 A_{C1}과 A_{C3} 변태 온도의 상승폭이 더 크게 증가한다.

강 종별로 가열 속도에 따른 A_{C1}과 A_{C3} 온도의 상승 폭은 표 5-2와 같다. 합금 원소가 많은 강일 수록 A_{C1}과 A_{C3} 온도의 상승폭이 증가함을 볼 수 있다.

표 5-2 가열속도와 변태 온도의 변화

강	변이 온도	평형 조건(℃)	가열 속도 (℃/sec) (700~1000℃ 구간)			
			3	30	300	1400
1045	A_{C1}	725	780	790	800	840
	A_{C3}	770	820	830	860	935
23Mn	A_{C1}	735	750	770	795	840
	A_{C3}	806	810	850	890	920
18Cr2 WV	A_{C1}	710	800	870	970	1000
	A_{C3}	810	860	930	1000	1150

23Mn : 0.23C, 0.85Mn, 0.27Si
18Cr2WV : 0.18C, 1.0Cr, 2.0W, 0.5V

1.2.2. 페라이트(A_3 변태) 및 펄라이트(A_1 변태) 생성

그림 5-1 (b)의 탄소강의 상태도에서 알 수 있듯이 용접시 A_3 변태선 이상의 온도로 가열된 저탄소강의 열영향부는 γ 오스테나이트 상으로 변태하며, 냉각시 A_3 변태점에 도달하면 γ 오스테나이트가 초석 페라이트로 변태를 시작하고, 변태시 탄소는 초석 페라이트에서 γ 오스테나이트로 배출된다. 이에 따라 냉각됨에 따라 γ 오스테나이트의 C 농도가 증가하여 공석 온도(723℃)에서 공석 조성(C 0.76%)을 갖게 되어, 공석 온도에서 아래 식의 공석 반응에 의해 펄라이트(Pearlite)가 생성된다.

$$\gamma(0.76\ wt\%\ C) \underset{\text{가열}}{\overset{\text{냉각}}{\rightleftarrows}} \alpha(0.022\ wt\%\ C) + Fe3C(6.70\ wt\%\ C)$$

공석 반응은 중간 탄소 농도의 γ 오스테나이트가 낮은 탄소 농도의 α 페라이트와 높은 탄소 농도의 시멘타이트(Fe_3C)로 변태하는 것이다. 이때 그림 5-2와 같이 α 페라이트와 시멘타이트가 탄소의 확산에 의해 층상 구조를 형성하며, 이 것을 **펄라이트**라고 한다.

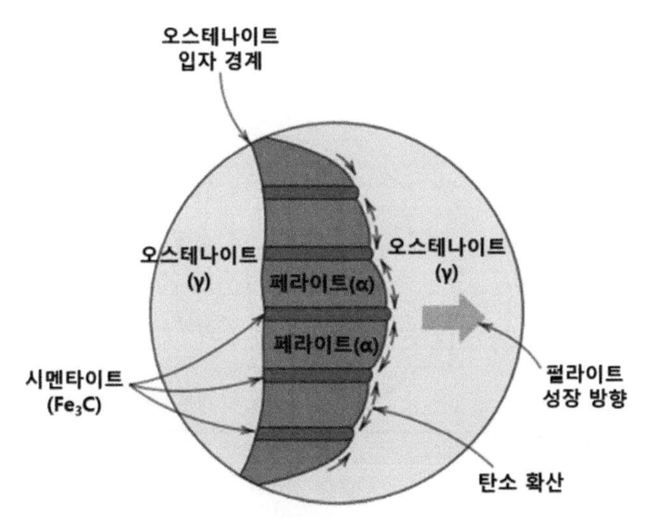

그림 5-2 공석반응에 의한 펄라이트 생성

냉각 속도가 빠를 수록 공석 반응이 발생하는 A_{C1} 온도가 낮아진다. 그리고 온도가 낮을 수록 확산 속도 저하로 인해 탄소의 확산 거리가 감소함에 따라 펄라이트 층상 간격이 좁아진다. 상대적으로 고온에서 생성되어 층상구조 간격이 넓은 펄라이트를 조대 펄라이트(Coarse Pearlite) 저온에서 생성되어 층상구조 간격이 좁은 펄라이트를 미세 펄라이트(Fine Pearlite)라고 한다.

1.2.3. 베이나이트(Bainite) 생성

저탄소강의 등온 변태도 및 연속 냉각 변태도는 그림 5-3과 같아 용접과 같은 연속 냉각시는 베이나이트가 생성되지 못한다. 탄소강에 탄소 이외의 합금 원소(Cr, Ni, Mo, W 등)를 첨가하면 등온 변태도의 C-Curve의 모양에 두 가지 큰 변화가 발생한다. 첫째는 변태시 합금 원소의 확산에 의한 재분배에 시간이 소요되므로 C-Curve의 코의 위치를 더욱 긴 시간으로 이동한다. 둘째로는 그림 5-4와 같이 베이나이트 코의 분리가 발생한다. 베이나이트 코가 분리되고 페라이트 코보다 짧은 시간 쪽에 위치하여 합금강의 경우 용접후 연속 냉각에서도 베이나이트의 생성이 가능해 진다.

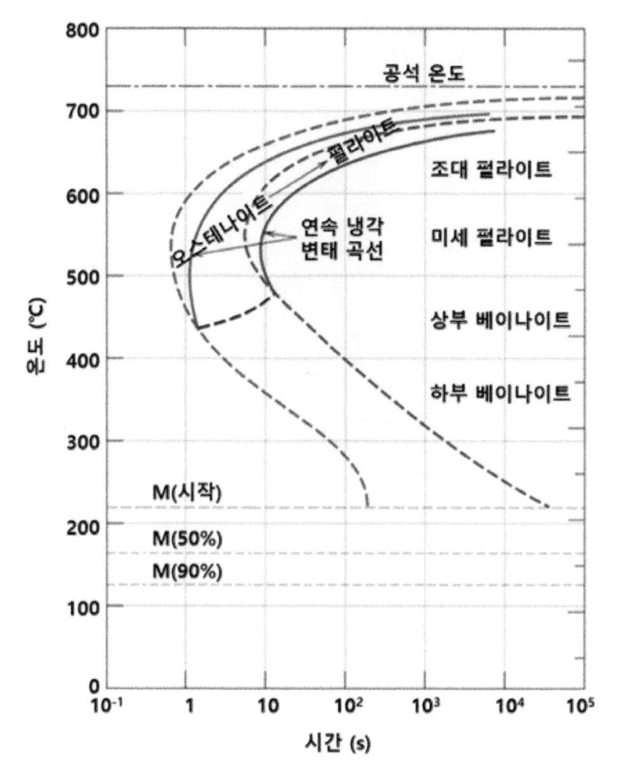

그림 5-3 등온 변태도 및 연속 냉각 변태도

베이나이트는 펄라이트의 층상 구조를 형성할 수 없을 정도의 빠른 냉각속도로 탄소의 확산 속도가 낮아질 때 발생하는 변태이다. 그림 5-3과 같이 고온에서는 상부 베이나이트가 생성되고, 저온에서는 하부 베이나이트가 생성된다.

베이나이트 생성 기구를 그림 5-6을 이용하여 알아 보겠다. 상부 베이나이트는 온도가 낮아 페라이트 생성시 탄소가 안정적으로 페라이트 외부로 배출되지 못하여 페라이트와 시멘타이트의 층상 구조인 펄라이트가 생성되지 못하고, 페라이트 상 주변에 시멘타이트가 불균일하게 생성된 상이다. 페라이트 생성시 탄소가 페라이트 주변의 오스테나이트 상으로 불균일하게 확산하게 되어 페라이트 상 주위의 오스테나이트 상에 탄소의 농도가 증가한다. 탄소 농도가 일정 농도 이상 증가하면 페라이트 상 주위에 시멘타이트 상이 불균일하게 그림 5-5와 같이 생성된다. 상부 베이나이트는 경도가 높은 시멘타이트 상이 페라이트 상 계면에 불규칙하게 위치하여 취성이 높으며, 이로 인해 피하여야 하는 조직이다. 반면 하부 베이나이트는 변태 온도가 더욱 낮아져 확산이 매우 어려워져 생성된다. 페라이트 상 생성시에 대부분의 탄소가 낮은 온도로 인해 페라이트 상 밖으로 배출되지 못하고 그림 5-5와 같이 페라이트 상 내부에 모여 시멘타이트 상을 형성한다. 이 페라이트 상 내부에 형성된 시멘타이트는 석출강화 효과로 인해 강도가 좋으며 인성도 좋아 많이 사용하는 재질이다.

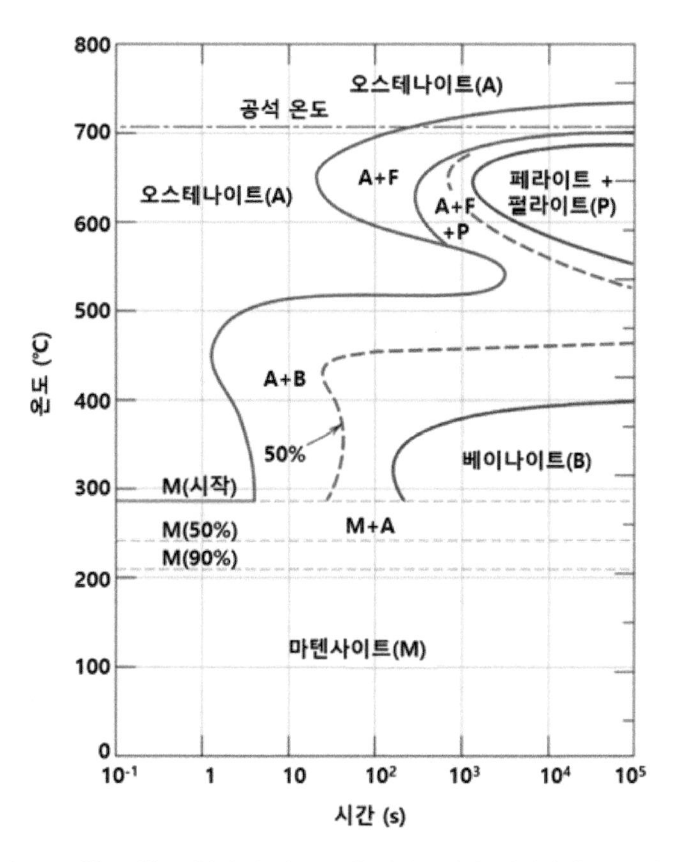

그림 5-4 합금 원소 첨가에 따른 등온변태도에서 베이나이트 코의 생성

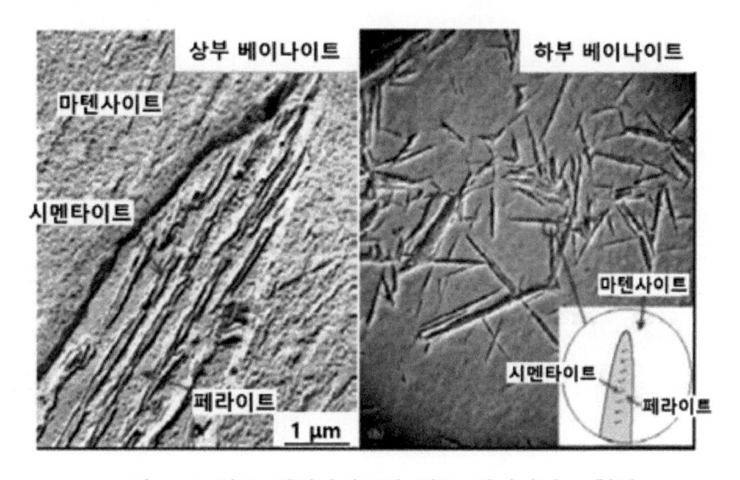

그림 5-5 상부 베이나이트와 하부 베이나이트 형상

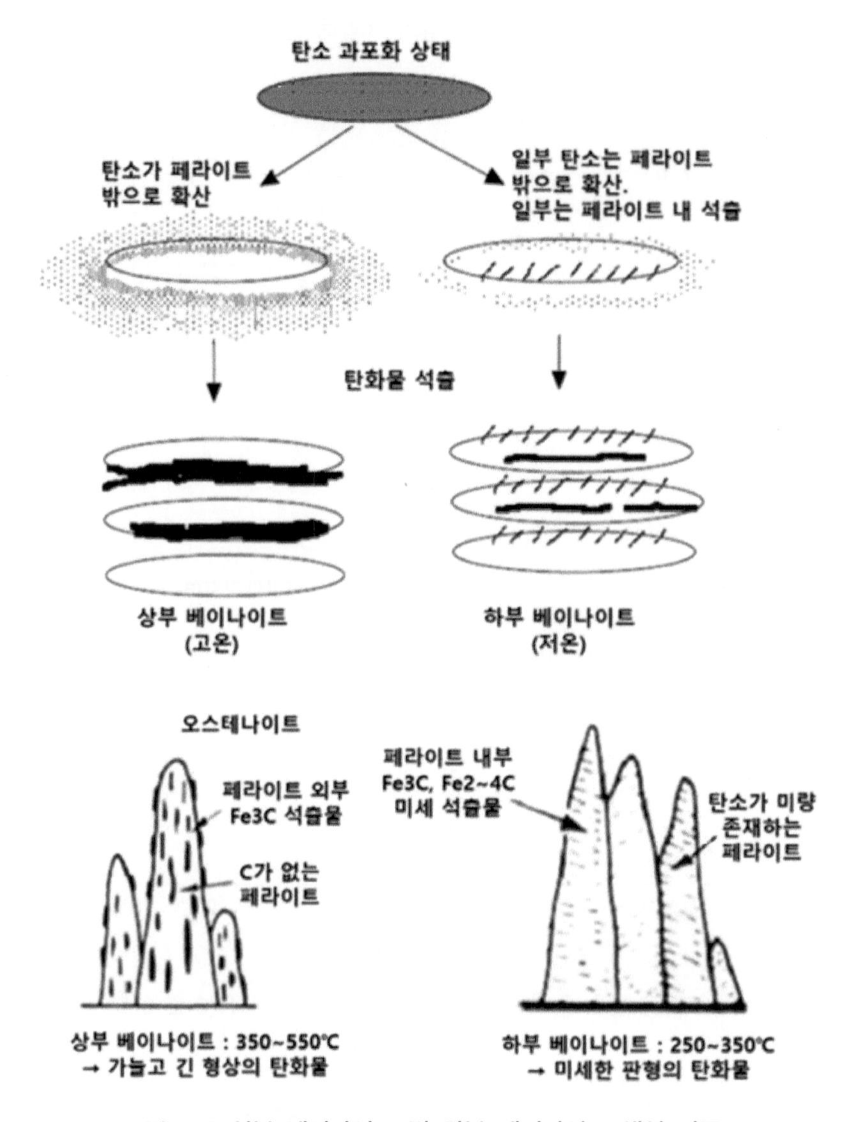

그림 5-6 상부 베이나이트 및 하부 베이나이트 생성 기구

1.2.4. 마르텐사이트(Martensite) 생성

용접시 공석 반응 온도(723℃) 이상으로 가열된 부분은 공석 반응에 의해 모재의 α 페라이트 + 시멘타이트(Fe_3C)가 γ 오스테나이트로 변태하며, 냉각시 γ 오스테나이트는 냉각 속도에 따라 페라이트, 베이나이트 및 마르텐사이트로 변태한다. 냉각 속도가 빠를수록 확산에 필요한 시간이 부족하여 확산 변태가 어려워지며, 냉각 속도가 그림 5-3의 임계 속도 이상이 되면 확산 변태가 불가능해져 마르텐사이트 변태 시작 온도에서 무확산 변태인 마르텐사이트 변태가 발생한다.

탄소를 포함한 합금 원소를 추가하면 상변태시 동반되는 확산에 의한 합금원소의 재분배에 더 많은 시간이 필요하게 되어 등온 변태도의 C Curve가 긴 시간쪽으로 이동한다. 합금 원소를 추가한 등온변태도인 그림 5-4를 보면 저탄소강의 등온 변태도 그림 5-3보다 C Curve가 긴 시간쪽으로 이동한 것을 확인할 수 있다. C Curve가 긴 시간쪽으로 이동하면 상대적으로 느린 냉각속도에도 마르텐사이트의 생성이 용이해진다. C Curve가 긴 시간쪽으로 이동하여 마르텐사이트의 생성이 쉬워지는 현상을 '**경화도가 증가한다**'고 표현한다.

용접은 가열속도가 빠르고 고온 유지 시간이 짧아 충분한 확산 시간이 주어지지 않으므로, 가열시 생성되는 오스테나이트는 탄소 조성이 불균일하다. 즉 γ 변태 후 고탄소 상인 펄라이트(Pealite)가 있던 부분은 고탄소 조성을 나타나고, 저탄소 상인 페라이트(Ferrite)가 있던 부분은 저탄소 조성을 나타낸다. 따라서 고탄소 지역은 위에 설명한 합금 원소 첨가 효과로 국부적으로 경화도가 높으므로 마르텐사이트가 형성된다. 그림 5-7 (a)와 같이 용접의 경우 탄소 농도가 많은 부위에 마르텐사이트가 생성되어 경도 변화가 심하게 나타난다.

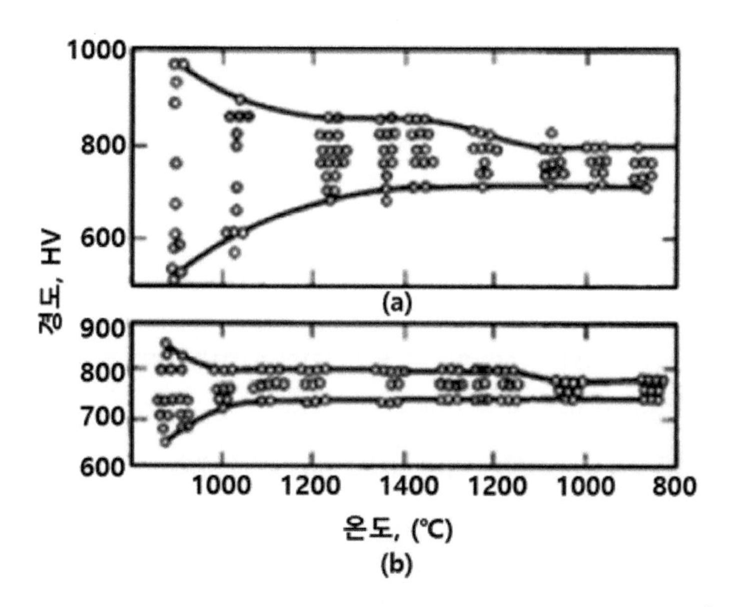

(a) 가열 속도 300℃/sec (b) 7℃/sec, 가열은 표시된 온도에서 중단[1]

그림 5-7 1045 강 시편의 마이크로 경도 변화

마르텐사이트 변태는 냉각 속도가 임계 속도 이상으로 빨라 확산이 어려운 경우 발생하는 무확산 변태이다. Fe는 공석 반응 온도인 723℃ 이상에서 FCC 조직인 γ 오스테나이트가 안정하며, 723℃ 이하의 온도에서는 BCC 조직인 α 페라이트가 안정하다. 임계 냉각 속도 이상의 빠른 속도로 냉각되면 마르텐사이트 생성온도에서 그림 5-8 (b)와 같이 FCC 조직 내의 BCT 구조가 b_1

및 b_2 축은 팽창하고 b_3 축은 수축하여 낮은 온도에서 안정한 BCC 조직으로 변태하려고 한다. 이때 그림 5-8에 표시된 b_3 축의 중심은 FCC 조직의 침입형 원자가 자리하는 팔면체 자리(Octagonal Site)이다. b_3 축에 침입형 원자인 탄소가 존재함에 따라 b_3 축이 충분히 수축하지 못하여 마르텐사이트 상은 BCT 구조를 갖는다. 템퍼링을 통하여 탄소 원자를 침입형 원자 자리에서 빼내면 b_3 축은 수축하며, 충분한 템퍼링을 통해 완전히 탄소 원자를 빼내는 경우 템퍼드 마르텐사이트는 BCC 구조를 가질 수 있다. 이때 제거된 탄소는 템퍼드 마르텐사이트 내에 시멘타이트 상으로 석출하여 존재한다. 탄소의 농도가 많을수록 마르텐사이트의 b_3축이 길어져 BCC 조직과 차이가 많이 발생하는 불안정한 구조로 되며 경도가 높다. 즉 생성된 마르텐사이트의 경도는 탄소 농도에 좌우되어 탄소 농도가 높을 수록 생성된 마르텐사이트는 취성과 경도가 증가한다.

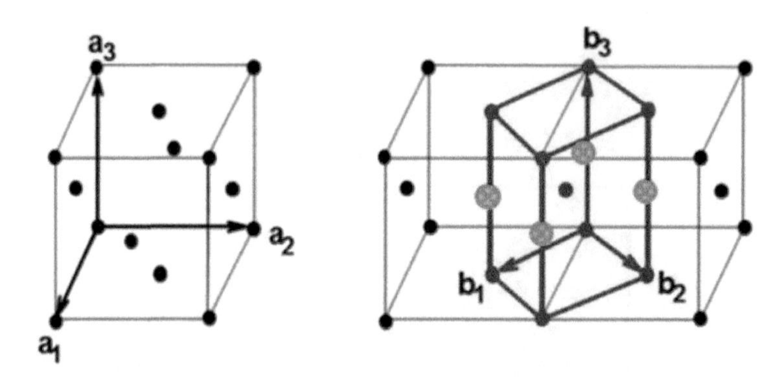

그림 5-8 FCC 결정 구조와 BCT 결정 구조 비교

마르텐사이트 변태는 조직의 수축과 팽창을 동반하므로 마르텐사이트 변태시 마르텐사이트 상은 주변 조직과의 사이에서 많은 응력을 발생시킨다. 이에 따라 마르텐사이트는 주변 조직과의 응력발생에 의한 불안정을 최소화하기 위해 침상 또는 두께가 매우 얇은 판상의 형태를 갖는다.

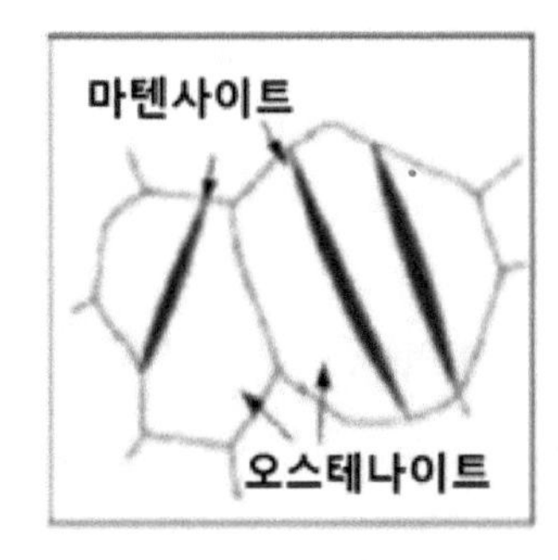

그림 5-9 마르텐사이트 상변태

마르텐사이트 변태 진행은 조직의 확산이 필요없으므로 시간에 독립적이며, 온도에 영향을 받는 변태이다. 마르텐사이트 변태 시작 온도에 도달하면 그림 5-9 (a)와 같이 마르텐사이트 상이 순간적으로 생성된다. 온도가 더 냉각되면 그림 5-9 (b), (c)와 같이 추가적인 마르텐사이트가 생성된다. 마르텐사이트 변태량은 온도에 좌우되며 마르텐사이트로 상변태하지 못한 오스테나이트는 잔류 오스테나이트로 부른다. 마르텐사이트 상변태가 100% 완료되는 온도는 매우 낮은 온도이므로 연속 냉각 변태도 및 등온 변태도에서 그림 5-3과 그림 5-4와 같이 마르텐사이트 변태 종료 온도인 T_{100} 대신 90% 변태 온도인 T_{90} 주로 사용한다.

1.2.5. 입자 성장(Grain Growth)

입자 성장(Grain Growth)는 상변태는 아니나 용접 중 상변태와 같이 발생하며 입자가 성장하는 현상이다. 계 내의 입계 총면적을 작게하여 계의 에너지를 낮추는 입자의 성장 현상이 발생한다.

용탕 근처는 가열시 노출되는 최대 온도가 높기 때문에 입자 성장(Grain Growth)가 다른 부위보다 현저히 크게 발생한다. 결정립 성장을 방해하는 원소인 Al, Ti, V, Nb 등이 첨가되면 그림 5-10과 같이 입자 성장이 감소한다. 그 이유는 Al, Ti, V, Nb 등의 원소는 탄화물 또는 질화물을 형성하여 입계의 이동을 방해하기 때문이다.

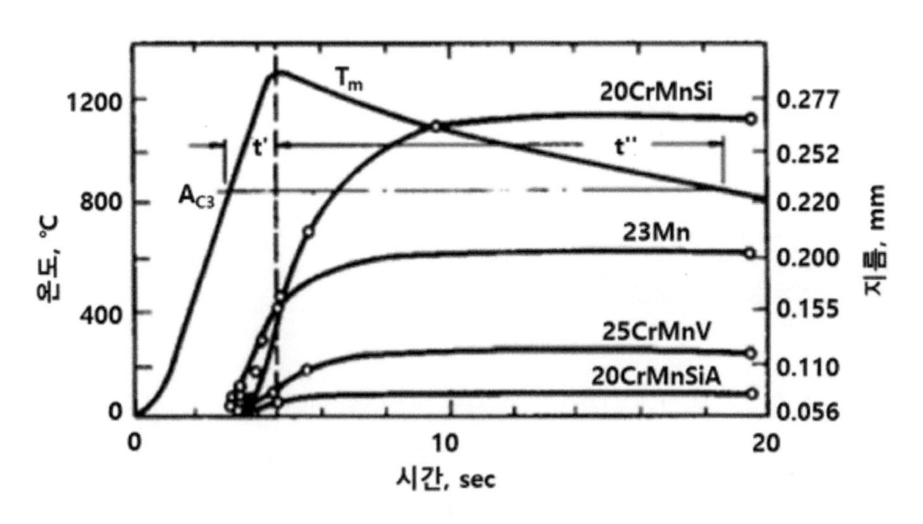

그림 5-10 저 합금상의 용접시 입자 성장 현상[(2)]

20CrMnSi : 0.20 C, 1.0 Cr, 1.0 Mn, 1.0 Si
23Mn : 0.23 C, 0.85 Mn, 0.27 Si, <0.25 Ni
25 CrMnV : 0.25 C, 1.0 Cr, 1.0 Mn, 0.5 V
25 CrMnSiA : 0.25 C, 1.10 Cr, 1.0 Mn, 1.2 Si

입열량이 증가하면 입자 성장량이 증가한다. 그 이유는 입열량이 증가할수록 고온 유지 시간이 길어지며, 고온에서 탄화물과 질화물의 고용 경향이 증가하여 입자 경계가 쉽게 이동할 수 있기 때문이다. 그림 5-11은 저 탄소강의 용접 방법 별 입자 성장량을 비교한 그림이다. 입열량이 큰 용접 방법일수록 입자가 많이 성장한 것을 볼 수 있다.

입자(Grain)가 크면 입자 경계(Grain Boundary) 면적의 감소로 상변태를 위한 핵생성 장소가 감소하여 CCT Curve가 긴 시간 방향 및 낮은 온도 방향으로 이동한다. 즉 마르텐사이트 생성이 용이해지며, 이를 경화도가 증가한다고 표현한다.

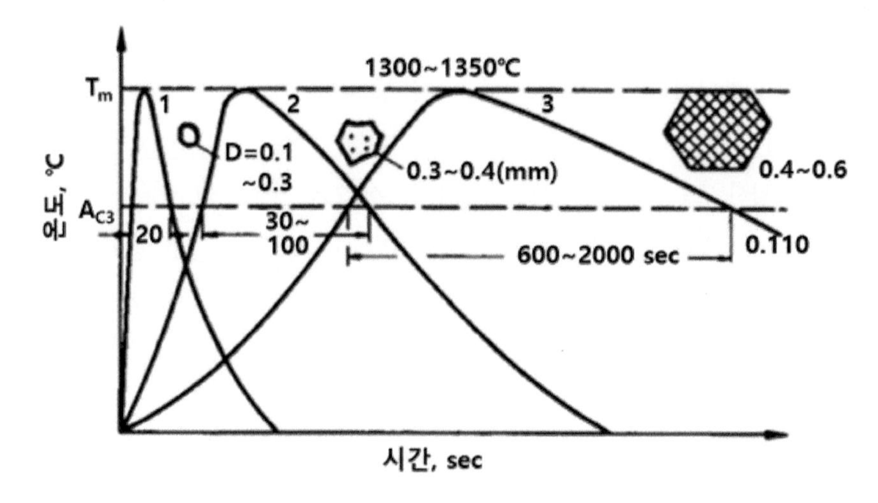

그림 5-11 용접 Process에 따른 입자 성장 차이 (2)
1: SMAW(t<10mm) 2: SAW(t=15~25mm) 3: ESW(t=100~300mm)

1.3 탄소 함량에 따른 탄소강의 조직 변화

탄소 함량이 높을 수록 확산에 의한 탄소 원자의 재분배로 인해 상변태에 더 오랜 시간이 소요되어 경화도가 증가한다. 또한 탄소 함량이 높을 수록 BCC 구조 대비 마르텐사이트 조직의 변형량이 증가하여 생성된 마르텐사이트의 경도 및 취성이 증가한다.

압력용기에 사용하는 용접 구조물의 모재 재질은 용접시 마르텐사이트가 생성되지 않는 경화도를 갖는 탄소 함량 0.3%로 제한한다. 참고로 용접부의 응고 균열을 방지하기 위해 용접봉은 0.08% C 정도의 매우 낮은 탄소 함량을 요구한다.

표 5-3 탄소함량에 따른 경화도

구분	탄소 함량	경화도
저 탄소강 (Low Carbon Steel)	~ 0.15%	급냉시 마르텐사이트 생성 않됨
연 탄소강 (Mild Carbon Steel)	0.15~0.3 %	급냉시 마르텐사이트 생성 됨 용접시 마르텐사이트 생성 않됨
중 탄소강 (Medium Carbon Steel)	0.3~0.5 %	용접시 마르텐사이트 생성됨
고 탄소강 (High Carbon Steel)	0.5~1.0 %	마르텐사이트 생성 및 고탄소 마르텐사이트로 인한 취성으로 용접 어려움

1.3.1. 저탄소강(Low Carbon Steel) 및 연탄소강(Mild Carbon Steel)의 용접시 조직 형상

저 탄소강과 연 탄소강은 경화도가 낮아 용접시 마르텐사이트가 생성되지 않는 탄소강이다. 다만 연 탄소강은 저 탄소강 보다 탄소 함량이 높아 급냉(Quenching)시에는 마르텐사이트가 생성된다.

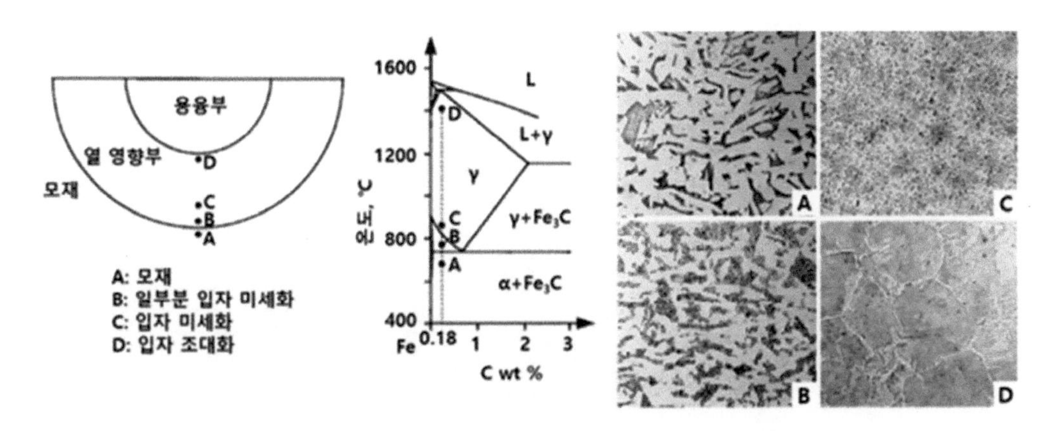

그림 5-12 연탄소강의 용접 열영향부 조직 형상

그림 5-12는 탄소 함량 0.18%인 연 탄소강의 용접시 열영향부의 조직 형상이다. 그림 5-12에서 그림 A는 용탕(Fusion Zone)에서 멀어 공석 반응 온도(723℃) 이하의 온도에 노출된 부분으로 상변태가 없어 모재의 형상을 유지하고 있다. 그림의 흰 부분은 페라이트이고 검은 부분은 펄라이트이다.

그림 5-12에서 그림 B는 공석 반응 온도(723℃) 이상의 $\alpha + \gamma$ 영역의 온도에 노출된 부분으로 모재의 펄라이트가 있던 부분이 미세한 흰 오스테나이트와 검은 펄라이트로 형성되어 입자 미세화가 발생하였다. 그림 B 부분의 상변태는 그림 5-13을 이용하여 설명할 수 있다. 그림 5-13의 1번 그림과 같은 모재를 가열시 펄라이트 부분이 공석 온도에서 γ 오스테나이트로 변태하며 공석 온도 이상으로 가열됨에 따라 γ 오스테나이트가 성장하여 하여 2번 그림의 펄라이트보다 조금 더 성장한 γ오스테나이트 조직의 형상을 갖는다. 냉각시 γ 오스테나이트에서 초정 페라이트가 생성되고 공석 온도(723℃)에서 공석 반응에 의해 3번 그림과 같이 펄라이트가 생성된다. 결론적으로 펄라이트가 있던 부분에 미세한 페라이트와 오스테나이트가 생성되었다.

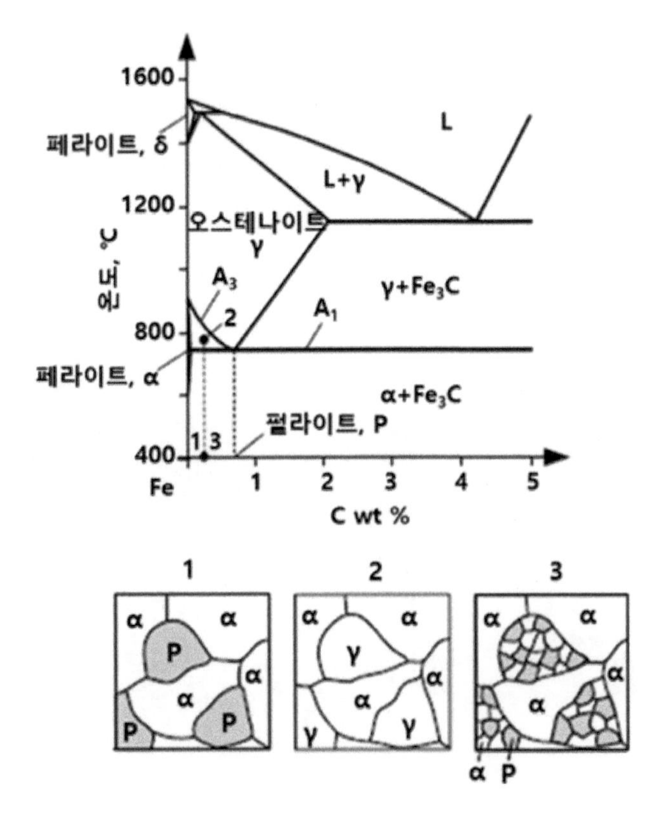

그림 5-13 공석 온도 이상의 온도에 노출된 연 탄소강 열영향부의 상변태 모형

그림 5-12의 그림 C는 낮은 γ 영역의 온도에 노출되어 모재의 모든 부분이 γ 오스테나이트로 변태하였으나 낮은 온도로 γ 오스테나이트 입자가 성장하지 못하고, 냉각시 오스테나이트가 다시 페라이트와 펄라이트로 변태한 그림이다. 모재의 모든 부분이 오스테나이트로 변태하였으므로 모재의 전 부분에 걸쳐 미세한 흰 오스테나이트와 검은 펄라이트가 형성되어 있다. 다만 모재에서

탄소 함량이 높은 펄라이트가 있던 부분에서는 검은 펄라이트가 많이 생성되었으며, 탄소 함량이 낮은 페라이트가 있던 부분에서는 흰색인 페라이트가 많이 생성된 것을 볼 수 있다. 전 부분에 걸쳐 입자 미세화가 진행되었다.

그림 5-12의 그림 D는 높은 γ 영역의 온도에 노출되어 모재의 모든 부분이 오스테나이트로 변태하고 생성된 오스테나이트가 조대한 입자로 성장한 후 냉각시 페라이트로 변태한 그림이다. 냉각 속도가 빠르고 γ오스테나이트 상의 입자 크기가 크기 때문에 초석 페라이트가 생성된 후 펄라이트가 생성되지 못하고 Sideplate 페라이트(Widmanstattern 페라이트)가 생성되며, 이에 따라 이 부분은 취성을 나타낸다. Sideplate 생성기구는 용접시 냉각속도가 빨라 탄소가 초정 페라이트 밖으로 확산되지 못하여 A_{r1}변태 온도에서 오스테나이트의 탄소 농도가 공석 조성인 0.8% 보다 낮게된다. 이에 따라 공석 온도에서 공석반응이 이루어지지 못하고 공석 온도 보다 낮은 온도에서 Sideplate 페라이트(Widmanstatten Ferrite)가 침상으로 생성된다.

열영향부는 미세한 결정립과 조대한 결정립을 모두 가지고 있으나, 평균 결정립 크기는 용융부(Fusion Zone)의 조대한 주상 수지상정 보다 미세하다. 따라서 다중 용접의 경우 전 용접의 용융부(Fusion Zone)가 다음 용접의 열영향부가 되도록 조절할 경우 입자 미세화가 가능하다.

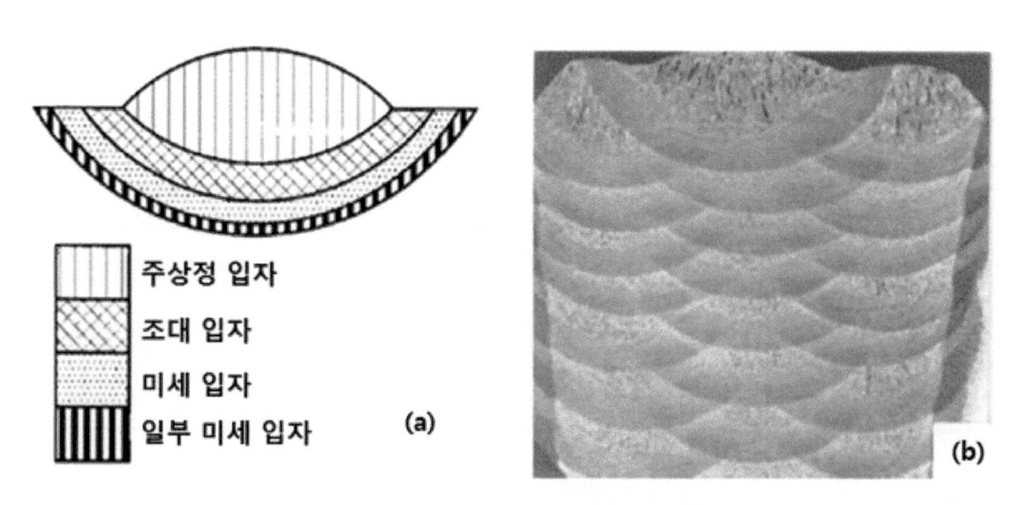

그림 5-14 다층 용접시 입자 미세화[3]

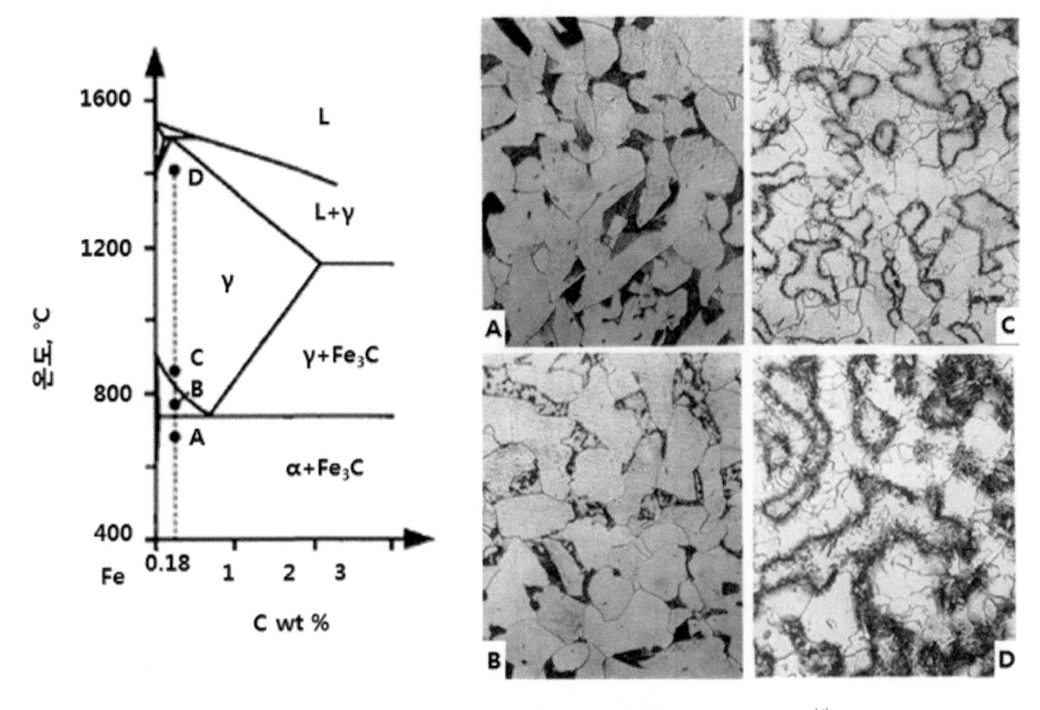

그림 5-15 연 탄소강의 LBW 용접시 열영향부 조직 형상[4]

1.3.2. 연 탄소강(Mild Carbon Steel)의 LBW 및 EBW시 조직 형상

연 탄소강(Mild Carbon Steel)은 경화도가 낮아 일반적으로 용접시 마르텐사이트가 생성하지 않는다. 다만 LBW및 EBW와 같이 냉각 속도가 큰 용접방법을 적용할 경우 그림 5-15와 같이 열영향부에 마르텐사이트가 생성된다.

A1 변태온도 이상의 온도에 노출된 B지역에서는 Pearlite가 있던 곳에서 고탄소 Martensite가 생성된다. A3 변태온도 이상의 온도에 노출된 C, D 지역에서 온도가 올라갈 수록 탄소의 확산으로 형성된 마르텐사이트의 크기는 커지나 탄소 농도는 감소한다.

1.3.3. 저탄소 및 연탄소 주강의 용접시 조직 형상

주조 시는 낮은 냉각 속도로 인해 주상정 사이에 그림 5-16 (a)와 같이 0.5~0.8% 탄소 농도를 갖는 조대한 펄라이트가 형성된다. 용접시 이 조대한 펄라이트는 그림 5-17과 같이 고탄소 마르텐사이트로 변태한다. 주강의 조대한 펄라이트는 954℃에서 균질화 열처리(Normalizing)를 통해 그림 5-16 (b)와 같이 미세한 조직으로 개선할 수 있다.

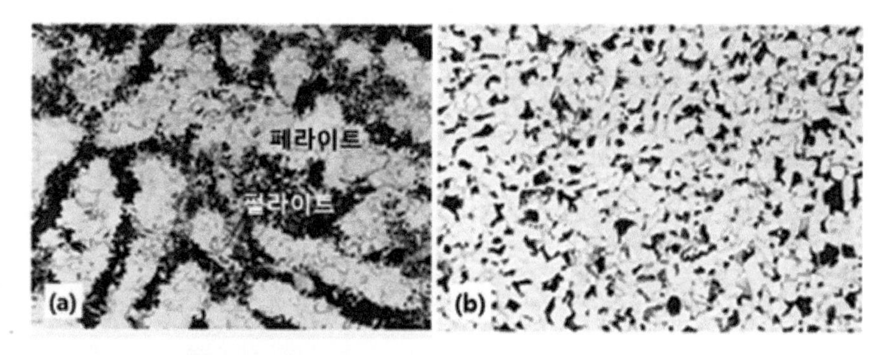

(a) 연탄소 주강의 조직 형상 (b) 균질화 열처리시 조직 형상[5]

그림 5-16 연탄소 주강의 조대 조직 및 균질화 열처리

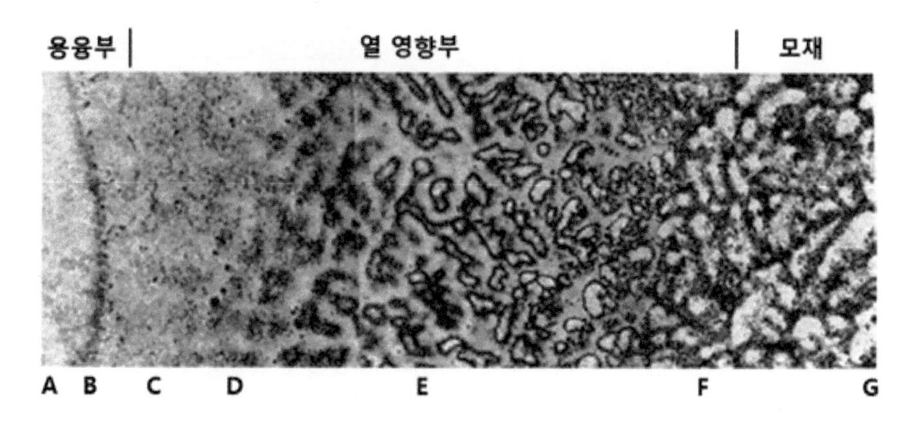

그림 5-17 **연탄소 주강의 열영향부 조직 형상**

A-B : 용접부 C-F : 열영향부 G : 모재[5]

1.3.4. 중탄소강(Medium Carbon Steel) 및 고탄소강(High Carbon Steel)의 용접시 조직 형상

중탄소강(탄소 0.3~0.5%)과 고탄소강(탄소 0.5~1.0%)은 용접시 마르텐사이트가 생성된다. 탄소 함량이 높을 수록 열영향부(HAZ)에 취성이 높은 마르텐사이트를 형성하여 HIC를 유발한다.

그림 5-18의 A_1 변태 온도 이하의 A 온도에 노출된 모재의 조직은 높은 탄소 함량에 따라 펄라이트(Pearlite)의 양이 많다. A_1 변태 온도 이상의 B 온도에 노출된 부위는 가열시 펄라이트 부위만 오스테나이트로 변태하였으며 냉각시 미량의 초석 페라이트와 마르텐사이트로 변태하여 조직이 미세화되었다. A_3 변태 온도 이상의 C 온도에 노출된 부위는 가열시 전 조직이 오스테나이트로 변태하였으며 냉각시 대부분의 오스테나이트가 마르텐사이트로 변태하며 일부 페라이트와 펄라이트가 관찰된다. 높은 D 온도까지 노출된 부분은 가열시 전 조직이 오스테나이트로 변태하고

입자가 성장하여 조대한 조직이 된다. 냉각시 조대한 오스테나이트에서 조대한 마르텐사이트가 형성되며 일부분 펄라이트와 베이나이트가 관찰된다.

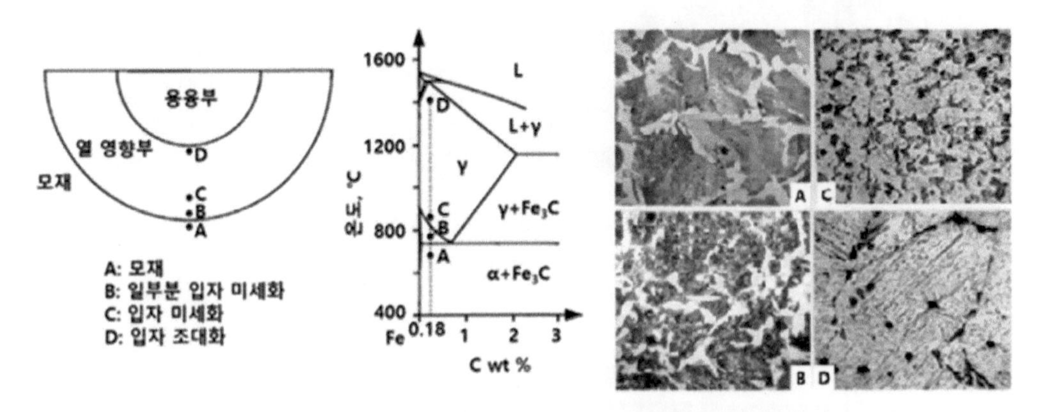

그림 5-18 고탄소강 용접시 열영향부의 조직 형상

중탄소강 및 고탄소강의 용접시 마르텐사이트가 생성되므로 HIC를 예방하기 위해 잔류 응력을 최소화하여야 한다. 이를 위해 예열 및 층간 온도를 관리한다. (예; 1040강 : 1" 두께는 예열온도 90℃, 2" 두께는 예열온도 150℃, 3" 두께는 예열온도 200℃)

예열하면 부가적으로 탄소의 확산에 의해 그림 5-19와 같이 열영향부의 크기는 증가하나, 최고 경도값은 감소한다. 즉 예열에 의해 상대적으로 저탄소의 마르텐사이트가 좀더 넓은 면적에 생성된다.

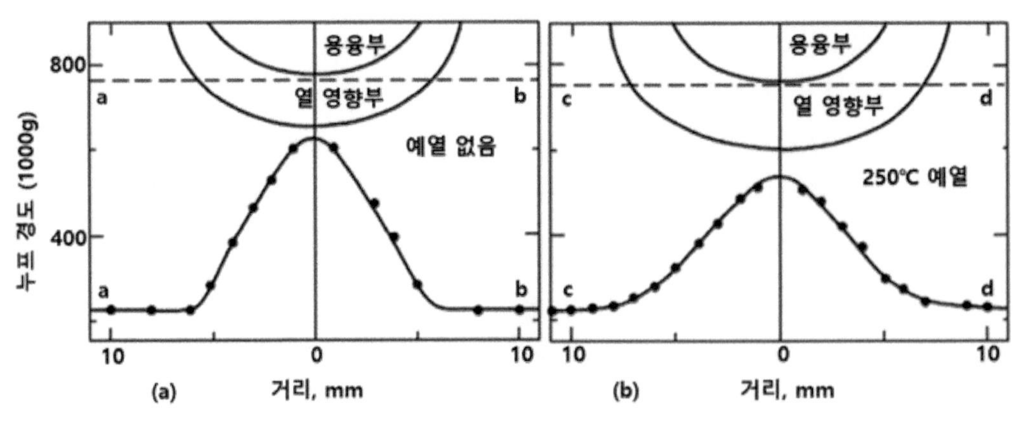

(a) 예열이 없는 경우 (b) 250℃로 예열한 경우

그림 5-19 1040강의 열영향부 경도

1.4 저합금강(Low Alloy Steel)

합금 원소 함량에 따라 결정되는 경화도와 탄소 함량에 따라 결정되는 마르텐사이트 경도의 개념에 대한 이해가 중요하다. 경화도는 마르텐사이트 변태가 쉬운 정도를 정의하는 용어이며, 합금 원소가 많을수록 경화도가 증가한다. 그 이유는 확산 변태시 확산에 시간이 많이 소요되어 항온 변태도의 C 커브가 먼 시간 쪽으로 이동하므로 합금 원소가 증가할수록 마르텐사이트 변태가 쉬워져 경화도가 증가한다. 마르텐사이트의 경도 즉 취성은 합금 원소 중 탄소의 농도에 비례한다. 오스테나이트에 고용되어 있는 탄소가 많을수록 마르텐사이트 조직에 탄소가 불안정하게 끼어 있어 마르텐사이트의 경도 즉 취성을 증가시킨다.

다음의 세 가지 대표적인 저합금강에 경화도와 경도를 적용하면 개념을 좀더 쉽게 이해할 수 있다.

표 5-4 합금원소 함량에 따른 경화도

강종	합금 원소 양 (경화도)	탄소 농도 (마르텐사이트 취성)	강의 특징
HSLA강 (High Strength Low Alloy Steel)	2% 이하 (경화도 낮음)	0.2% 이하	석출 강화 강
QTLA강 (Quenched and Tempered Low Alloy Steel)	5% 이하 (경화도 높음)	0.25% 이하 (취성 낮음)	상대적으로 취성이 낮은 마르텐사이트 생성
HTLA강 (Heat Treatable Low Alloy Steel)	5% 이하 (경화도 높음)	0.25~0.5% (취성 높음)	취성이 높은 마르텐사이트 생성

1.4.1. 고강도 저합금강(HSLA Steel)

고강도 저합금강은 HSLA(High Strength Low Alloy Steel)로 불리며, 총 합금원소가 2% 이하로 경화도가 낮아 마르텐사이트 변태를 통해 강도를 얻지 않고 합금 원소 첨가를 통한 석출 강화를 통해 강도를 얻는 강이다. 대표적인 강종은 A242, A441, A572, A588, A633, A710 등이 있다. 일반적으로 합금 원소는 대략적으로 C(~0.2%), Mg(~1.5%), Si(~0.7%), Nb(~0.05%), V(~0.1%), Ti(~0.07%)이며, 석출 강화와 미세 입자 크기를 통해 강도를 얻는다. 항복 강도는 40~80 ksi (275~550 Mpa) 정도이다.

용접시 입열량이 크면 열영향부의 탄화물이 용해되어 입자가 성장하여 강도와 인성이 저하된다. 마르텐사이트 생성을 방지하기 위해 비교적 낮은 온도의 예열이 필요하며, 저수소계 용접봉의 사용도 요구된다.

1.4.2. QT 저합금강(QTLA Steel)

QT 저합금강은 QTLA Steel(Quenched and Tempered Low Alloy Steel)로 불리며, 총 합금 원소의 양이 5% 이하로 경화도가 높아 마르텐사이트 변태를 통해 높은 강도를 얻는 강이다. 탄소 농도가 0.25% 이하로 경도 및 취성이 상대적으로 낮으며 대표적인 강은 A514, A517, A543, HY-80, HY-100, HY-130 등이 있다. 항복 강도는 50~130 ksi (345~895 Mpa) 정도이며 석출 강화에 의한 고강도 저합금강(HSLA) 보다 강도가 높다.

그림 5-20과 같이 탄소 농도가 낮아 마르텐사이트 변태온도가 높다. 이로 인해 마르텐사이트 변태 후 냉각 중 Auto-tempering이 발생하며 또한 낮은 탄소 농도로 인해 생성된 마르텐사이트는 강도가 높으면서도 상대적으로 고인성의 특성을 갖는다.

용접시 HIC 발생 위험이 높으므로 저수소계 용접봉 사용 등 수소 농도 관리가 중요하다. 또한 그렇게 높지는 않으나 HSLA강 보다 높은 온도의 예열이 필요하다. 단 너무 높은 온도로 예열(층간 온도)하거나 높은 입열량은 낮은 냉각속도로 페라이트 또는 상부 베이나이트가 생성되어 강도와 인성이 저하되므로 주의를 요한다. 특히 입열량이 많은 용접 방법인 ESW 또는 SAW 용접시 많은 주의를 요한다. 일반적으로 후 열처리는 필요하지 않으나 석유화학 압력용기 등의 HIC 관리가 중요한 경우는 후 열처리를 실시한다.

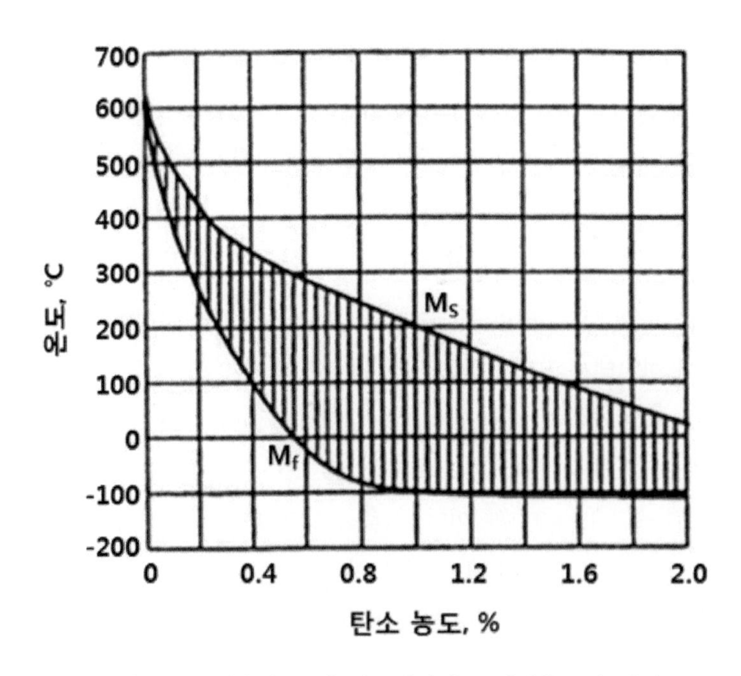

그림 5-20 탄소 농도와 마르텐사이트 변태온도의 관계

QT 저합금강(QTLA)은 용접 후 냉각시 주의가 요구된다. 그림 5-21의 p냉각선과 같이 냉각 속도가 너무 느리면 초석 페라이트가 많이 생성된다. 이때 생성되는 페라이트는 주위에 탄소를 배출하여 페라이트 주위의 오스테나이트는 고탄소 영역이 된다. 고탄소 오스테나이트는 냉각시 고탄소 마르텐사이트와 일부 베이나이트로 변태하여 열영향부의 취성을 증가시킨다. 따라서 QT 저합금강(QTLA)의 용접시 입열량과 예열이 제한된다.

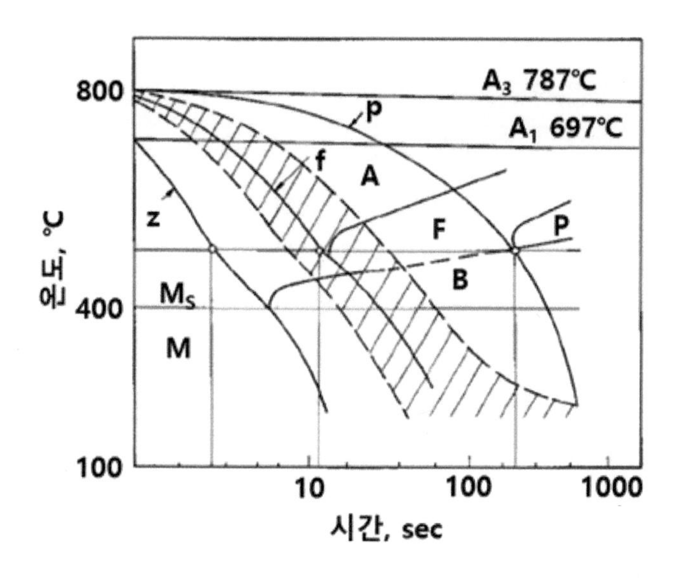

그림 5-21 A514강의 연속 냉각 변태도[(6)]

QT 저합금강(QTLA)의 용접 후 냉각 속도가 그림 5-21의 곡선 z와 같이 너무 빠르면 생성된 마르텐사이트의 Autotempering이 일어날 시간이 부족하여 마르텐사이트의 취성이 증가한다. 이에 따라 QT 저합금강의 용접시 냉각 속도는 빗금친 범위를 유지하여야 한다.

1.4.3. 열처리형 저합금강(HTLA Steel)

열처리형 저합금강은 HTLA Steel(Heat Treatable Low Alloy Steel)로 불리며, 총 합금 원소의 양이 5% 이하로 경화도가 높아 마르텐사이트 변태를 통해 높은 강도를 얻는 강이다. 탄소 농도가 0.25~0.5%로 높아, 생성된 마르텐사이트는 경도 및 취성이 높으며 이에 따라 HIC에 매우 취약하다. 대표적인 강은 Alloy 4130, 4140, 4340등이 있다.

용접시 취성이 높은 마르텐사이트가 생성되어 균열 발생에 취약하므로, 용접전 어닐링 또는 노말라이징을 통해 조직의 취성을 감소시킨 후 용접하는 것을 추천한다. 또한 HIC를 방지하기 위해 용접 직후 그림 5-22와 같이 잔유 응력 제거 열처리 또는 Tempering(뜨임)을 실시하여야 한다. Tempering(뜨임) 온도가 높을 수록 강도가 크게 감소하므로 원하는 강도에 따라 Tempering(뜨임) 온도가 결정된다. 추가적으로 HIC를 방지하기 위해 수소를 낮은 Level로 유지하여야 한다. 예열은 반드시 필요하며, PWHT 완료시까지 예열 온도를 낮추어서는 안된다. 4130강에 대해서 13t는 200℃, 25t는 250℃, 50t는 300℃의 예열이 필요하며, 탄소함량이 높은 4140 강은 좀더 높은 온도의 예열이 필요하다.

그림 5-22와 같이 예열 온도와 열처리 전의 냉각 온도는 M_f 보다 약간 낮은 온도를 유지하여야 한다. M_f 보다 높은 경우 잔류 오스테나이트가 발생하며 이 오스테나이트가 열처리 중에 페라이트와 펄라이트로 분해되거나 마르텐사이트로 변태하여 취성이 높아진다. 또한 용접 직후 잔류 응력 제거를 위한 열처리를 수행할 수 없는 경우 열처리 완료시까지 400℃ 정도의 온도로 유지한다. 400℃는 그림 5-23에서 보면 베이나이트 생성 온도로 잔류 오스테나이트가 마르텐사이트보다 인성이 좋은 베이나이트로 변태하여 수소유기균열(HIC, Hydrogen Induced Cracking)이 예방된다.

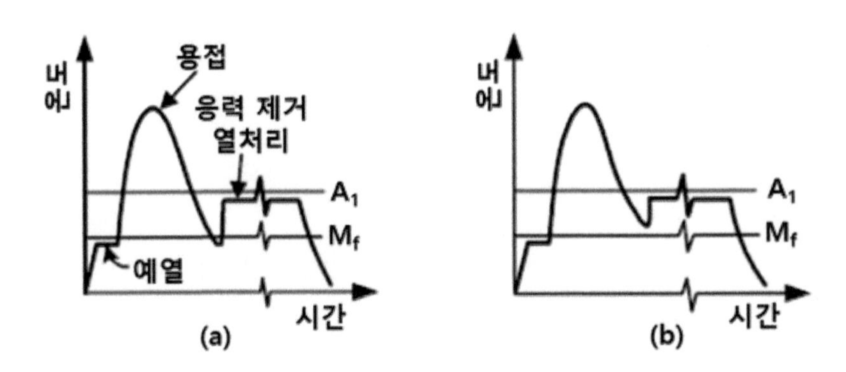

그림 5-22 열처리형 저합금강의 예열, 용접 및 PWHT 열 사이클

모재 열영향부의 강도 저하가 문제되는 경우 용접시 입열량을 최소화하고, Tempering, PWHT등을 모재의 Tempering 온도보다 50℃ 이상 낮은 온도에서 실시하여야 한다.

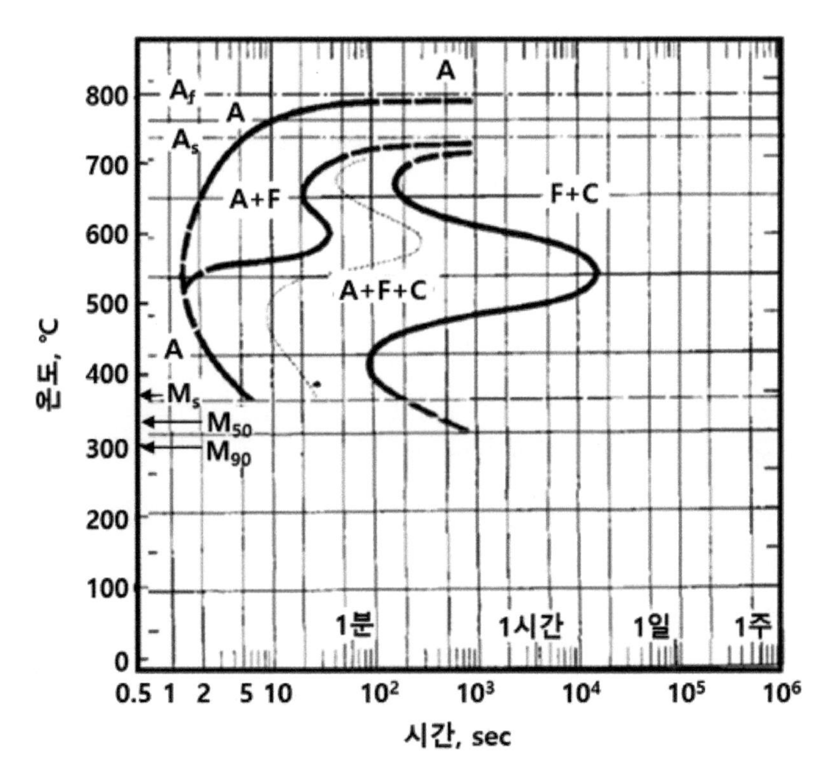

그림 5-23 4130강의 항온 변태도(TTT Diagram) (7)

1.5 용접시 결함

1.5.1. 수소 균열(Hydrogen Cracking)

수소 균열은 주로 마르텐사이트로 변태하는 고강도강의 용접시 열영향부에서 자주 발생하는 균열이다. 수소 균열(Hydrogen Cracking)은 보는 관점에 따라 냉간 균열(Cold Cracking), 지연 균열(Delayed Cracking), HIC(Hydrogen Induced Cracking)라는 여러 이름으로 불린다.

수소 균열이 발생하는 환경은 용접 금속에 수소가 존재하여야 하고, 높은 잔류 응력과 마르텐사이트와 같은 취성 조직이 있어야 한다. 또한 수소 균열은 마르텐사이트가 존재하는 M_s 온도 이하의 상온에서 발생한다.

그림 5-24는 수소 균열의 발생기구이며, 이를 이해하기 위해서는 다음의 세 가지 사실을 이해하여야 한다. 첫째로 수소의 고용도는 BCC 조직인 페라이트 보다 FCC 조직인 오스테나이트가 더 크다. 둘째로 확산 속도는 BCC 조직인 페라이트에서 더 빠르다. 셋째로 응고 균열을 예방하기

위해 용접봉은 저 탄소 농도를 갖는다. 위 사실에 기반하여 설명하면 낮은 탄소 농도의 용접 금속은 오스테나이트가 700℃ 근처의 높은 온도에서 페라이트와 시멘타이트로 변태하고, 높은 탄소 농도의 열영향부의 오스테나이트는 300℃ 근처의 낮은 온도에서 마르텐사이트로 변태한다. 즉 용접 금속의 오스테나이트가 페라이트와 시멘타이트로 먼저 변태한다. 이때 FCC 조직과 BCC 조직의 탄소 고용도 차이로 인해 용접 금속의 페라이트와 시멘타이트에서 열영향부의 오스테나이트로 수소가 이동한다. 열영향부의 오스테나이트 내의 수소는 FCC조직으로 확산속도가 낮으므로 모재 쪽으로 확산하지 못하고 용접 금속과의 경계 근처 모재에 존재한다. 이 수소 원자들은 용접 후 서로 만나 수소 분자가 되며 이 반응은 심각한 부피 팽창을 동반하므로 열영향부의 취성이 높은 마르텐사이트에서 수소 균열이 발생하게 된다.

마르텐사이트에서 수소 이온이 확산을 통해 만나 결합하여 균열이 발생할 때까지 24~48시간이 소요되어 지연균열이라고 부르며, 용접 후 상온으로 냉각된 후 발생한다고 하여 냉간 균열이라고 부르기도 한다.

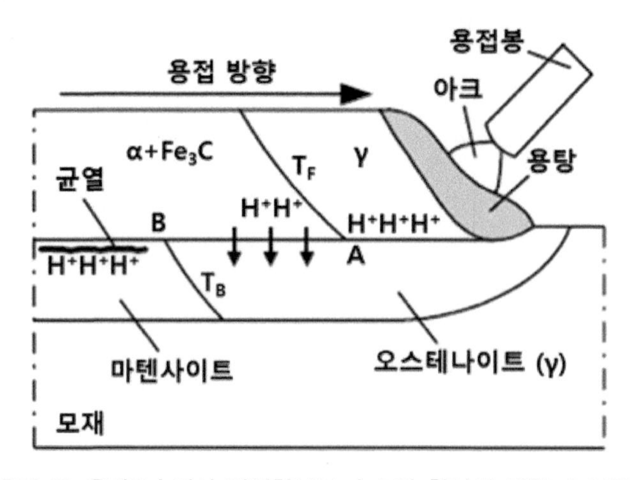

그림 5-24 용접 중 용접금속에서 열영향부로 수소의 확산에 의한 수소균열 발생기구[8]

1) 용탕의 위치에 따른 수소 농도

그림 5-25는 용탕의 온도에 따른 수소 분자와 원자의 용해도를 표시한 그림이다. 용접시 아크에 의해 수소, 질소, 산소의 분자가 원자로 분해되므로 용탕에 분자 형태가 아닌 이온 형태로 수소, 질소, 산소가 용융된다. 이에 따라 그림 5-25 (b)와 같이 용탕의 온도가 내려갈수록 용해도가 증가한다. 용탕의 중심부가 제일 온도가 높고, 용탕의 주변 부위로 갈수록 온도가 내려가므로 그림 5-26과 같이 수소의 용해도는 용탕의 경계부위에서 가장 높다.

즉 그림 5-24에서 모재와 경계 부분의 용탕에 수소 이온이 모여있게 된다. 이 수소 이온은 모재의 경계 부분의 용접 금속에 고용되어 있으며, 용접 금속이 냉각되어 FCC 조직인 오스테나이트에서 BCC 조직인 페라이트와 시멘타이트로 변태된 후 고용도의 차이로 인해 모재의 오스테나이트로 확산을 통하여 이동하게 된다.

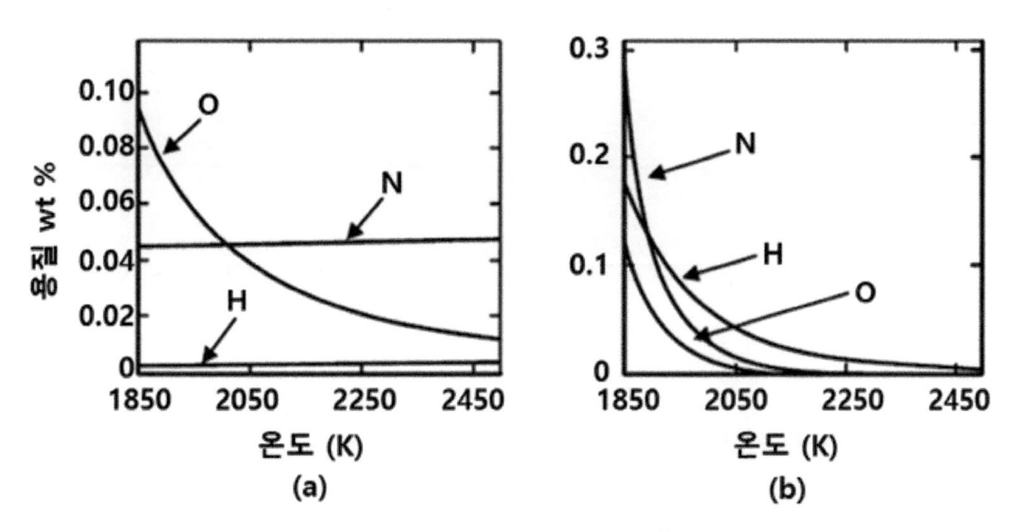

(a) 분자 상태 (b) 원자 상태 [9]

그림 5-25 용탕에서 온도에 따른 평형 농도

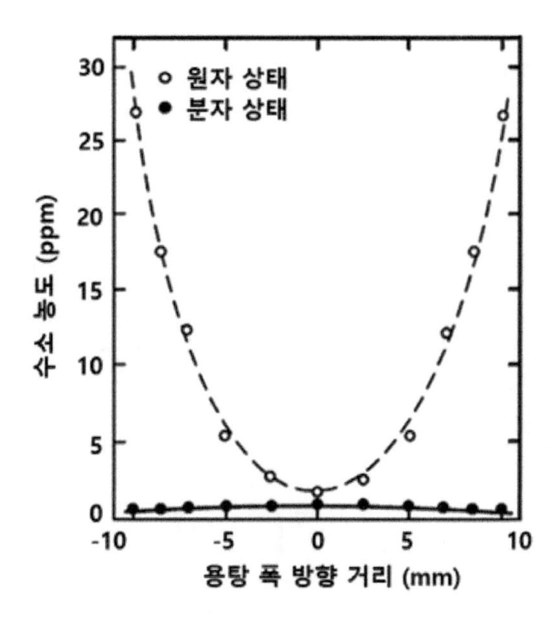

그림 5-26 용탕의 위치에 따른 수소의 용해도 [10]

수소 균열은 그림 5-27과 같이 용접금속과 인접한 열영향부에서 발생하며, 발생 위치에 따라서는 언더비드 균열(Underbead Crack), 루트 균열(Root Crack), 토 균열(Toe Crack)이라고 부른다.

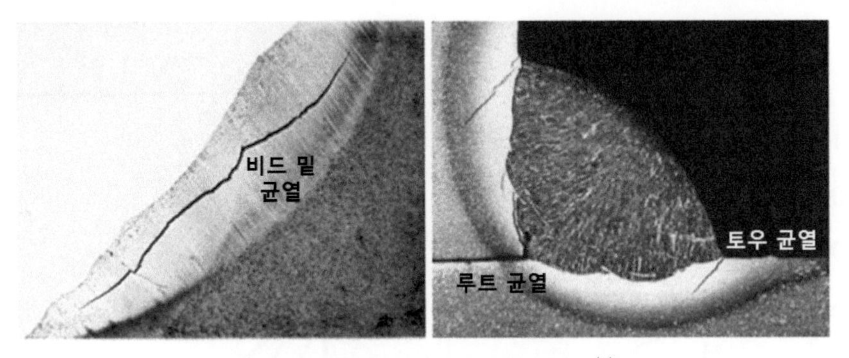

그림 5-27 수소 균열의 발생 위치[11]

2) 수소 균열 민감도 측정 방법

강의 수소 균열 민감도를 시험하는 방법은 Implant 시험, Lehigh Restraint 시험, Controlled Thermal Sevirity 시험 등이 있다.

Implant 시험 방법은 그림 5-28과 같다. 노치가 가공된 시편을 판재의 구멍에 끼우고 용접을 진행한다. 이때 시편과 판재는 유사한 재질을 사용하며, 노치는 열영향부에 위치하도록 조정한다. 용접 후 냉각 전 시편에 하중을 가하고 파단시까지 걸리는 시간을 측정하여 수소 균열의 민감도를 판정한다.

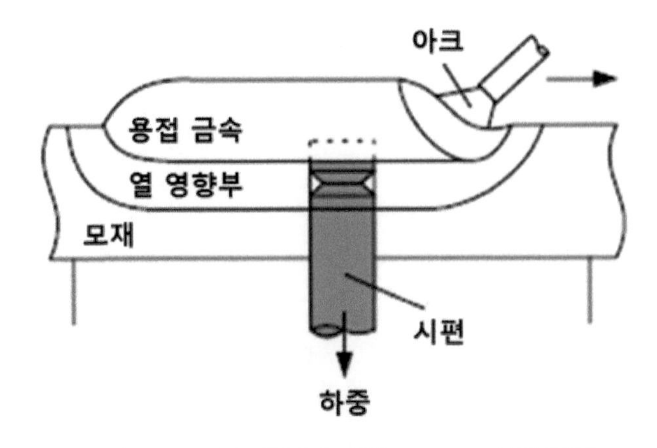

그림 5-28 수소 균열에 대한 Implant 시험 방법

그림 5-29는 Implant 시험 결과 그림이다. 저수소계 용접봉(E7018)을 사용한 경우가 수소 함유 용접봉(E7010)을 사용한 경우 보다 용접부에 수소가 적게 유입되므로 수소균열에 저항성이 높았다. 또한 Ar + 2% O_2 용접가스를 사용한 GMAW 용접은 Cover가 없는 Metal 용접봉이므로 용접봉에 의한 수소 유입이 최소화 되므로 수소균열에 가장 저항성이 높았다.

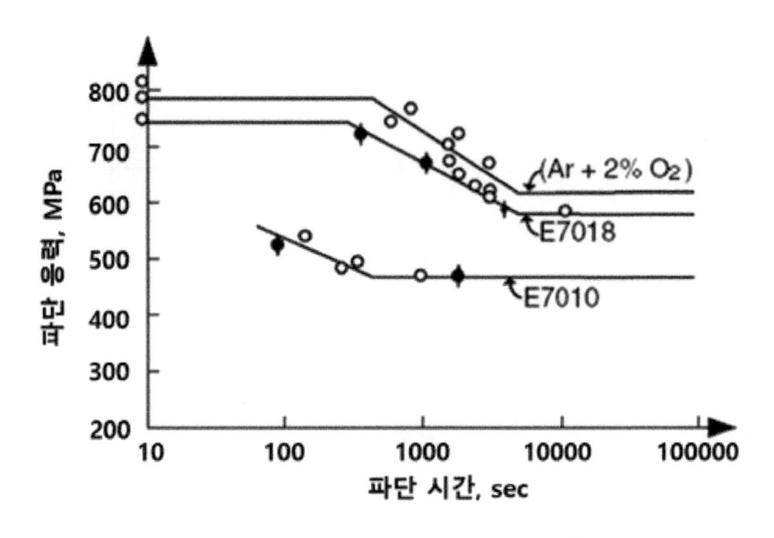

그림 5-29 Implant Test 결과 (12)

그림 5-30은 Lehigh Restraint 시험법이다. 시편 슬롯의 길이가 길어질수록 용접 후 잔류 응력이 감소한다. 다양한 슬롯 길이의 시편을 준비하고 시편 중앙 홈의 루트 부위에 용접하여 수소 균열이 발생하지 않는 슬롯의 길이를 판정하여 수소 균열 민감도를 측정한다.

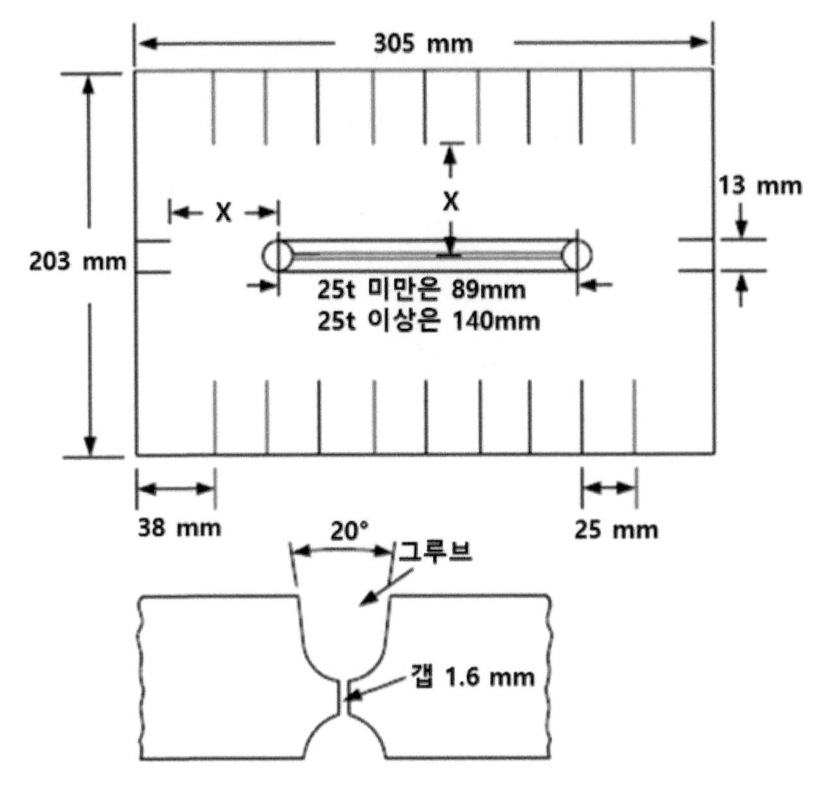

그림 5-30 수소 균열에 대한 Lehigh Restraint 시험법[13]

3) 수소 균열 감소 방안

(1) 용접 변수 조정 : 예열, PWHT, Bead Tempering

예열은 냉각 속도를 낮추어 마르텐사이트 형성을 억제하고 형성된 마르텐사이트에 대한 Autotempering 효과 및 DHT(Dehydrogen Heat Treatment, 탈수소) 효과가 있어 수소 균열에 대한 저항성을 높여준다. 그림 5-31과 같이 예열 온도가 높을 수록 수소 균열에 대한 저항성이 증가하는 것을 볼 수 있으며, 또한 응력 또는 구속이 감소할수록 수소 균열에 대한 저항성이 증가하는 것을 알 수 있다.

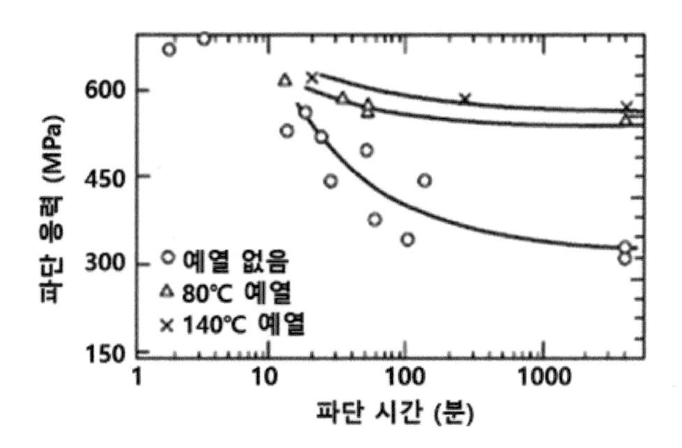

그림 5-31 고강도 강의 수소 균열에 미치는 예열과 응력의 영향[14]

탄소 당량이 증가할수록 경화도가 증가하며, 용접재의 두께가 두꺼울수록 용접 후 잔류 응력이 증가하므로, 탄소 당량 및 용접재의 두께가 증가할수록 좀더 높은 예열 온도가 필요하다. 그림 5-32에서 탄소 당량이 증가 할수록 필요한 예열 온도가 증가함을 볼 수 있다. 경화도를 결정하는 탄소 당량은 아래와 같은 식으로 표시할 수 있다.

$$\text{탄소 당량} = \%C + \frac{\%Mn}{6} + \frac{\%Si}{24} + \frac{\%Ni}{40} + \frac{\%Cr}{5} + \frac{\%Mo}{4}$$

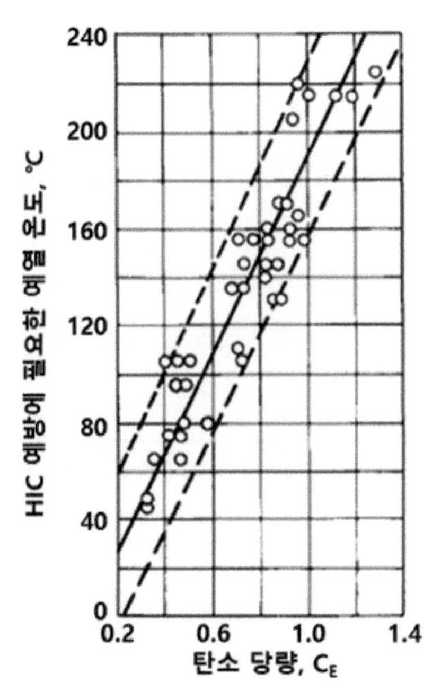

그림 5-32 탄소 당량에 따른 수소 균열을 방지하기 위해 필요한 예열 온도[15]

PWHT는 용접 잔류 응력을 제거하기 위해 실시하며, 마르텐사이트는 취성이 높아 상온에서 용접 잔류응력에 의해 균열이 발생할 가능성이 높으므로 상온으로 냉각 전 PWHT를 실시하여야 한다. 대부분의 탄소강의 PWHT 온도는 590~695℃ 정도이며 PWHT시 DHT 효과도 발생한다. PWHT가 어려운 경우 마르텐사이트가 형성되지 않도록 서냉하거나, PWHT시까지 일정 온도 이상에서 유지하여야 한다.

다층 용접시 이전 용접부에 Tempering 효과가 발생하므로 다층 용접의 비드 템퍼링도 수소 균열 예방에 도움을 준다.

(2) 용접 Process와 재료 사용

저수소 용접 Process와 저수소계 용접재료를 사용하여 용접부에 수소 발생량을 저감시키는 것이 중요한다. 피복 용접봉의 경우 흡습시 용접부에 수소를 발생시키므로 용접봉을 300~400℃에서 건조하여야 한다.

모재보다 저강도 용접봉을 사용하면 용접부의 변형으로 열영향부의 잔류 응력이 감소하므로 수소 균열 예방에 도움을 준다.

오스테나이트계 스테인리스강과 Ni계 용접봉은 FCC 조직이므로 낮은 강도와 높은 연성 특성이 있어 열영향부의 잔류응력 발생을 감소시킬 뿐만 아니라 수소의 낮은 확산 속도로 수소가 용접부에서 열영향부로 확산 이동을 방해한다. 이로 인해 수소 균열 예방을 위해 자주 사용된다.

1.5.2. 재열 균열(Reheat Cracking)

재열 균열은 용접 후 응력 제거를 위한 재 가열시(550~650℃) 열영향부에 발생하는 균열을 말한다. 재열 균열은 SS 347(Nb 안정화강)에서 안정화 열처리시 발생하며, 고온 강도 및 내 부식성으로 많이 사용되는 Cr, Mo, V이 함유된 저합금강에서도 잘 발생한다.

재열 균열에 대한 저항성은 아래식의 균열 민감도를 이용하여 판정할 수 있으며, 값이 0 미만이면 재열균열에 저항성이 있다고 판단할 수 있다.

$$CS = \%Cr + 3.3x(\%Mo) + 8.1x(\%V) - 2$$

1) 재열 균열의 형태

저합금강의 재열 균열은 그림 5-33 (b)와 같이 응고시 발생한 오스테나이트 조직의 입계를 따라 발생한다.

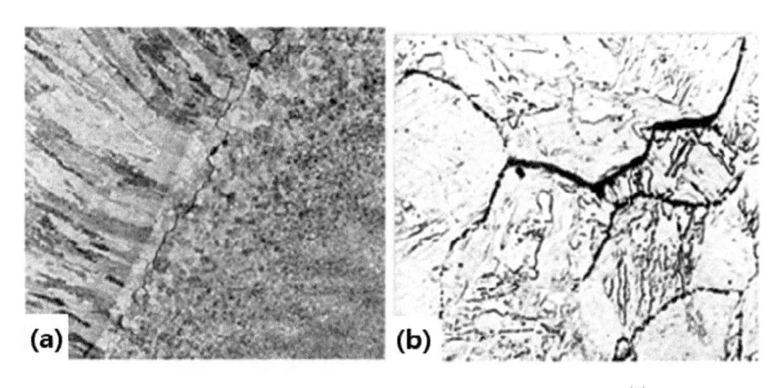

(a) 저배율 사진 (35배) (b) 고배율 사진 (1000배) [11]
그림 5-33 Cr, Mo, V이 함유된 저합금강의 재열 균열 형상

2) 재열 균열의 원인

용접 시 용접부 근처의 열영향부는 매우 높은 온도까지 올라가므로 Cr, Mo, V 탄화물이 고용되고 탄화물이 없으므로 입자 성장이 가속되어 응고 조직인 오스테나이트가 조대화된다. 냉각 시 빠른 냉각 속도로 탄화물이 재 석출하지 못한채 마르텐사이트로 변태한다. Cr, Mo, V은 강력한 탄화물 생성 원소이므로 응력 제거를 위해 재가열 중에 탄화물로 석출한다. 탄화물은 그림 5-34와 같이 석출시 필요한 공간의 여유가 많은 열영향부의 결정립계에 집중적으로 생성되며, 일부는 결정립 내부에서 공간의 여유가 있는 전위에 석출한다. 이에 따라 결정립 경계에는 그림 5-34와 같이 탄화물의 밀도가 낮은 영역이 발생하여 결정립계가 결정립 내부보다 강도가 약화된다. 따라서 잔류응력이 제거될 때 변형이 결정입계에 집중되어 입계 파괴(Intergranular Cracking)가 발생한다.

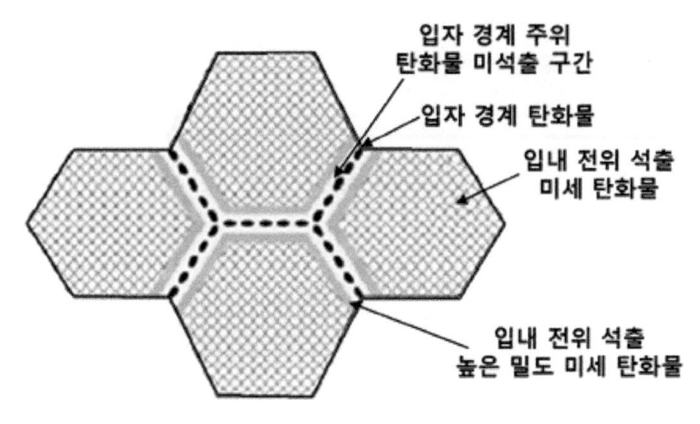

그림 5-34 재가열 중 탄화물 석출 형상

3) 재열 균열 감소 방안

재열 균열을 예방하기 위해서는 잔류 응력과 구속을 최소화하여 결정입계의 변형량을 최소화하여야 한다. 또한 다중 용접으로 결정립을 미세화하면 변형이 많은 결정립계에 분산되므로 재열 균열에 저항성이 높아진다. 열처리 온도로 가열시 탄화물 석출 온도 구간을 급속 가열하여 석출물의 형성 전에 응력을 제거하는 것이 바람직하다.

1.5.3. 라멜라 티어링(Lameller Tearing)

1) 라멜라 티어링의 원인

라멜라 티어링은 열영향부(HAZ)에서 발생하며 용접 후 수축에 기인한 높은 국부 응력과 모재의 두께 방향의 연성 부족에 기인한다. 모재의 두께 방향의 연성 부족은 압연 방향으로 연신된 비금속 개재물(Silicates, Sulfides) 때문이다. 라멜라 티어링은 이 비금속 개재물과 모재가 용접 후 잔류 응력에 의해 분리되어 발생하는 현상이다.

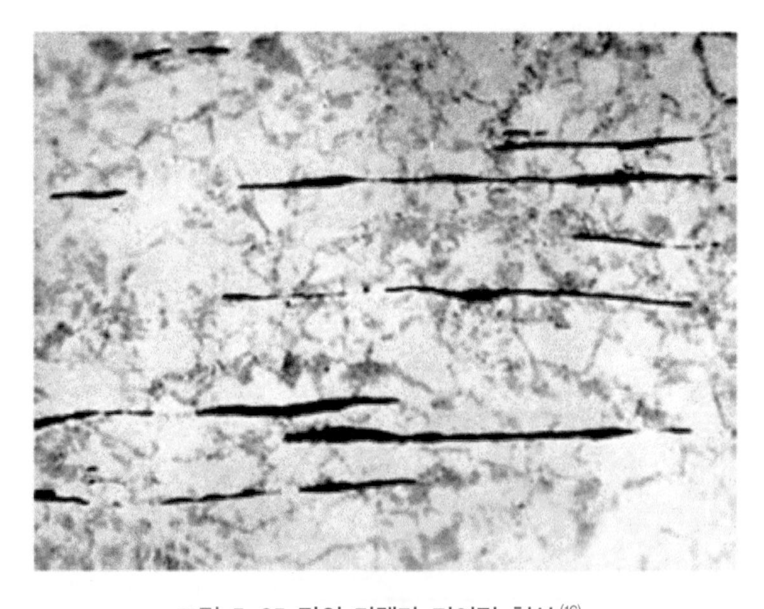

그림 5-35 강의 라멜라 티어링 형상[16]

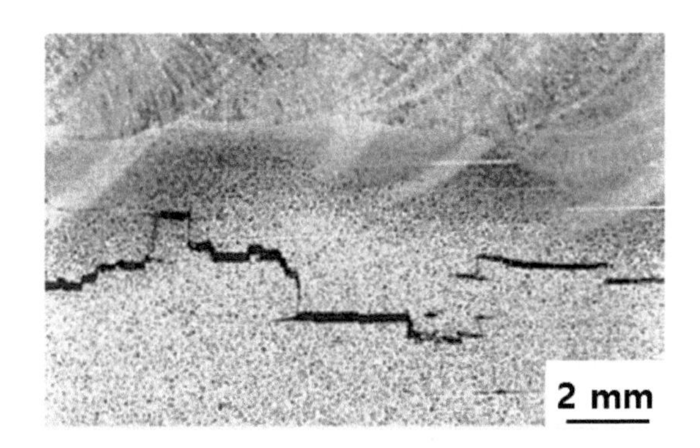

그림 5-36 C-Mn 강의 용접 열영향부의 라멜라 티어링 형상

2) 라멜라 티어링의 방지 방안

라멜라 티어링을 예방하기 위해서는 저수소계 용접봉을 사용하여 수소 함량을 낮추는 것이 필요하다. 또한 용접 후 잔류 응력을 낮추기 위해 예열 및 저강도 용접봉을 사용하는 것이 추천된다. 또한 라멜라 티어링(Lamellar Tearing)이 예상되는 곳을 그라인더를 이용하여 제거하거나 응력집중부로 작용하는 곳을 연한 재료로 버터링하는 것도 라멜라 티어링의 예방에 많은 도움이 된다.

라멜라 티어링에 대한 저항성을 높이기 위해 용접부 설계를 그림 5-37과 같이 디자인하는 것도 추천된다. 판재의 압연 방향에 대한 잔류 응력을 최소화하기 위해 용접부 개선 방향이 판재의 압연 방향과 각도를 갖도록 그림 5-37 (b)와 같이 설계하였다.

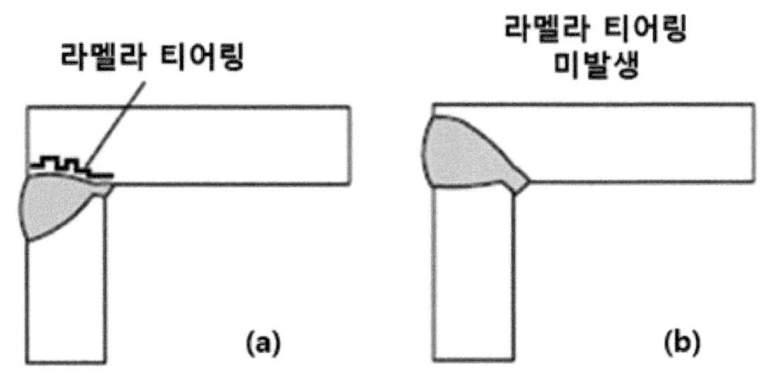

(a) 부적적한 디자인 (b) 개선된 디자인

그림 5-37 코너 용접부의 라멜라 티어링

3) 용접시 예열온도

예열 온도가 높을 수록 냉각 속도의 저하에 의해 잔류 응력이 작아지고 수소 제거를 용이하게 해 주는 가열(DHT) 효과가 증가하여 균열에 대한 저항성이 높아진다. 그러므로 용접시 요구되는 예열 온도는 균열 발생 가능성을 나타내는 용접균열지수(Pc)가 높을 수록 높은 예열 온도를 요구한다. 용접 균열지수는 아래 식과 같이 조성의 영향을 나타내는 Factor인 용접균열 감수성 지수(Pcm)와 확산성 수소량 및 잔류 응력을 좌우하는 모재의 두께(T) 또는 용접부 구속도(K)로 구성된다.

Pc(용접균열지수) = Pcm + H/60 + T/600 = Pcm + H/60 + K/40,000

- Pcm(용접균열 감수성 지수) = C + Si/30 + (Mn+Cu+Cr)/20 + Ni/60 + Mo/15 + V/10 + 5B
- H : 확산성 수소량 (cc/100g)
- T : 모재의 두께 (mm)
- K : 용접부 구속도 (kg/mm^2)
- 용접부 구속도 K = $K_0 \times h$
- h = Combined Thickness(환산 두께)
- $K_0 \doteqdot 69$

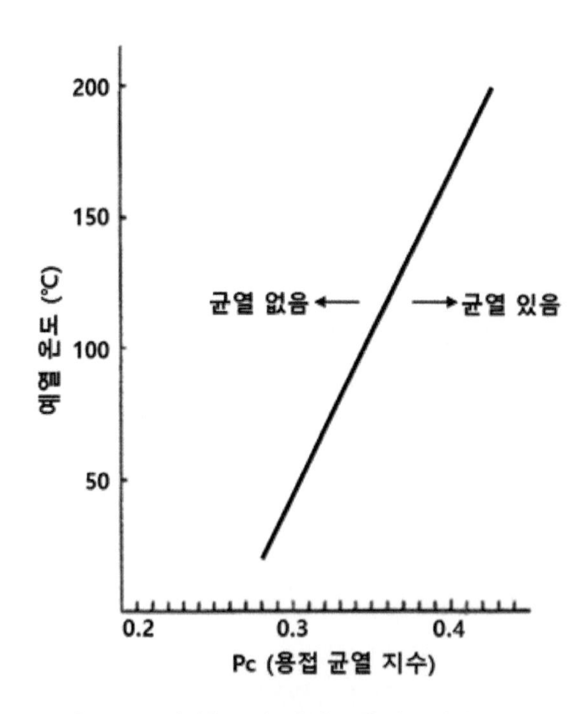

그림 5-38 예열온도에 미치는 용접균열지수의 영향

참고문헌

1 Verein, Deutscher Eisenhuttenlcute, Steel–A Handbook for Materials Research and Engineering, Vol. 1: Fundamentals, Springer Verlag, Berlin, 1992, p.175.

2 Nippes, E. F., and Savage, W. F., Weld. J., 28: 534s, 1949.

3 Evans, G. M., Weld. J., 59: 67s, 1980.

4 Kou, S., Sun, D. K., and Le, Y., Metall. Trans., 14A: 643, 1983.

5 Aidun, D. K., and Savage, W. F., Weld. J., 63: 1984; 64: 97s, 1985.

6 Inagaki, M., et al., Fusion Welding Processing, Seibundo Shinko Sha, Tokyo, 1971

7 Atlas of Isothermal Transformation and Cooling Transformation Diagrams, American Society for Metals, Metals Park, OH, 1977.

8 Granjon, H., in Cracking and Fracture in Welds, Japan Welding Society, Tokyo, 1972, p. IB1.1.

9 DebRoy, T., and David, S. A., Rev. Modern Phys., 67: 85, 1995.

10 Gedeon, S. A., and Eagar, T. W., Weld. J., 69: 264s, 1990.

11 Bailey, N., in Residual Stresses, Welding Institute, Cambridge, 1981, p.28.

12 Vasudevan, R., Stout, R. D., and Pense, A. W., Weld. J., 60: 155s, 1981.

13 Stout, R. D., Tor, S. S., Mcgeady, L. J., and Doan, G. E., Weld. J., 26: 673s, 1947.

14 Gedeon, S. A., and Eagar, T. W., Weld. J., 69: 213s, 1990.

15 Lesnewich, A., in ASM Handbook, Vol. 6: Welding, Brazing and Soldering, ASM International, Materials Park, OH, 1993, p.408.

16 Dickinson, F. S., and Nichols, R. W., in Cracking and Fracture in Welds, Japan Welding Society, Tokyo, 1972, p. IA4.1.

내식성 재료: 스테인리스강

내식성 재료라고 구분하였으나, 실제로 스테인리스강이라고 이름 붙여진 이들 강종은 열처리에 의해 경화하거나 기계적 특성의 변화가 미미한 강종이다. 용접시 스테인리스강의 주요 문제점을 아래 표와 같이 정리하였다. 오스테나이트계 스테인리스강은 FCC 조직이므로 응고 균열과 액화 균열에 취약한 재질이다.

표 5-5 스테인리스강의 응고 과정의 문제점

	문제점	해결책
오스테나이트 계	응고 균열	페라이트가 5~10% 생성되도록 적절한 용접봉 선택
	예민화	안정화 강(SS321, 347) 또는 저탄소 계열(304L, 316L) 사용
	나이프 라인 어택	저탄소 계열 사용 안정화 강에 La와 Ce 첨가 탄화물 용해를 위한 후열처리 실시
	액화 균열	입열 최소화 등
페라이트 계	열영향부 입자 성장 및 입자 경계 마르텐사이트로 인한 인성 저하	입열 최소화 또는 입자 성장 억제를 위해 탄화물 또는 질화물 형성 원소 첨가
마르텐사이트 계	수소 균열	예열 및 후열, 저수소 계열 또는 오스테나이트계 스테인리스강 용접봉 사용

2.1 스테인리스강의 종류

스테인리스강은 FCC 조직인 오스테나이트 계, BCC 조직인 페라이트 계, BCT 조직인 마르텐사이트 계의 대표적인 3종류로 구분할 수 있으며, 표 5-6과 같이 정리 할 수 있다. 오스테나이트 계는 Ni, C, N와 같은 오스테나이트 형성 원소 함량이 높고, 페라이트 계는 Cr과 같은 페라이트 형성 원소 함량이 높다. 마르텐사이트 계는 페라이트계 보다 탄소의 함량이 약간 높다. 그 이유는 오스테나이트 형성 원소인 탄소를 넣어 페라이트로의 변태를 억제하여 저온에서 마르텐사이트 변태를 촉진하기 위해서다.

표 5-6 주요 스테인리스강의 화학조성

AISI 유형	조성 (%)				
	C	Mn	Cr	Ni	기타
오스테나이트 계					
301	0.15 max	2.0	16-18	6-8	
302	0.15 max	2.0	17-19	8-10	
304	0.08 max	2.0	18-20	8-12	
304L	0.03 max	2.0	18-20	8-12	
309	0.20 max	2.0	22-24	12-15	
310	0.25 max	2.0	24-26	19-22	
316	0.08 max	2.0	16-18	10-14	2-3% Mo
316L	0.03 max	2.0	16-18	10-14	2-3% Mo
321	0.08 max	2.0	17-19	9-12	(5x%C)Ti min
347	0.08 max	2.0	17-19	9-13	(10x%C)Nb-Ta min
마르텐사이트 계					
403	0.15 max	1.0	11.5-13		
410	0.15 max	1.0	11.5-13		
416	0.15 max	1.2	12-14		0.15% S min
420	0.15 max	1.0	12-14		
431	0.20 max	1.0	15-17		
440A	0.60-0.75	1.0	16-18	1.2-2.5	0.75% Mo max
440B	0.75-0.95	1.0	16-18		0.75% Mo max
440C	0.95-1.20	1.0	16-18		0.75% Mo max
페라이트 계					
405	0.08 max	1.0	11.5-14.5		
430	0.15 max	1.0	14-18		0.1-0.3% Al
446	0.20 max	1.5	23-27		

2.2 오스테나이트계 스테인리스강

2.2.1. 오스테나이트계 스테인리스강의 예민화

1) Weld Decay

오스테나이트계 스테인리스강의 용접시 열영향부의 결정입계에 Cr 탄화물이 석출하여 입계가 부식에 예민한 상태가 되어 부식 환경에 노출시 입계 부식(Intergranular Corrosion)이 발생하며 이를 Weld Decay라고 한다. 그림 5-39에서 입계 부식이 진행된 SS 304의 Weld Decay를 볼 수 있다.

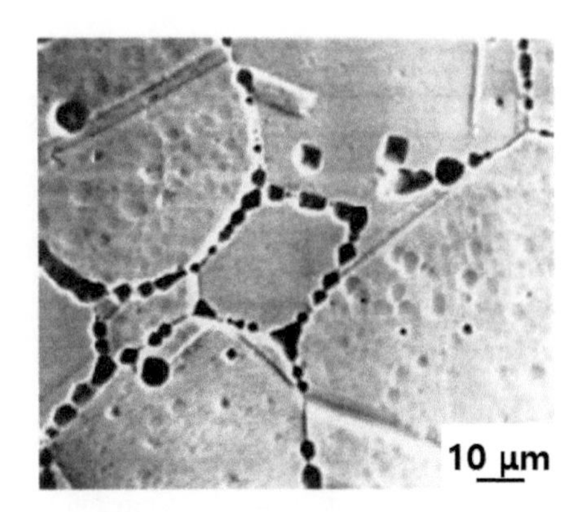

그림 5-39 **탄소 함량이 0.05%인 SS 304의 입계 부식**[1]

2) 예민화(Sensitization)

내식성이 높은 스테인리스강은 표면에 치밀한 Cr Oxide 층에 의해 내식성을 갖는다. 그런데 오스테나이트계 스테인리스강을 대략 425~815℃의 예민화 온도 구간에 일정 시간 유지하면 탄소가 입계로 빠르게 이동하여 Cr 탄화물을 생성한다. 그림 5-40, 그림 5-41과 같이 결정립계에 Cr 탄화물이 생성되면 결정립계 주위에 Cr 결핍 지역이 발생하여 Cr Oxide 층이 부족해져 내식성이 저하되는 현상을 '**예민화(Sensitization)**'라고 한다.

치밀한 Cr Oxide 층은 12% 이상의 Cr 함량이 필요하나, Cr 탄화물이 생성된 입계 주위는 Cr의 농도가 12% 이하로 되어 Cr Oxide에 의한 내식성이 부족하다. 이에 따라 결정립계가 우선적으로 부식되며, 이 현상을 입계 부식이라고 한다. 다만 예민화가 부식을 의미하는 것이 아니므로 예민화가 되어도 부식성 환경에서 사용하지 않으면 부식 문제가 없다.

용접의 경우 열영향부의 특정 부위는 425~815℃의 예민화 온도 구역까지 온도가 상승하므로 주의가 요구된다. 또한 용접전 변형을 가하거나 냉각 도중에 변형을 가하면 탄소의 확산통로가 되는 전위가 증식되어 탄화물 석출 속도가 증가하여 예민화가 심해지므로 주의하여야 한다.

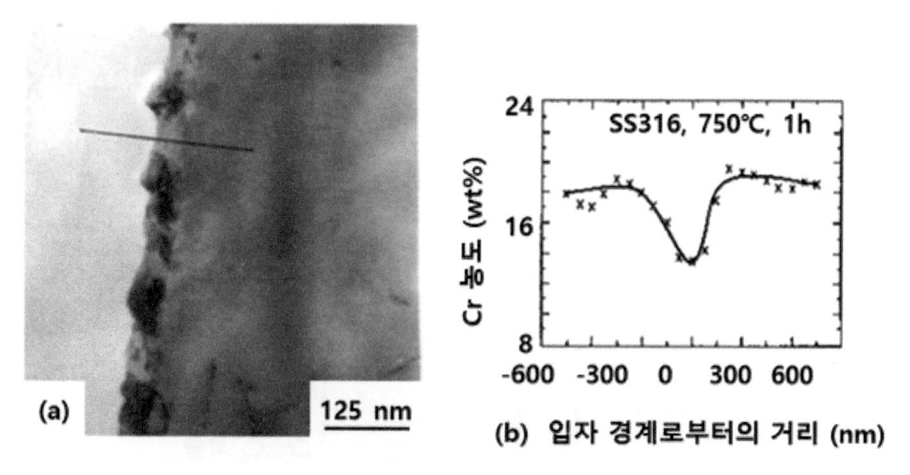

(a) TEM 사진 (b) 입계 단면의 Cr 농도 [(2)]

그림 5-40 SS 316의 입계 탄화물 석출

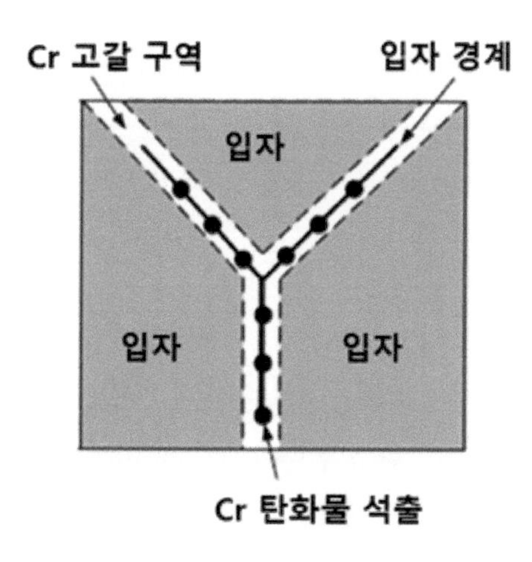

그림 5-41 오스테나이트계 스테인리스강의 입계 예민화

3) Weld Decay 발생 위치

용융부 경계에서 다소 떨어진 곳, 즉 Cr 탄화물의 석출 온도 구역인 425~815℃까지 온도가 올라간 곳에서 발생한다. 그림 5-42 (d)의 어둡게 칠해진 부분이 예민화 구간이다.

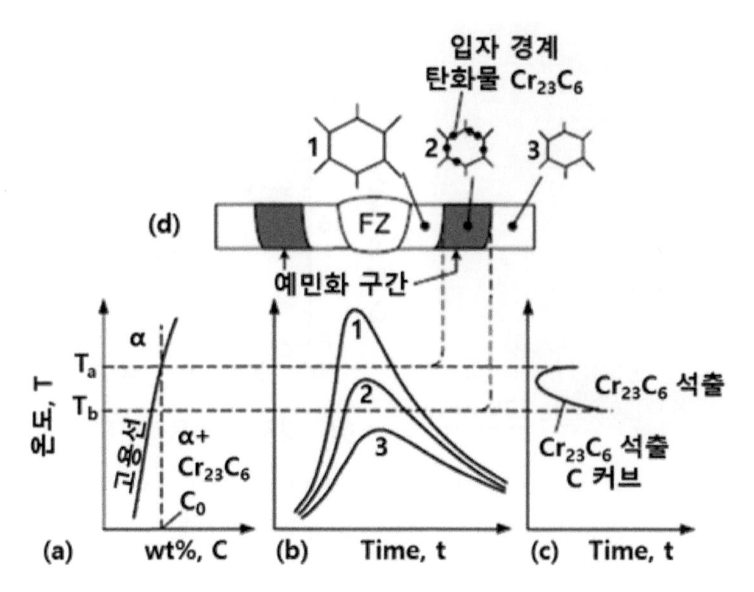

(a) 상태도 (b) 열 사이클 (c) 석출 TTT 커브 (d) 미세 조직 구조
그림 5-42 **오스테나이트계 스테인리스강의 예민화**

4) 예민화 감소 방안

예민화 감소 방안을 아래와 같이 정리할 수 있다.

- 탄소의 함량을 낮추어 탄화물 석출을 최소화 한다. 탄소 함량을 낮춘 스테인리스강은 SS 304L과 SS 316L등이 있으며 탄소 함량이 0.03% 이하 이다.
- Ti, Nb과 같은 안정화 원소를 첨가한다. 그림 5-43와 같이 825℃ 이상에서는 Cr 탄화물이 용해되고 Ti과 Nb 탄화물이 안정하므로, 안정화 원소를 첨가하고825℃ 이상의 고온에서 유지시 Ti과 Nb 탄화물을 형성하여 탄소를 소비하므로 425~815℃에서 Cr 탄화물 생성을 억제한다. 안정화 강의 종류는 Ti을 첨가한 SS321과 Nb을 첨가한 SS 347이 있다.
- 탄화물 형성 온도인 425~815℃에서 열처리 및 사용을 피한다. 또한 용접시 입열량이 증가할수록 냉각 속도가 느려져 예민화에 취약해 지므로 입열량을 낮게 유지하여야 한다.
- 용접 후 용체화 처리(Solution Heat Treatment, 1,050~1,150℃)를 실시하여 탄화물을 분해한다. 용체화 처리 후 Cr 탄화물의 재생성을 방지하기 위해 425~815℃ 온도 구간을 급냉하여야 한다.

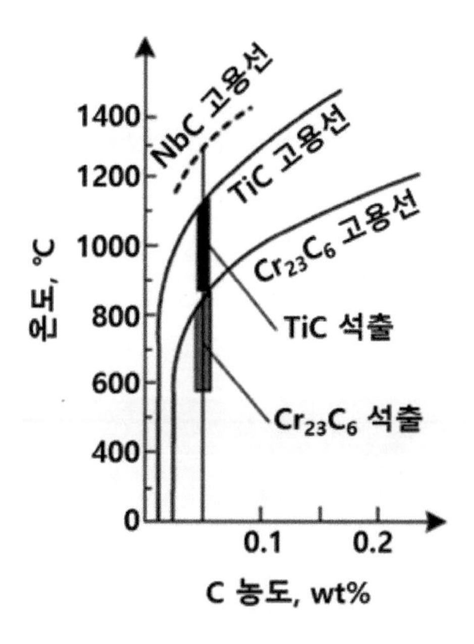

그림 5-43 SS 304의 탄화물 고용선[3]

그림 5-44와 같이 탄소 함량이 높을 수록 탄화물 발생 시간이 짧다. SS 304는 탄소 함량이 0.08% 정도이므로 그림 5-44에서 6초 정도에 Cr 탄화물이 생성되어, 용접시 열영향부에 예민화가 진행된다. 저탄소(L) Grade 사용시 Cr 탄화물 생성에 1시간 이상 소요되므로 용접시 예민화를 방지할 수 있다. 다만 예민화 온도(425~815℃)에서 사용하기 위해서는 저탄소 Grade는 1시간 이상 사용시 Cr 탄화물이 생성되어 부족하므로, 안정화 강을 적용하여야 한다.

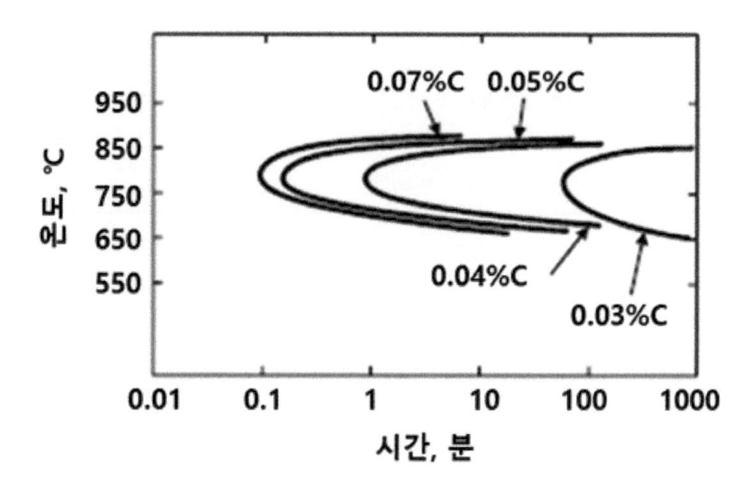

그림 5-44 SS 304의 예민화에 미치는 탄소 함량의 영향[4]

2.2.2. Knife Line Attack

1) Knife Line Attack 현상

안정화 강에서 발생하는 예민화에 의한 입계 부식 현상을 'Knife Line Attack'이라고 한다. 결정립계에 Cr 탄화물이 석출하여 발생하는 현상으로 Weld Decay와 원인이 동일하나, Weld Decay와 발생 형상에 차이가 난다. Weld Decay는 용융부와 약간 떨어진 넓은 면적에 발생하나, Knife Line Attack은 용융부 바로 옆에 좁은 폭으로 발생하고, 안정화 강에서만 발생한다.

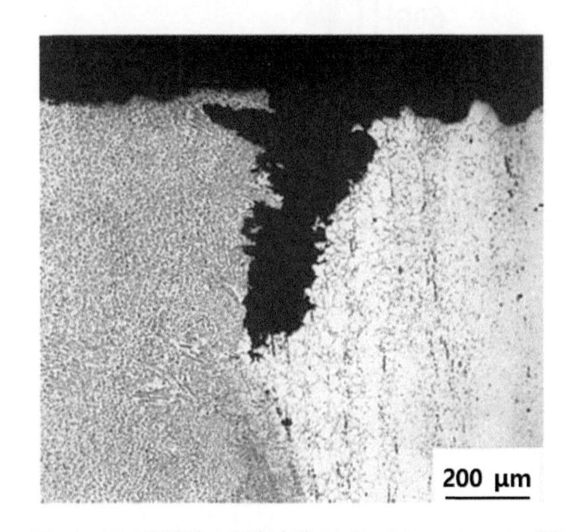

그림 5-45 안정화 강에서의 Knife Line Attack 형상

2) Knife Line Attack 발생기구

그림 5-46과 같이 용접시 온도가 1230℃ 이상으로 올라간 용융부에 인접한 열영향부의 매우 좁은 구간에서 Ti, Nb 탄화물이 고용되나, 냉각속도가 빨라 냉각시 재 석출되지 않는다. 이 상태의 강이 425~815℃에 노출되면, 분해된 탄소가 Cr 탄화물을 생성하여 예민화 된다.

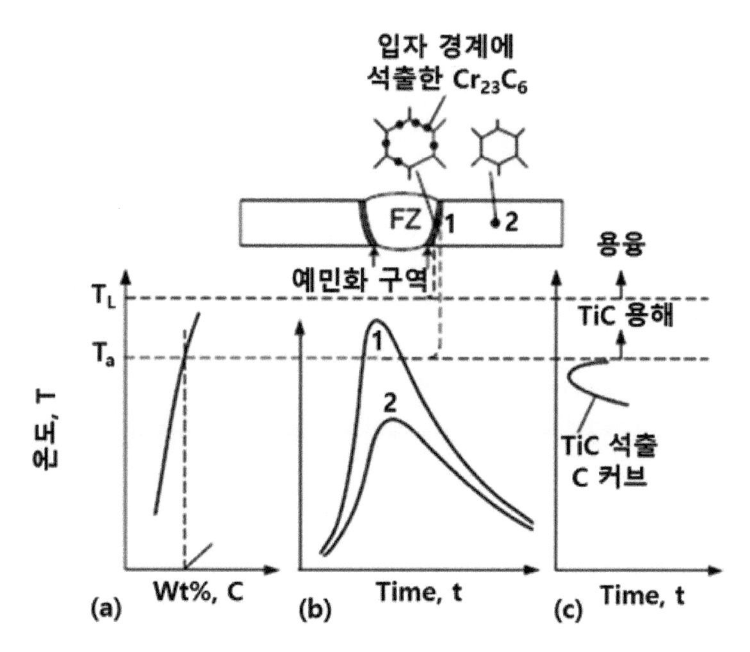

(a) 상태도 (b) 열 사이클 (c) 석출 TTT 커브 (d) 미세 조직 구조

그림 5-46 안정화 강의 예민화

3) Knife Line Attack 방지법

(1) PWHT(용체화 열처리, Solution Heat Treatment)

1050~1150℃로 가열하여 Cr 탄화물을 고용시킨다. 이 온도에서는 Cr 탄화물의 고용과 동시에 Ti 및 Nb 탄화물이 석출되어 안정화 된다. 안정화 열처리 후 냉각시는 자유로운 탄소가 없어 Cr 탄화물이 생성되지 않으므로 급냉할 필요가 없다.

(2) 저 탄소 Grade 사용

저 탄소 Grade 스테인리스강을 사용하면 Cr 탄화물의 생성이 억제되므로 예민화를 어느 정도 억제할 수 있어 Knife Line Attack이 방지된다. L-grade로 표기되는 탄소함량 0.03% 이하의 강종을 사용하게 되면 Cr 탄화물의 형성을 최소화 할 수 있다고 한다. 다만 저 탄소 Grade 스테인리스강은 1시간 정도 짧은 시간 Cr 탄화물의 생성을 억제하므로 예민화 온도 구간에 장시간 유지하지 않도록 주의하여야 한다.

(3) 용접 절차 조정

부식성 유체와 접촉하는 내측면이 예민화 되지 않도록 용접 절차를 조정한다. 그림 5-47 (a)와 같이 외측의 용접시 열영향부의 425~815℃ 구간이 내측 표면에서 생성되어 내측 면이 예민화 되지 않도록 그림 5-47 (b)와 같이 조정한다.

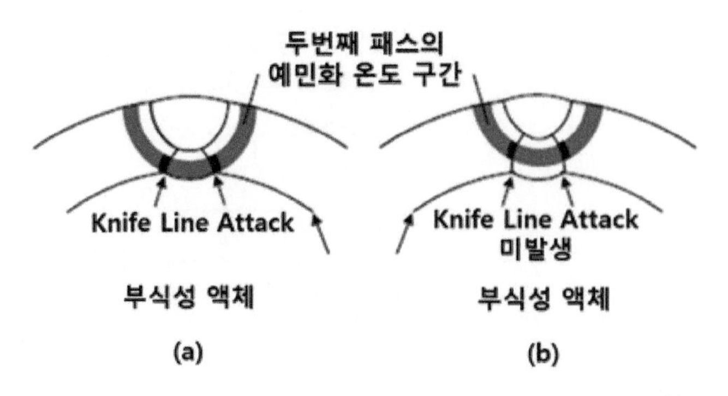

(a) Knife Line Attack 발생 (b) Knife Line Attack 미발생[3]
그림 5-47 안정화 스테인리스강의 투 패스 용접

(4) 희토류 금속(Rare Earth Metal) 사용

La(Lanthanum, 란탄), Ce(Cerium, 세륨)이 첨가된 스테인리스강을 사용하면 입자 내부에 탄화물 생성되어, 자유로운 탄소의 감소로 인해 입자 경계에 탄화물 석출이 급격히 감소한다. 그림 5-48에서 희토류 금속이 함유된 스테인리스강의 사용시 예민화 현상이 억제되는 것을 볼 수 있다.

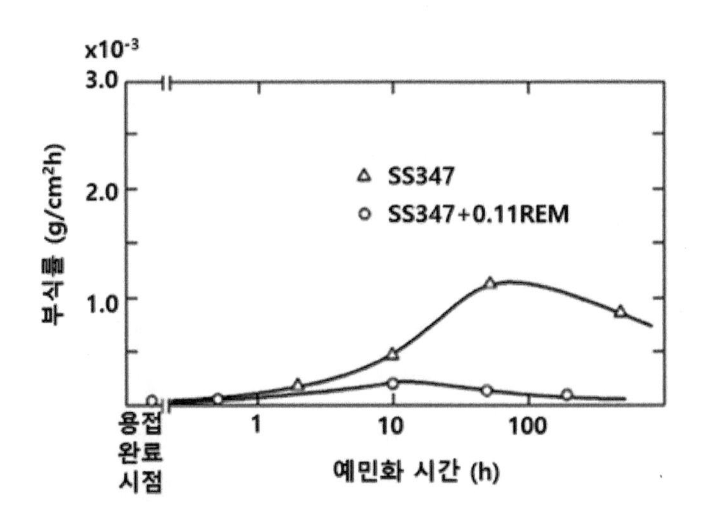

그림 5-48 SS 347 안정화 강의 Knife Line Attack에 대한 희토류 금속 첨가 영향[5]

2.2.3. 응력부식균열(Stress Corrosion Cracking, SCC)

오스테나이트계 스테인리스강은 열전도도가 낮고, 열팽창 계수가 높으므로, 용접 후 잔류 응력 발생량이 크다. 높은 잔류 응력과 부식성 분위기(Cl등)는 SCC를 유발한다. 잔류 응력 제거 열처리를 한다면 1,050~1,150℃ 정도에서 수행하여 Cr 탄화물(Carbide)를 고용하고, 급냉하여 Cr 탄화물의 재석출을 방지하여야 한다. 그러나 급냉에 의해 또 다른 잔류 응력이 발생하므로 저 탄소Grade나 안정화 강을 사용하여 잔류 응력이 발생하지 않도록 서냉하는 것이 바람직하다.

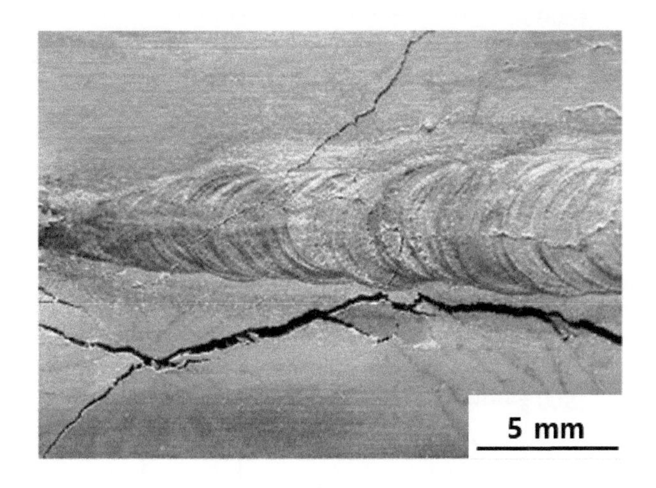

그림 5-49 SS 304의 SCC 발생 현상

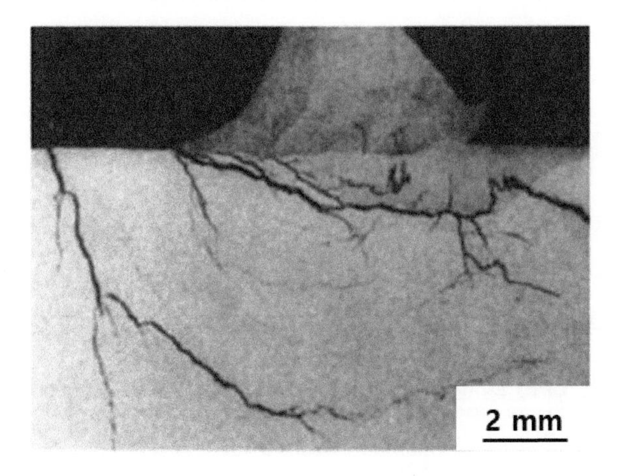

그림 5-50 SS 316L의 SCC 발생 현상[6]

2.3 페라이트계 스테인리스강

오스테나이트계 스테인리스강에 비해 경화도가 높아 용접시 열영향부에 마르텐사이트가 생성된다. 마르텐사이트 생성에 의해 용접 열영부는 취성이 크다. 이에 따라 페라이트계 스테인리스강은 용접성은 나쁘나, 저렴하고 SCC에 대한 저항성이 높아 비 용접 구조물에 많이 사용된다.

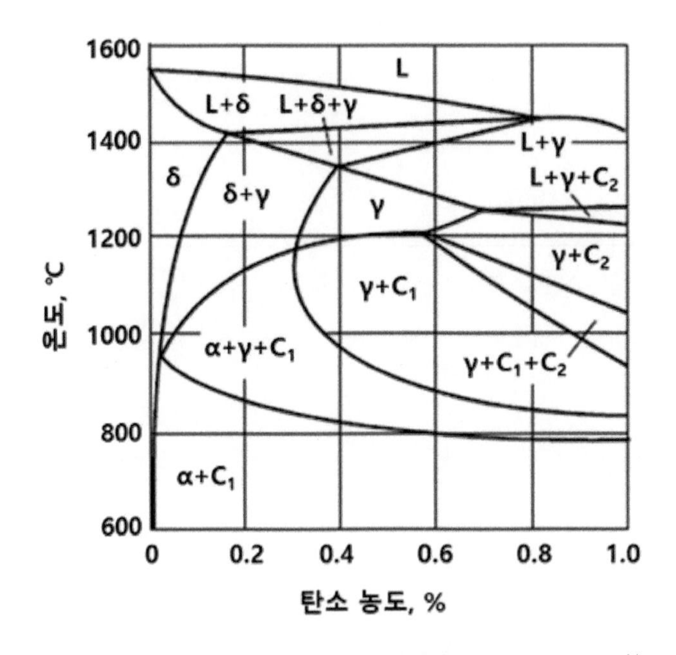

그림 5-51 Cr 농도를 17%로 고정한 Fe-Cr-C 상태도[7]

2.3.1. 페라이트계 스테인리스강의 예민화

페라이트계 스테인리스강(SS430, SS446)은 BCC 조직이므로 Cr과 탄소의 확산 속도가 빨라 FCC 조직인 오스테나이트계 스테인리스강과 예민화 특성이 다르다. 예민화 온도 구역은 925℃ 이상으로 오스테나이트계 스테인리스강의 425~815℃에 비해 높다. 그 이유는 금속 결정 구조의 차이에서 찾을 수 있다. Cr은 BCC 구조를 갖는 금속으로 BCC 구조인 페라이트계 스테인리스강에서 안정하다. 또한 페라이트계 스테인리스강은 낮은 온도에서는 BCC 구조를 가지나 높은 온도에서 FCC 조직인 γ 상으로 존재하므로, 925℃ 이상의 높은 온도에서 FCC 조직인 γ 상에서 Cr이 불안정하게 되어 탄화물이 석출하게 된다. 그러므로 예민화 발생 위치도 오스테나이트계 스테인리스강에 비해 높은 온도에 노출된 용융부에 좀더 가까운 곳에서 예민화가 발생한다.

용접 후 650~815℃에서 10~60 min 어닐링하면 입계 부식에 대한 저항성이 회복된다. 페라이트는 BCC 조직이므로 Cr과 C의 확산 속도가 빠르다. 따라서 650~815℃로 가열시 Cr 결핍 지역에 Cr의 확산 이동에 의해 Cr 농도가 회복된다.

저 탄소 Grade 스테인리스강의 사용은 입계 부식 방지에 효과가 미미하다. 그 이유는 탄소의 함량이 낮아도 확산 속도가 빨라 소모된 탄소를 쉽게 보충하므로 예민화 방지 효과가 적다. 탄소 함량이 아주 작아야(SS446, 0.002% C) 어느 정도 효과가 있다.

페라이트계 스테인리스강은 BCC 조직으로 확산 속도가 빠르므로 용접 후 급냉하여도 입계에 탄화물이 형성된다. 예민화 방지 방법은 저 탄소 Grade 스테인리스강 사용 보다는 안정화 원소(Ti, Nb)를 첨가하는 것이 추천된다.

2.3.2. 열영향부 마르텐사이트 형성과 입자 성장(Grain Growth)

1) 모재쪽 열영향부

그림 5-52 (b)는 상태도의 γ 형성 영역(δ+γ+C, δ+γ)까지 온도가 올라간 모재쪽 열영향부이다. 페라이트계 스테인리스강은 합금 원소가 많아 경화도가 높으므로, 가열시 페라이트 입계에 형성된 γ상이 냉각 시에 마르텐사이트로 변태한다. 높은 온도까지 가열되지 않으므로 입자 성장은 미미하다.

2) 용융부쪽 열영향부

그림 5-52 (a)는 상태도에서 δ 페라이트가 존재하는 높은 온도까지 상승한 용융부쪽 열영향부이다. 높은 온도까지 상승하므로 입자가 크게 성장한다. 냉각시 γ 오스테나이트 영역을 통과하면서 상당한 양의 γ 오스테나이트가 δ 페라이트 입계에 형성된다. δ 페라이트의 입자 크기가 크고, 냉각속도가 매우 빠르므로 침상의 γ 오스테나이트가 형성된다. 이 침상 형태의 γ 오스테나이트는 침상 마르텐사이트로 변태한다. 페라이트 입자가 조대하고, 페라이트 입계에 침상 마르텐사이트가 형성되므로 노치 인성이 매우 나쁘다.

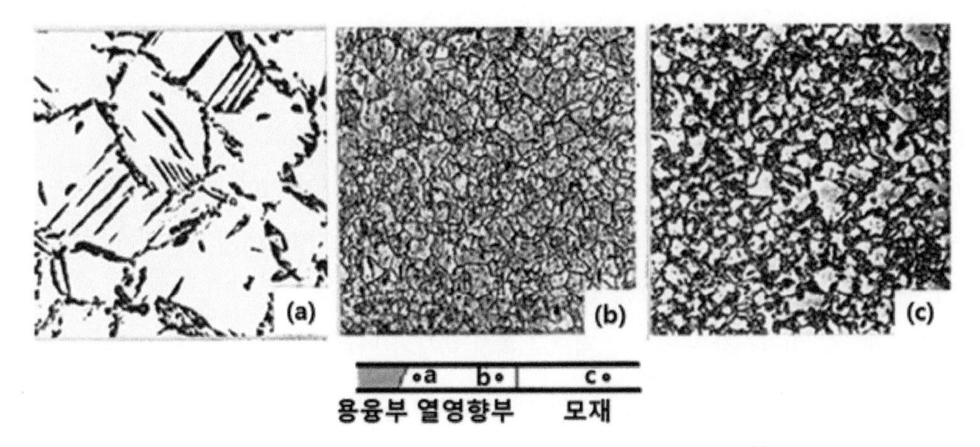

(a) 용융부쪽 열영향부 (b) 모재쪽 열영향부 (c) 모재[8]

그림 5-52 SS430의 용접 열영향부 조직 구조

2.3.3. 노치 인성 향상 방안

1) Tempering(뜨임)

800℃에서 Tempering(뜨임)하여 마르텐사이트의 인성을 향상시킨다.

2) γ상 생성 억제

안정화 원소를 첨가(Ti 0.5%, Nb 1%)하여 탄화물을 형성시켜, 오스테나이트 형성 원소인 탄소 함량을 감소시킨다. 이에 따라 δ 페라이트의 안정성이 높아지고 γ 오스테나이트의 형성이 억제된다. 즉 마르텐사이트로 변태할 γ 오스테나이트가 최소화되어 마르텐사이트 형성이 억제된다.

γ 오스테나이트 생성을 억제하는 다른 방법은 용접 후 급냉하여 δ 페라이트에서 γ 오스테나이트로의 변태를 억제하는 것이다. 이에 따라 γ 오스테나이트 양이 최소화 되므로 마르텐사이트의 양이 감소한다.

3) 결정립 성장 억제

과도한 결정립 성장을 억제하는 방법은 용접시 입열량을 적게하는 방법이 있다. 다른 방법은 질화물 및 탄화물 형성원소(B, Al, V, Zr)를 첨가하는 방법이다. 질화물 및 탄화물 형성시 입계의 이동을 제한되어 결정립 성장이 억제된다.

2.4 마르텐사이트계 스테인리스강

마르텐사이트계 스테인리스강은 경화도가 높아 용접시 마르텐사이트가 생성된다. 또한 탄소 농도가 페라이트계 스테인리스강보다 높아 페라이트계 스테인리스강에서 생성된 마르텐사이트 보다 경도와 취성이 높다. 이에 따라 일반적으로 용접재료로는 사용하지 않으며, 주로 내 마모성이 요구되는 펌프 샤프트와 같은 부품에 사용된다.

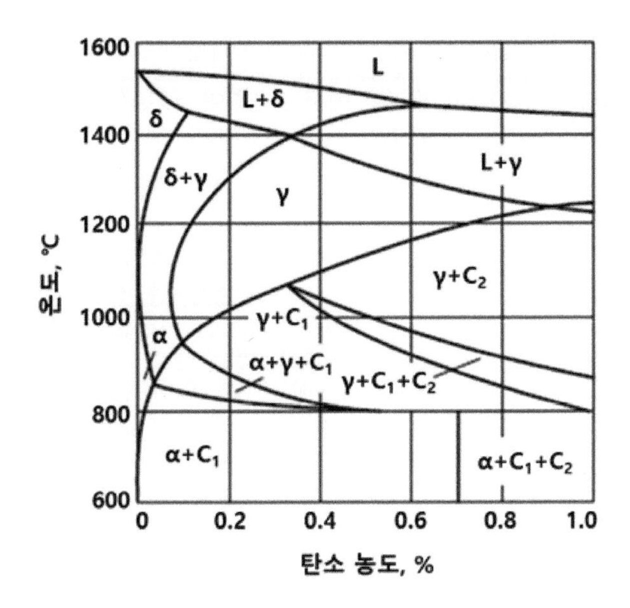

그림 5-53 Cr 농도를 13%로 고정한 Fe-Cr-C 상태도 [7]

2.4.1. Underbead Cracking(비드밑 균열)

1) 현상

탄소함량이 많아 모재의 경도가 높으므로 수소가 존재하면 용접시 Underbead Cracking(비드밑 균열)이 발생하기 쉽다. 실제로 용접시 FCC 구조인 γ 오스테나이트에서 BCT 구조인 마르텐사이트로 변태함에 따라 부피가 증가하고 이에 따라 내부 응력이 발생하므로 비교적 낮은 구속에서도 Underbead Crack(비드밑 균열)이 발생한다.

2) 감소 방안

첫번째 감소 방안은 예열을 실시하는 것이다. 예열은 냉각 속도 저하로 잔류 응력이 감소하며, DHT(Dehydrogen Treating, 탈수소 처리) 효과와 Auto Tempering 효과도 기대할 수 있다.

두번째는 용접 후 600~850℃에서 Tempering(뜨임)을 실시한다. Tempering(뜨임)을 통해 마르텐사이트의 인성이 개선되어 균열에 대한 저항성이 향상된다.

세번째는 연성이 좋고 수소 고용도가 높은 오스테나이트계 스테인리스강 용접봉을 사용한다. 오스테나이트계 스테인리스강은 FCC 조직으로 수소 고용도가 높고 확산이 어려워 용융부의 수소가 모재의 열영향부로 이동이 제한된다. 또한 연성이 높아 용접시 생성되는 잔류 응력의 크기가 감소한다.

네번째는 그림 5-54와 같이 용접 후 상온으로 냉각하지 않고 Ms 온도 이하에서 일정 시간 유지 후 템퍼링을 실시한다. 그림 5-55과 같이 Ms 이상의 온도에서 유지 후 템퍼링을 실시하면 용접시 생성된 γ 오스테나이트가 템퍼링 온도에서 분해하여 페라이트와 입계 탄화물을 형성하여 취성이 증가한다.

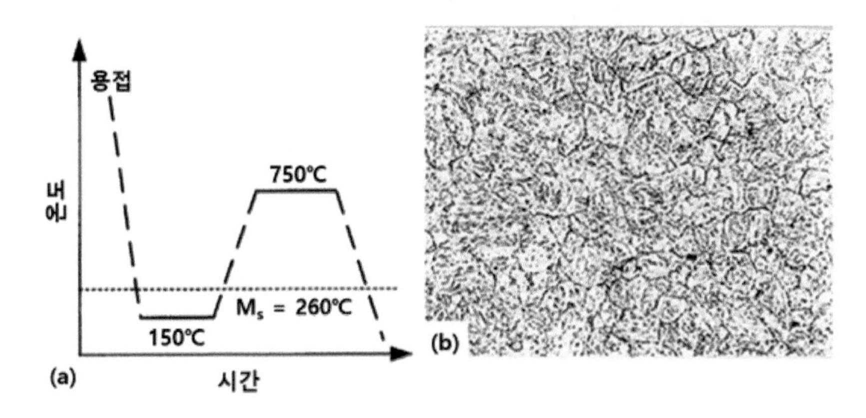

그림 5-54 12% Cr 마르텐사이트 강의 적절한 열처리 방법과 열처리 후 조직 형상[7]

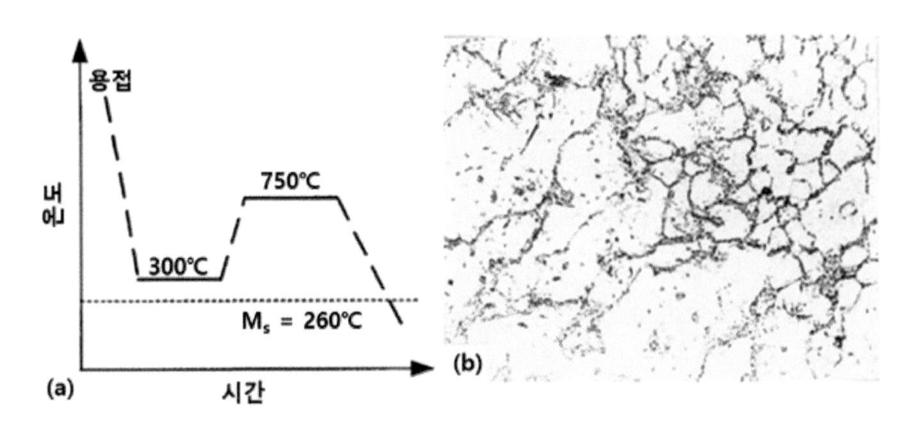

그림 5-55 12% Cr 마르텐사이트 강의 부 적절한 열처리 방법과 열처리 후 조직 형상[7]

참고문헌

1 Verein, Deutscher Eisenhuttenlcute, Steel–A Handbook for Materials Research and Engineering, Vol. 1: Fundamentals, Springer Verlag, Berlin, 1992, p.175.

2 Nippes, E. F., and Savage, W. F., Weld. J., 28: 534s, 1949.

3 Evans, G. M., Weld. J., 59: 67s, 1980.

4 Kou, S., Sun, D. K., and Le, Y., Metall. Trans., 14A: 643, 1983.

5 Aidun, D. K., and Savage, W. F., Weld. J., 63: 1984; 64: 97s, 1985.

6 Inagaki, M., et al., Fusion Welding Processing, Seibundo Shinko Sha, Tokyo, 1971

7 Atlas of Isothermal Transformation and Cooling Transformation Diagrams, American Society for Metals, Metals Park, OH, 1977.

8 Granjon, H., in Cracking and Fracture in Welds, Japan Welding Society, Tokyo, 1972, p. IB1.1.

9 DebRoy, T., and David, S. A., Rev. Modern Phys., 67: 85, 1995.

10 Gedeon, S. A., and Eagar, T. W., Weld. J., 69: 264s, 1990.

11 Bailey, N., in Residual Stresses, Welding Institute, Cambridge, 1981, p.28.

12 Vasudevan, R., Stout, R. D., and Pense, A. W., Weld. J., 60: 155s, 1981.

13 Stout, R. D., Tor, S. S., Mcgeady, L. J., and Doan, G. E., Weld. J., 26: 673s, 1947.

14 Gedeon, S. A., and Eagar, T. W., Weld. J., 69: 213s, 1990.

15 Lesnewich, A., in ASM Handbook, Vol. 6: Welding, Brazing and Soldering, ASM International, Materials Park, OH, 1993, p.408.

16 Dickinson, F. S., and Nichols, R. W., in Cracking and Fracture in Welds, Japan Welding Society, Tokyo, 1972, p. IA4.1.

가공 경화 합금

모든 금속은 가공시 전위 밀도가 증가하므로, 가공이 진행됨에 따라 강도 및 경도가 증가한다. 열처리에 의해 경화되지 않는 합금들은 가공에 의해 경화될 수 있고, 이들 금속재료는 비열처리 합금으로 구분되면, 가공 경화 특성을 가진 금속재료로 평가된다. 가장 대표적인 많이 사용되는 가공 경화 합금으로는 알루미늄 합금이 있다.

알루미늄 합금은 표 5-7과 같이 열처리형(Heat Treatable) 알루미늄 합금과 비 열처리형(Not Heat Treatable)으로 구분할 수 있다. 열처리형 알루미늄 합금은 석출 강화를 통해 재료의 강도를 얻는 재료이며, 비 열처리형 알루미늄 합금은 가공 경화 현상을 이용하여 재료의 강도를 얻는 재료이다. 이 장에서는 알루미늄 합금을 포함하여 용접시 가공 경화형 재료의 열 형향부의 조직 및 기계적 특성의 변화 내용을 소개하고자 한다.

표 5-7 알루미늄합금의 열처리 효과 구분

합금구분	1000	2000	3000	4000	5000	6000	7000
유형	비열처리형	열처리형	비열처리형	비열처리형	비열처리형	열처리형	열처리형
주 합금원소	없음	Cu	Mn	Si	Mg	Mg/Si	Zn
장점	전기/ 열 전도도	강도	성형성	용접재료	용접후 강도	강도, 가공성	강도
예)	1100	2219	3003	4043	5052	6061	7075

3.1 회복 - 재결정 - 성장 현상

가공 경화된 소재를 용접시 열영향부에서는 열처리 효과에 의해 회복(Recovery) 재결정(Recrystalization) 성장(Growth)이 발생하여, 금속의 조직과 기계적 특성이 변하게 된다. 그림 5-56은 가공 경화된 황동을 도표의 해당 온도에서 1시간 열처리한 후에 조직 및 기계적 특성의 변화를 나타낸 그림이다. 200℃ 이하의 온도에서 1시간 열처리하면 회복 현상이 발생하여 강도는 약간 감소하고 연성은 약간 증가한다. 500℃ 이하의 온도에서 1시간 열처리하면 재결정 현상이 발생하여 강도가 급격히 감소하고 연성이 급격히 증가한다. 500℃ 이상의 온도에서 1시간 열처리 하면 재결정된 입자가 성장하는 현상이 발생하여 연성은 비슷하나 강도가 약간 감소한다.

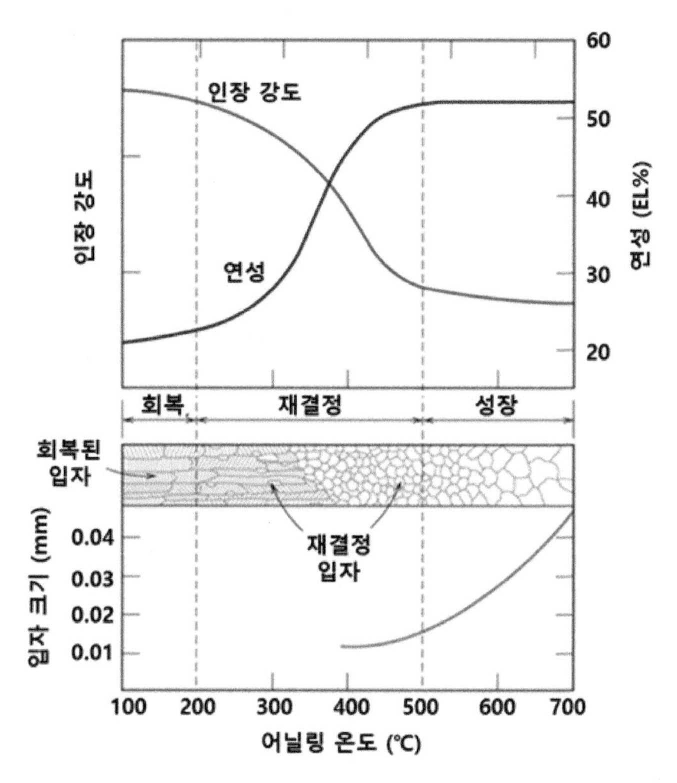

그림 5-56 황동 합금의 인장 강도와 연성에 대한 어닐링 온도의 영향[7]

3.1.1. 회복(Recovery)

금속을 가공하면 금속의 변형, 열 및 소리 등으로 에너지가 방출되기도 하나 일부의 에너지는 전위의 형태로 금속내에 저장된다. 그림 5-57과 같이 금속의 가공에 따라 많은 에너지가 발산되나 일부 에너지는 금속 내부에 저장된다. 냉간 가공을 진행함에 따라 저장에너지는 증가하나 저장에너지의 비율은 감소함을 알 수 있다. 10% 냉간 가공시 13%의 에너지가 저장되며, 40% 냉간 가공시 6%의 에너지가 금속 내부에 저장된다. 금속 내부에 저장되는 에너지는 전위의 형태이며 가공량이 증가함에 따라 전위 밀도가 증가하여 저장에너지가 증가하게 된다. 즉 가공함에 따라 금속 내부의 에너지 상태가 높아져 불안정하게 된다.

냉간 가공한 금속을 낮은 온도로 열처리시 금속 내부의 에너지를 낮추기 위해 전위 밀도가 낮아진다. 전위 밀도가 낮아짐에 따라 가공 경화 효과가 감소하여 강도가 저하하고 연성이 증가하게 되며, 이 현상을 회복 현상이라 부른다.

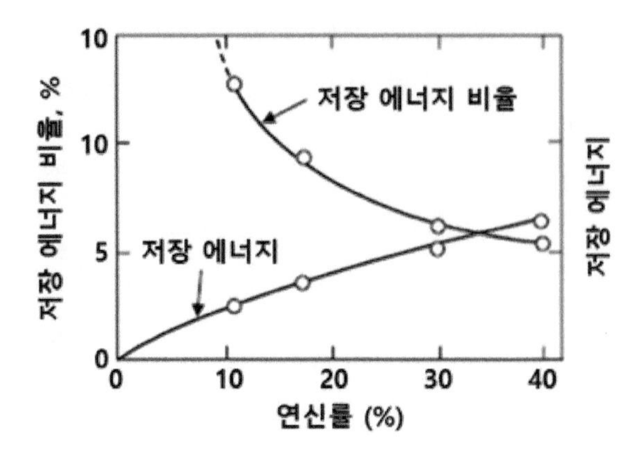

그림 5-57 가공에 의한 금속 내부에 저장된 에너지와 저장된 에너지 비율[1]

3.1.2. 재결정(Recrystalization)

입자 내의 전위에서 새로운 핵이 생성되어 성장한다. 재결정에 의해 입자가 미세화 되어 강도 향상의 효과를 기대할 수는 있으나, 해당 합금의 전체적인 관점에서 보면 새로 생성된 입자는 전위가 없으므로 강도 및 경도가 매우 낮다.

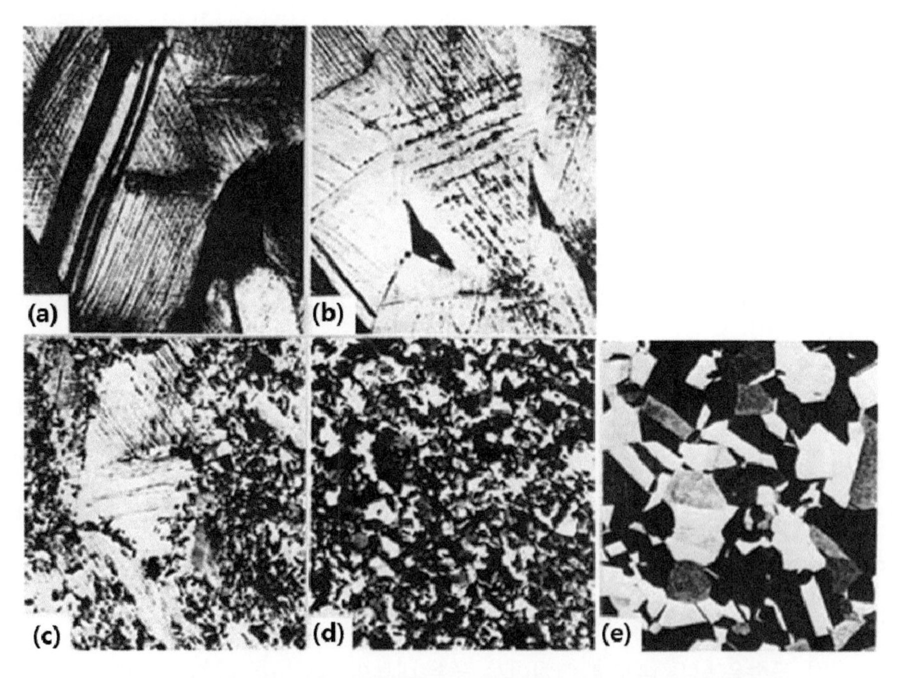

(a) 33% 냉간 가공 (b) 580℃에서 짧은 시간 Annealing
(c) 좀더 긴시간 Annealing (d) 재결정 완료 (e) 입자 성장[2]

그림 5-58 α 청동의 가공에 의해 변형된 조직과 및 재결정 조직

그림 5-58 (a)는 황동을 냉간 가공하여 전위가 생성된 조직이다. 이 냉간 가공한 황동을 580℃에서 Annealing하면 그림 (b)와 같이 전위에서 새로운 입자가 재결정되기 시작한다. 좀더 계속 Annealing하면 그림 (c) → (d)와 같이 새로운 입자가 계속 재결정 생성되어 전체 냉간 가공된 조직이 새로운 재결정된 입자로 바뀌게 된다.

일반적으로 재 결정은 아래 표와 같이 용융 온도의 40~50% 수준(절대 온도 기준)에서 발생한다. 회복은 전위 밀도가 일부 낮아져 강도의 감소가 작으나, 재 결정은 입자 내에 전위가 전혀 없는 조직으로 바뀌므로 재결정이 진행됨에 따라 그림 5-59과 같이 강도가 급격히 감소한다.

표 5-8 금속별 재결정 온도

금속	최소 재결정 온도 (℃)	용융 온도 (℃)
알루미늄	150	660
마그네슘	200	659
구리	200	1083
철	450	1530
니켈	600	1452
몰리브덴	900	2617
탄탈륨	1000	3000

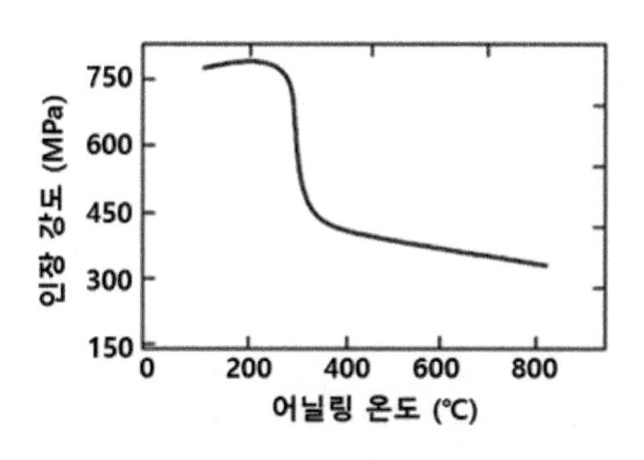

그림 5-59 80% 냉간 가공 후 1시간 어닐링 한 카트리지 청동(Cu-35Zn)의 강도 변화[3]

3.1.3. 성장(Growth)

입자 성장의 구동력은 표면 에너지이다. 금속 표면의 원자는 외부 방향으로는 금속 결합을 못하고 있으므로 높은 표면 에너지를 갖고 있다. 입자의 크기가 작은 경우 총 표면적이 넓으므로 큰 표면에너지를 갖고 있다. 입자가 성장함에 따라 계의 총 표면적의 감소로 표면 에너지 총량이 감소하여 계의 에너지가 낮아진다. 그림 5-60과 같이 Annealing 시간과 온도가 클수록 입자가 좀더 크게 성장한다. 용접열에 용해되지 않는 탄화물과 질화물이 있는 경우 입자 계면의 이동을 제한하여 입자 성장이 억제된다.

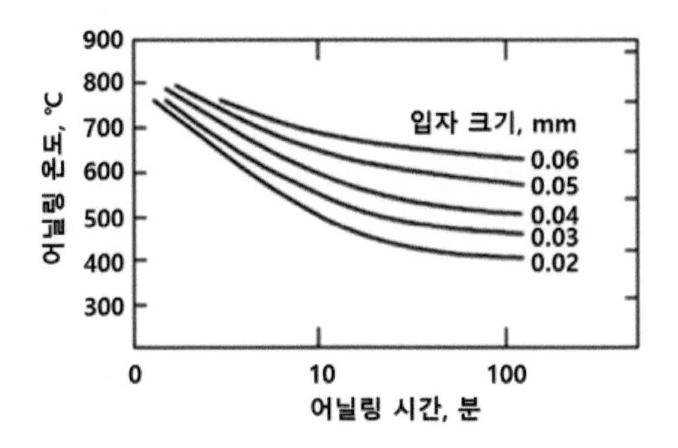

그림 5-60 63% 냉간 가공한 Cu-35Zn 청동의 입자 성장[3]

3.2 용접 조직

가공 경화에 의해 강도를 얻는 강의 용접 시 열영향부에 재결정이 발생에 의해 경화된 모재의 강도가 사라지므로 용접 설계 시 이를 반영하여야 한다. 그림 5-61는 SS 304을 용접한 경우의 용융부와 열영향부의 미세 조직이다. 용접시 열영향부 (d)에서 재결정이 발생하여 용융부와 인접한 열영향부 (e)에서 재결정후 입자 성장이 진행된 것을 볼 수 있다. 가공 경화 재료의 용접시 열영향부에 재결정 및 입자 성장으로 인해 강도가 저하됨을 알 수 있다.

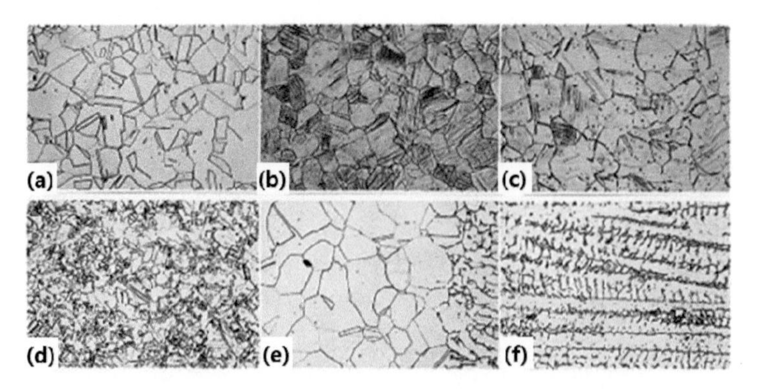

(a) 가공 경화 전 (b) 모재 (c) 결정 입계에 탄화물 석출
(d) 재결정 (e) 용접부에 인접한 입자 성장 (f) 용접부[4]

그림 5-61 가공 경화된 SS 304의 용접시 미세 조직

재결정 온도 이상의 온도에 노출된 열영향부의 각 부위는 노출 온도와 노출 시간에 따라 열영향부 부위 별로 강도 저하 정도가 상이하다. 그림 5-62와 그림 5-63을 보면 용융부에 인접할수록 열영향부에서 재결정 후 입자가 크게 성장하여 강도가 많이 감소하는 것을 볼 수 있다.

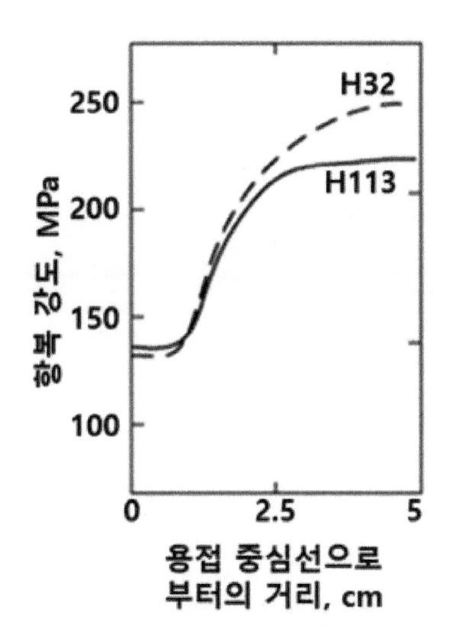

그림 5-62 가공 경화된 5083 알루미늄 판재의 용접부 단면의 항복 강도 변화[5]

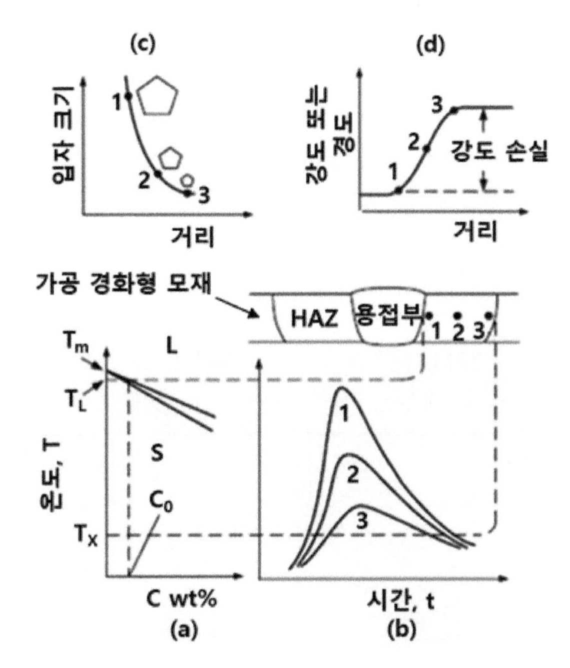

(a) 상태도 (b) 열 싸이클 (c) 입자의 크기 변화 (d) 강도 변화

그림 5-63 **열영향부의 입자 성장**

3.3 입열량의 영향

용접시 입열량이 클수록 냉각 속도가 저하되어 재결정 후 입자가 좀더 크게 성장한다. 그림 5-64를 보면 입열량이 클수록 열영향부의 폭과 입자(Grain) 크기가 커지므로 강도 저하 폭이 증가함을 알 수 있다.

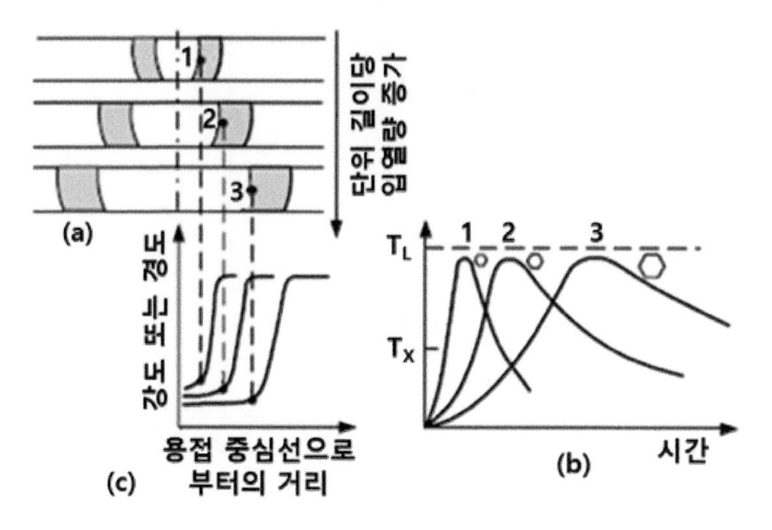

(a) 열영향부의 크기 (b) 열 싸이클 (c) 강도와 경도 변화

그림 5-64 입열량(단위 길이당)의 영향

그림 5-65를 보면 입열량이 작은 EBW로 용접한 경우 보다 입열량이 큰 GTAW 용접시 입자 크기가 큰 것을 볼 수 있다.

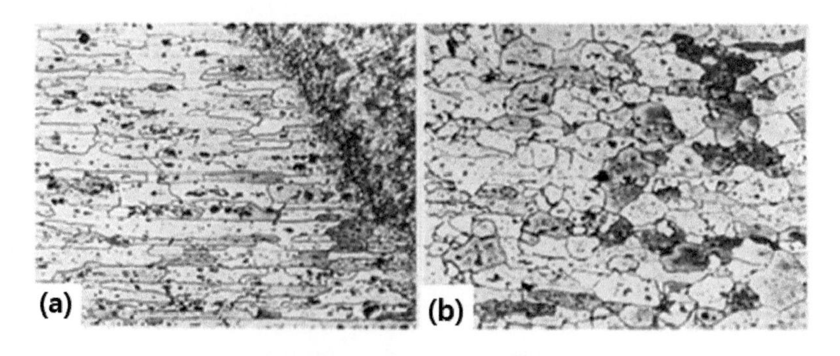

(a) EBW (b) GTAW [6]

그림 5-65 가공 경화된 2219-T37 알루미늄 합금의 용접부 미세 조직

참고문헌

1 Gordon, P., Trans. AIME, 203: 1043, 1955.

2 Burke, J. E., in Grain Control in Industrial Metallurgy, American Society for Metals, Cleveland, OH, 1949.

3 Metals Handbook, 8th ed., Vol. 2, American Society for Metals, Metals Park, OH, 1972, p.285.

4 Metals Handbook, 8th ed., Vol. 7., American Society for Metals, Metals Park, OH, 1972, p.135.

5 Cook, L. A., Channon, S. L., and Hard, A. R., Weld. J., 34: 112, 1955.

6 Metal Handbook, 8th ed., Vol. 7, American Society for Metals, Metals Park, OH, 1972, p.268.

7 G. Sachs and K. R. Van Horn, Practical Metallurgy, Applied Metallurgy and the Industrial Processing of Ferrous and Nonferrous Metals and Alloys, American Society for Metals, 1940, p.139.

석출 경화형 재료: Ni Base 합금

석출 경화형 재료도 용접시 열영향부에서 큰 강도 저하 현상이 발생한다. 흔히 니켈 합금은 오스테나이트 조직을 가지고 있어서 고용 강화형으로 알려져 있으나, 일부 니켈합금은 석출물에 의한 강도를 가지는 석출 경화형 합금이다. 석출 경화형 합금 중 대표적인 니켈 합금을 이용하여 석출 경화형 재료의 용접시 열영향부 특성을 정리해 보겠다. 표 5-8에 대표적인 니켈 합금의 용접시 문제점에 대해 정리하였다. 참고로 석출 강화와 석출 경화 용어는 같은 의미를 갖는 단어이며, 혼용되어 사용되고 있다.

표 5-9 대표적인 니켈 합금의 성분

합금	C	Cr	Co	W	Mo	Al	Ti	기타
Inconel X-750	0.04	16				0.6	2.5	7Fe, 1Cb
Waspaloy	0.07	19	14		3	1.3	3.0	0.1Zr
Udimet 700	0.10	15	19		5.2	4.3	3.5	0.02B
Inconel 718	0.05	18			3	0.6	0.9	18Fe, 5Cb
Nimonic 80A	0.05	20	〈2			1.2	2.4	〈5Fe
Mar-M200	0.15	9	10	12		5.0	2.0	1Cb, 2Hf
Rene 41	0.1	20	10		10	1.5	3.0	0.01B

표 5-10 석출경화형 니켈 합금의 용접부 특성

문제점	합금 유형	해결책
열영향부 강도 저하	열처리형 합금	용접후 인공시효
재열 균열	열처리형 합금	저항성 있는 합금 사용(Inconel 718) 진공 또는 불활성 가스 환경에서 열처리 과시효 상태에서 용접(Udimet 500) 가능한한 임계 온도 구간 급 가열
부분 용융부의 고온 균열	모든 유형	구속 최소화 조대 입자 억제

4.1 Ni Base 합금의 석출 경화 현상

니켈 합금은 γ상(FCC 구조)의 기지에 Al과 Ti의 금속간 화합물(γ', FCC 구조)이 석출하여 강화되며 아래식과 같다.

$$\underbrace{(Ni, Cr, Co, Mo, Al, Ti)}_{\gamma} \rightarrow \underbrace{Ni_3(Al, Ti)}_{\gamma'} + \underbrace{(Cr, Co, Mo)}_{기지\ 원소}$$

γ상에서 Al과 Ti의 고용도는 그림 5-66과 같이 온도 증가에 따라 급격히 증가한다.

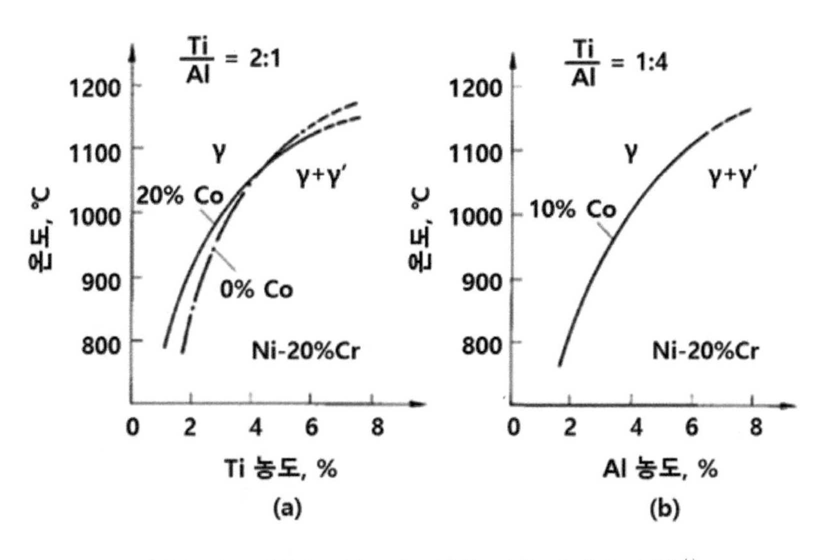

그림 5-66 γ상의 고용도에 미치는 합금 원소의 영향[1]

온도에 따른 고용도 차이를 이용한 석출 강화 열처리는 그림 5-67의 Al-Cu 합금의 석출 강화 열처리와 유사하게 아래의 3단계로 구분하여 설명할 수 있다.

- 1단계 : 고용화 열처리(Solution Heat Treatment) 단계이며 고용선 이상의 1번 온도까지 가열하여 합금 원소가 완전히 고용된 γ 고용체를 형성한다.
- 2단계 : 급냉(Quenching)하여 합금 원소가 과포화 상태로 고용되어 있는 과포화 고용체(Supersaturated Solid Solution)를 형성한다.
- 3단계 : 시효처리(Aging) 단계이며 금속간 화합물이 석출되는 온도로 가열하여 석출물을 형성한다.

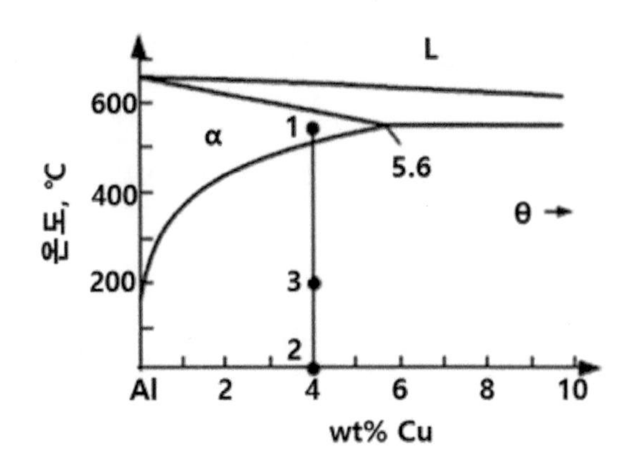

그림 5-67 Al-Cu 합금의 석출 강화 열처리

단 실제 제조사의 Ni 합금에 대한 석출 강화 열처리는 급냉하여 과포화 고용체를 형성하는 2단계를 생략하고 시효처리 온도까지 공냉 후 시효처리를 실시한다. 또한 시효처리는 한 온도에서 실시하지 않고 2~3단계의 여러 시효 온도에서 실시한다.

Ni 합금의 석출상은 그림 5-68와 같이 사각형, 구형, 타원형 등 여러 가지 형상이 있다.

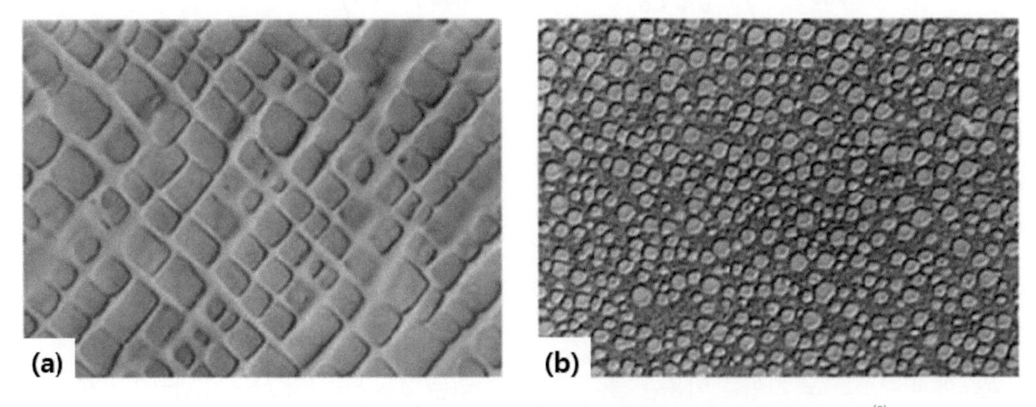

(a) 정육면체 형상의 γ" 상 (IN-100 합금) (b) 타원형의 γ" 상 (U500합금)[(2)]

그림 5-68 Ni합금의 γ' 상

석출상에 의한 Ni합금의 강화 현상은 γ'상의 석출 강화와 입계에 탄화물 석출에 의한 입계 미끄럼(Sliding) 방해의 두 가지 요인 때문이다. Ni합금은 석출물 형성시 석출물에 의해 전위의 이동이 방해되어 강도가 향상되는 석출 강화 현상은 대부분의 금속과 동일한 기구이다. 특별히 Ni합금은 석출강화에 추가하여 탄화물의 입계 미끄럼(Sliding) 방해에 의한 강도 증가에 따라 일반적인 석출 강화 재료 보다 강도 증가가 크다.

두 가지 강화 요인을 좀더 자세히 정리해 보겠다.

- **첫 번째,** 석출 강화 요인으로 γ'상이 석출하여 전위의 이동을 방해되며, 이에 따라 석출 강화 현상이 발생한다. Ni합금은 특별히 석출상 주위에 격자 변형이 발생하여 전위의 이동이 좀더 어려워져 석출 강화에 의해 강도가 크게 증가한다. Ni합금의 석출상 주위에는 Al과 Ti이 고갈되며, 이 결과로 Matrix의 격자 상수가 0.1~0.05% 정도 감소하는 격자 변형이 발생한다. 이 변형은 전위의 이동을 어렵게하여 열영향부의 용접 잔류응력이 해소되지 못하게 방해한다. 이로 인해 PWHT시에 균열(Crack)이 발생하는 재열 균열을 촉진한다.
- **두 번째,** 탄화물에 의한 입계 미끄럼(Sliding) 방해 요인이다. 터빈과 같은 고온용 부품에 사용되는 Udimet 700 합금에서는 단단한 $M_{23}C_6$ 탄화물이 결정입계에 아래 식에 의해 형성하여 입계 미끄럼(Sliding)을 방해하여 고온 강도가 향상된다.

$$\underbrace{(Ti, Mo)C}_{MC} + \underbrace{(Ni, Cr, Al, Ti)}_{\gamma} \rightarrow \underbrace{Cr_{21}Mo_2C_6}_{M_{23}C_6} + \underbrace{Ni_3(Al, Ti)}_{\gamma'}$$

$$\underbrace{(Ti, Mo)C}_{MC} + \underbrace{(Ni, Co, Al, Ti)}_{\gamma} \rightarrow \underbrace{Mo_3(Ni, Co)_3C}_{M_{23}C_6} + \underbrace{Ni_3(Al, Ti)}_{\gamma'}$$

그림 5-69과 같이 탄화물은 γ' 상에 의해 둘러 싸여진다. 이로 인해 충분한 양의 γ'상이 존재하는 경우 γ'상이 탄화물의 성장을 방해하여 탄화물에 의한 입계 미끄럼(Sliding) 방해 현상이 감소한다.

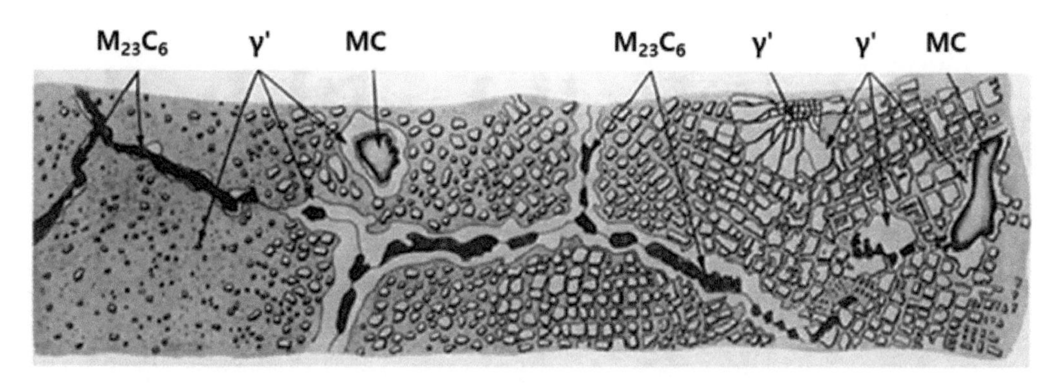

그림 5-69 몇몇 Ni Superalloy의 입계에 발생하는 탄화물과 γ' 상의 형상[2]

4.2 석출물의 재고용과 강도 저하

시효 처리된 Ni 합금을 용접하는 경우 열영향부에서는 γ' 석출상이 모재 γ 상에 재 고용된다. 그림 5-70에서 용접부에 인접한 열영향부 1지역은 γ'상이 완전 재고용되고, 2지역은 부분 재고용되었으며, 재고용으로 인해 석출 강화 현상이 사라져 강도와 경도가 감소한다.

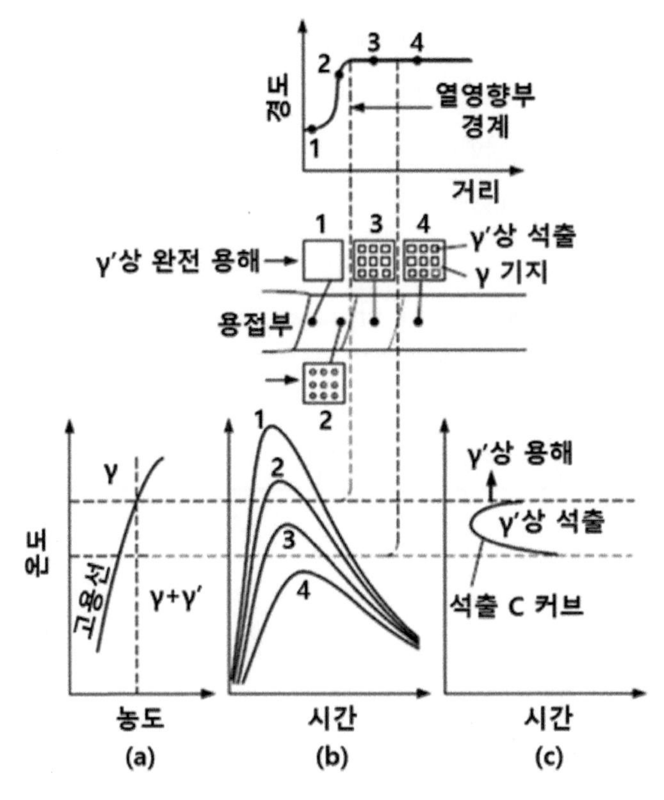

(a) 상태도 (b) 열 싸이클 (c) 석출 TTT 커브 (d) 미세 조직 (e) 경도 분포

그림 5-70 열영향부에서 γ' 상의 재고용

그림 5-71을 이용하여 용접중 열영형부에서 석출물의 재고용 현상을 설명하겠다.

- **그림 5-71 (a)** : 모재 금속의 미세조직 사진으로 각진 조대한 γ'상 사이에 미세한 γ'상이 석출되어 있다.
- **그림 5-71 (b)** : 용융부 멀리 떨어진 열영향부로 γ'상의 재고용이 발생하여 미세한 γ'상은 사라지고 조대한 γ' 상은 재고용이 진행되어 둥근 모양으로 변하였다.

- **그림 5-71 (c)~(d)** : (c)에서 (d)로 갈수록 용융부에 가까워져 노출되는 온도가 높아져 재고용이 증가하여, 그림 5-71 (d)에서는 γ'상이 완전 재 고용되었다.
- **그림 5-71 (e)** : 용융부의 미세 조직으로 매우 미세한 γ'상 석출되어 있다.

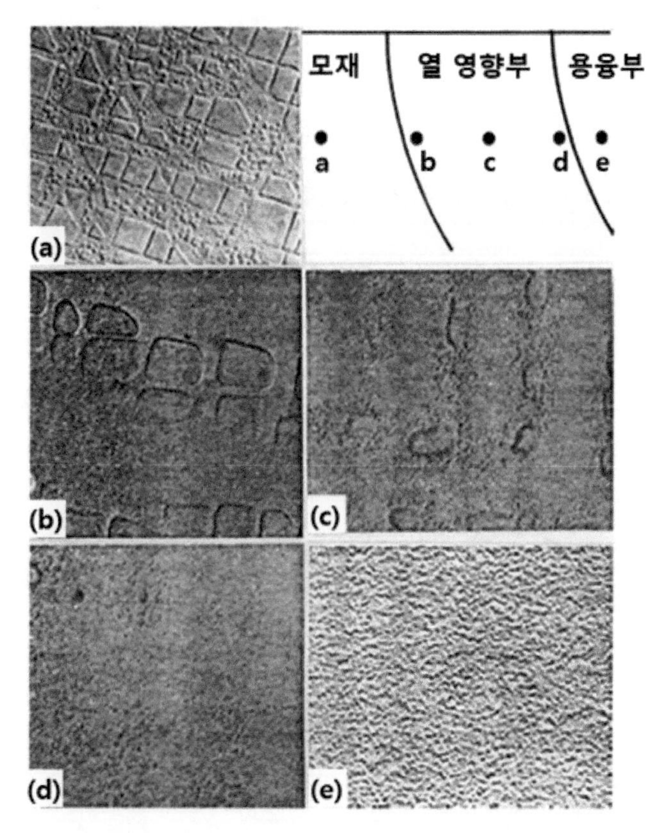

(a) 용접전 미세 조직 (b) 미세한 γ'상의 고용 (c) 조대한 γ'상의 고용 중
(d) 조대한 γ'상의 고용 (e) 미세한 γ'상 석출된 용접부[(3)]

그림 5-71 Udimet 700 합금 용접부의 미세 조직

용접 입열량에 따른 강도 저하 현상의 차이를 그림 5-72을 이용하여 설명하겠다. 그림 5-72 (a)와 같이 레이저 용접은 용접 입열량이 적으므로 좁은 면적에서 강도 저하 현상이 나타난다. 반면에 그림 5-72 (b)의 GTAW는 용접 입열량이 많으므로 넓은 면적에서 강도 저하 현상이 나타난다.

용체화 열처리 후 용접시(SL, ST의 경우)는 용접전 시효경화에 의한 강도 증가가 없으므로 당연히 용접에 의한 열영향부의 강도 저하가 없다. 그러나 시효처리 후 용접시(AL, AT의 경우)는 열영향부에 용접열에 의한 석출물의 재고용으로 강도가 저하된다.

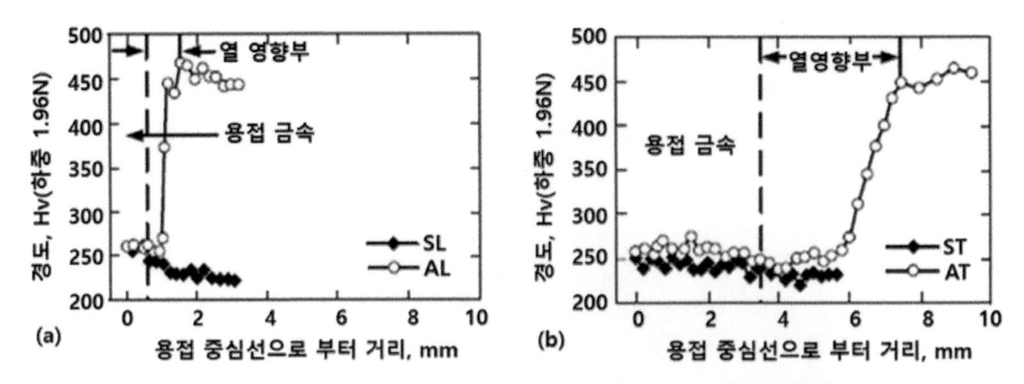

(a) 레이저 용접 (b) GTAW [4]

그림 5-72 인코넬 718 용접시 경도 분포

용접 중 발생한 강도 저하는 용접 후 시효처리에 의해 원 소재의 강도를 회복하며, 그림 5-73에서 용접 후 시효처리에 의해 열영향부의 경도가 모재의 경도 수준으로 회복한 것을 볼 수 있다.

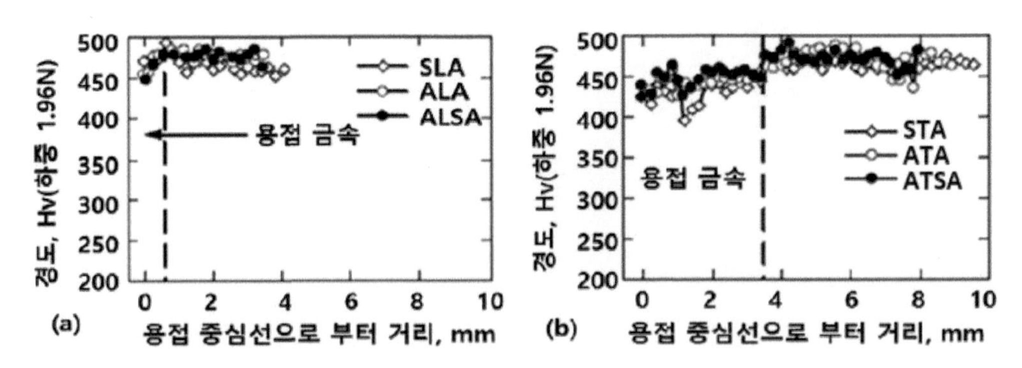

(a) 레이저 용접 (b) GTAW [4]

그림 5-73 Inconel 718 소재의 용접후 열처리한 상태의 경도 분포

4.3 재열 균열(Reheat Cracking)

4.3.1. 재열 균열 현상

잔류 응력 제거와 강도 회복을 위해 용접 후 열처리를 실시한다. 니켈 합금의 경우 용접 후 시효 처리는 용체화 처리와 시효처리의 2단계로 진행된다. 용체화 처리시 잔류응력도 동시에 제거된다. 그러나 용체화 처리를 위해 가열시 금속간 화합물이 석출하는 시효 현상(Aging)이 발생한다. 잔류응력이 제거되기 전 시효 현상(Aging)이 먼저 발생함에 따라 금속 내부에 강도 차가 발생한다. 금속간 화합물이 발생하지 않은 결정 입계의 강도가 작아 잔류 응력 제거를 위해 금속의 변형이 결정입계에 집중되어 열처리중에 이 부분에 균열이 발생하며 이를 재열 균열(Reheat Cracking)이라고 한다.

용체화 온도 전에 금속간 화합물의 석출 구역을 지나므로 재열 균열(Reheat Cracking)을 피하기 위해서는 가열 속도를 높여 그림 5-74 (c)의 C Curve를 피하여야 한다.

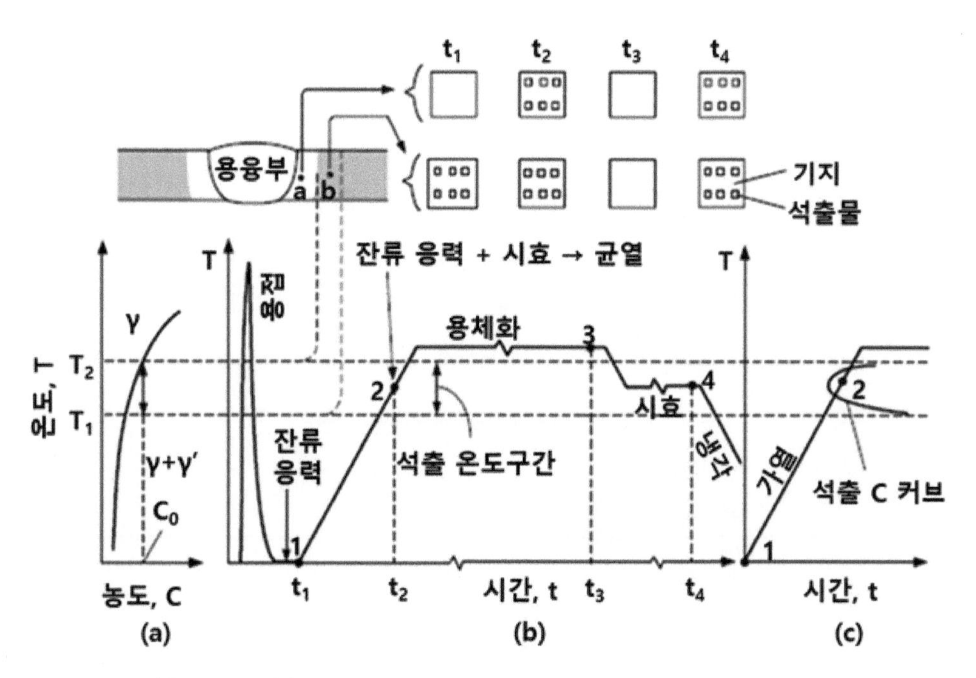

(a) 상태도 (b) 용접 및 열처리 중 열 싸이클 (c) 석출에 대한 C 커브
(d) 용접 부 단면 (e) 미세 구조의 변화

그림 5-74 재열 균열

재열 균열(Reheat Cracking)에 대한 금속간 화합물을 형성하는 Al과 Ti 조성의 영향을 그림 5-75를 이용하여 알아보면, Al과 Ti의 농도가 높을 수록 재열 균열(Reheat Cracking)의 발생 경향이 높아짐을 알 수 있다.

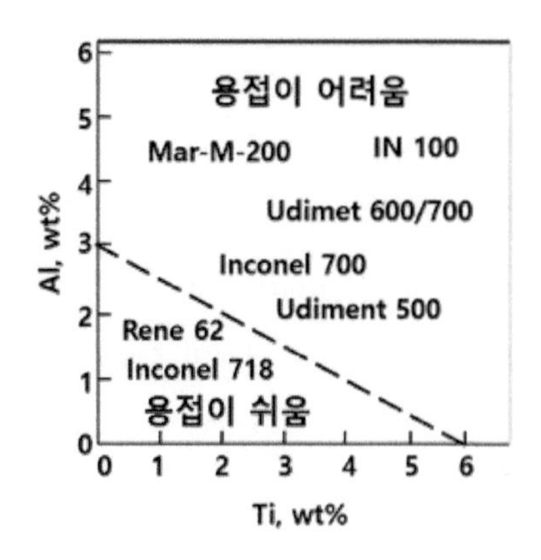

그림 5-75 재열 균열에 대한 Al과 Ti 합금 원소 함량의 영향 [5]

재열 균열의 발생 원인은 열영향부의 낮은 연성으로 인해 발생한다. 석출물이 발생한 부위는 강화되며 특히 석출시 주변 모재에 Ti과 Al의 감소로 인한 격자 수축으로 인해 추가로 강화되어 PWHT시 석출물이 없는 입계에 변형이 집중되어 균열이 발행한다. 결정입계(Grain Boundary)의 액화 등 다양한 다른 원인들도 있을 수 있다.

그림 5-76과 그림 5-77은 균열 민감도를 나타내는 C 커브이다. C 커브는 일정 온도에서 유지시 균열이 발생하는 시작 시간을 나타낸다. 낮은 온도에서는 시효 속도가 느려 균열 발생이 지연되며, 높은 온도에서는 잔류 응력의 해소와 낮은 온도에서 생성된 석출물의 재 고용으로 균열 발생이 지연된다. 이런 이유로 균열은 중간 온도에서 가장 빠르게 발생하며, C 커브 형태를 나타낸다.

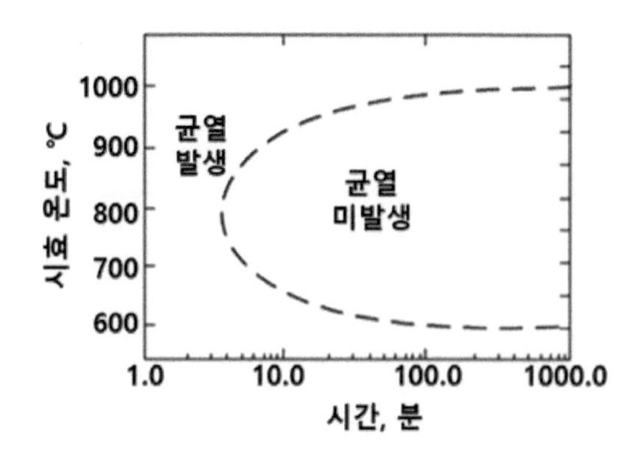

그림 5-76 용체화 열처리 후 용접한 Rene 41합금의 균열 민감도 C 커브 [6]

일반적으로 Ni합금은 γ' 상의 석출에 의해 강화되나, Inconel 718 합금은 다른 Ni 합금과 다르게 석출 속도가 느린 γ' 상의 석출에 의해 강화된다. 이에 따라 Inconel 718은 그림 5-77과 같이 균열 C 커브가 늦게 나타나는 재열 균열에 저항성이 높은 재질이다.

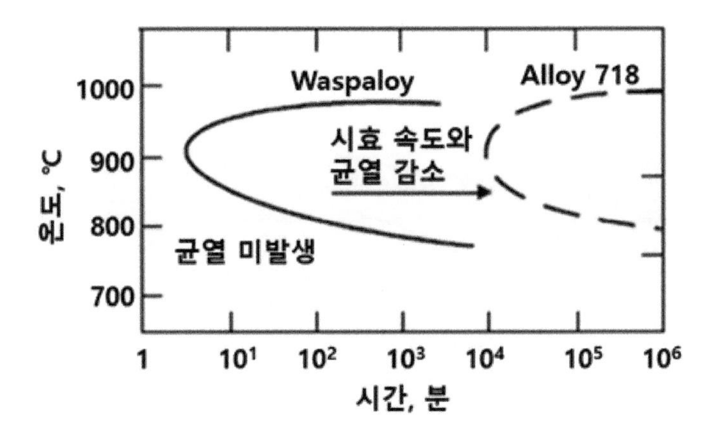

그림 5-77 Waspaloy 합금과 Inconel 718 합금의 용접부에 균열 민감도 C 커브[7]

4.3.2. 재열 균열 방지법

용체화 처리한 합금을 용접한 후 PWHT시에 시효에 의한 석출물이 형성되고 그 주위에 격자 수축과 경화가 발생한다. 이 경우 응력이 해소되지 않고 균열이 발생한다. 그림 5-78와 같이 빠른 속도로 가열하면 시효에 의한 석출물이 형성되지 않아 경화 현상이 발생하지 않고 응력이 해소되어 균열을 방지할 수 있다.

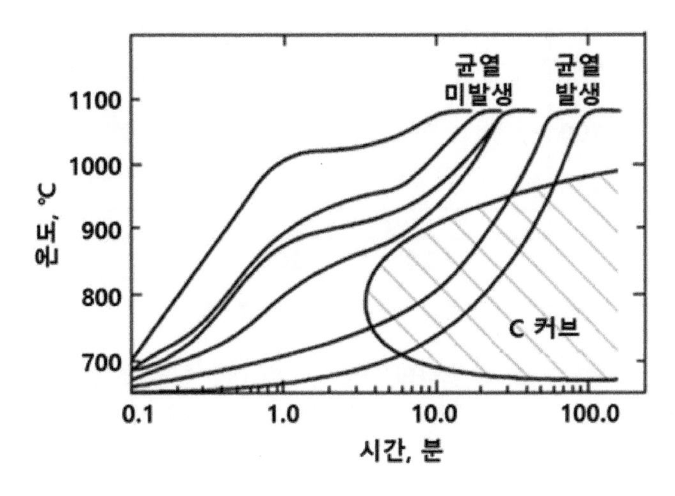

그림 5-78 용체화 처리 후 용접한 Rene 41합금의 재열 균열 발생에 대한 가열 속도의 영향[6]

그림 5-79과 같이 용접시 입열량을 줄이거나, 그림 5-80과 같이 용접부 조성을 조절하는 등의 방법으로 재열 균열(Reheat Cracking)을 예방할 수 있다. 재열 균열(Reheat Cracking)은 바나듐(V) 성분이 있는 저합금강과 Nb 안정화강(SS 347)에서도 잘 발생한다.

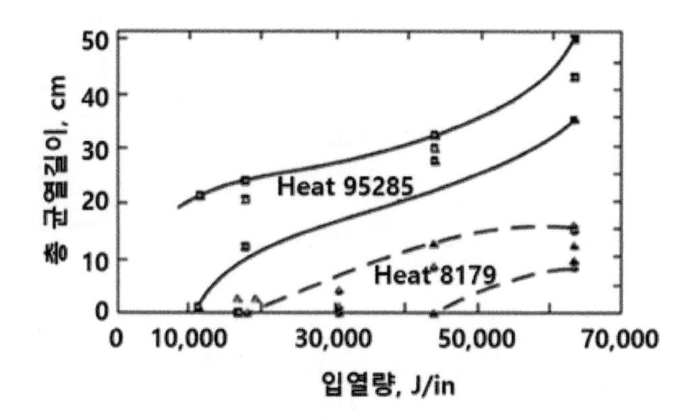

그림 5-79 Rene 41 합금의 재열 균열에 대한 용접 입열량의 영향[8]

열처리시 저 산소 분위기, 용접시 낮은 입열량, 작은 입자 크기 및 그림 5-80과 같이 유해 조성의 조절을 통하여 재열 균열을 억제할 수 있다.

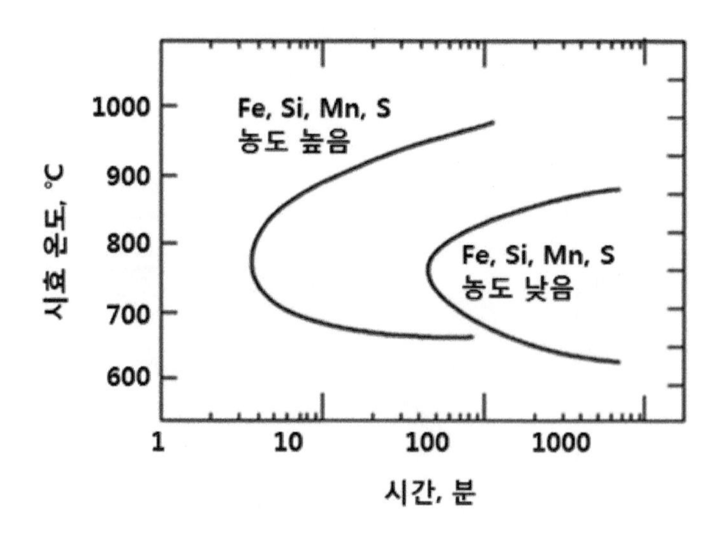

그림 5-80 Rene 41 합금의 재열 균열에 대한 합금 조성의 영향[6]

참고문헌

1 Betteridge, W., The Nimonic Alloys, Arnold, London, 1959.
2 Decker, R. F., and Sims, C. T., in The Superalloys, Eds. C. T. Sims and W. C. Hagal, Wiley, New York, 1972, p.33.
3 Owczarski, W. A., and Sullivan, C. P., Weld. J., 43: 393s, 1964.
4 Hirose, A., Sakata, K., and Kobayahi, K. F., in Solidification Processing 1997, Eds J. Beech and H. Jones, Department of Engineering Materials, University of Sheffield, Sheffield, United Kingdom, 1997, p.675.
5 Kelly, T. J., in Weldability of Materials, Eds. R. A., Patterson and K. W. Mahin, ASM International, Materials Park, OH, 1990, p.151.
6 Berry, T. F., and Hughes, W. P., Weld. J., 46: 505s, 1969.
7 Owczarski, W. A., in Physical Metallurgy of Metal Joining, Eds. R. Kossowsky and M. E., Glicksman, Metallurgical Society of AIME, New York, 1980, p.166.
8 Thompson, E. G., Nunez, S., and Prager, M., Weld. J., 47: 299s, 1968.

석출 경화형 재료: Al 합금

이 장에서는 대표적인 석출 경화형 알루미늄 합금의 조성과 용접시 열영향부의 특성에 대하여 기술하겠다.

알루미늄 합금은 다른 금속과 다르게 모재와 정합 관계인 석출물이 생성된다. 이로 인해 특별히 알루미늄 합금에서만 독특한 과시효 현상이 발생한다. 정합관계로 인해 가공 경화 정도가 크나, 용접 후 열영향부의 강도 회복이 어려운 특성이 있다.

앞에서 기술한 것과 같이 알루미늄 합금은 용융부와 열영향부에서 응고 균열 및 액화 균열과 같은 고온 균열이 잘 발생하며, 용접 후 열영향부의 강도 및 연성 저하 현상이 발생한다. 주요 문제점 및 해결 방안에 대해 표 5-11과 같이 정리하였다.

표 5-11 알루미늄 용접부 결함의 원인과 대책

문제점	합금 유형	해결 방안
기공	Al-Li 합금	표면 연마, 진공 열처리 가변 극성의 PAW 키홀 용접
	분말 합금	진공 열처리, 분말의 산화 및 수화를 최소화하는 분쇄 및 소결
	기타 유형 (약간 발생)	표면 세정 가변 극성의 PAW 키홀 용접
응고 균열	고 강도 합금 (2014, 6061, 7075)	적절한 용접봉과 희석률 적용 GTAW 제살 용접시 아크 진동 및 덜 민감한 조성의 합금(2219) 사용
부분 용융부 고온 균열 및 연성 저하	고 강도 합금	낮은 입열, 적절한 용접봉 낮은 주파수의 아크 진동
부분 용융부 연화	가공 경화형 합금	낮은 입열
	열처리형 합금	낮은 입열, 후열처리 적용

알루미늄 합금은 표 5-12와 같이 분류할 수 있다. 비 열처리형은 가공 경화형이며, 열처리형은 석출 강화 형 합금을 의미한다. 석출 강화형 알루미늄 합금은 다른 석출 강화형 합금과 달리 기지와 석출상이 정합(GP Zone, θ''상) 또는 부분 정합(θ'상) 관계인 석출상이 형성되어 일반 석출상보다 석출 강화 효과가 크다.

표 5-12 알루미늄합금의 특성

	1000	2000	3000	4000	5000	6000	7000
유형	비열처리형	열처리형	비열처리형	비열처리형	비열처리형	열처리형	열처리형
주 합금원소	없음	Cu	Mn	Si	Mg	Mg/Si	Zn
장점	전기/열 전도도	강도	성형성	용접재료	용접후 강도	강도, 가공성	강도
예	1100	2219	3003	4043	5052	6061	7075

대표적인 알루미늄 합금의 조성은 표 5-13과 같다.

표 5-13 대표적인 알루미늄 합금의 조성

합금	Si	Cu	Mn	Mg	Cr	Zn	Ti
2014	0.8	4.4	0.8	0.5			
2024		4.4	0.6	1.5			
2219		6.3	0.3				0.06
6061	0.6	0.3		1.0	0.2		
7005			0.4	1.4	0.1	4.5	0.04
7039	0.3	0.1	0.2	2.8	0.2	4.0	0.1
7146	0.2			1.3		7.1	0.06

5.1 알루미늄 합금의 석출 경화

5.1.1. 석출 경화 현상

Al–Cu 합금은 대표적인 석출강화 합금이며, 그림 5–81는 석출 강화 3단계 열처리이다. 1단계는 용체화 처리(Solution Heat Treatment)이며 α상의 고용선 이상의 온도로 가열하여 완전한 α 고용체를 형성하는 단계이다. 2단계는 상온으로 급냉하여 과포화 고용체(Supersaturated Solid Solution)를 형성하는 단계이다. 3단계는 시효처리(Aging) 단계이며, 고온의 인공시효(T6)와 상온의 자연시효(T4)가 있다. 시효처리시 과포화 고용체에서 시효 온도가 높아짐에 따라 준안정상인 GP Zone, θ"상, θ'상 및 θ상(Al_2Cu)이 석출한다.

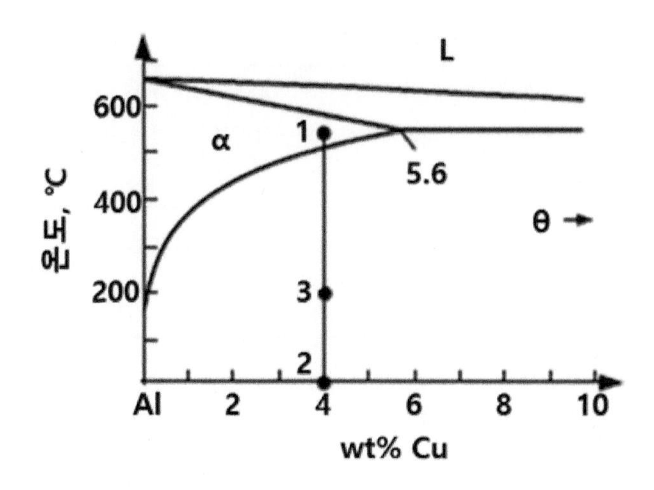

그림 5-81 알루미늄 함량이 높은 쪽의 Al-Cu 상태도에서 석출 강화 열처리 3단계

GP Zone, θ", θ', θ상의 상태도 및 석출 형상을 그림 5-82과 그림 5-83을 이용하여 설명하겠다.

- 가장 낮은 온도에서 시효처리시 생성되는 GP Zone은 준안정상으로 GP(Guinier-Preston) Zone 또는 GP1으로 부른다. GP Zone은 기지의 α상과 그림 5-83 (b)와 같이 정합 관계이며, 크기는 두께가 4~6Å(원자 몇 개의 두께)이고 지름은 80~100Å이다.
- θ"상은 준안정상으로 GP2로도 부르며 GP Zone 보다는 좀더 높은 온도에서 형성된다. θ"상도 기지의 α상과는 그림 5-83 (b)와 같이 정합 관계이며, 두께는 10~40Å, 지름은 100~1000Å이다.
- θ'상은 준 안정상으로 기지의 α상과 일부분 정합 관계가 깨진 부분적 정합 관계이며 가장 높은 온도에서 형성된다. 두께는 100~150Å, 지름은 100~6000Å이다. 전위와 같은 공간이 있는 곳에 핵생성하여 성장한다.
- θ상은 평형상으로 그림 5-83 (c)와 같이 기지의 α상과 부정합 관계이며, Al_2Cu의 금속간 화합물로 BCT 구조이다.

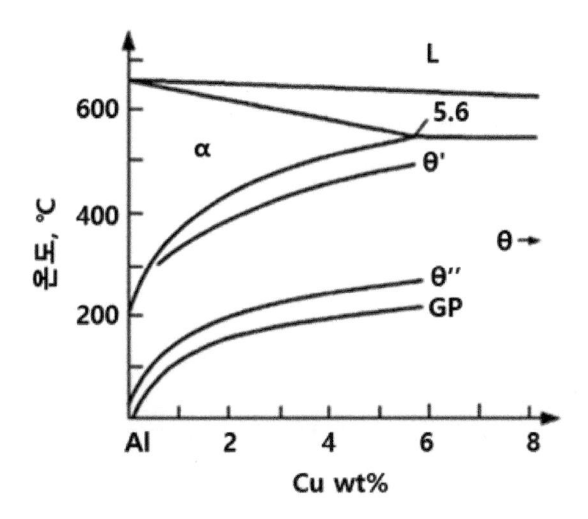

그림 5-82 Al-Cu 상태도에서 준안정상인 GP상, θ''상, θ'상의 고용선[(1), (2)]

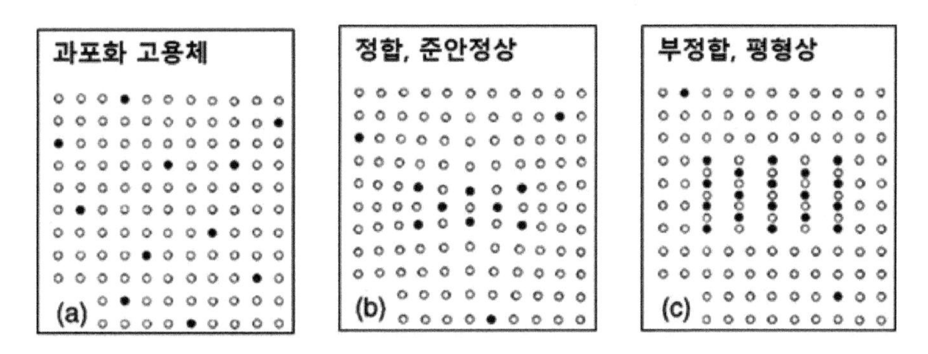

그림 5-83 세 가지 유형의 Al-Cu 합금의 석출강화

5.1.2. 시효에 따른 강도(경도) 변화

시효처리(Aging)에 따른 강도(경도) 변화를 그림 5-84를 이용하여 알아보자. 정합관계인 GP Zon과 θ"(GP2)상이 형성됨에 강도(경도)가 증가하며, θ"상에서 최대 강도(경도)를 나타낸다. θ'상이 성장함에 따라 정합성은 감소하고, 이에 따라 격자 변형이 감소하여 전위의 이동이 용이해 진다. 즉 θ'가 성장함에 따라 강도(경도)가 감소하게 된다.

정합성이 있는 석출물에 의한 격자 변형 효과가 부정합한 석출물에 의한 효과보다 강도 강화 효과가 크다. 이에 따라 일반적인 Ni 합금과 같은 석출 강화 효과보다 석출물이 정합성이 있는 알루미늄(Al)합금의 석출강화 효과가 뛰어나다는 것을 알 수 있다.

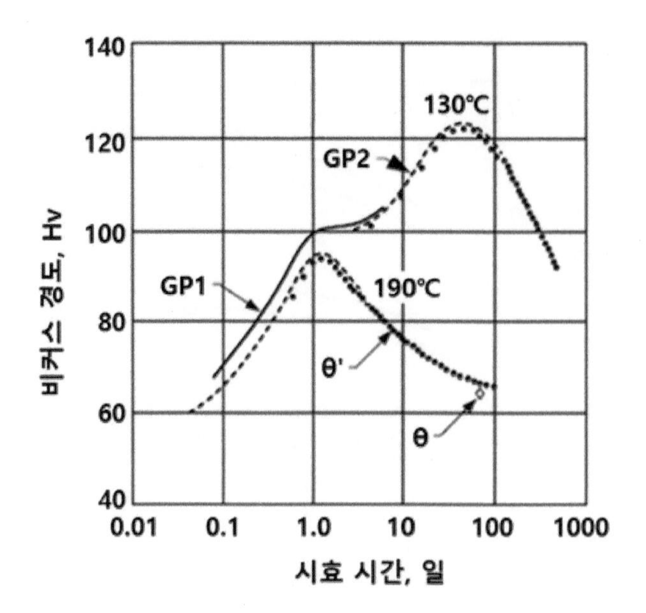

그림 5-84 두 가지 시효 온도에서 Al-4Cu 합금의 생성상과 경도[3]

그림 5-85와 같이 시효처리 온도가 증가할수록 과시효 현상이 빨라지고, 시효처리에 의한 최대 강도가 감소한다.

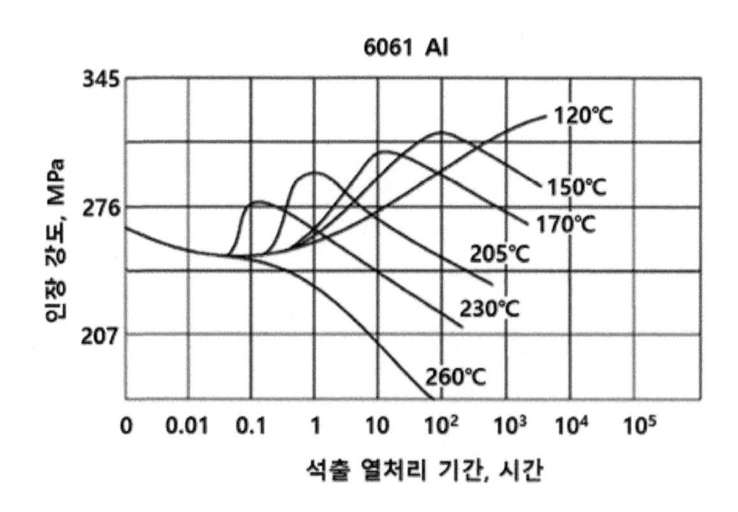

그림 5-85 자연시효한 6061 Al 합금의 시효처리 특성[4]

석출 경화형 알루미늄 합금은 Al-Cu(2000계), Al-Mg-Si(6000계), Al-Zn(7000계)의 세 종류가 있으며, 대표적인 알루미늄 합금에서 정합 관계의 GP Zone 석출 강화 현상은 아래 식과 같다.

- Al–Cu–Mg (예 2024) : SS → GP → S'(Al_2CuMg) → S(Al_2CuMg)
- Al–Mg–Si (예 6061) : SS → GP → β'(Mg_2Si) → β(Mg_2Si)
- Al–Zn–Mg (예 7005) : SS → GP → η'(Zn_2Mg) → η(Zn_2Mg)

5.2 Al-Cu-Mg(2000계열) 및 Al-Mg-Si계(6000계열) 합금의 용접

2000계열 및 6000계열 알루미늄(Al) 합금은 석출 강화형 합금으로 용접시 열영향부에 석출물의 고용에 의한 소실 및 과시효 현상에 의해 강도 저하 현상이 발생한다. 저하된 강도를 회복하기 위해 용접 후 자연 시효 또는 인공 시효 처리를 하나 용접전 강도의 일부만 회복할 수 있다.

인공 시효한 알루미늄(Al) 합금을 용접한 경우는 용접 후 시효처리로 모재의 강도를 회복하지 못하나, 자연 시효한 Al 합금을 용접한 경우 용접 후 인공시효 처리시 모재의 강도를 회복할 수 있다.

5.2.1. 인공 시효 상태(T6)에서의 용접

그림 5–86은 2000계열(Al–Cu–Mg)와 6000계열(Al–Mg–Si)의 열처리형 Al 합금을 인공 시효상태(T6)에서 용접하는 경우이다. 용융부에 가까운 열영향부 일수록 높은 온도에 노출되며 노출된 온도에 따라 인공 시효처리에 의해 생성된 θ'상이 모재에 고용되어 사라지거나 θ'상이 성장하여 과시효 상태가 진행된다.

그림 5–87을 이용하여 인공시효(T6) 상태에서 용접 및 용접 후 시효 처리시 용융부 조직의 변화 및 이에 따른 강도(경도)의 변화를 살펴보겠다. 먼저 용접 후 조직을 그림 5–87 (d)를 이용하여 관찰해 보자.

- 4구역 : 용접에 의해 영향을 받지 않은 모재 부분으로 용접전 인공시효처리에 따라 미세한 θ'상이 분포해 있으며 높은 강도를 나타낸다.
- 3 구역 : 용접에 의해 열 영향을 조금 받은 부위로 θ'상이 일부 고용 및 잔여 θ'상의 성장에 의한 과시효가 진행되었다. 이에 따라 강도(경도)가 일부 감소하였다.
- 2구역 : 용접에 의해 열 영향을 많이 받은 부위로 θ'상이 대부분 고용되었고 소수의 잔여 θ'상은 최대로 성장하여 과시효가 최대로 진행되었다. 이에 따라 강도(경도)가 대폭 감소하였다.

- 1 구역 : 용접 용융부에 인접한 부위로 가장 높은 온도에 노출된 부위로 θ'상이 전부 고용되어 석출 강화 효과가 사라져 강도(경도)가 최대로 감소하였다.

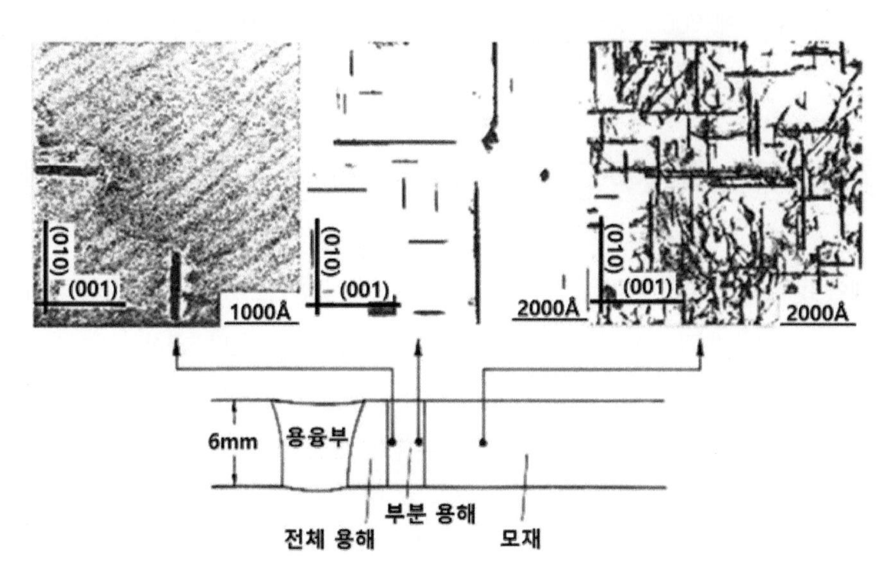

그림 5-86 인공 시효(T6) 처리한 2219 알루미늄 합금의 용접부 투과전자 현미경(TEM) 조직[5]

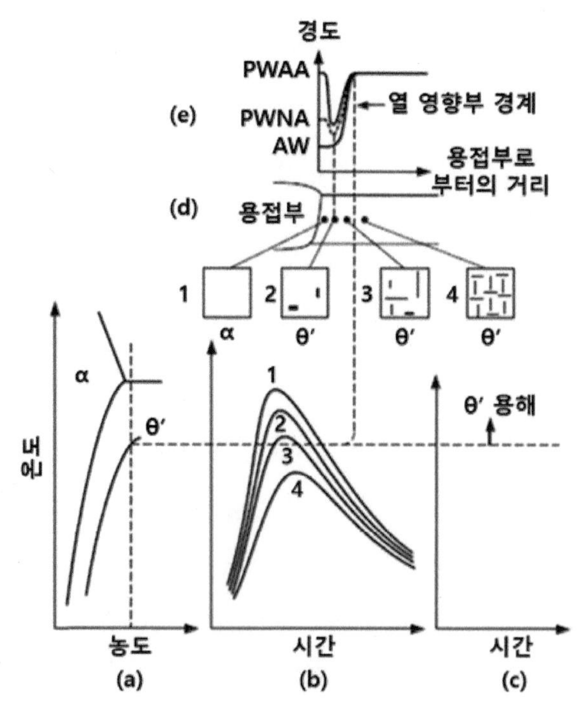

(a) 상태도 (b) 열 싸이클 (c) θ'상의 완전 고용 (d) 미세 조직 (e) 경도 분포

그림 5-87 인공시효에 따라 θ'상이 생성된 Al-Cu합금을 용접시 열영향부의 변화

용접열로 인해 열영향부의 감소한 강도(경도)를 회복하기 위해 자연시효(T4)를 한 경우 그림 5-87 (e)의 PWNA 경도 분포와 같이 1 구역은 GP Zone이 생성되어 일부 강도를 회복하나 2, 3 구역은 GP Zone 생성과 함께 잔여 θ'상의 과시효도 함께 진행되어 강도(경도) 회복량이 미미하다.

용접 후 강도(경도) 회복을 위해 인공 시효(T6)를 실시한 경우 그림 5-87 (e) PWAA 경도 분포와 같이 1구역은 θ"상과 θ'상이 생성되어 인공 시효(T6)한 모재의 강도(경도)를 완전 회복한다. 그러나 2, 3구역은 θ"상과 θ'상도 생성되나 잔여 석출물의 과시효도 함께 진행되어 강도(경도) 증가가 미미하다.

5.2.2. 자연 시효 상태(T4)에서의 용접

그림 5-88는 2000계열(Al-Cu-Mg)와 6000계열(Al-Mg-Si)의 열처리형 Al 합금을 자연 시효상태(T4)에서 용접하는 경우이다. 인공 시효 상태에서 용접한 경우와 동일하게 용융부에 가까운 열영향부 일수록 높은 온도에 노출되며 노출된 온도에 따라 자연 시효처리에 의해 생성된 GP Zone이 모재에 고용되어 사라진다. GP Zone은 아주 미세하므로 쉽게 재 고용된다. 또한 용접 중 열영향부의 일부 구간에서는 θ'상이 석출된다.

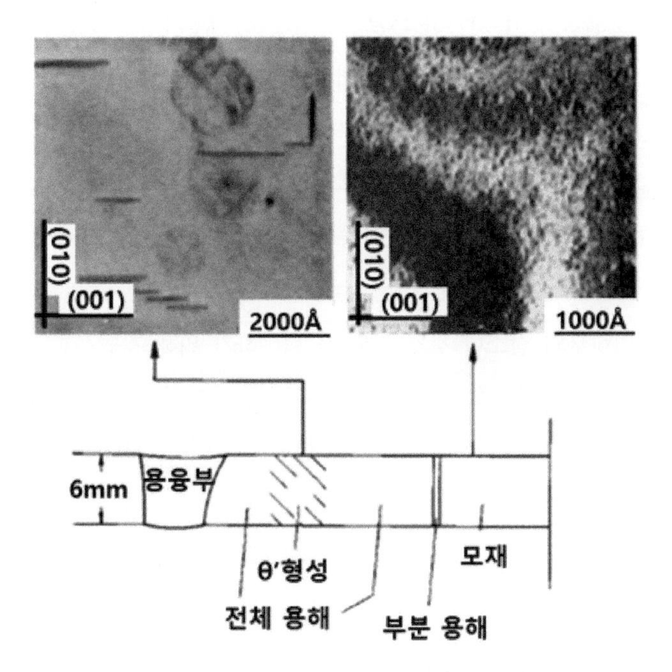

그림 5-88 자연시효 처리한 2219 알루미늄 합금의 용접 후 투과전자현미경(TEM) 조직 사진[5]

자연 시효 상태(T4)에서 용접하면 그림 5-89과 같이 GP Zone이 미세하므로 용접 중 1~3지역의 넓은 부분에서 GP Zone이 모두 재 고용되고, 용접중 충분한 시간으로 가열된 2지역에서 θ' 상이 재석출한다. 1, 3지역은 θ'상 석출 온도 구간에서 유지 시간이 짧아 θ' 상이 재석출되지 못한다.

그림 5-89를 이용하여 자연시효(T4) 상태에서 용접 및 용접 후 시효 처리시 용융부 조직의 변화 및 이에 따른 강도(경도)의 변화를 살펴보겠다. 먼저 용접 후 조직을 그림 5-89 (d)를 이용하여 관찰해 보자.

- 4구역 : 용접에 의해 영향을 받지 않은 모재 부분으로 용접전 자연시효 처리에 따라 미세한 GP Zone이 분포해 있으며 자연 시효에 의한 강도를 나타낸다.
- 3 구역 : 용접에 의해 열 영향을 조금 받은 부위이나 GP Zone이 미세하여 모두 재 고용되었고(1~3구역 GP Zone이 전체 재고용됨), 고온 유지 시간이 짧아 θ'상이 석출되지 못하였다. 이에 따라 석출 강화 효과가 사라져 강도(경도)가 감소하였다.
- 2구역 : 용접에 의해 열 영향을 많이 받은 부위로 GP Zone이 모두 재 고용되었고, 용접 중 고온에서 유지 시간이 충분하여 θ'상이 석출하였다. GP Zone의 재 고용으로 강도(경도)가 감소하였으나 θ'상의 석출로 강도(경도)가 일부 회복하여 전체적으로 강도(경도)가 일부 감소하였다.
- 1 구역 : 용접 용융부에 인접한 부위로 가장 높은 온도에 노출된 부위로 GP Zone이 전부 재 고용되었어 석출 강화 효과가 사라져 강도(경도)가 최대로 감소하였다.

용접열로 인해 열영향부의 감소한 강도(경도)를 회복하기 위해 자연시효(T4)를 한 경우 그림 5-89 (e)의 PWNA 경도 분포와 같이 1, 3구역은 GP Zone이 생성되어 일부 강도를 회복하나, 2 구역은 GP Zone 생성과 함께 θ'상의 과시효도 함께 진행되어 강도(경도) 회복량이 미미하다.

용접 후 강도(경도) 회복을 위해 인공 시효(T6)를 실시한 경우 그림 5-89 (e) PWAA 경도 분포와 같이 1, 3구역은 θ"상과 θ'상이 생성되어 인공 시효(T6) 강도를 갖게 되어 원 모재의 자연시효 강도(경도) 보다 높은 강도를 갖게 된다. 그러나 2구역은 θ"상과 θ'상도 생성되나 기존 θ'상의 과시효가 진행되어 강도(경도) 증가가 작다. 그러나 2구역의 강도(경도)는 자연 시효한 모재의 강도와 유사한 수준이다.

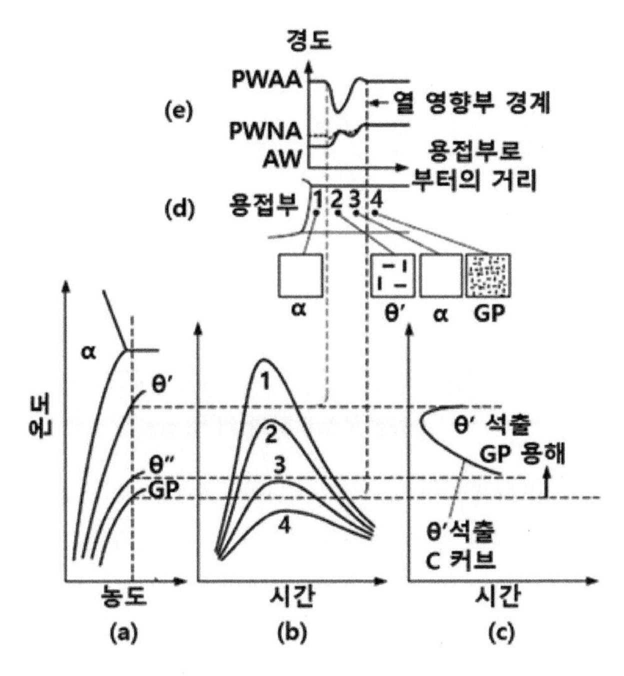

(a) 상태도 (b) 열 싸이클 (c) 석출 C 커브 (d) 미세 조직 (e) 경도 분포

그림 5-89 자연시효에 따라 GP Zone이 생성된 Al-Cu합금을 용접시 열영향부의 변화

5.2.3. 인공 시효 상태(T4)와 자연 시효 상태(T6)에서의 용접 비교

2000, 6000 계열의 열처리형 합금은 그림 5-90과 같이 인공시효(T6) 상태 상태에서 용접시 과시효로 인한 강도 저하가 심하고 용접후 시효처리에 의해 강도가 완전히 회복되지 않는다. 그러나 자연시효(T4) 상태는 모재의 강도는 낮으나 자연시효(T4) 상태에서의 용접시 용접 후 인공시효에 의해 강도가 회복된다. 이에 따라 용접시는 자연시효 상태의 알루미늄(Al) 합금 사용이 선호된다.

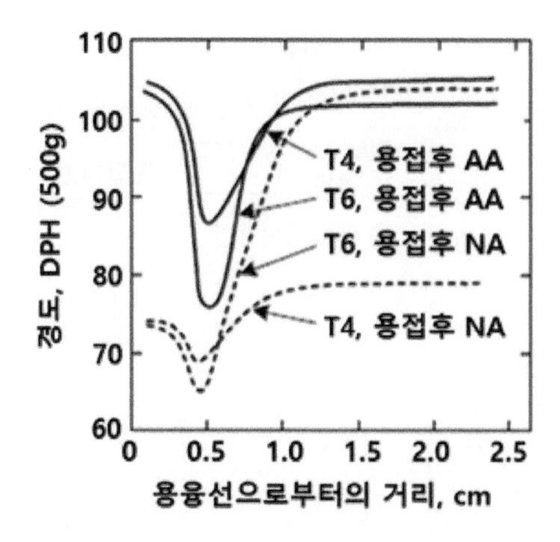

그림 5-90 자연시효(T4) 및 인공시효(T6)한 6061 Al합금을 용접 후 자연 시효(NA) 및 인공 시효(AA) 한 경우의 경도 분포[6]

5.3 Al-Zn-Mg(7000계열) 합금의 용접

7000계열은 2000 및 6000계열에 비해 시효 현상이 천천히 진행된다. 이에 따라 용접중 과시효 현상이 잘 발생하지 않는다. 그리고 용접 후 자연시효 처리시 강도의 회복 시간은 다른 계열보다 오래 걸리나 거의 원상으로 회복된다.

그리고 7000계열 합금의 용접 후 자연시효와 인공시효는 비슷한 시간이 소요되고 강도 회복량도 그림 5-91 (b)와 같이 비슷하여 인공시효는 사용하지 않고 일반적으로 자연시효를 사용한다.

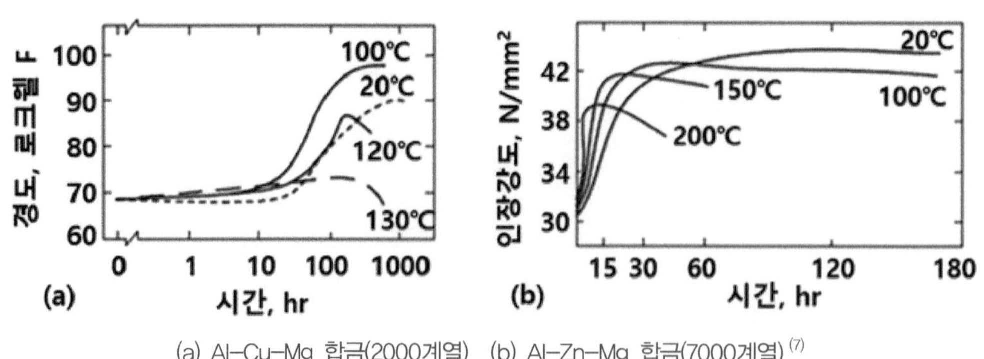

(a) Al-Cu-Mg 합금(2000계열) (b) Al-Zn-Mg 합금(7000계열)[7]

그림 5-91 석출 경화형 알루미늄 합금의 시효 특성

그림 5-92과 같이 자연시효한 7000 계열 알루미늄 합금을 용접시 열영향부에 GP Zone의 재고용으로 강도 저하가 발생하나 자연시효에 의해 강도가 거의 완전하게 회복된다.

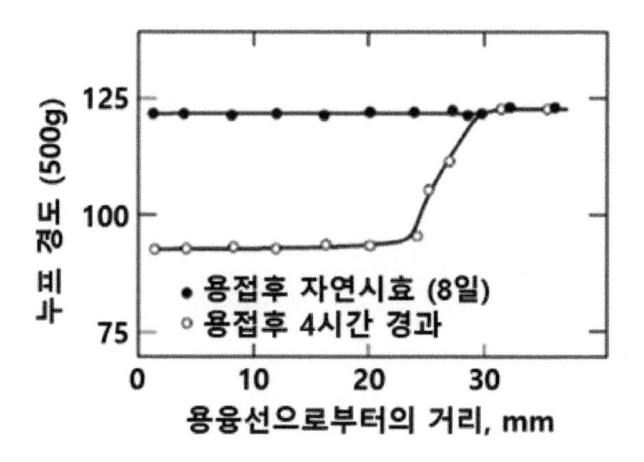

그림 5-92 자연시효 처리한 7146 Al 합금의 용접 후 경도 분포[8]

그림 5-93과 같이 자연시효 상태에서의 용접은 용접 후 자연시효 처리시 대부분의 경도를 회복하나, 인공시효 상태에서의 용접은 용접 후 자연시효 처리시에도 과시효에 의해 일부 강도 저하가 발생한다.

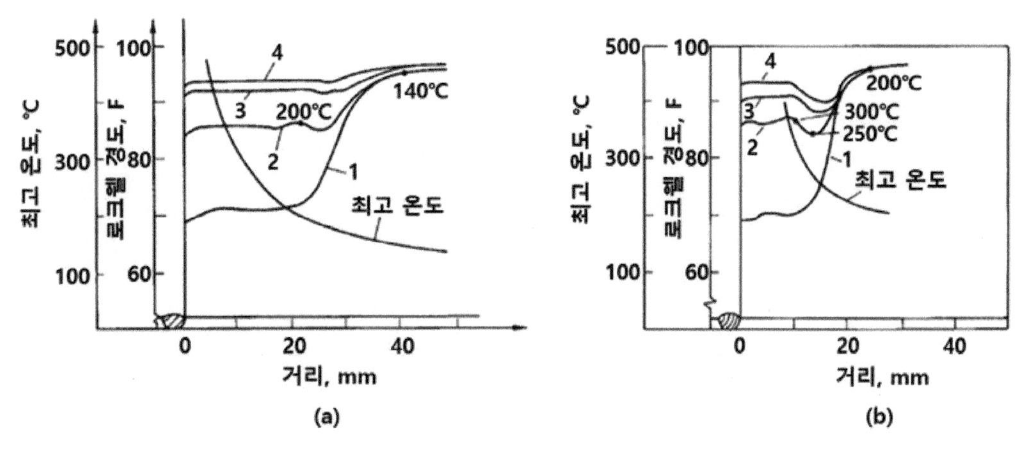

(a) 자연시효 상태에서 용접. 용접 후 자연 시효
(b) 인공시효 상태에서 용접. 용접 후 자연 시효(1: 3시간, 2: 4일, 3: 30일, 4: 90일)[9]
그림 5-93 7000 계열 합금의 경도 분포

참고문헌

1 Hornbogen, E., Aluminum, 43(part 11): 9, 1967.

2 Beton, R. H., and Rollason, E. C., J. Inst. Metals, 86: 77, 1957–58.

3 Silcock, J. M., Heal, J. J., and Hardy, H. K., J. Inst. Metals, 82: 239, 1953.

4 Metals Handbook, Vol. 2, 8th edition, American Society for Metals, Metals Park, OH, 1964, p.276.

5 Dumolt, S. D., Laughlin, D. E., and Williams, J. C., in Proceedings of the First International Aluminum Welding Conference, Welding Research Council, New York, p.115.

6 Metzger, G. E., Weld. J., 46: 457s, 1967.

7 Principle and Technology of the Fusion Welding of Metals, Vol. 2, Mechanical Engineering Publishing Co., Peking, China, 1981.

8 Kou, S., Welding Metallurgy, 2nd Edition, Wiley, p368, 2003.

9 Mizuno, M., Takada, T., and Katoh, S., J. Japanese Welding Society, Vol. 36, 1967, pp.74–81.

INDEX(색인)

사단법인 대한용접기술사협회

(www.technonet.co.kr)

▶ 사단법인 대한용접기술사협회

용접기술분야 최고의 전문가들로 구성된 단체로써 용접분야의 기술 및 안전에 경쟁력을 강화하고 국가 뿌리산업 발전에 기여하고자 오랜 준비기간을 거쳐 2020년 발족한 법인입니다.

▶ 협회조직

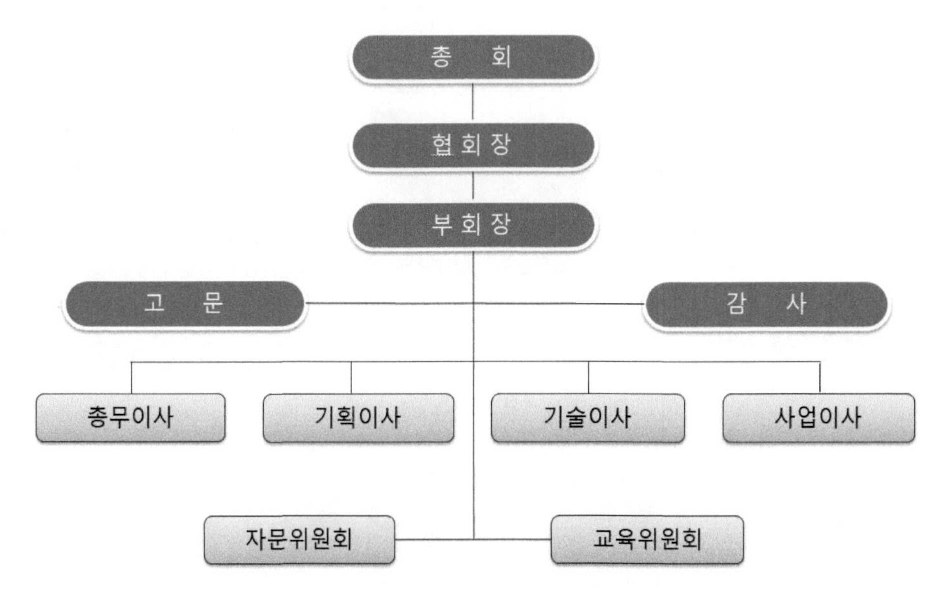

▶ 협회 연혁

◉ 2018년 11월 대한용접접합학회 제1회 용접기술사 포럼(경주, 추계학술대회)
◉ 2019년 9월 창단발기인 대회 및 기념 세미나(부산, 동의대학교)
◉ 2019년 11월 대한용접접합학회 제2회 용접기술사 포럼(대구, 추계학술대회)
◉ 2020년 6월 대한용접기술사협회 법인 발족(과학기술정보통신부 산하)
◉ 2020년 10월 제1차 정기 이사회 개최
◉ 2021년 6월 제2차 정기 이사회 개최
◉ 2021년 7월 협회 홈페이지 OPEN 및 정회원대상 Stamp 발급
◉ 2021년 8월 협회 주소지 이전(강서구 가리새1로 17번길)

- ◉ 2021년 9월 제3차 정기 이사회 개최
- ◉ 2021년 11월 제1회 용접의 날 재정 행사 공동 주관
- ◉ 2021년 11월 대한용접접합학회 제3회 용접기술사 포럼(서울, 양재 AT센터)
- ◉ 2021년 11월 협회지 창간호 발간
- ◉ 2021년 12월 한국선급아카데미 NCS과정 교육 협약
- ◉ 2021년 1월 수익사업 전환을 위한 사업자 등록번호 발급
- ◉ 2022년 3월 협회 신규 홈페이지(https://kowpe.co.kr) OPEN
- ◉ 2022년 4월 한국원자력산업협회 교육 컨설팅 계약
- ◉ 2022년 4월 제4차 정기 이사회 개최
- ◉ 2022년 5월 협회지 제2호 발간

▶ 협회 추진 사업

용역 및 자문

- 용접공정 솔루션 제공
- 용접품질 관리규정 정립
- 용접공정 실무 지도
- 관련 ISO 인증 지도

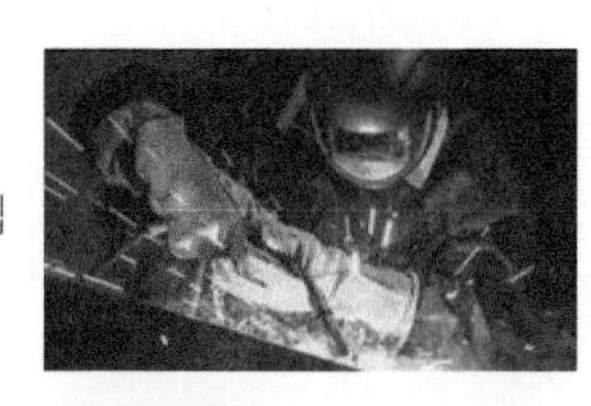

개발 및 연구

- 국내외 자료 수집/조사
- 통계 작성/분석
- 신기술, 공정 개발
- 현장 적용성 평가

교육 및 세미나

- 용접 이론 교육
- 현장 실무 교육
- 규정/규격 교육

회지/기술도서 발간

- 반기별 협회지 발간
- 기술, 실무서적 편찬
- 현장 실무 학습서
- 협업 필요 기술자료

▶ 홈페이지 및 주소 안내

- ◉ 사단법인 대한용접기술사협회 / 주소 : 부산광역시 강서구 가리새 1로 17번길 18
- ◉ 대표전화 : 051-931-0105 / FAX : 051-931-0106 / 이메일 : officer@kowpe.co.kr
- ◉ 홈페이지 : 사업자등록번호 : 221-82-16857

저자 소개

윤강중

- 공학석사, 기술사(용접, 금속재료)
- 대한용접기술사협회 기술이사
- 종합기술정보망 ㈜테크노넷 기술위원
- 실전용접기술사, 실전금속재료기술사 등 출간

이진희

- 공학박사, 기술사(용접, 금속재료)
- 대한용접기술사협회 회장
- 종합기술정보망 ㈜테크노넷 운영자 대표
- 용접기술실무, 재료와 용접 등 출간

유일

- 공학박사, 기술사(용접, 금속재료)
- 대한용접기술사협회 기술이사
- 아부다비국영석유회사(ADNOC) 재료부식 담당
- 실전금속재료기술사 등 출간

최병학

- 공학박사, 금속재료손상 분야 전문가
- 강릉원주대학교 신소재금속공학과 교수
- 대한금속재료학회 부회장
- 금속손상진단 등 출간

알기 쉬운 용접 야금학

1판 1쇄 발행 2023년 07월 10일
1판 2쇄 발행 2024년 03월 25일
저 자 윤강중 外
발 행 인 이범만
발 행 처 **21세기사** (제406-2004-00015호)
경기도 파주시 산남로 72-16 (10882)
Tel. 031-942-7861 Fax. 031-942-7864
E-mail : 21cbook@naver.com
Home-page : www.21cbook.co.kr
ISBN 979-11-6833-081-8

정가 65,000원